PFLANZENSOZIOLOGIE UND PALYNOLOGIE

BERICHT ÜBER DAS

INTERNATIONALE SYMPOSIUM IN STOLZENAU/WESER

1962

DER

INTERNATIONALEN VEREINIGUNG FÜR VEGETATIONSKUNDE

HERAUSGEGEBEN VON

REINHOLD TÜXEN

Springer-Science+Business Media, B.V. 1967

Additional material to this book can be downloaded from http://extras.springer.com

ISBN 978-94-011-7600-2 ISBN 978-94-011-7599-9 (eBook)
DOI 10.1007/978-94-011-7599-9

Ursprünglich erschienen bei Dr. W. Junk Publishers, The Hague 1967.
Softcover reprint of the hardcover 1st edition 1967

by

Koninklijke Drukkerij Van de Garde N.V., Zaltbommel

FRANZ FIRBAS

DEM ERFORSCHER DER VEGETATIONSGESCHICHTE

ZUM GEDÄCHTNIS

INHALT

TEILNEHMERVERZEICHNIS

Belgien

Coûteaux, M., Lic. bot., Institut Carnoy, 9, rue de Manège, Louvain.

Coûteaux, M. M. Mme.

Heim, Jean, Ing. Eaux et Forêts, Institut Carnoy, 9, rue de Manège, Louvain.

Munaut, A., Ing. Eaux et Forêts, Institut Carnoy, 9, rue de Manège, Louvain.

ČSSR

Michalko, Dr. Ján, Biologický ústav SAV, Bratislava, Sienkiewiczova 1.

Neuhäusl, Dr. Robert, Praha II, Benátská 2.

Dänemark

Andersen, Svend Th., Danmarks Geologiske Undersøgelse, Charlottenlund.

Brandt, Frau Inger, cand. mag., Danmarks Geologiske Undersøgelse, Charlottenlund.

Deutschland

Barz, Walter, Köln-Mülheim, Münsterer Straße 15.

Behre, Karl-Ernst, Nieders. Landesstelle für Marschen- und Wurtenforschung, Wilhelmshaven, Viktoriastraße 26/28.

Beier, Fräulein Frauke Edith, cand. rer. hort., Rodenkirchen (Oldb.), Rotdornweg.

Bertsch, Dr. Andreas, Systemat.-Geobotan. Institut der Universität, Göttingen, Untere Karspüle 2.

Broihan, Dr. Fr., Oberstudienrat, Hannover-Waldheim, Roßkampstr. 69.

Buchwald, Prof. Dr. Konrad, Institut für Landespflege der Techn. Hochschule, Hannover, Herrenhäuser Str. 2.

Burrichter, Dr. Ernst, Botanisches Institut der Universität, Münster (Westf.), Schloßgarten 3.

Buschbom, Uwe, cand. rer. nat., Lauenberg, Kr. Einbeck, Sollingstr. 70.

Butzke, Hartmut, stud. rer. nat., Göttingen, Johannisstraße 9.

Deichmüller, Dr. J., Niedersächs. Landesmuseum, Hannover, Am Maschpark 5.

Die Teilnehmer am Internationalen Symposion Pflanzensoziologie-Palynologie

DIERSCHKE, Dr. Hartmut, dzt. 3261 Todenmann über Rinteln.

DÜCKER, Dr. A., Direktor des Geologischen Landesamtes Schleswig-Holstein, Kiel-Wik, Mecklenburger Straße 22/24.

DÜSING, Walter, in Firma A. Düsing & Sohn, Samengroßhandlung, Gelsenkirchen-Horst, Essener Straße 39–41.

ERNSTING, Walther †, Stolzenau, Weser.

ESKUCHE, Dr. Ulrich, Bundesanstalt für Vegatationskartierung, Stolzenau/Weser, dzt. Institut M. Lillo, Miguel Lillo 205, S. M. de Tucuman, Argentinien.

FIRBAS, Prof. Dr. Dr.h.c. Franz †, Göttingen,

FREGIEN, Wolfgang, stud. rer. nat., Hannover-Buchholz, Pflügerstr. 10.

FRIEDERICHS, Prof. Dr. Karl, Göttingen, Am Sölenborn 14.

FRIEDRICH, G. Stud.-Ass. Hüls b. Krefeld, Krefelder Str. 155.

GENRICH, Dr. Adalbert, Niedersächs. Landesmuseum, Hannover, Am Maschpark 5.

GÖRS, Fräulein Dr. Sabine, Tübingen-Lustnau, Landhausstraße 12.

GROSPIETSCH, Dr. Th., Hydrobiologische Anstalt der Max-Planck-Ges., Plön (Holst.), Postfach 89.

GROSSE-BRAUCKMANN, Dr. Gisbert, Staatl. Moor-Versuchsstation, Bremen-Horn, Friedrich-Mißler-Straße 46/48.

HABER, Prof. Dr. Wolfgang, Inst. f. Landschaftspflege, Techn. Hochschule München, 805 Freising-Weihenstephan.

HÜBSCHMANN, A. v., Bundesanstalt für Vegetationskunde, Naturschutz und Landschaftspflege, 532 Bad Godesberg, Heerstr. 110.

JAHNS, Werner, Bundesanstalt für Vegetationskunde, Naturschutz und Landschaftspflege, 532 Bad Godesberg, Heerstr. 110.

JARITZ, Günter, 53 Bonn, Diezstraße 2a.

KARASCH, Heinz, 3 Hannover, Geologisches Institut der Technischen Hochschule.

KLINGE, Dr. Hans, Hydrobiologische Anstalt der Max-Planck-Gesellschaft, Plön (Holst.), Postfach 89.

LAMPERT, Frau Dr. Käte, Lüneburg, Gravenhorststraße 12.

LANG, Dr. Gerhard, Botanische Abteilung der Landessammlungen für Naturkunde, Karlsruhe, Friedrichsplatz.

LOHMEYER, Dr. Wilhelm, Bundesanstalt für Vegetationskunde, Naturschutz und Landschaftspflege, 532 Bad Godesberg, Heerstr. 110.

LUCHTERHANDT, Dipl.-Ing. Johs., Abteilungspräsident i.R. der Bundesbahn-Direktion Wuppertal-Elberfeld, Nüllerstraße 107/I.

MATTICK, Prof. Dr. Fritz, Botanisches Museum, Berlin-Dahlem, Königin-Luise-Straße 6-8.

MAYER, Prof. Dr. Hannes, Institut für Waldbau, 1180 Wien XVIII, Gregor Mendelstr. 33.

MEISEL, Dr. Klaus, Bundesanstalt für Vegetationskunde, Naturschutz und Landschaftspflege, 532 Bad Godesberg, Heerstr. 110.

MÜLLER, Dr. Theo, Landesstelle für Naturschutz und Landschaftspflege Baden-Württemberg, Ludwigsburg, Favoriteschloß.

MÜLLER, Frau Hanna.

OFFNER, Dr. Herbert, Oberlandforstmeister, Bundesministerium für Ernährung, Landwirtschaft und Forsten, Bonn.

PFEIFFER, Dr. Hans H., Bremen I, Wilhelmstraße 7.

PREISING, Prof. Dr. Ernst, Oberregierungsrat, Nieders. Landesverwaltungsamt – Naturschutz und Landschaftspflege –, Hannover, Leisewitzstr. 2.

PYRITZ, Ewald, 3 Hannover, Geologischer Institut der Technischen Hochschule.

RABELER, Dr. Werner, Bundesanstalt für Vegetationskunde, Naturschutz und Landschaftspflege, 352 Bad Godesberg, Heerstr. 110.

RÄUKER, Adolf, Bundesbahndirektor i.R., 532 Bad Godesberg, Kurfürstenstr. 21.

REHAGEN, Dr. H.-W., Geologisches Landesamt Nordrhein-Westfalen, Krefeld, Westwall 124.

RÖDEL, Helmut, Mittelschul-Lehrer, 3 Hannover, Tannenbergallee 16.

RUNGE, Dr. Fritz, Landesmuseum für Naturkunde, Münster (Westf.) Himmelreichallee 50.

SCHÄFER, Dr. Ernst, Niedersächs. Landesmuseum, 3 Hannover, Maschpark 5.

SCHUBART, Forstmeister, Lautenthal (Harz), Hahnenkleer Straße 65.

SCHWERDTFEGER, Dr. Georg, Oberbaurat, 3113 Suderburg, Staatl. Ingenieurschule für Wasserwirtschaft und Kulturtechnik, Schulstr. 5.

SCHWIND, Prof. Dr. Martin, Oberstudiendirektor, Isernhagen-Süd bei Hannover, Große Heide 14.

SEIBERT, Doz. Dr. Paul, Oberregierungsrat, Bayer. Landesstelle für Gewässerkunde, Referat für Landschaftspflege und Vegetationskunde, München 22, Prinzregentenstraße 24.

SIOLI, Prof. Dr. Harald, Direktor der Hydrobiologischen Anstalt der Max-Planck-Gesellschaft, Plön (Holst.), Postfach 89.

STECKHAN, Dr. Hans-Ulrich, Herzberg (Harz), Buschstraße.

STEFFAN, Dr. August Wilhelm, Gutenberg-Universität II. Zoolog. Inst. 65 Mainz, Saarstr. 21.

SUKOPP, Dr. Herbert, Berlin-Schöneberg, Erfurter Straße 1.

TANTZEN, Rudolf, †Landesminister a.D., Oldenburg (Oldb.), Hermann-Allmers-Weg 5.

TODTMANN, Frau Dr. Emmy Mercedes, Hamburg 39, Blumenstraße 41.

TRAUTMANN, Dr. Werner, Bundesanstalt für Vegetationskunde, Naturschutz und Landschaftspflege, 532 Bad Godesberg, Heerstr. 110.

TÜXEN, Dr. Jes, Pädagogische Hochschule, Oldenburg, Haarenfeld 26A.

TÜXEN, Prof. Dr. Dr.h.c. Reinhold, 3261 Todenmann über Rinteln.

UNTERBERG, Gerhard, cand. rer. nat., Hannover, Bertramstraße 3A.

WALTHER, Frau Dr. Elly, 2 Hamburg-Wellingsbüttel, Reinkingstr. 13.

WALTHER, Frl. Elsa, cand. arch., 2 Hamburg-Wellingsbüttel, Reinkingstr. 13.

WALTHER, Dr. Kurt, Oberkustos, Staatsinstitut für Allgemeine Botanik, 2 Hamburg 36 Jungiusstr. 6–8.

WILLERDING, Dr. Ulrich, Göttingen, Calsowstraße 60.

WILMANNS, Dozentin Dr. Otti, Botanisches Institut der Universität, Freiburg i.Br., Schänzlestraße 9–11.

Frankreich

REY, P., Directeur du Service de la Carte de la Végétation C.N.R.S., 29, rue Jeanne Marvig, Toulouse.

Großbritannien

APINIS, Prof. Dr. Arvid E., 15, Cumberland Avenue, Chilwell, Notts.

PERRING, Dr. Franklyn H., University Botanic Garden, 1, Brookside, Cambridge.

Irland

MOORE, John J., S.J., Botany Dept. University College, Dublin, 4.

Italien

GENTILE, Dr. Salvatore, Istituto Botanico, Via Foria 223,Napoli.

PIGNATTI, Prof. Dr. Sandro, Istituto Botanico, Via Fabia Seveto 152, Trieste, Padova.

TOMASELLI, Prof. Dr. Ruggero, Istituto di Botanica, Orto Botanico, Università di Catania, Via Antonino Longo, 19, Catania.

Japan

SUZUKI, Prof. Dr. Tokio, Laboratorium für ökolog. Pflanzensoziologie, Institut für Biologie der Fakultät für Wissenschaft und Kunst der Ooita Universität, Danoharu, Ooita.

YOSHINO, Dr. Masatoshi M., Dept. of Geography, Tokyo, Kyoiku Daigaku, Otsuka, Bunkyoku, Tokyo.

YOSHINO, Frau Midori T., Tokyo.

Jugoslawien

ŠERCELJ, Dr. Alojz, SAZU, Ljubljana, Novi trg 3.

KOŠIR, Z. Ing. Ljubljana, Cesta na loko 4.

Niederlande

CASPARIE, W. A., Biologisch-Archaeolog. Instituut, Rijksuniversiteit, Poststraat 6, Groningen.

COOPS, Ir. A., „de Vechtkamp", C1, Dalfsen (Ov).

HAVINGA, Ir. A. J., Laboratorium voor Geologie, Mineralogie en Regionale Bodemkunde, Duivendaal 10, Wageningen.

JANSSEN, Dr. C. R., Botan. Museum en Herbarium, Lange Nieuwstraat 106, Utrecht.

ZAGWIJN, Dr. W. H., Geologische Dienst, Spaarne 17, Haarlem.

ZANDSTRA, Dipl.-Ir. K., Duivendaal 10, Wageningen.

ZEIST, Dr. W. van, Biologisch-Archaeolog. Instituut, Rijksuniversiteit, Poststraat 6, Groningen.
ZONNEVELD, Ir. J. S., Vlietstr. 7, Sleeuwijk (N.-Br.).

Norwegen

FAEGRI, Prof. Dr. Knut, Universitetet i Bergen, Botanisk Museum, Bergen.

Österreich

HÜBL, Doz. Dr. Erich, Pflanzenphysiologisches Institut der Universität, Wien I., Dr.-Karl-Lueger-Ring 1.

Rumänien

POP, Prof. Dr. Emil, Cluj, Parisstr. 12.

Schweden

MERKER, Hellmut E., Fil. lic., Sköldenborgsgatan 5C, Helsingborg.

Schweiz

LÜDI, Dr. Werner, Geobotanisches Forschungsinstitut, Zürich 44, Zürichbergstraße 38.
VILLARET, Dr. P., Musée de Botanique, Lausanne.
VILLARET-von ROCHOW, Madame Dr. Margita, Lausanne.
ZOLLER, Prof. Dr. Heinrich, Basel, Christoph Merianplatz 8.

Spanien

GALIANO, Prof. Dr. Emilio F., Departem. de Botanica, Fac. Sciencias Sevilla.
RIVAS MARTINEZ, Constantino, ing. agr., Madrid.
RIVAS MARTINEZ, Prof. Dr. Salvador, Instituto Botanico, Barcelona.
RIVAS MARTINEZ, Señora Conchita, Barcelona.

Ungarn

SOÓ, Prof. Dr. Rezsö v., Hortus Botanicus Universitatis, Budapest, VIII., Illés U. 25.
ZÓLYOMI, Dr. Balint, Direktor der Botan. Abteilung des Naturhistorischen Museums, Budapest, XIV., Vajdahunyadvár, und Direktor des Botanischen Institutes der Ungarischen Akademie der Wissenschaften in Vácrátót.

U.S.A.

BENNINGHOFF, William S., Ph.D., Department of Botany, University of Michigan, Ann Arbor, Mich.
COSTELLO, David F., Chief Division of Range, Wildlife Habitat, and Recreation Research, Pacific Northwest Forest and Range Experiment Station, P.O. Box 4059, Portland 8, Oregon.

ERÖFFNUNG DES SYMPOSION

von

REINHOLD TÜXEN

Liebe Kollegen, meine lieben alten Freunde!

Im Namen unseres verehrten Herrn Präsidenten, Herrn Dr. DE LEEUW, dem sein hohes Alter und sein Gesundheitszustand die Reise hierher verbieten, habe ich die Ehre, Sie alle zu unserem diesjährigen Symposion über Pflanzensoziologie und Palynologie herzlich willkommen zu heißen. Wir bedauern sehr, daß einige unserer alten Freunde aus verschiedenen Gründen nicht haben kommen können. Umso mehr freuen wir uns aber, daß wir sowohl aus Japan als auch aus Amerika mehrere Gäste unter uns sehen, die von den anderen Seiten der Welt zu uns gekommen sind! Ich glaube, Sie alle werden in den nächsten drei Tagen ebenso große Freude an Ihrem gegenseitigen Gedankenaustausch wie an unserem internationalen Freundeskreis erleben. Das diesjährige Symposion über Pflanzensoziologie und Palynologie ist eigentlich nichts anderes als die Fortsetzung der letzten Woche, in der wir hier ein internationales Colloquium über die Frage der Systematik der europäischen Buchenwälder hatten, das gestern zu Ende ging. Einige der Teilnehmer sind auch jetzt unter uns. Es ist das 6. Stolzenauer Symposion, das wir heute beginnen, und wenn wir das Colloquium mitrechnen, die siebente Stolzenauer internationale Veranstaltung, die nach dem letzten Kriege stattgefunden hat. Ich darf sie kurz bekanntgeben:

1. 1953. Pflanzensoziologie als Brücke zwischen Land- und Wasserwirtschaft.
2. 1956. Pflanzensoziologie und Pedologie.
3. 1959. Vegetationskartierung.
4. 1960. Biozönologie.
5. 1961.Anthropogene Vegetation.

Sie sehen allein schon aus den Themen, daß wir seit jeher bemüht gewesen sind, die Pflanzensoziologie mit ihren Nachbarwissenschaften zu kombinieren und die Resultate aus diesen Betrachtungen zu integrieren. Da man ja bekanntlich nur dann etwas bei der Regierung gilt, wenn man mit materiellen Ergebnissen aufwarten kann, so haben wir zunächst damit begonnen, die praktischen Belange unserer Pflanzensoziologie zu zeigen. Das waren die Themen, die wir an den Anfang gestellt haben. Dann haben wir, von der Pflanzensoziologie ausgehend, versucht, alle Nachbarwissenschaften, derer wir bedürfen, mit ihr zu kombinieren. Noch eine Reihe von weiteren Problemkreisen wären in den nächsten

Jahren anzuschneiden, wenn es uns vergönnt sein wird, weiter in dieser Richtung zu arbeiten, was ich hoffe.

Wir haben aber auch unsere vereinigenden und zusammenfassenden Bemühungen auf eine internationale Zusammenarbeit gerichtet und unsere Arbeit ebensowenig wie nur auf eine Spezialistengruppe auf ein Land oder einen Kontinent beschränkt. Wir sind ja in der glücklichen Lage, in unserer Internationalen Vereinigung für Vegetationskunde eine wirklich die ganze Erde umfassende Organisation zu haben, die sich immer wieder hier in so freundschaftlicher Weise in dem kleinen, schönen und ruhigen Stolzenau zusammengefunden hat und auch weiterhin, wie wir hoffen, zusammenfinden wird. So haben wir neben der Förderung wissenschaftlicher Erkenntnisse auch die internationale Freundschaft gepflegt und wollen sie weiter pflegen. Darum bedauern wir so sehr, daß die Politik eine Reihe unserer engsten und sehr bedeutenden und verehrten Freunde verhindern konnte, teilzunehmen. Wir bedauern, daß wir durch Gewalten, die wir nicht überwinden können, gehindert werden, unsere rein wissenschaftlichen und rein menschlichen Ziele zu erreichen. Wir leben in einer Zeit, in der politische Kräfte stärker sind als die geistigen, die auf unserem Banner stehen. Es scheint aber auch so, daß manchmal neben der Politik auch die Bürokratie hindernd auftritt: Die Bürokratie, die sich nicht rühmen kann, produktive wissenschaftliche Erkenntnisse zu erzeugen. Die Bürokratie sollte der Forschung dienen und nicht umgekehrt!

Wir können, ehe sich die Zeiten nach der schlechten Seite neigen, nur mit dem Präsidenten der englischen Wissenschaftsgemeinschaft der selben Meinung sein, daß die Integration, sogar jede mögliche Integration geistiger Kräfte, sei sie zwischen den einzelnen Disziplinen oder sei sie zwischen den Völkern, von uns angestrebt werden muß. Dazu ist eine rein geistige Haltung notwendig und dazu ist die Liebe nötig, die Liebe zu den Menschen, die Liebe zu unserer Wissenschaft. Das ist das, was Sie alle hier bei den vergangenen Symposion, jedesmal vielleicht stärker, wenn Sie nun schon wiederholt in Stolzenau gewesen sind, erlebt haben, das ist das, was ich als das internationale Stolzenauer Symposion-Klima bezeichnen möchte. Viele von Ihnen kennen dieses Klima, und wir alle werden es weiter pflegen, und darum darf ich Sie noch einmal in diesem Sinne so herzlich willkommen heißen und mich darüber freuen, daß Sie diesmal aus 19 Ländern zu uns gekommen sind in einer Zahl von bedeutenden Menschen, wie wir sie kaum je früher hier zo zahlreich gehabt haben.

Ich darf aber nicht schließen, ehe ich nicht noch meinen Dank der Gemeinde Stolzenau ausgesprochen habe, die uns viel geholfen hat in den 18 Jahren, die wir jetzt hier sind, und auch Herrn Rektor Grosse, der uns in freundlichster Weise bereitwillig diese schönen Räume zur Verfügung gestellt hat, die wir ja öfter schon bei seinem verehrten Herrn Vorgänger haben benutzen dürfen, ohne die wir aber Sie gar nicht hier in Stolzenau hätten aufnehmen können.

W. Lüdi:
Palynologie und Pflanzensoziologie. Ich glaube, man sollte den Begriff etwas weiter fassen: Phyto-Palaeontologie und Pflanzensoziologie. Paly-

nologie bezieht sich eigentlich nur auf die Lehre von den Pollen; wenn man, was nun hier der Zweck ist, zeigen will, wie die Pflanzensoziologie eingesetzt werden kann, um Vegetationen früherer Zeiten zu rekonstruieren, dann muß man nicht nur die Pollen einbeziehen, sondern alle Möglichkeiten, die sich da ergeben. Wir haben als Grundlage für eine solche Arbeit die Kenntnisse der Vergesellschaftung durch die Kenntnis der Fossilien. Dann die Kenntnis der Vergesellschaftungen von Pflanzen, also die Pflanzensoziologie im engeren Sinne. Dazu das Verhalten dieser Pflanzen gegenüber den Umweltfaktoren, also die Pflanzenökologie. Und dazu dann alles, was sich an Hilfswissenschaften beiziehen läßt. Denken wir an die tierischen Fossilien, denken wir an die bodenkundlichen Gesichtspunkte, an alles, was uns die allgemeinen klimatischen Gesetze übermitteln können. Alles das zusammen erlaubt oder könnte erlauben, in weitgehendem Maße Vegetationen früherer Zeiten unter günstigen Verhältnissen zu rekonstruieren. Diese Arbeit ist natürlich wissenschaftlich sehr interessant und heute aktuell, sehr viel mehr als noch vor 20, 30 Jahren. Daran tragen gerade die botanischen Zweige dieser Grundlagenforschung einen Hauptanteil. Einmal die Pflanzensoziologie, die in so hohem Maße jetzt entwickelt worden ist, die uns das Zusammenleben der Pflanzen genauer verstehen läßt und ihre Gesetzmäßigkeiten erfassen läßt. Wir verdanken es gerade unserem lieben Freund TÜXEN, daß er in weitgehendem Maße dazu mitgeholfen hat, die Pflanzensoziologie in dieser Richtung zu fördern. Dann hat die Ökologie große Fortschritte gemacht, obschon sie, das wissen wir alle, noch immer in den Anfängen steckt.

Weitere Fortschritte kommen von Seiten der Fossilienkunde her; das ist die Pollenanalyse, die hier direkt umwälzend gewirkt hat und noch weiterhin wirkt, etwa in dem Sinne, daß man gelegentlich von einem sehr begabten Pollenanalytiker hören muß, es ströme soviel auf einen ein, daß man Mühe habe, überhaupt noch alles zu verarbeiten, um nachzukommen. Und schließlich sind es auch Hilfswissenschaften, die nicht botanischer Art sind, wie die Bodenkunde, die ganz große Fortschritte gemacht hat.

Aber die Schwierigkeiten, die sich bei solchen Rekonstruktionen früherer Vegetation ergeben, die sind immer noch da, und sie sind recht schwer völlig zu überwinden. Denken wir einmal, was die Fossilien anbetrifft, daran, daß die uns bekannten Fossilien aus einem bestimmten Zeitpunkt der Entwicklung der Flora und Vegetation, auch wenn sie zahlreich sind, immer nur einen bescheidenen Teil der ganzen Flora ausmachen, auch unter der Voraussetzung, die wie ich glaube auch nicht überall gegeben ist, daß auch alle Fossilien richtig bestimmt worden sind. Dann sind von manchen Fossilien-Gruppen, das gilt namentlich für diejenigen, die man auf Grund der Pollen festgestellt hat, häufig nur der Genus oder sogar nur die Familie, also irgendwelche größeren Einheiten bekannt, die eine Menge von Arten einschließen können, die wieder ökologisch sehr verschiedene Ansprüche stellen und auch soziologisch verschieden zu werten sind. Denken Sie z.B. an den Eichenmischwald, wo wir Eichen, Ahorn, Ulmen und Linden oft in verschiedenen Arten haben, die ökologisch recht wesentlich verschiedene Ansprüche machen, und die man dann auf irgendeine Weise aber doch in ein Vegetationsbild vergangener Zeiten einreiht. Dann sind die Arten, die als solche in fossilem Zustand einwandfrei festgestellt sind, doch nicht immer zugleich auch ökologisch und soziologisch klar zu definieren. So z.B. können sie verschiedenen Ökotypen angehören, oder auch heute verhält sich die gleiche Art in verschiedenen Gebieten mit Bezug auf die ökologischen Umweltansprüche recht verschieden. Oder sie können seit der Zeit, da die Fossilien entstanden sind, ökologische Umstimmungen erfahren haben. Und dadurch ergeben sich für die soziologische Einordnung und Wertung von Fossilien Schwierigkeiten.

Um nur einige kleine Beispiele zu geben: Nehmen wir *Dryas*, eine Art, die in der Palaeobotanik ganz wesentliche Bedeutung hat. Nach ihr sind bestimmte Zeiten benannt worden. Diese Zeiten sind arktisch hocharktisch gegen das Ende der letzten Eiszeit. Damit wird man geneigt, *Dryas* einem bestimmten Klima zuzuordnen. *Dryas* ist heute in unserem Gebiet, vor allem im hohen Norden oder in Mitteleuropa in den hohen Gebirgen weit verbreitet. Wir schließen nur zu leicht darauf zurück, daß das Klima in der Zeit der Dryas eine wesentliche Rolle spielte, und auch einen arktischen Charakter gehabt haben müsse. Wir wissen aber, daß zum Beispiel in den Alpen *Dryas* in tiefe Stufen hinuntersteigt, daß sie sehr gut gedeihen kann in Alluvionen im Flachland, vorausgesetzt, daß sie nicht durch die Konkurrenz ausgemerzt wird. Wir wissen, daß *Dryas* im westlichen Irland bis zum Meeresspiegel hinunter steigt in einem Klima, das nicht arktisch und auch nicht kontinental, sondern ausgesprochen ozeanisch, also sehr feucht ist. Wir können auch von *Hippophaë* ähnliche Verschiedenheiten feststellen, die wir in spät-glazialen Ablagerungen häufig und sogar in einer gewissen Dominanz finden können. *Hippophaë* ist heute, wenn ich mich auf Zentral- und West-Europa beschränke, verbreitet in xerischen Gebieten der Alpen und weiter gegen Osten hin, wird also als eine ausgesprochen xerische Art betrachtet. Sie gedeiht aber offensichtlich ebensogut in den feuchten Klimaten längs der Nordsee und längs der Ostsee. Auch da liegt eine gewisse Unsicherheit, die durch ein plastisches Verhalten der Arten gegenüber den Umweltfaktoren gegeben ist. Oder nehmen Sie *Ephedra*, deren Pollen auch in spätglazialen Ablagerungen gefunden wurden. Ich hatte, bis diese Funde kamen, gelernt, daß *Ephedra* eine ausgesprochen thermophile Art sei. Das stimmt auch. Z.B. im Wallis kommt *Ephedra distachya*, die ich nun hier in Betracht ziehe, nur in den wärmsten, ganz tief gelegenen Teilen, dieses etwas steppigen Klimas vor. Wenn man sagt, sie sei eine ausgesprochen Trockenheit liebende Art, auch nach ihrer Verbreitung im kontinentalen Innerasien, so kann sie andererseits sehr gut gedeihen in den ozeanischen Gebieten der unteren Gironde auf Sandböden, die direkt am Meere liegen, die also niemals ein eigentliches trockenes Klima in unserem gewöhnlichen Sinne haben könnten. Das alles muß man überlegen, wenn man daran geht, die Funde, die wir von Pflanzen als fossile Reste gemacht haben, für soziologische und ökologische Zwecke auszuwerten.

Aber abgesehen von solchen Schwierigkeiten, wollen wir auch das, was Positives dabei herauskommt, nicht vergessen. Denn gewöhnlich werden wir nicht nur eine einzelne Art finden, die irgend eine bestimmte Zeit repräsentiert, und die man dann einem ausgesprochenen Klimacharakter zuordnet, sondern es ist eine Gruppe, Gerade diese Gruppenbildung ermöglicht es dann zu einer größeren Wahrscheinlichkeit, und zu höheren Sicherheitswerten zu kommen. Häufig wird gerade durch Herbeiziehung der Tiere, der Bodenkunde usf. ein entscheidendes Urteil gefunden werden können, das durch einzelne Pflanzen oder sogar Pflanzengruppen nicht so klar gefällt werden kann.

Ich habe diese Fragen etwas ausgeführt, um zu zeigen, daß wir hier mit allerlei Schwierigkeiten und Gefahrensmomenten zu rechnen haben, wenn wir diese Rekonstruktion früherer Vegetation vorzunehmen trachten. Aber andererseits sind doch große Fortschritte in dieser Hinsicht gemacht worden.

Ich glaube, daß solche Aussprachen, solche Zusammenkünfte, wie wir sie hier führen, wo von allen Seiten die Forscher, die sich mit diesen Problemen befassen, zusammenkommen und ganz sicher die verschiedenartigen Meinungen gelegentlich aufeinanderplatzen oder sich aneinander reiben werden, sehr geeignet sind, um unsere Einsicht weiter zu klären, zu sichern und zu festigen. Wir dürfen es Herrn Prof. TÜXEN sehr danken, daß er dieses Thema im heutigen Symposion aufgenommen hat. Wir werden alle, wenn wir weggehen, eine ganz besondere Bereicherung unserer Einsicht mit uns tragen. Ich möchte ihm schon im voraus meinen herzlichen Dank aussprechen für die Vorarbeit, die er geleistet hat. Es kommt nun die Arbeit von Ihnen allen und nachher kommt dann das endgültige Ergebnis, das wir geschlossen zusammenstellen können.

Präsident Dr. R. NEUHÄUSL:
Es ist für mich eine außerordentliche Ehre, Ihnen heute vorsitzen zu dürfen. Stolzenau und die Stolzenauer Symposien sind in allen Ländern bekannt. Wenn Sie Stolzenau auf einer Karte von Europa suchen werden, so wird das wirklich sehr schwierig sein und auf der Weltkarte bedeutet Stolzenau gar nichts. Entschuldigen Sie bitte! Aber auf der botanischen Karte der Welt bedeutet Stolzenau einen der größten Punkte der Botanik von heute. Das ist nur das Verdienst von Herrn Prof. TÜXEN und seiner Anstalt. Sie wird zwar „Bundesanstalt" genannt, aber sie ist eine internationale Anstalt, vielleicht auch deshalb, weil diese Anstalt mit der Internationalen Vereinigung für Vegetationskunde verbunden ist.

Diese Symposien in Stolzenau sind überall beliebt, und ich glaube, daß sie alle Leute, welche unsere Wissenschaft, unsere schöne Pflanzensoziologie, lieben, aus dem Osten und aus dem Westen, aus Amerika und aus Japan verbinden werden.

ÜBER DEN GEBRAUCH DER WORTE UND BEGRIFFE „GESELLSCHAFT" UND „SOZIOLOGIE" IN VERSCHIEDENEN SPARTEN DER WISSENSCHAFT*

von

K. FRIEDERICHS, Göttingen

Der Gegenstand dieser Studie kann zunächst als eine reine Nomenklaturfrage erscheinen, erweist sich aber bei näherer Betrachtung als eine Sinn- und Wesensfrage. Was dabei herauskommt, ist, wenn man es sich zu eigen macht, geeignet, *zur Grundlegung einer allgemeinen vergleichenden Gesellschaftswissenschaft über alle biologischen Fachgrenzen hinaus* beizutragen. Alles, was der Integration der Wissenschaft, dem Ausgleich der Spezialisierung dient, ist würdig, gefördert zu werden.

Wir haben es nicht nur mit verschiedenen Bereichen der Naturwissenschaft zu tun, sondern auch mit einem geisteswissenschaftlichen Bereich, in dem ausgegangen werden muß von demjenigen Begriff „Soziologie", den AUGUSTE COMTE vor mehr als hundert Jahren kreierte: der Lehre von den Beziehungen unter den Menschen und Menschengruppen in staatlicher Ordnung. Die menschliche Gesellschaft beruht auf dem sozialen Konsensus, einem ausgesprochenen Bewußtseinsphänomen, das das Zusammenleben normativ regelt und es in mancherlei Variationen und mit großen geschichtlichen Veränderungen beherrscht. In höherer Form ist das Ergebnis der Staat und das Grundgesetz die Verfassung. Gegenseitige Hilfe und Zusammenarbeit, insbesondere durch Arbeitsteilung, bestehen weitgehend, aber auch starke Konkurrenz. Die Entwicklungstendenz geht im Prinzip von sehr unterschiedlichen Berechtigungen der Gesellschaftspartner und schwachem Schutz für den Einzelnen zu immer mehr gesteigerter Sozialität, der aber das Bewußtsein und der Wille des Einzelnen nicht im gleichen Maße folgen. So besteht ein polarer Gegensatz von Individuum und Gemeinschaft in der menschlichen Gesellschaft.

In den Tiergesellschaften ist das nicht der Fall. Zwar ist das Individuum darin der Konkurrenz nicht enthoben, sondern diese nur eingeschränkt, und das Individuum will nur sich selbst; der soziale Instinkt, der Beziehungen regelt, ist gestaute Energie des Individuums, die zur Entladung drängt, und diese Entladung wirkt als eine Befreiung; das Individuum wird sich des sozialen Sinnes der Instinkthandlung nicht bewußt. Aber eine angeboren sinnvolle, oft durch Erfahrung gesteigert sinnvolle, in festen Formen sich bewegende, aber plastische Ausrichtung dieses psychophysischen Geschehens macht das Verhältnis sozial in vielen

* Mit Genehmigung des Westdeutschen Verlages GmbH übernommen aus „Kölner Zeitschrift für Soziologie und Sozialpsychologie, 15. Jg. Heft 3. 449–461 (1963).

Abstufungen vom lockeren Verband bis zum geschlossenen „Tierstaat". Nicht zu diesen Abstufungen gehörig sind passive Anhäufungen wie etwa massenweise angespülte Insekten am Meeresstrand oder bei Überschwemmungen oder am Lampenlicht oder die Blattläuse, die, sich vermehrend, auf demselben Pflanzentrieb zusammenbleiben, oder Wimperinfusorien, die sich an günstigen Stellen ihres Mediums ansammeln. Man kann als Beispiel solcher Art auch die Konzentration vieler verschiedener Insekten an einem großen Kadaver oder solcher an ausfließendem Baumsaft nennen, aber in solchen Fällen ist die Sachlage komplizierter, weil nicht ausschließlich ein bloßes Nebeneinander vorliegt, sondern biozönotische Beziehungen bestehen, z.B. Konkurrenz oder Verhältnisse wie folgende: Gewisse Kurzflügelkäfer und andere Insekten interessiert nicht das anlockende Substrat, sondern die Gelegenheit, unter den anderen Besuchern Beute zu machen. In anderen Fällen sind gewisse Arten von anderen abhängig, indem z.B. der Riesenkäfer *Xylotrupes gideon* in Ostasien ein Bäumchen annagt, um den Saft zu genießen, und der ausfließende Saft andere Insekten anlockt, die davon mitprofitieren. Indem diese dann „Kommensalen" sind, liegt ein biozönotischer Konnex vor. Alle solche durch äußere Umstände veranlaßte Ansammlungen verschiedener Arten werden als *Aggregationen* bezeichnet, unberechtigterweise auch als „Assoziationen", diese Bedeutung des Wortes „Assoziation" aber muß der viel älteren phytologischen Bedeutung des Wortes weichen, die ihr schon ALEXANDER VON HUMBOLDT beilegte.

Jede Art von Ansammlung muß also für sich betrachtet werden. Es gibt viele Insekten, die gemeinschaftlich überwintern. Wenn im Innern von Kirchtürmen sich Florfliegen (*Chrysopa*) im Herbst zur Überwinterung ansammeln, so liegt eine bloße Aggregation vor; denn es ist der Schutz, den das Gebäude gewährt, der diese Insekten zusammenführt. Deutlich zueinander hingezogen aber werden Massen des springenden niederen Insekts (Springschwanzes) *Podura aquatica* unter besonderen Umständen. Gewöhnlich auf kleinen Wasseroberflächen oder an feuchten Orten lebend, ballen sie sich in sehr trockenem Kiefernwald zuweilen in Massen zu einem Klumpen zusammen, um so vor der Austrocknung etwas besser geschützt zu sein.

Kennzeichnend für die Gesellschaften der Tiere ist also, daß ein Zueinanderhingezogensein der geselligen Tiere als seelische Funktion besteht, soweit nicht schon die gemeinschaftliche Abstammung das Gemeinschaftsleben bedingt; indem sich die Nachkommen einer Mutter nicht zerstreuen, sondern zusammenbleiben, wie bei Ameisen und Termiten die Arbeiter dauernd, die Geschlechtstiere so lange, bis sie fertig entwickelt sind, und bei den Bienen alle Stände dauernd zusammenleben. Das Zusammenleben während der Entwicklung zugleich mit einem oder beiden Elternteilen oder ohne diese ist bei Säugern und Vögeln allgemein, bei Insekten ziemlich verbreitet, z.B. bei vielen Raupen. Ohne sozialen Instinkt keine Sozietät.

Kennzeichnend für die Tiergesellschaften ist ferner, daß es sich im Regelfall um Tiere gleicher Art handelt, nur ausnahmsweise kommen andere Arten hinzu, wie bei Vogelschwärmen. Die Mitbewohner eines Vogelnestes oder eines Ameisenhaufens bilden mit den Herstellern dieser

Bauten einen engen biozönotischen Konnex, nicht eine Gesellschaft, wenn man diese Begriffe sauber auseinanderhält.

Sozial lebenden Tieren eignet die Fähigkeit der *Kommunikation*, der Verständigung untereinander; für diese ist soziales Leben nicht Voraussetzung, wohl aber die gleiche Höhe der seelischen Organisation wie für soziales Leben. Angedeutet ist dieses in Fällen wie dem der Engerlinge in der Erde oder in morschem Holz; das Freßgeräusch, Funktion eines Schrillapparates an den Kiefern, warnt die schwächere Larve, der stärkeren aus dem Wege zu gehen, der sie sonst zum Opfer fallen würde; hierdurch wird der Mord innerhalb der Art eingedämmt.

Das Gros der Tierarten lebt *solitär*; geselliges Leben ist eine daraus entwickelte höhere Lebensform und kommt nur bei den höchstorganisierten Tieren, bei Wirbeltieren und Insekten, vor. Tiergesellschaften haben, wie die menschlichen, eine Verfassung, aber sie ist ihnen eingeboren in Gestalt der sozialen Instinkte. Infolgedessen ist das Zusammenleben von Natur geregelt und zusammengeordnet, die Konkurrenz tritt gegenüber der unbewußten gegenseitigen Hilfe zurück. In der menschlichen Gesellschaft mit den verschiedenen Strebungen der Individuen gibt es viel Irrungen und Wirrungen. In einem Kreis von Laien wurde die Frage aufgeworfen, ob die Ameisen Verstand hätten, und einer wußte die Antwort. Er sagte: Nein, denn wenn sie Verstand hätten, so ginge es bei ihnen ebenso verworren wie bei uns zu. Die Verfassung der Insektenstaaten ist kommunistisch. Aber es muß dazu bemerkt werden, daß die Tierstaaten nicht von einer Zentrale aus regiert werden, sondern die Ordnung *und* gemeinschaftliche Leistung auf den allen Individuen gemeinschaftlichen „Spielregeln" und angeborener Gleichsinnigkeit des Verhaltens beruht, die zur Zusammenarbeit führt. Es geht also doch ganz anders als in einem wirklichen Staat zu, und der Tierstaat kann nur in einem übertragenen Sinn als Staat bezeichnet werden.

Bei Hühnern und bei Affen ist die Form der Verfassung der Despotismus. Das stärkste und mutigste Huhn hackt alle andern, und jedes stärkere Huhn das schwächere nach bestimmter Rangordnung, wie allgemein bekannt. Dem stärksten Affen gehört alles; solange er nicht gesättigt ist, darf kein anderer ihm zuvorkommen. In der Gefangenschaft zeigt sich dies drastisch, in der Freiheit, wo Ausweichmöglichkeiten bestehen, mag es weniger stark in Erscheinung treten. Eine Möwenkolonie hat gleichsam eine bürgerliche Verfassung; jedem Brutpaar ist der Platz, wo es sein Nest hat, und ein gewisser Raum um dieses zu eigen, und dies wird im allgemeinen respektiert.

Das meiste von dem hier über Tiergesellschaften Gesagten ist von F. Alverdes in seiner Tiersoziologie und von derzeitigen Verhaltensforschern ausgesprochen worden. Ein vollständiger Vergleich der Vergesellschaftungen von der Anthropologie abwärts aber scheint noch niemals durchgeführt worden zu sein, weil die Bearbeiter jeweils nicht weit über ihr Fach hinausgelangen.

Schon gestreift wurde hier vorher das Neben- und Miteinander von Tieren verschiedener Art. Es kann sich um Gesellschaften handeln, etwa streichende Vogelschwärme. Die gewöhnliche Struktur einer als eine Einheit anzusehenden größeren Zahl von Arten auf bestimmten Raum (wobei die Individuen der meisten Arten einzeln leben) ist nicht die einer Sozietät, sondern ihre Einheit beruht auf zahlreichen Abhängigkeiten und gegenseitigen Wirkungen, nicht zum wenigsten auf Konkurrenz, die in den Sozietäten zwar nicht ganz fehlt, aber eine weit geringere bis geringe Rolle spielt. Man hat daher von vornherein in der Zoologie jene Vereinigungen nicht als Gesellschaften, sondern mit dem Wort „*Lebensgemeinschaft*" bezeichnet, deren örtliche Grenzen man vergeblich bemüht war, anders als unter Zugrundelegung der Vegetationseinheiten abzustecken, daher jetzt ziemlich allgemein der Begriff der Lebensgemeinschaft als Pflanzen *und* Tiere eines Landschaftsteiles umfassend angesehen wird. Die Tierwelt ist darin viel stärker auf die Pflanzenwelt angewiesen als umgekehrt. Nimmt man an dem Wort „Gemeinschaft" Anstoß für ein Verhältnis, dessen Harmonie hauptsächlich auf Raub, Parasitismus, Konkurrenz und überhaupt auf lauter feindlichen Beziehungen beruht, so ist dazu zu sagen, daß das dynamische Zahlenverhältnis der Individuen verschiedener Arten sehr fein abgestimmt ist als Nahrungs-Zehrungs (N.Z.)-System, und zwar durch das Vermehrungs- und Vernichtungspotential der Arten. Man kann das am deutlichsten bei R. WOLTERECK in seiner „Allgemeinen Biologie" nachlesen. Die „Gemeinschaft" besteht in diesen biozönotischen Beziehungen und der gemeinsamen Wohnwelt. „Gemeinschaft", sagte THIENEMANN, „ist die Lebensform der Natur" – in der Zoologie wohl unterschieden von der *Gesellschaft* als Lebensform.

Abgesehen von Tierkolonien und Tierstöcken, die nicht als Sozietäten gelten, sondern spezielle Sachverhalte darstellen, lebt die übergroße Mehrzahl der Tiere einzeln – solitär sagt man. Und damit sind wir zum Kernpunkt der Erörterung gelangt.

Alle Pflanzen leben solitär. Aber im Gegensatz zu den Tieren sind sie in eine bestimmte dauernde räumliche Beziehung zueinander gebannt, und das konstante Nebeneinander bestimmter Arten ist kein bloßer Zufall; nicht nur der Zufall des Standplatzes der einzelnen Pflanze, sondern die innere Gesetzmäßigkeit der Arten hat sie einander zugestellt – die Pflanzen*arten*, und *das* meint die Pflanzensoziologie nicht ohne Recht. Aber die Sozietät der Tiere (gleicher Art!) ist ein Sachverhalt, der in der Pflanzenwelt kein Analogon hat. Das ist mit dem unmittelbar Vorhergehenden bereits gesagt. Was Pflanzen und Tieren in dieser Hinsicht gemeinsam ist, ist die „Gemeinschaft" durch gegenseitige oder einseitige Beziehungen.

In einer Studie, betitelt „Versuch einer Gesellschaftslehre der Pflanzen", hat R. RAPAICS Gemeinschaftsbeziehungen unter den Pflanzen, ihren „biozönotischen Konnex" dargestellt. Die ideologische Grundlegung der Lebensgemeinschaft war zuerst und hauptsächlich aufgebaut auf den wirkenden Beziehungen der *Tiere* untereinander, weil diese Beziehungen noch viel mannigfacher und verwickelter sind als bei Pflanzen. Dies wird in jener Studie bezüglich der Pflanzen wirksam ergänzt. Die Schwäche jener Darstellung aber liegt darin, daß sie sich auf die Pflanzen beschränkt, so daß sich dabei nicht zeigt, worin die Gesellschaften der Tiere als eigentliche Gesellschaften von den sogenannten Gesellschaften der Pflanzen verschieden sind. Wäre der Unterschied nur graduell, so wäre er unerheblich; *er ist aber ein Unterschied der Dimension.* Die Tiere regeln ihre Beziehungen zur Umwelt durch instinktives Verhalten oder durch Versuch und Irrtum. Darin äußert sich die verschiedene Art der Innerlichkeit von Tieren und Pflanzen; die Pflanze lebt, das Tier lebt und ist beseelt, d.h. auch die Pflanze hat zwar trotz aller im Wachstum eintretenden Veränderungen eine feste Wesenart, aber die Bezeichnung „Beseeltheit" wäre dafür viel zu hoch, denn sie setzt Nerven und Empfindung voraus. Das kann hier nur gestreift werden. Die gemeinsame Bezeichnung für die feste Wesensart des Tieres *und* der Pflanze, zufolge derer aus dem Keim immer wieder ein Wesen gleicher Art entsteht, ist, daß beide, Tier und Pflanze, ein *Innen*, besser: *Innerlichkeit* besitzen. „Innerlichkeit"[1] ist als Bezeichnung vorzuziehen, weil das Innen nicht etwa neben und außer dem Organismus ist, sondern ein Aspekt desselben, die oberste (qualitative) Dimension des lebendigen Ganzen ist, etwas Wirkliches, aber nur in Gedanken Abstrahierbares – soviel wir wissen.

Dem Unterschied entsprechend *intendiert* das Tier bewußt eine Vergesellschaftung, wenn es eine soziale Lebensform hat, und kann eine ihm adäquate Wohnwelt aufsuchen, die Pflanze dagegen ist im Zustand der Geworfenheit – ich gebrauche da einen ziemlich passenden Ausdruck der Existenzphilosophie. Wo der Zufall das Samenkorn hingeraten läßt, ist es gebunden auf Gedeih und Verderb. Die Geworfenheit ist gemildert dadurch, daß ein Teil der Samenkörner innerhalb der speziellen Gemeinschaft Aussicht auf ein geeignetes Plätzchen hat, weil die Zugehörigkeit zu dieser Gemeinschaft ein Netz von Ordnungsbeziehungen schafft, die diese Gemeinschaft aufrechterhalten, z.B. Beschattung, die Möglichkeit für Rankpflanzen, an anderen eine Stütze zu finden, usw. Pflanzen können nicht, wie die Tiere, den Willen haben, zueinander zu gelangen, die Art ihres Zusammenlebens in einer Lebensgemeinschaft ist *reaktive* Lebenstätigkeit.

Die grundsätzlich wirkenden Beziehungen der Pflanzen einer Lebensgemeinschaft seien zur Untermauerung des Gesagten einer kurzen, aber intensiven Betrachtung unterzogen, weil es üblich ist, damit den Begriff „Pflanzengesellschaft" zu begründen. Alles in der Gemeinschaft der Pflanzen ist so sehr verfilzt, daß es schwer völlig zu entwirren ist, aber dennoch unvergleichlich viel einfacher als bei den Tieren. Vorweggenommen sei derjenige Fall pflanzlichen Zusammenlebens, der den Aggregationen oder Ansammlungen der Tiere einigermaßen entspricht. In der Studie von RAPAICS sind sie ausführlich charakterisiert. Mir scheint charakteristisch für Aggregationen das Fehlen von Konstanten, leichter Ausfall von Arten und leichte Aufnahme anderer, im Grunde das Fehlen aller wirkenden Beziehungen außer der Konkurrenz. RAPAICS nennt als Beispiele u.a. Algen und Flechten verschiedener Art auf Felsgestein, auch Blütenpflanzen auf Neuland. Besonders passende Beispiele aber scheinen mir Ansiedlungsversuche von Adventivpflanzen des Verkehrs an Verladestellen und dergleichen zu sein.

Die Pflanzen einer Gemeinschaft gehören erstens zusammen, indem ihr konstantes Vorkommen an einen Ort gebunden ist, wo sie optimale Bedingungen für ihr Gedeihen finden – wohlgemerkt: optimale; denn die

[1] ADOLF PORTMANN. „Innen" nach R. WOLTERECK. „Dimension": K. FRIEDERICHS (1937); später, unabhängig davon, auch NICOLAI HARTMANN.

Pflanzenarten können nur da konstant vorkommen, wo sie in der Konkurrenz zu bestehen vermögen, und das können sie nicht, wenn sie irgendwie durch die ökologischen Bedingungen im Nachteil gegenüber Konkurrenten sind. Mindestens müssen die ökologischen Faktoren in dieser Hinsicht hinreichend günstig sein oder die Konkurrenz schwach.

Zweitens kommen Pflanzenarten deshalb konstant in einer bestimmten Lebensgemeinschaft vor, weil sie nicht nur zusammen die Bedingungen ihrer Existenz im Substrat daselbst finden, sondern weil sie einander hinreichend wenig Konkurrenz machen, um trotz starken Wachstums, das sie in Konflikt bringen könnte, nebeneinander bestehen zu können. Das beruht hauptsächlich darauf, daß sie nicht die gleiche Nische [1] in Anspruch nehmen, z.B. die Eiche und der Waldmeister. Das bedeutet also nur, daß die betr. Arten einander gegenseitig (faktisch) tolerieren, und zwar in dem Sinne, daß die Existenz der einen die der anderen nicht beeinträchtigt. Dies äußert sich besonders darin, daß die keine zusammenhängende Pflanzendecke des Bodens bildenden schattenfesten Bodenpflanzen des Waldes keine ernsthafte Gefahr für die Keimpflanzen der Bäume sind, außer wenn Gras, insbesondere *Calamagrostis*, gedeiht; dann haben die Keimlinge es schwer, weil solche Rasendecke den Boden austrocknet.

Drittens: Es besteht eine *Arbeitsteilung* unter den Arten eines Bestandes, die allen zugute kommt: Die Saprophyten des Bodens haben andere Aufgaben in der Gemeinschaft als die Chlorophyllträger, und auch untereinander. Ich zitiere RAPAICS dem Sinne nach: Einzelne Saprophyten verdauen die in den Boden kommenden pflanzlichen und tierischen Kadaver, andere verbrauchen die so veränderten Stoffe; es besteht hier eine ganze Kette von Mitwirkenden verschiedener Art, von denen die einen immer den Stoff den folgenden übergeben, bis der Stoff, fortwährend vereinfacht, in solche Verbindungen verwandelt ist, welche grünblättrigen Pflanzen als Nahrung dienen können. Arbeitsteilung kann es genannt werden, daß die Flachwurzler den Boden und das Wasser anders nutzen als die Tiefwurzler, die Leguminosen mit ihren Knöllchenbakterien Stickstoff dem Boden nicht nur entnehmen, sondern ihm aktiv zuführen.

Überhaupt schaffen in vielfacher Weise Pflanzenarten Existenzbedingungen für andere; besonders dann gilt das, wenn wir die Pflanzenvereine dynamisch betrachten, in den Formen der Sukzession. In der statischen Pflanzengemeinschaft leisten dergleichen z.B. der Baum für die Mistel oder Epiphyten, Waldbäume durch ihren Laubfall als Bildner von Humus nicht nur für sich selbst, sondern auch für die anderen Schichten des Waldes, während alle Waldschichten zusammen das Klima des Standortes durch Beschattung und Verdunstung mäßigen. Besonders deutlich tritt die Arbeitsteilung hervor, wenn die Betrachtung auf die ganze Lebensgemeinschaft ausgedehnt wird, indem dann Produzenten, Konsumenten und Reduzenten, die zusammen die Stoffbilanz aufrechterhalten, unterschieden werden.

[1] Nische = ein Komplex von Faktoren innerhalb eines Standortes, die zusammen das Leben einer Art ermöglichen.

Ich nannte schon die in der allgemeinen Ökologie „*Metabiose*" genannten Verhältnisse, die zur Sukzession führen; eine Art schafft durch ihre Lebenstätigkeit die Nische für eine andere, oder eine ganze Lebensgemeinschaft tut das gleiche für eine sie ablösende. Das Mittel dazu können Wurzelsekrete sein, die eine andere Art begünstigen, wie das vom Ackerstiefmütterchen in bezug auf Roggen behauptet wird (*Probiose*). Andererseits können Sekrete eine andere Art ausschließen: die *Antibiose* von Pilzen und Bakterien, auch von höheren Pflanzen ausgehend.

Die Massierung von Bäumen gleicher oder verschiedener Art in einem dichten Bestand schafft dem Wald einen nicht absoluten, aber weitgehenden Schutz gegen Sturm, der häufig freistehende Bäume entwurzelt. Weiter: Die Bäume gleicher oder verschiedener Art im Bestand beeinflussen einander morphologisch und physiologisch. Eine Kiefer im Mischbestand ist anders beschaffen als eine solche im Reinbestand oder außerhalb des Waldes alleinstehend. Die Konkurrenz veranlaßt Anpassungen als Reaktion zum Schutz dagegen. Der Einfluß der Zugehörigkeit zu einem Bestand bestimmter Art und bestimmten Alters geht bis zur Modifikation der anatomischen Struktur des Holzes. Man lese über dergleichen ergänzend nach in dem alten, aber erst neuerdings in der deutschen Übersetzung zugänglichen Buch von MOROSOW „Die Lehre vom Walde".

Als letzte von den Wirkungen der Lebensgemeinschaft sei erwähnt: Es kann vorkommen, daß in einem dichten Reinbestand von Bäumen die Wurzeln zusammenwachsen zu einem einzigen riesigen Organismus oder wenigen solchen. Auch das ist keine spontane Aktion wie der gesellige Trieb der Tiere, sondern eine reaktive Lebensäußerung. Es scheint, daß einige neuere Erkenntnisse über diese Lebenserscheinung gewonnen worden sind, im ganzen aber stehen wir erst am Anfang der Kenntnis der biozönotischen Beziehungen der Pflanzen untereinander.

In allem zeigt sich, daß die Art einer Lebensgemeinschaft zwar von der Bodenart, Wasserführung und dem Klima abhängig ist, daß aber die Grundzüge der Lebensgemeinschaft durch diese selbst bestimmt werden, wie es auch sie ist, die das primäre Substrat zum Biotop, dem bewachsenen Standort als Mutterboden macht. Die genannten wirkenden Beziehungen der Pflanzen eines Biotops untereinander lassen die starke Realität der Lebensgemeinschaft als Lebensform der Vegetation erkennen, aber nicht eben die Lebensform „Gesellschaft" in dem Sinn wie bei Tier und Mensch.

Man kann bezüglich der Arten eines Pflanzenvereins folgern, daß sie nicht nur aus der äußeren Veranlassung des gemeinsamen Substrats zueinander gelangen, sondern zufolge innerer Gesetzmäßigkeiten, die das konstante Zusammenvorkommen gewisser Arten ermöglichen. Aber das ist nur Ausdruck des *ordo naturae*, des allgemeinen Naturplans, dessen Gesetze zueinander so stimmen, daß verschiedenes, vielfältiges Leben möglich ist, nicht ist es das Ergebnis einer Initiative, die Gesellschaft anstrebt. Die nach dem passiven Zusammengeraten eintretenden wirkenden Beziehungen sind Reaktivität. Mit anderen Worten: Die Pflanze hat keinen Geselligkeitstrieb. Die Ordnungsform ihres Zusammenlebens ist diejenige der Lebensgemeinschaft, und wenn Pflanzenvereine geringeren Umfangs sind als der der betr. Lebensgemeinschaft, so sind sie Unterteilungen derselben. Soll das Zusammenleben der Pflanzen „Gesellschaft" heißen, so ist es jedenfalls nicht ein ähnlicher Sachverhalt wie die Tiergesellschaft.

Selbst Gemeinschaft bedeutet für Tier und Pflanze nicht durchaus das gleiche, insbesondere weil die Pflanzen einander nicht wie Tier und Mensch ausweichen können. Wieviel mehr gilt der Unterschied für den Ausdruck „Gesellschaft"; das was bei Tieren unter „Gesellschaft" verstanden wird, gibt es für die Pflanze nicht. Andererseits sind Pflanzen bestimmter Arten einander mit Notwendigkeit räumlich „zugesellt", jedoch ohne ihr Zutun, soweit es die Ansiedlung betrifft, wogegen die Tiere nicht allgemein, aber oft aktiv zueinander finden, z.B. das Männchen zum Weibchen, der Verfolger zur Beute. So stehen wir also vor der Tatsache, daß „Gesellschaft" in den zwei Hauptsparten der Bioökologie [1] als überfachlicher Wissenschaft zwei verschiedene Bedeutungen hat. Ja, noch mehr, auch die Petrographie kennt sogenannte „Gesellschaften" der Sediment- und Eruptivgesteine als gelegentlich gebrauchte Bezeichnung: reichlich unüberlegt übrigens, da die betreffenden Schichten zu einer „Gesellschaft" nur auf Grund chemischer Affinitäten ernannt werden und nicht einmal beieinander zu liegen brauchen.

Ich verstehe es, wenn dieses Ergebnis der Prüfung des Wortes „Pflanzengesellschaft" Phytologen unbehaglich wäre, scheint es doch an einer altgewohnten Konvention zu rütteln. Aber dabei darf nicht vergessen werden, daß dies schon mehrfach kritisch erörtert worden ist und daß es sonst Phytologen waren, die es taten. Das möge man diesen Äußerungen eines Zoologen und Bioökologen zugute halten, die überdies auf Wunsch, nicht aus eigenem Antrieb erfolgen.

Eine grundsätzliche Frage, die sich hierbei aufdrängt, ist noch folgende: Aus welchem Grunde wurde der Gesellschaftsbegriff in Phytologie und Zoologie verschieden gefaßt? Dieser Grund ist nicht schwer zu erkennen. Abgesehen davon, daß die Biozönotik sich in jedem der beiden Fächer unabhängig entwickelte, liegt der Hauptgrund darin, daß die Tiere im allgemeinen in der Landschaft verstreut leben oder wegen Kleinheit oder verstecktem Leben nicht gesehen werden; nur ausnahmsweise treten sie makroskopisch massiert in Erscheinung, etwa als Saatkrähenkolonie, als Möwenkolonie, als Lummenfelsen, als Ameisenvolk. Solche Fälle waren also aus der Menge der Erscheinungen herausgehoben als „Gesellschaften". Dazu kommen die erwähnten „Aggregationen" als auffällige Erscheinungen innerhalb des verstreuten Lebens der Tiere, das das Gewöhnliche ist. Ganz anders die *Vegetation*, die überall als grüne, aber in sich unterschiedliche Masse zu erblicken ist. Die Pflanzen sind notwendig miteinander „vergesellschaftet", wenn auch in einem anderen Sinn als die Partner von Tiergesellschaften. Hierin liegt etwas wie eine logische Berechtigung des phytologischen Gesellschaftsbegriffes, das zu seinen Gunsten der Kritik entgegengehalten werden kann.

Die zunächst voneinander unabhängig in verschiedenen Fächern vor sich gegangene Entwicklung hat den Gegensatz mit sich gebracht; die Annäherung der Fächer aneinander in der Bioökologie macht ihn zum

[1] Bioökologie: Ökologie der Pflanzen und Tiere in eins.

Problem. Ist ein Ausgleich nötig? Würden Physiker und Chemiker einerseits, Biologen andererseits öfter über allgemeine Fragen im Gespräch sein, so würden sie feststellen, daß die beiden Seiten mit vielen Worten, die beide gebrauchen, einen verschiedenen Sinn verbinden. Der Mythos, immer eine große Wahrheit, nennt das: Babylonische Sprachverwirrung. Vollends gilt das für Wissensgebiete, die voneinander weiter entfernt sind. Eine „Libelle" gibt es auch in der Technik, und das Wort „Organisation" hat verschiedene Bedeutungen in der Soziologie, der Ökologie, der Physiologie und der Pathologie. Das stört wenig. Worte sind Symbole; ein und dasselbe Wort kann verschiedenes symbolisieren, wenn es in verschiedenem Zusammenhang gebraucht wird; die Sprache würde sonst nicht ausreichen dafür. Aber ob der verschiedene Gebrauch innerhalb einer einheitlichen Disziplin erlaubt ist, wie die Bioökologie, die Gesamtökologie, begonnen hat, es zu werden, das ist das Problem. Es besteht nicht die Absicht, es hier in einer radikalen Weise zu beurteilen. Auf die Unstimmigkeit wurde ja schon mehrfach hingewiesen. Aber ernsthafte Konsequenzen hat m.W. bisher keiner daraus gezogen, und der Pflanzensoziologie, wie sie nun einmal heißt, sollen keine direkten Vorschläge aufgedrängt werden.

Das Ergebnis von allem ist nun: Mit Sicherheit ist anzunehmen, daß innerhalb der Botanik auch künftig die Bezeichnungen „Gesellschaft" und „Soziologie" gebraucht werden. Wird dabei gelegentlich im gleichen Sinne von „Tiergesellschaften" gesprochen, so muß und wird in der Regel klar sein, daß damit die eigentlichen Tiergesellschaften im zoologischen Sinne nicht gemeint sind. Besser aber wäre die Bezeichnung „Tierverein" oder, gegebenenfalls, „Tiergemeinschaft". Pflanzengesellschaften sind übrigens nach BRAUN-BLANQUET nicht allgemein gleich Biozönosen der Pflanzen, sondern die Phytozönose kann, sagt BRAUN-BLANQUET, entweder einem Komplex von Gesellschaften, oder einer bestimmten Pflanzengesellschaft, einem Verband, einer Assoziation, einer Unterabteilung der Assoziation oder einem Bruchteil einer solchen entsprechen.

Da in der Ökologie der Tiere oft auf die Phytozönose oder Unterteilungen derselben Bezug genommen werden muß, so fragt sich, ob in diesem Fall von „Pflanzengesellschaften" gesprochen werden soll. Es erscheint unbedenklich, wenn dabei der Unterschied des Wesens von „Pflanzengesellschaft" und „Tiergesellschaft" klar ist. Dasselbe gilt innerhalb der *Bioökologie*, und es ist Sache des einzelnen Autors, wie er sich ausdrücken will.

Möglich, daß gewisse Faunenelemente zu etwas den Pflanzengesellschaften Entsprechenden zusammengefaßt werden können, das aber dann keine Sozietät im zoologischen Sinne ist. Man könnte (und dazu liegen Ansätze vor) gewisse Konnexe von Tierarten in dieser Art enger zusammenfassen, Tierarten, die biozönotisch enger miteinander verbunden sind als die Glieder einer Lebensgemeinschaft im allgemeinen. In der Autökologie geschieht solche Herauslösung enger Konnexe aus der Lebensgemeinschaft jederzeit.

Werden Fächer zusätzlich zu ihrem Eigenleben zusammen zu einer übergeordneten Disziplin integriert, wie die Bioökologie eine solche ist, so muß bei Verschiedenheit der Nomenklatur eine Seite nachgeben, und zwar normalerweise die jüngere. Die Phytoökologie hat sich schneller entwickelt als die Zooökologie, wie das so zu sein pflegt, wenn der Gegenstand zweier vergleichbarer Disziplinen von verschieden großer Kompliziertheit ist. Die Phytoökologie ist früher als die Zooökologie zu den Begriffen Phänologie, Aspektfolge, Sukzession, Klimax gelangt; dementsprechend haben die Tierökologen diese Bezeichnungen übernommen; den phytologischen Geschellschaftsbegriff aber konnten sie offenbar nicht übernehmen; der zoologische ist auch älter, als dem der allgemeinen Soziologie entsprechend. Bei Festlegung von Worten und Begriffen müssen m.E. immer drei Prinzipien gelten: Erstens das der logischen Unterscheidung, zweitens das pragmatische Prinzip der Eignung für die Forschungspraxis und drittens das Prinzip der Kontinuität der Wissenschaft. Diese drei Prinzipien führen nicht immer zu gleichen Ergebnissen, von denen man bald dem einen, bald dem anderen den Vorzug geben muß. Für Geltung der Unterscheidung ist maßgebend: „*Le monographe fait la loi*". Über die Logik des Wortes „Gesellschaft" in der Phytoökologie haben wir uns ausgesprochen; was die Eignung betrifft, so würde eine Veränderung in unserem Falle etliche weitere nach sich ziehen müssen: Schwer wäre z.B. Ersatz für Worte wie *consocies* zu finden. Was endlich die Kontinuität betrifft, so kann man sie mit viel Recht gegen eine Veränderung geltend machen.

So mögen alle zufriedengestellt werden können. Aber nicht alles ist damit gesagt. Erstens: In der Festschrift für AICHINGER, die 1934 erschien, lautet die Überschrift eines Artikels von F. HARTMANN: Über die Beziehungen der Pflanzensoziologie zur Forstökologie, und die eines Artikels von P. FILZER: Über Ziele und Wege zur Verknüpfung von pflanzensoziologischen und ökologischen Betrachtungsweisen. Demnach unterscheiden diese Autoren zwischen Pflanzensoziologie und Pflanzenökologie. Es scheint, daß sie unter Pflanzensoziologie nur die *Klassifikation* der Gemeinschaften und die Beschreibung ihrer artlichen Zusammensetzung, allenfalls ihre Sukzession, verstehen. Dagegen ist die Pflanzensoziologie bei BRAUN-BLANQUET deutlich = Biozönologie der Pflanzen in ihrem ganzen Umfang. Diesem Urteil muß ich mich entschieden anschliessen; es liegt allem, was ich hier sage, zugrunde. Wenn andere in der Pflanzensoziologie nur einen Teil der Biozönologie erblicken wollen, so kann erstere auch als eine Vorstufe dazu aufgefaßt werden, als die notwendige Inventarisierung und Ordnungslehre. Aber sie geht doch faktisch immer darüber hinaus.

Ferner: Wie verträgt sich das hier Gesagte damit, daß ich seit 1927 alle Kollektive lebender Wesen gleicher oder verschiedener Art, mit oder ohne ihr Substrat (d.h. ihre spezielle abiotische Umwelt) „Organisationen" nenne? Ich wollte damit der früher oft und auch jetzt zuweilen vorgebrachten Meinung widersprechen, daß solche Kollektive „Organismen" seien. Genauer gesagt: Die *Tierstaaten* sind tatsächlich Organismen, Organismen anderer Ordnung als die Individuen, die temporären Zusammenschlüsse von Tieren sind es nicht, noch weniger das Zusammenleben von Pflanzen und die ganzen Lebensgemeinschaften oder sie nebst ihrem Substrat. Nicht nötig, darauf jetzt wieder einzugehen. Die Begründung für den Ausdrück „Organisation" sehe ich darin, daß menschliche Organisationen einen Personenkreis mit oder ohne einen Apparat (dem in unserem Falle das Substrat, von den Lebewesen umgestaltet, entspricht) umfassen und daß die Kollektive anderer lebender Wesen entsprechend aufgefaßt werden können. Es handelt sich um eine der bereits erwähnten etlichen Bedeutungen des Wortes „Organisation" und bedarf daher keiner weiteren Begründung, als daß es ein besser treffendes Wort für diese Art der Verbundenheit lebender Wesen nicht gibt, wie auch kein besseres als „Gemeinschaft" für die Biota eines Biotops (oder Habitats, wie es englisch heißt). Alle solche Bezeichnungen mit einer einzigen Ausnahme, dem Worte „Kollektiv", sind anthropomorph; wir können einfach nicht umhin, uns so auszudrücken. „Kollektiv" und „Organisation" sind in diesem Zusammenhang gleichbedeutend; der letzte Ausdruck ist weniger Fachausdruck als eine *Charakteristik* der Art der Lebenskollektive.

Man könnte meinen, daß das über die erörterten Ausdrücke Gesagte kürzer vorgebracht werden könnte. Aber es geht um mehr als um diese Erörterung. Es wurde hier schon gesagt, daß ein vollständig durchgeführter Vergleich der Vergesellschaftungen von denen des Menschen abwärts noch niemals geschrieben zu sein scheint. Ein solcher Vergleich ermöglicht es, zu Ganzwahrheiten bezüglich allgemeiner Fragen zu gelangen, bezüglich derer ein fachlich begrenzter Gesichtspunkt bestenfalls nur Halbwahrheiten erkennen lassen kann. Wir können nun folgern: Die Vergesellschaftung der Pflanzen ist keine Vorstufe der tierischen Gesellschaft, sondern die beiden sind einander nebengestellt, wie denn Pflanze und Tier aus gemeinsamer Wurzel differenziert worden sind. Die Gesellschaften der Tiere bereiten die menschliche vor, aber ohne daß diese kausal daraus abgeleitet werden könnte. Sie liegt auf einer höheren Seinsebene, indem an die Stelle der Gebundenheit an Instinkte größtenteils intelligentes Handeln tritt sowie die *humanitas* als Ethik.

Von gewissen Seiten ist die Frage aufgeworfen worden, ob die Pflanzengesellschaft bzw. die Lebensgemeinschaft wirklich objektiv gegeben oder nur eine Gedankenkonstruktion sei. Kann man angesichts der vielen Verflechtungen und Wirkungen innerhalb der Gemeinschaften, insbesondere der Rückwirkungen vom Ganzen her, ihre objektive Existenz leugnen? Wer sie leugnet, der sieht den Wald vor Bäumen nicht. BRAUN-BLANQUET meint es nicht anders, wenn er schreibt: „Gegenüber den Einzelwesen hat die Gesellschaft eine durchaus selbständige Existenz mit besonderen Lebensbedingungen. Aber anfechtbar ist hieran die „selbständige Existenz'." Die Gemeinschaft ist vielmehr *gegenständlich* identisch mit der Summe der Einzelwesen in ihr, sie ist damit *abhängig* von dem Dasein der Einzelwesen, hat andererseits Macht über sie, beeinflußt sie stärkstens, und die Existenz vieler Arten ist von der Gemeinschaft abhängig, indem diese gewisse für die betreffende Art notwendige ökologische Faktoren schafft. Die Gemeinschaft, die Gesellschaft, existiert nicht selbständig, aber auf höherer Seinsebene als die Einzelwesen in ihr, und sie ist so wirklich wie diese. Zwar kennt die Natur keine Begriffe und wenig Grenzen, es geht alles ineinander über. Aber das gilt z.B. auch von Arm und Hand des Menschen. Wer wird bezweifeln, daß beide als solche wirklich sind? Der Lebensgemeinschaft die Wirklichkeit abzusprechen, ist, wie gesagt, versucht worden, und das hat manchen verwirrt. Es ist nicht gerade ein Verdienst, wenn versucht wird, in einer Zeit der Auflösung eine in ihr erfolgte Integration wieder rückgängig zu machen; was wir brauchen, ist Integration, und solcher dient auch diese vergleichende Studie über den Gesellschaftsbegriff in verschiedenen Bereichen der Wissenschaft.

Damit kann diese Studie über den Gesellschaftsbegriff beendigt werden in der Hoffnung, daß sie zur Integration der Wissenschaft ,,Soziologie" beiträgt.

ZUSAMMENFASSUNG

Während für die Gesellschaften der Tiere kennzeichnend ist, daß die geselligen Tiere zu einander hin streben durch einen Geselligkeitstrieb, und zwar (in der Regel) nur zu ihresgleichen, zu Tieren gleicher Art, gelangen in die sogen. Pflanzengesellschaften die Pflanzen passiv auf gleichen Raum, und zwar eine Vielzahl von Arten. Auch die große Mehrzahl der Tiere lebt solitär, die Pflanzen aber leben ausnahmslos solitär. Sie stehen nicht beziehungslos nebeneinander, sondern sind örtlich zu einer Lebensgemeinschaft vereinigt, d.h. es bestehen zwischen ihnen wie zwischen den Tieren und zwischen Tieren und Pflanzen biozönotische Beziehungen von vielerlei Art, die bei den Tieren großenteils beabsichtigte Aktivität sind, bei den Pflanzen dagegen natürlich niemals. Die Lebensgemeinschaft ist also Pflanzen und Tieren gemeinsam, aber die Tiere können (mit Ausnahmen) den Ort wechseln, die Pflanzen sind an ihren Standplatz gebannt; ihr stetiges nahes Beieinander auf gleichem Raum erzeugt Massenwirkung, die wie Geselligkeit aussieht. Aber eine Analogie zur Tiergesellschaft besteht im Pflanzenreich nicht. – Der Verf. hat nicht die Absicht, einer Veränderung der allgemeinen gebräuchlichen Ausdrücke Pflanzengesellschaft und Pflanzensoziologie das Wort zu reden, aber er kann nicht zustimmen dem in der Petrographie vorkommender Gebrauch der Worte ,,Gesellschaft" für Gruppen von Sediment – und Eruptivgesteinen, die nicht einmal beieinander zu liegen brauchen. Er ist aufgefordert, den Sachverhalt zu beleuchten und hofft dadurch einen Beitrag zur allgemeinen Soziologie zu leisten.

SUMMARY

While the societies of animals are characterized by an intrinsic impulse to social life and – as a rule – they associate themselves to individuals of the own species only, the so called societies of plants are induced passively to their common habitat, and this kind of society is composed of a plurality of species. Of the animals the bulk lives solitarily, the plants do so without exception. But they do not live together without relations, they are united locally to a biocenosis by intra- and interspecifical relations of manifold kind: between the plants, the plants and animals and between the animals themselves. In animals most of the relations are intended actively, in plants never, of course. The biocenosis or community of life is thus common to plants and animals, but the latter can change their place (with exceptions) the plants are banished to their place. Their constant proximity to each other causes mass action mistaken as sociability. In plants there is no analogy to the animals society. But the author does not intend to play for a modification of the terms plant society and plant sociology for they are in general use. However in zoology the word society should be applied to real societies only and the author cannot consent with the use of these words in petrography for groups of sedimental and eruptive stones, which not even lay always together; he has been invited to elucidate the facts of the case and he hopes in this manner to contribute to general sociology.

LITERATUR

ALVERDES, F.: Tiersoziologie. – Leipzig 1925.

BRAUN-BLANQUET, J.: Pflanzensoziologie. – 2. Aufl. Wien 1951.

DEEGENER, P.: Die Formen der Vergesellschaftung im Tierreich. – Berlin 1918.

FILZER, P.: Über Ziele und Wege zur Verknüpfung von pflanzensoziologischen und ökologischen Betrachtungsweisen. – in: Festschrift für Aichinger, Sonderfolge der Schriftenreihe „Angewandte Pflanzensoziologie", **2.** Wien 1934.

FRIEDERICHS, K.: Grundsätzliches über die Lebenseinheiten höherer Ordnung und den ökologischen Einheitsfaktor. – Die Naturwiss. **15.** 1927.

— Die Grundfragen und Gesetzmäßigkeiten der land- und forstwirtschaftlichen Zoologie. – 2 Bände, Berlin 1930.

— Ökologie als Wissenschaft von der Natur oder biologische Raumforschung – Sammlg. Bios **7.** Leipzig 1937.

— Der Gegenstand der Ökologie. – Studium generale **10.** 1957.

HARTMAN, F.: Über die Beziehung der Pflanzensoziologie zur Forstökologie. – in: Festschrift für Aichinger, – **2.** Wien 1934.

MOROSOW, G. F.: The Knowledge of the Forest. – 1912; Deutsch: Die Lehre vom Walde. – Radebeul 1959.

NIGGLI, P.: Gesteine und Minerallagerstellen. – Basel 1952.

PEUS, F.: Auflösung der Begriffe „Biotop und Biozönose". Dtsch. ent. Ztschr. N. F. **1.** 1954.

RAPAICS, R.: Versuch einer Gesellschaftslehre der Pflanzen. – in: Forschungen zur Völkerpsychologie und Soziologie **10,** (2). Leipzig 1931.

THIENEMANN, A.: Grundzüge einer allgemeinen Ökologie. – Arch. f. Hydrobiol. **35.** 1939.

TRAPA NATANS L. ALS KLIMA- UND SUKZESSIONSZEIGER

von

A. E. Apinis, Nottingham

Die Florengeschichte des Tertiärs und Quartärs hat viel mit *Trapa*-Arten zu tun. Ebenso ist diese merkwürdige Wasserpflanze in Europa mit postglazialen Klimaänderungen und Sukzessionsvorgängen der Gewässer verbunden (v. Post 1909, Sernander 1910, Gams u. Nordhagen 1923, Samuelsson 1934, Apinis 1940 u.a.). In der letzten Zeit sind taxonomische Fragen (Fleroff 1926, Glück 1936, v. Soó 1946, Vassiljev 1949, Jankovič 1955, Gams 1958 u.a.) und ökologische Probleme (Apinis 1940, Timar 1954, v. Soó 1957, Müller u. Görs 1961) in den Vordergrund getreten, auf die ich hier eingehen möchte.

VERBREITUNG UND SYSTEMATIK DER PFLANZE

Die heutige Weltverbreitung der *Trapa* ist stark eingeschränkt im Vergleich mit ihrer tertiären Ausbreitung durch Asien, Europa und Nordamerika. Das nordamerikanische Verbreitungsgebiet ging am Ende des Tertiärs allmählich verloren. Die Gliederung des heutigen Areals ist nicht klar. Wahrscheinlich ist die Abstammung der *Trapa*-Arten und Formen in Nord- Mittel- und Südosteuropa einheitlich. Nach Szafer (1954) sollen die Balkan- und auch Kaukasusländer ein Gebiet der Tertiärrelikte darstellen, wo die heutigen Arten und Formen während der Interglazialzeiten entstanden und sich später nach Mittel-, Nord- und Nordosteuropa ausgebreitet haben.

Das Arealgebiet Ost- und Südostasiens ist komplex und noch wenig bekannt, da es neben rezenten Formen auch alte tertiäre Arten aufweist: so sind aus dem Amurgebiet, der Mandschurei und Japan neben großfrüchtigen (*T. mandschurica* Fler. und *T. sibirica* Fler.) auch kleinfrüchtige *Trapa*- Arten beschrieben, die den tertiären Arten sehr ähnlich sind, wie z.B. *T. maximovizi* Korschinsky. Wahrscheinlich sind die süd- und südostasiatische *Trapa*-Arten mit zweistacheligen Früchten (*T. bicornis* L., *T. bispinosa* Roxb. u.a.) und Arten mit vierstacheligen Früchten mit Formen im Nahen Osten und dem tropischen Ostafrika verwandt.

Die heutigen europäischen Formen lassen sich vorläufig ohne Schwierigkeiten in drei Gruppen der *Trapa natans* L. unterbringen (Tab. 1):

1. *Trapa natans* L. ssp. *natans* (L.) Schinz Formen und Varietäten einschließlich var. *muzzanensis* Jäggi;
2. *Trapa natans* L. ssp. *verbanensis* (De Notaris) Schinz, und

3. *Trapa natans* L. ssp. *laevigata* Nathorst em. Formen und Varietäten.

Tab. 1. Nomenklatur der meisten subfossilen und rezenten nord- und mitteleuropäischen *Trapa*-Arten und -Formen (Übersichtstabelle).

Areschoug (1873) u. Nathorst (1888)	Schröter (1899) u. Glück (1936)	Fleroff (1926) und Vassiljev (1949)
Trapa natans L. Reihe coronata Nath.	Trapa natans L.:	
f. subcoronata Nath.	var. media Glück	T. media (Glück) Vass.
f. coronata Nath.	var. coronata (Nath). Gl.	T. natans L. s. str.
f. elongata Nath.	var. elongata (Nath.) Schr.	T. conocarpa (Aresch.) Fl.
Trapa muzzanensis Jäggi	var. muzzanensis Jäggi	T. europaea Fleroff
Trapa verbanensis de Not.	var. verbanensis (de Not.) Schröt.	Tr. verbanensis de Not.
	var. carinthiaca Beck	T. carinthiaca (Beck) V.
	var. cruciata Glück	T. cruciata (Gl.) Vass.
Trapa natans L. Reihe laevigata Nath.		
f. laevigata Nath.	var. laevigata Nath.	T. laevigata (Nath.) V.
f. rostrata Nath.	var. rostrata Nath.	T. conocarpa (Ar.) Fl.
f. conocarpoides Nath.	var. conocarpoides Nath.	T. conocarpa (Ar.) Fl.
f. subconocarpa Nath.		T. conocarpa (Ar.) Fl.
f. conocarpa (Ar.) Nath.	var. conocarpa Aresch.	T. conocarpa (Ar.) Fl.
f. suecica Nath.	var. suecica (Nath.) Schr.	T. septentrionalis V.
f. suecica Nath.	var. cruciata Beck f. bicornis Gl.	T. septentrionalis V.

Voraussichtlich kann man auch die in letzterer Zeit beschriebenen europäischen Kleinarten der *Trapa*, (wie z.B. *T. annosa* Jank., *T. borystenica* Vass., *T. brevicarpa* Jank., *T. danubialis* Dobrocz., *T. longicarpa* Jank., *T. macrorhiza* Dobrocz u.a.) bei den eben erwähnten drei Gruppen der *T. natans* L. unterbringen.

Im ostbaltischen Gebiet sind die *Trapa natans* L.-Formen aus der ersten Gruppe (ssp. *natans*) und dritten Gruppe (ssp. *laevigata* Nathorst) noch in zwei Seen erhalten, die ich vor dem Kriege untersuchen konnte. Es stellte sich heraus, daß das Verhalten dieser zwei Formengruppen unter natürlichen Verhältnissen und auch im Experiment ähnlich war, und ich konnte keine ökologischen Unterschiede feststellen. Jedoch beschrieb Jankovič (1954) eine neue Kleinart aus Jugoslavien, *T. longicarpa* Jank., die auf kalkreichen Seeablagerungen zu wachsen vermag. Ein Vergleich der Planktonalgen und Diatomeen der Ablagerungen aus mehreren heutigen und ehemaligen Standorten in Nordeuropa (Selling 1939 u. Apinis 1940) beweist, daß diese ökologisch einheitlich sind. Vielleicht ist die ökologische Amplitude der Pflanze an der nördlichen Arealgrenze mehr eingeschränkt als im Zentrum des Areals.

Es ist mehrmals berichtet worden, daß die Pflanze an bestimmten Standorten eigenartige Fruchtformen ausbildet, die so charakteristisch sein können, daß es sogar möglich ist, nach den feinsten Fruchtmerkmalen ziemlich genau die Herkunft der Früchte zu beurteilen. Nach GAMS (1927, 1958) sind diese unterschiedlichen Formen entweder Konvergenzformen oder polytope Mutationen. Leider stehen exakte experimentelle Tatsachen noch aus (vgl. NAKANO 1913), die der vergleichenden Morphologie und der Systematik helfen könnten. Doch ist hierzu zu bemerken, daß die Chromosomenzahl der verschiedenen Formen der ssp. *natans* (L.) Schinz aus dem Klaucan-See und der ssp. *laevigata* em. Nathorst aus dem Pakrata-See in Lettland die gleiche ist, d.h., beide Unterarten haben 26 somatische (2 n) Chromosomen. Diese wie auch andere Tatsachen sprechen dafür, daß der heutige Begriff der Kleinarten keine Vorteile bietet, weshalb ich hier den erweiterten Artbegriff im Sinne von H. GLÜCK (1936) vorziehe.

KLIMA UND DIE VERBREITUNG VON TRAPA IN NORDEUROPA

Die ehemalige und heutige Verbreitung der Pflanze in Nordeuropa bezeugen, daß die Arealgrenzen klimatisch bedingt sind. ANDERSON (1905), v. POST (1909), SERNANDER (1910) u.a. nehmen an, daß in der subborealen Zeit, als *Trapa* die weiteste nördliche Verbreitung in Europa erreichte, das damalige kontinentale Klima in Finnland und Schweden dem jetzigen Klima Mittelrußlands glich. SAMUELSSON (1915) versuchte auf Grund der damaligen und heutigen Pflanzenverbreitung die optimalen Temperaturverhältnisse zu berechnen und fand, daß eine Steigerung um 1.5° C der mittleren Monatstemperatur und eine Verlängerung der Vegetationsperiode um 15 Tage völlig genügen würde um die Verschiebung der Nordgrenze von *Corylus* und anderen Pflanzen in die Lage der warmen Nacheiszeit zu bewirken. So hat ENQUIST (1924) die thermische Nordgrenze der *Trapa* als diejenige berechnet, wo jährlich im Laufe von 63 Tagen noch die Tagesmaxima 22° C erreicht werden. Im ostbaltischen Gebiet dauert die Vegetationsperiode der Pflanze 5 Monate vom Mai bis September. Entscheidend dabei ist die Frühlingstemperatur im Mai, weil für die Keimung der Früchte auf dem Seeboden eine Temperatur über 12° C

Tab. 2. Mittlere Temperatur der Luft während der Vegetationsperiode an den einstigen (a) und jetzigen (b) *Trapa*-Standorten in Lettland 1886–1910.

	Station / Monate	Mai	Juni	Juli	August	Sept.	Mittl. Jahrestemp.	Mittl. jährl. Temperaturamplitude
a)	Liepaja	9.8	13.5	16.1	15.9	12.8	5.6	18.6
	Ventspils	8.8	12.9	15.7	15.4	12.2	5.9	18.5
	Mersrags	8.5	13.5	16.2	15.3	11.7	5.6	19.4
b)	Jekabpils	11.5	16.5	18.0	17.0	12.5	6.0	24.5
	Daugavpils	12.3	16.3	17.9	16.3	11.6	5.6	23.8
	Karsava	11.1	15.1	16.9	15.1	10.7	4.6	23.8

benötigt wird (Apinis 1940). So eine günstige Frühlingstemperatur ist in einem kontinentaleren Gebiete gegeben, wie der Vergleich der mittleren Monatstemperatur in der Nähe der ehemaligen und heutigen Standorte in Lettland zeigt (Tab. 2). Dabei sind die lokalen Standortsverhältnisse wie Exposition, Windschutz und Erwärmung des Wassers von Bedeutung (Apinis 1936). Ähnliche und sogar bedeutend größere Temperaturunterschiede kann man feststellen, wenn die mittleren Monatstemperaturen verglichen werden an den wärmezeitlichen, geschichtlich-rezenten und heutigen Standorten der Pflanze in Nordeuropa (Tab. 3). Die Frühlingstemperatur im Mai der ehemaligen wärmezeitlichen Standorte ist um 3^0 bis 4^0 C niedriger als die der heutigen Standorte (dort ist auch die Vegetationsperiode zu kurz für die Pflanze). An einigen geschichtlich-rezenten Standorten (Ankarsrum und Mälen in Schweden) sind die mittleren Temperaturen im Mai und Juni ebenfalls ungünstig.

Tab. 3. Die Lufttemperatur während der Vegetationsperiode (Mai bis September) an einigen subfossilen Fundstellen (a), geschichtlich-rezenten (b) und jetzigen (c) Standorten der *Trapa* in Nordeuropa (Apinis 1940).

	Station / Monate	Mai	Juni	Juli	August	Sept.	Mittl. Jahrestemp.	Mittl. jährl. Temperaturamplitude
a)	Helsinki	8.1	13.3	16.6	14.8	10.3	4.4	22.8
	Tampere	8.5	13.7	16.6	14.3	9.6	3.7	24.2
	Kuopio	7.0	12.9	16.0	13.4	8.7	2.3	26.0
	Bälinge	8.4	14.0	16.2	14.7	10.5	4.7	20.7
	Jäxbo	8.4	13.5	15.4	13.7	9.8	4.3	20.2
b)	Ankarsrum	9.4	14.3	16.7	15.3	11.4	5.9	19.6
	Mälen	9.1	13.7	15.3	14.5	11.4	5.9	17.4
	Köningsberg	10.7	15.4	17.3	16.6	7.6	6.7	20.2
	Kaunas	12.9	16.2	17.9	16.5	12.1	6.5	22.6
c)	Jekabpils	11.5	16.5	18.0	17.0	12.5	6.0	24.5
	Karsava	11.1	15.1	16.9	15.1	10.7	4.6	23.8
	Novgorod	10.8	15.4	17.6	15.2	10.2	4.0	20.6
	Kostroma	11.5	15.4	18.2	15.5	9.6	2.3	30.5
	Smolensk	13.8	16.3	17.8	15.9	10.7	4.6	25.9

Die Pflanze benötigt nicht nur höhere Temperaturen im Frühling und im Sommer für Auskeimung der Früchte, Blühen und Fruchtreife, sondern auch niedrigere Temperaturen von $1–10^0$ C während der Herbstmonate (vom September bis Dezember) um die Nachreife (Ruheperiode) der Früchte zu beenden. Dies bedeutet, daß auch ein ständig sehr warmes Klima für die meisten europäischen Formen, die öfters in sehr warmen Treibhäusern zu kleinfrüchtigen Pflanzen auswachsen, ungünstig ist.

SUKZESSIONEN

Der allmähliche Rückgang der Pflanze in Nord-, West- und Mitteleuropa während des subatlantischen Zeitabschnittes läßt sich in vielen Einzelfällen auf bestimmte Sukzessionsvorgänge zurückführen. Leider liegen zurzeit wenige eingehende direkte Untersuchungen darüber vor. Gewöhnlich werden indirekte Methoden benutzt, und die Untersuchungen dieser Vorgänge an entsprechenden Ablagerungen der Gewässer durchgeführt. So haben SELLING (1938) und WENNER (1939) zwei ehemalige, wärmezeitliche *Trapa natans* Standorte, Molken-See und Börje-See in Schweden untersucht. Der Börje-See liegt an der Nordgrenze der postglazialen Verbreitung der Pflanze, aber der Molken-See ist 115 km sw vom Börje-See. In beiden Arbeiten wurden quantitative Methoden der Sedimentanalyse benutzt und die Resultate graphisch dargestellt. Es wurde festgestellt, daß das Besiedeln der beiden Seen mit *Trapa*, und auch das Aussterben der Pflanze mit bestimmten Entwicklungsstadien dieser Seen verbunden war. *Trapa* fehlte in den Ablagerungen der frühen Klarsee-Stadien, die mit dem Meere noch in Verbindung standen. In diesen Schichten sind *Najas*, *Ceratophyllum*, und *Potamogeten* anwesend, sowie auch salzliebende und Klarwasser-*Diatomeen* vorhanden. Das Binnensee-Stadium im Molken-See dauerte vom ca 3000–1000 Jahre v. Chr. und in Gyttja-Schichten dieser Periode sind an bestimmten Stellen *Trapa*-Früchte ziemlich reichlich vorhanden. Doch mit dem Erscheinen der Fichte tritt eine ausgesprochene Verlandung des Sees ein. In beiden schwedischen Seen ist das meiste Vorkommen der *Trapa*-Früchte auf Feindetritusgyttja-Ablagerungen beschränkt (minimale Ablagerung von Grobdetritus). Es ist möglich aus diesen Sedimentanalysen den allgemeinen Charakter der höheren Wasservegetation zu entnehmen, doch ist es kaum möglich die Vergesellschaftung der *Trapa* und Zonierung der Wasserpflanzengesellschaften zu deuten. Die *Diatomeen*-Analyse der Sedimente erscheint ökologisch bedeutungsvoll, und dadurch lassen sich das salzökologische Spektrum, die Tiefe, die Lichtverhältnisse, die Azidität u.a. Faktoren der Gewässer durch die Schichtenfolge abschätzen.

Das Vorkommen der Pflanze in Humus-Seen Ost-Lettlands ist auf bestimmte Tiefenzone von 0.5 bis 4 m, gewöhnlich 1 bis 3 m beschränkt. Diese Tiefenzone ist durch die Bodenablagerungen und insbesondere durch die Lichtverhältnisse im Wasser bestimmt. (Die Secchidiskus-Grenze im Klaucan-See liegt durchschnittlich bei 1.2–1.3 m, aber im Pakrata-See bei 1.15 m). Unter diesen schlechten Lichtverhältnissen hört die höhere Wasservegetation bei einer Tiefe von 1.2–1.5 m auf. Der Nährstoff- und Kalkgehalt des Wassers entspricht kaum einem eutrophen Typus (SAMUELSON 1934). Diese Seen können als paraeutroph bezeichnet werden (APINIS 1940). Die Pflanze ist hier an einen Feindetritusgyttja-Boden gebunden, der von einem ziemlich reichen Plankton und gut zersetzten Pflanzen- und Tierresten gebildet ist. Während der wärmeren Jahreszeit verursacht der intensive Abbau der Pflanzen- und Tierreste durch Mikroorganismen ein Sauerstoffdefizit in tieferen Wasserschichten (TURESSON 1932), das aber nicht der Pflanze schädlich ist, so daß die Keimung der Früchte dadurch sogar gefördert wird (APINIS 1940). Durch diese mikrobielle Aktivität wird voraussichtlich auch das Seewasser stark mit Kohlensäure bereichert, die von der Pflanze durch die reichlich entwickelten fiedrigen grünen untergetauchten Nebenwurzeln genutzt wird.

In einem Sukzessionsvorgang der Binnengewässer im Nord- und Mitteleuropa werden nicht nur die ökologischen Bedingungen, sondern auch die Vergesellschaftung der Pflanze mehr oder weniger stark geändert. Deshalb ist es möglich, im Rahmen der allgemeinen Sukzession, auch den Sukzessionsvorgang im beschränkten Sinn an einem *Trapa*-Standort festzulegen. In so einer *Trapa*-Sukzession ist die Initialphase in Seen oder Altwässern größerer Stromtäler entweder kurzfristig und sporadisch oder dauernd. Im ersten Falle tritt die Pflanze in kleinen Mengen als Begleiter in verschiedenen anderen Wasserpflanzengesellschaften auf. Die Bildung von Reinbeständen und Zonen ist ein Zeichen eines dauernden Gedeihens mit einer nachfolgenden Ausbildung einer Trapa-Gesellschaft. Auch verschiedene Anpflanzungsversuche können als eine Initialphase betrachtet werden.

Die Optimalphase in der *Trapa*-Sukzession ist durch die Üppigkeit und Konkurrenzkraft, langdauerndes Gedeihen und Zonenbildung (im Klaucan-See in einer Tiefe von ca 1.2–3.9 m außerhalb der eigentlichen Schwimmblattzone gekennzeichnet, wie dieses noch im ostbaltischen Gebiete und Mittelrußland der Fall ist. CHITROWO (1905) erwähnt einen *Trapa*-See unweit Orel (Orechowoje Ozero), wo die Pflanze verhältnismäßig hohe jährliche Erträge von Früchten liefern soll. In

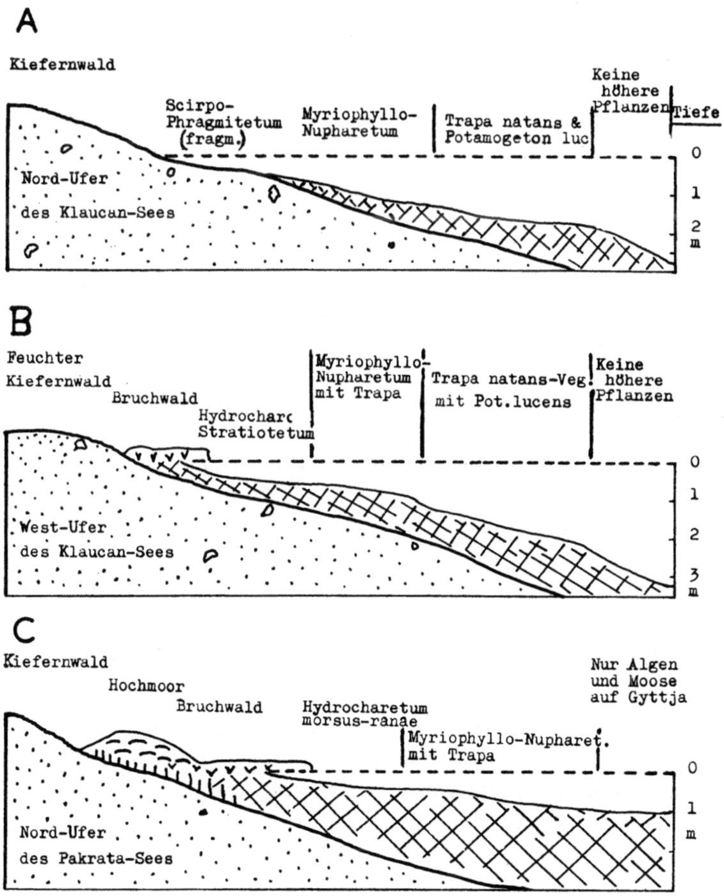

Fig. 1. Schematische Transekte durch 3 *Trapa*-Standorte in Nordeuropa

der Optimalphase ist *Trapa* von wenigen anderen Wasserpflanzen begleitet. Im Klaucan-See ist *Potamogeton lucens* der einzige Begleiter (Fig. 1 B).

Die Endphase einer *Trapa*-Sukzession dauert gewöhnlich längere Zeit, und die Pflanze ist stark mit anderen Wasserpflanzen vergesellschaftet, vor allem mit *Nymphaea*- und *Nuphar*-Arten, *Potamogeton natans, Polygonum amphibium* u.a. (in den zwei ostbaltischen Seen in einer Tiefe von 0.5–1.2 m), wo bessere Lichtverhältnisse vorherrschen als in eigentlichen *Trapa*-Beständen. *Trapa natans* ist in dieser Phase bloß als eine Begleitpflanze zu werten (Standort im Pakrata-See. Fig. 1 C).

Im Klaucan-See sind alle drei erwähnten Sukzessionsstadien zu finden, und es ist nicht schwer, diese nach einer ökologisch-phytosoziologischen Analyse zu unterscheiden. In europäischen Verhältnissen kommt die Pflanze an natürlichen Standorten unter zwei allgemeinen Vergesellschaftungstypen vor: a) als Begleitpflanze in artenreichen Schwimmblattassoziationen der Flußarme, Teiche und Seen, wie dieses TIMAR (1954) aus Ungarn beschrieben hat, wo die Pflanze im Nuphareto–Castalietum albae auftritt und eine Consoziation zusammen mit *Ceratophyllum demersum, Myriophyllum spicatum, Polygonum amphibium* u.a. bildet. Eine ähnliche Vergesellschaftung ist auch von anderen Teilen Europas beschrieben oder erwähnt worden (KORSCHINSKY 1886, GAMS 1927, SAMUELSSON 1934, WILZEK 1935, v. SOÓ 1957, MÜLLER und GÖRS 1961). Dagegen sind *Trapa*-Reinbestände und leistungsfähige, artenarme *Trapa*-Bestände aus Osteuropa, Ost- und Südasien, wie auch aus Ostafrika ökologisch wenig bekannt.

SUMMARY

The recent distribution of *Trapa natans* L. in Europe as well as its widespread disappearance from certain known habitats is discussed.

It is revealed that a narrow species concept in this genus is of little ecological value; the various *Trapa natans* L. varieties and forms from Latvia representing several present-day species of *Trapa* do not differ in their chromosome numbers either.

The northern distribution of *Trapa* in Europe coincides with regions of more continental climate. This is because of higher temperature requirements of the plant in the early spring.

The main natural cause of the relatively rapid disappearance of *Trapa* from a number of known habitats is the successional change of plant communities in the shore vegetation of respective lakes, ponds and rivers because *Trapa* is adapted to humous, non-alkaline water, certain depth, and to particular subaquatic soil (gyttja). In temporary or in final phases of its existence it may accompany other aquatic shore plant communities. The most vigorous growth, however, it reaches outside the *Nuphar-Nymphaea* zone at a depth of c. 1.2–3.0 m, where light conditions are unfavourable for many other species, as it is the case in the lake Klaucanu ezers, S.E. Latvia, where it forms an extensive *Trapa natans* vegetation with no or few other higher plants as, e.g. *Potamogeton lucens*, present.

ANDERSSON, G.: Swedish climate in the late Quaternary period. – Stockholm 1910.

APINIS, ARV.: Ezerrieksts Klaucanu ezerā. – I. M. Skolu muzeja izdevums. – Riga 1936.

— Untersuchungen über die Ökologie der Trapa I u. II. – Acta Horti bot. Univ. latv. **13**. Riga 1940.

CHITROWO, W.: K istorii i biologii Trapa natans L. – Kiew 1905.

ENQUIST, F.: Sambandet mellan klimat och växtgränser. – Geol. For. Stockh. Förh. **46**. Stockholm 1924.

FLEROFF, A. Th.: Generis Trapae L. revisio, systematica et geographica. - Ann. Inst. Polyt. Novotcherkassk. **10**. Novotcherkassk 1926.

GAMS, H.: Die Gattung Trapa. – Pflanzenareale, Reihe I, 3. Jena 1927.

— Beitrag zur Variabilität der Früchte von Trapa natans. – Festschrift Werner Lüdi, Veröff. geobot. Inst. Rübel Zürich **33**. Bern 1958.

GLÜCK, H.: Pteridophyten und Phanerogamen. – Die Süsswasser-Flora Mitteleuropas. Herausggb. von A. Pascher. **15**. Jena 1936.

JANKOVIČ, M.: Trapa annosa, eine endemische Art in der Moravia-Niederung. – Godišnjak biol. Inst. Sarejavo **7**. Sarajevo 1954.

MÜLLER, TH. u. GÖRS, SABINE: Pflanzengesellschaften stehender Gewässer in Baden-Württemberg. – Beitr. naturk. Forsch. SüdwDtschl. **19**. Karlsruhe 1961.

NAKANO, H.: Beiträge zur Kenntnis der Variationen von *Trapa* in Japan. – Englers Bot. Jb. **1**. Berlin 1913.

NATHORST, A. G.: Om de fruktformer af Trapa natans L. som fordom funnits i Sverige. – Bih. K. svenska Vetensk-Akad. Handl. **13**, III, 10. Stockholm 1888.

v. POST, L.: Stratigraphische Studien über einige Torfmoore in Närke. – Geol. Fören. Stockh. Förh. **31**. Stockholm 1909.

SAMUELSSON, G.: Über den Rückgang der Haselgrenze und anderer pflanzengeographischer Grenzlinien in Skandinavien. – Bull. geol. Instn. Univ. Upsala. **13**. Uppsala 1915.

— Die Verbreitung der höheren Wasserpflanzen in Nordeuropa. – Acta phytogeogr. suec. **6**. Uppsala 1934.

SCHINZ, H.: Trapa natans L. in der Schweiz und in Oberitalien. – Vjschr. naturf. Ges. Zürich. **52**. Zürich 1907.

SCHROETTER, C.: Contribution à l'étude des variétés de Trapa natans L. – Arch. Sci. Genève **104**. Genève 1899.

SELLING, O. H.: Entwicklungsgeschichtliche Studien im Molken-See mit besonderer Rücksicht der Frequenzwechsel der Makrofossilien. – Geol. Fören. Stockh. Förh. **60**. Stockholm 1938.

SERNANDER, R.: Die schwedischen Torfmoore als Zeugen postglazialer Klimaschwankungen. – Stockholm 1910.

SOÓ, R. v.: Zur Systematik und Soziologie der Phanerogamen-Vegetation der ungarischen Binnengewässer. V. – Ann. Hist.-Nat. Mus. Hungarici **39**. Budapest 1946.

— Systematische Übersicht der pannonischen Pflanzengesellschaften I. – Acta bot. hung. **3**. Budapest 1957.

SZAFER, W.: O niektorych zyjacych i kopalnych formach orzecha wodnego Trapa L. – Acta Soc. Bot. Pol. **23**. Warszawa 1954.

TIMÀR, L.: Die Vegetation des Flutraums der Tisza zwischen Szolnok und Szeged. I. – Bot. Közl. **45**. Budapest 1954.

TÜXEN, R.: Das System der nordwestdeutschen Pflanzengesellschaften. – Mitt. Flor. – soz. Arb. Gemeinsch. N. F. **5**. Stolzenau/Weser 1954.

VASSILJEV, V. N.: Hydrocaryaceae. – Flora SSSR. **15**. Leningrad 1949.

WENNER, C. G.: Börjesjön – en växtpaleontologisk studie av en fornjö med Trapa natans. – Medd. Stockh. Högsk. Geol. Inst. No. 49. Stockholm 1939.

WILZEK, F.: Pflanzengesellschaften des mittelschlesischen Odertales.– Cohns Beitr. Biol. Pfl. **23**. Breslau 1935.

H. PFEIFFER:

In der Arbeit von G. ASSARSSON, Geol. For. Stockh. Förh. 49, 293 (1927) wird mittels Pollen festzustellen versucht, die Einwanderung der *Trapa* auf Gotland zur Zeit des Litorina-Maximums zu verfolgen.

R. v. SOÓ:

Ich habe etwa im Jahre 1947 eine kleine *Trapa*-Monographie geschrieben über die *Trapa*-Formen der Karpaten-Länder. Das ist hier wohl nicht bekannt. JANKOVIĆ hat sich in Jugoslavien in den letzten Jahren sehr viel mit der *Trapa* der Balkan-Halbinsel beschäftigt und alles hat dann GAMS in der LÜDI-Festschrift (1958) zusammengefaßt. In einer späteren Arbeit habe ich versucht, die Kleinarten der Flora der UdSSR mit den in Mitteleuropa aufgestellten Varietäten und Formen in Einklang zu bringen. Dort ist auch die Literatur zitiert.

W. HABER:

Sind diese Kleinarten oder Formen in ihren ökologischen Ansprüchen alle gleich? Gibt es darüber irgend eine Untersuchung? Sind die Fruchtformen, die ja für die systematische Unterscheidung so wesentlich sind, wirklich alle erblich, oder sind sie zum Teil Modifikationen? Wir haben ja bei *Trapa*, die eine einjährige Pflanze ist, eine sehr schnelle Generationsfolge. Es können Modifikationen hier mit der Zeit auch erblich werden. Mir scheint, daß *Trapa* überhaupt ein gutes Objekt für Populationsstudien ist. Denn ursprünglich darf man doch wohl annehmen, daß unsere ganzen *Trapa*-Formen eine einzige Population darstellen, die dann auf viele kleine isolierte Standorte aufgeteilt worden ist: Man müßte einmal verfolgen, ob diese einzelnen Fruchtformen vielleicht auch in Ablagerungen noch zu finden sind, um über ihre zeitliche Aufeinanderfolge etwas aussagen zu können.

A. APINIS:

Es besteht eine Kluft zwischen der jetzigen Vegetationsforschung und der Pollenanalyse, auf die ich hinweisen möchte. Diese muß überbrückt werden von der Seite der Palynologen und von der Seite der Pflanzensoziologen. In vielen klassischen pollenanalytischen Untersuchungen ist das leider nicht der Fall. Daher können wir keine bestimmten Rückschlüsse auf Sukzessionswege machen. Aber Prof. Soó teilte mit, daß nach dem Kriege auf diesem Gebiet sehr viel gearbeitet worden ist.

Die Kleinart-Frage ist noch offen, und wir müssen sie in der nächsten Zukunft prüfen. Meiner Ansicht nach sind die Kleinarten morphologisch auf wenige Merkmale begründet. Es ist auch genetisch wenig bekannt, wie sich eigentlich *Trapa*-Populationen verhalten. Es ist jetzt unmöglich eine Antwort auf diese Fragen zu geben. Das muß man der Zukunft überlassen.

Die interessante Frage, die Dr. HABER vorhin aufgeworfen hat, bezieht sich auf Kleinarten. Darüber liegen experimentelle Beobachtungen aus Japan vor. NAKANO beschrieb 1913 darüber die ersten experimentellen Tatsachen und wies darauf hin, daß die japanischen *Trapa*-Formen oder -Arten eigentlich *Trapa natans* gemäß sind. Aber darüber brauchen wir in der Zukunft noch einige Arbeit. Die Populationsfrage bei diesen

Kleinarten ist sehr schwierig zu beantworten. Nach meinen Beobachtungen in Treibhäusern sind die Modifikationen sehr wichtig. Unter Treibhausbedingungen können die Formen zu einer Art tertiärer Relikte auswachsen, die sehr kleinfrüchtig sind, und die gar nicht mit Formen der Beschreibung übereinstimmen. Wahrscheinlich spielen die Temperaturverhältnisse in diesen Formenbildungsprozessen eine wichtige Rolle.

Palynologie hat eine bedeutende Rolle in der Waldgeschichte der Eis- und Nacheiszeit Europas gespielt. Doch für die Sukzessions-Vorgänge der Wasserpflanzengesellschaften hat diese Methodik einen sehr beschränkten Wert, weil die Pollenproduktion der Wasserpflanzen zu klein ist und darum die Makro- und Mikrofossilienanalyse unentbehrlich erscheint (SELLING 1938 u.a.).

Die meisten publizierten Arbeiten während der Nachkriegszeit aus Jugoslavien und Ungarn sind mir bekannt und werden auch in dieser Arbeit berücksichtigt soweit sie in Frage kommen.

Die Formen und sogenannten „Kleinarten" der *Trapa* weisen eine morphologische Stabilität und auch eine Variation (NAKANO 1913) auf, die noch eine grundsätzliche experimentelle und genetische Klärung dringend benötigt. Es erscheint, daß diese *Trapa natans*-Formen noch in einem Artbildungsvorgang sich befinden, der noch nicht abgeschlossen ist. Bei verschiedenen Formen aus den beiden Seen Ost-Lettlands konnten keine ökologischen Unterschiede beobachtet werden.

ÜBER DIE GESCHICHTE VON PFLANZENGESELLSCHAFTEN AUF GRUND QUARTÄRBOTANISCHER UNTERSUCHUNGEN

von

GERHARD LANG, Karlsruhe

I

Wann sind unsere heutigen Pflanzengesellschaften entstanden, und wie haben die Pflanzengesellschaften früherer Zeiten ausgesehen, etwa in der zu Ende gehenden Eiszeit und später? Bei einer Betrachtung dieses Themas muß man scharf unterscheiden zwischen gesichertem Wissen und reiner Spekulation. Es dürfte außer Zweifel stehen, daß wir heute bei der Beantwortung dieser Fragen nur Fossilfunde als sichere Aussagen heranziehen dürfen. Unter diesen spielen die Pollen- und Sporenfunde eine besondere Rolle: Seitdem die von C. A. WEBER, LENNART VON POST u.a. entwickelte Pollenanalyse von See-, Moor- und anderen Ablagerungen Anwendung gefunden hat, ist die Aufdeckung der spät- und nacheiszeitlichen Vegetationsentwicklung in einem vor wenigen Jahrzehnten noch kaum möglich scheinenden Ausmaß gelungen. Indessen ist die Pollenanalyse natürlich nur eine, wenn auch wichtige Methode der vegetationsgeschichtlichen Forschung. Ich möchte mich daher bei meiner Betrachtung nicht nur auf die pollenanalytischen Ergebnisse stützen, sondern ebenso auch die Funde anderer pflanzlicher Reste mit heranziehen; kurz, ich möchte die Ergebnisse jener Forschungsrichtung zugrundelegen, die man seit einiger Zeit Quartärbotanik nennt. Mein Referat überschreitet damit das Thema unseres Symposions mit seiner Gegenüberstellung von Pflanzensoziologie und Palynologie, abgesehen davon, daß diese beiden Begriffe nicht ganz gleichwertig sind: Der Pflanzensoziologie, als Lehre von den Pflanzengesellschaften, steht eigentlich die Vegetationsgeschichte, als Lehre von der geschichtlichen Entwicklung dieser Gesellschaften, gegenüber. Von der Palynologie dagegen, der Pollenforschung, ist von ihren Teilgebieten in diesem Zusammenhang nur die Pollenanalyse gemeint. Die Pollenanalyse aber ist, wie schon erwähnt, nur eine Methode der Vegetationsgeschichte.

Es ist selbstverständlich nicht möglich, in diesem Kurzreferat einen auch nur halbwegs vollständigen Überblick über die spätquartäre, d.h. also spät- und nacheiszeitliche Vegetationsgeschichte Mitteleuropas oder auch nur einer enger begrenzten Landschaft zu geben. Selbst wenn dies möglich wäre, könnte es nicht im Sinne unseres Symposions liegen. Eine solche Zusammenkunft sollte wohl nicht so sehr dazu dienen, möglichst viele Ergebnisse vorzutragen, als gemeinsam strittige Fragen zu diskutieren. So möchte ich im folgenden versuchen, einige Probleme der Gesellschaftsgeschichte, der Synchronologie, als Diskussionsgrundlage aufzuzeigen; Probleme die, wie ich glaube, jeden von uns berühren müssen, ob er nun von der pflanzensoziologischen oder der vegetationsgeschichtlichen Seite herkommt.

II

Ich möchte beginnen mit einem Blick auf die längst bekannte und Ihnen allen wohlvertraute mitteleuropäische Vegetationsentwicklung seit der letzten Eiszeit. Sie mag an Hand eines vereinfachten Pollendiagramms aus dem Schwarzwald demonstriert werden (Abb. 1); wir könnten aber ebenso ähnlich vollständige Standard-Diagramme aus anderen mitteleuropäischen Landschaften heranziehen und würden sehen, daß im grossen die Entwicklung überall ähnlich verlaufen ist. Wir erkennen als ältesten Abschnitt eine waldlose Zeit und dann eine Abfolge von Waldzeiten: Birken-Kiefernzeit → Hasel-Eichenmischwaldzeit → Buchen(-Tannen)zeit. Diese Waldentwicklung pflegen wir mit RUDOLPH (1930) als „mitteleuropäische Grundsukzession" zu bezeichnen. Über das Alter dieser Entwicklungsabschnitte sind wir teils durch C^{14}-Bestimmungen teils durch andere Methoden soweit orientiert, daß die beigefügte Zeitskala kaum mehr große Verschiebungen erfahren dürfte. Besonderes Interesse bei dieser Entwicklung muß in diesem Zusammenhang der Zeitpunkt der ersten Bewaldung finden: Er ist nach Untersuchungen in Mitteldeutschland (FIRBAS, MÜLLER u. MÜNNICH 1955) und nach eigenen Untersuchungen in Südwestdeutschland (LANG 1962) zwischen 11500 und 11000 v. Chr. zu suchen. Das heißt, seit rund 13000 Jahren ist Mitteleuropa eine Waldlandschaft, anfänglich freilich noch mit Unterbrechungen, wenn wir an den nochmaligen Bewaldungsrückzug in der Jüngeren Dryaszeit (III) denken.

Es ist oft darauf hingewiesen worden, daß die mitteleuropäische Grundsukzession nicht mit der heutigen Zonierung der Vegetation in Europa von der Arktis nach Süden übereinstimmt und auch nicht mit der heutigen Vegetationsstufung in den europäischen Gebirgen. Über die Ursachen für die eigenartige und äußerst charakteristische Abfolge der Massenausbreitung der einzelnen Holzarten ist viel diskutiert worden: Teils sind die zweifellos vorhandenen Klimaänderungen des Spät- und Postglazials dafür verantwortlich gemacht worden, teils aber auch ausschließlich die Lage der eiszeitlichen Refugien, die Wanderungs- und Ausbreitungsvorgänge der einzelnen Holzarten. Wir dürfen heute mit großer Sicherheit annehmen, daß weder der eine noch der andere Faktorenkomplex allein die Ursache für die mitteleuropäische Grundsukzession ist, sondern daß die spät- und nacheiszeitliche Vegetationsentwicklung vielmehr das Ergebnis eines recht komplizierten Zusammenspiels all dieser Faktoren ist (vgl. FIRBAS 1949). Zur kausalen Entwirrung dieses Zusammenspiels werden wir noch vieler weiterer Untersuchungen, vor allem auch aus den südlichen Randgebieten des europäischen Kontinents bedürfen.

Diese Probleme sollen uns hier nicht weiter beschäftigen. Als wesentlich für eine pflanzensoziologische Auswertung müssen wir aber festhalten: Die Einwanderung unserer heutigen Flora in den, in der frühen Späteiszeit sicher weitgehend waldlosen mitteleuropäischen Raum ist offenbar nicht so vor sich gegangen, daß sich mit der fortschreitenden Temperaturzunahme seit der Eiszeit die Vegetationsgürtel, so wie sie heute ausgebildet sind, einfach nach Norden verschoben haben. Ein solcher Vorgang wäre durchaus denkbar, auch dann, wenn die Klimaentwicklung keine geradlinige war, sondern größere Schwankungen aufwies. Man könnte dann annehmen, daß das Vorrücken der Vegetationsgürtel nach Norden immer wieder durch ein Zurückweichen nach Süden abgelöst wurde. So bestechend indessen diese theoretische Vorstellung in ihrer Einfachheit ist, so wenig zutreffend ist sie auch. Wenn aber, so müssen wir fragen, und das soll uns in diesem Zusammenhang auch nur beschäftigen, die nacheiszeitliche Vegetationsentwicklung nicht aus der Verschiebung der heutigen Vegetationsgürtel, d.h. also der geschlossenen Wanderung umfangreicher Vegetationskomplexe resultiert, können wir dann wenigstens damit rechnen, daß Pflanzengesellschaften niedriger systematischer Wertigkeit, also etwa das, was wir als Verbände oder Assoziationen bezeichnen, als mehr oder weniger geschlossene Einheiten gewandert sind und sich weitgehend unverändert erhalten haben? Wir können diese Frage noch anders formulieren: Was wissen wir über Entstehungsort und Entstehungszeit unserer heutigen Pflanzengesellschaften, können wir überhaupt mit einer längerdauernden Stabilität und Kontinuität der Gesellschaften rechnen, wenn wir dabei vor allem die natürlichen, vom Menschen unbeeinflußten Gesellschaften im Auge haben? Es ist ganz klar, daß dies eine äußerst schwer zu beantwortende Frage ist. Wir können daher nur versuchen, an ausgewählten Beispielen einige Überlegungen anzustellen; diese Beispiele können aber gewissermaßen nur Stichproben sein.

III

Wenn wir uns zunächst der Späteiszeit zuwenden, so hat dies seinen besonderen Grund darin, daß unser Gebiet während dieser Zeit anfangs offenbar noch waldfrei war, wie wir schon gesehen haben. Das erste Eindringen der Wälder in unser Gebiet, die Wiederbewaldung, hat den Vegetationscharakter grundlegend geändert; der mitteleuropäische Raum wurde zu einer Waldlandschaft, die er bis heute wenigstens potentiell geblieben ist, d.h. abgesehen davon, daß im Zusammenhang mit der menschlichen Besiedlung seit dem Neolithikum ständig zunehmende Areale künstlich wieder entwaldet wurden. Diese Feststellung, daß die mitteleuropäische Landschaft seit rund 13 000 Jahren eine Waldlandschaft ist – und zwar auch in den heute wärmsten und trockensten Teilen (Oberrheinische Tiefebene; Mitteldeutsches Trockengebiet, vgl. z.B. H. Müller 1953) – verdanken wir den pollenanalytischen Untersuchungen. Daß also die letzte, auf klimatische Ursachen zurückgehende waldlose Periode noch in die ausklingende Eiszeit fällt, ist beachtenswert, weil man aus dem disjunkten Vorkommen vieler, vor allem kontinentaler Steppenpflanzen in Mitteleuropa seit langem die Existenz einer spätquartären Steppenzeit erschlossen hat. Sie wurde aber zunächst, vor allem von GRADMANN in der ursprünglichen Fassung seiner Steppenheidetheorie, in einer angeblichen, extremen Trockenperiode des Postglazials, in der Späten Wärmezeit (Subboreal), gesucht. Da dies nach den quartärbotanischen Untersuchungen der letzten Jahrzehnte nicht zutreffen kann, liegt der Gedanke nahe, daß die gesuchte „Steppenzeit" noch in die Späteiszeit fällt, wie dies schon im vorigen Jahrhundert NEHRING u.a. vermutet haben.

Was läßt sich nun auf Grund der neueren quartärbotanischen Untersuchungen über den Vegetationscharakter, über die Pflanzengesellschaften, der waldlosen Zeit des Spätglazials sagen? Wir wollen dazu einen Blick auf die Untersuchungsergebnisse vom Schleinsee werfen (Abb. 2), einem kleinen See im Jungmoränengebiet des südwestdeutschen Alpenvorlandes (LANG 1952 a, b). Durch die hohen, aus vielen Komponenten zusammengesetzten NBP-Werte ist der älteste Abschnitt, die Älteste Dryaszeit (1a), als waldlos gekennzeichnet. Neben den reichlich vertretenen *Cyperaceen* und *Gramineen* kamen Vertreter des heutigen alpinen und arktisch-alpinen Florenelementes vor: *Helianthemum*, bei dem es sich z.T. sehr wahrscheinlich um *H. alpestre* handelt; ferner *Selaginella selaginoides*. Die pollenanalytischen Befunde werden im vorliegenden Fall aufs glücklichste ergänzt durch eine Vielzahl von Blatt-, Frucht- und Samenfunden: *Betula nana, Salix reticulata, Salix retusa, Gypsophila* cf. *repens, Polygonum viviparum, Dryas octopetala* u.a. Wir haben es hier also mit einer jener glazialen *Dryas*-Floren zu tun, wie sie schon im vorigen Jahrhundert durch NATHORST (seit 1870; vgl. z.B. 1914) sowohl im Rückzugsgebiet des nordischen Inlandeises wie im Rückzugsgebiet des alpinen Eises bekannt und berühmt geworden sind. Mit dem Nachweis des alpinen und arktisch-alpinen Elementes ist die Florenliste unserer Fundstelle aber offenbar noch nicht erschöpft, denn wir finden – und das ist eine für solche Fundstellen neuere Erkenntnis – eine Anzahl von Sippen, die heute zwar ebenfalls Waldstandorte meiden, die aber ihre Hauptverbreitung in kontinentalen Steppenrasen, z.T. auch in Trockenrasen besitzen. Dazu gehören *Ephedra distachya* (die zwar nicht in diesem Profil, aber in anderen nachgewiesen ist), *Sanguisorba minor* und vor allem wohl *Artemisia*. Leider fehlen Großrestfunde von Steppen- und Trockenrasenpflanzen in unserem Gebiet noch völlig. Das ist besonders bedauerlich bei *Artemisia*, weil die Pollenfunde keine eindeutige Artbestimmung zulassen und wir nicht wissen, ob es sich an Stelle der vermuteten xerischen Art, z.B. *A. campestris*, nicht um *A. vulgaris* handelt, die heute auch in die arktische Tundra hineinreicht. Abgesehen von solcher Unklarheit bleibt aber der Tatbestand einer merkwürdigen Mischung alpiner und arktisch-alpiner Tundrenpflanzen mit Steppen- und Trockenrasenarten. Betrachten wir eine Übersicht der bisher in 1a nachgewiesenen Pflanzen im südwestdeutschen Jungmoränengebiet (Tab. 1), also von Fundstellen, deren Umgebung standortsmäßig mit der des Schleinsees übereinstimmt, so finden wir die angedeutete Florenmischung weiter bestätigt und verstärkt durch den Nachweis einer dritten Artengruppe, deren Vertreter wir heute als nitrophile Ruderalpflanzen und Unkräuter kennen. Auf ihr Vorkommen im Spätglazial hat zuerst GODWIN (1949, 1956) in England aufmerksam gemacht, und vor kurzem sind auch uns erste Funde ge-

Tab. 1. Pflanzenfunde aus der Ältesten Dryaszeit (Ia) im südwestdeutschen Jungmoränengebiet.

Armeria cf. *alpina*	alpin
Gypsophila cf. *repens*	alpin
Helianthemum cf. *alpestre*	alpin
Potentilla aurea	alpin
Salix retusa	alpin
Arabis alpina	arktisch-alpin
Dryas octopetala	arktisch-alpin
Lycopodium cf. *alpinum*	arktisch-alpin
Polygonum viviparum	arktisch-alpin
Potentilla crantzii	arktisch-alpin
Salix reticulata	arktisch-alpin
Salix waldsteiniana	arktisch-alpin
Saxifraga cf. *aizoides*	arktisch-alpin
Saxifraga cf. *oppositifolia*	arktisch-alpin
Selaginella selaginoides	arktisch-alpin
Alchemilla vulgaris	nordisch-montan
Betula nana	nordisch-montan
Luzula sudetica	nordisch-montan
Vaccinium uliginosum	nordisch-montan
Ephedra cf. *distachya*	kontinental
Hippophaë rhamnoides	kontinental
Artemisia	?
Botrychium cf. *lunaria*	eurasiatisch
Centaurea cf. *scabiosa*	eurasiatisch
Helianthemum cf. *nummularium*	eurasiatisch
Sanguisorba minor	eurasiatisch
Polygonum cf. *aviculare*	eurasiatisch
Taraxacum officinale	eurasiatisch
Chenopodiaceae	?

lungen: Im älteren Spätglazial der Magdalénien-Station an der Schussenquelle haben wir Früchte von *Taraxacum officinale* und *Polygonum aviculare* gefunden (Lang 1962). Vielleicht müssen wir auch die im Polleniederschlag der Ältesten Dryaszeit stark vertretenen *Chenopodiaceen* zu dieser Gruppe der Unkräuter rechnen – wenn wir z.B. an *Chenopodium album* denken – vielleicht auch zu der der Steppenpflanzen.

Was können wir nun an Pflanzensoziologischem aus diesen Befunden entnehmen? Wir müsen uns zunächst klarmachen, daß das gemeinsame Vorkommen verschiedener Arten in einer fossilen Lagerstätte natürlich noch nicht den Schluß auf gemeinsames Vorkommen an ihrem Wuchsort zuläßt. Fossile Reste können von ganz verschiedenen Standorten, d.h. also auch von ganz verschiedenen Pflanzengesellschaften zusammengeschwemmt und abgelagert sein. Das kann man auch bei den Spätglazialfunden im südwestdeutschen Alpenvorland nicht sicher ausschließen, aber die über weit voneinander entfernte Fundstellen ähnlich bleibende Artenzusammensetzung der Spätglazialfloren macht es doch wahrscheinlich, daß die genannten Arten wenigstens zu einem Teil miteinander vergesellschaftet waren, zumindest müssen sie in Kontaktgesellschaften gelebt haben. Das ist nun freilich ein erstaunliches Ergebnis, weil wir heute Vegetationstypen mit solcher Artenkombination offenbar kaum mehr

Blasien

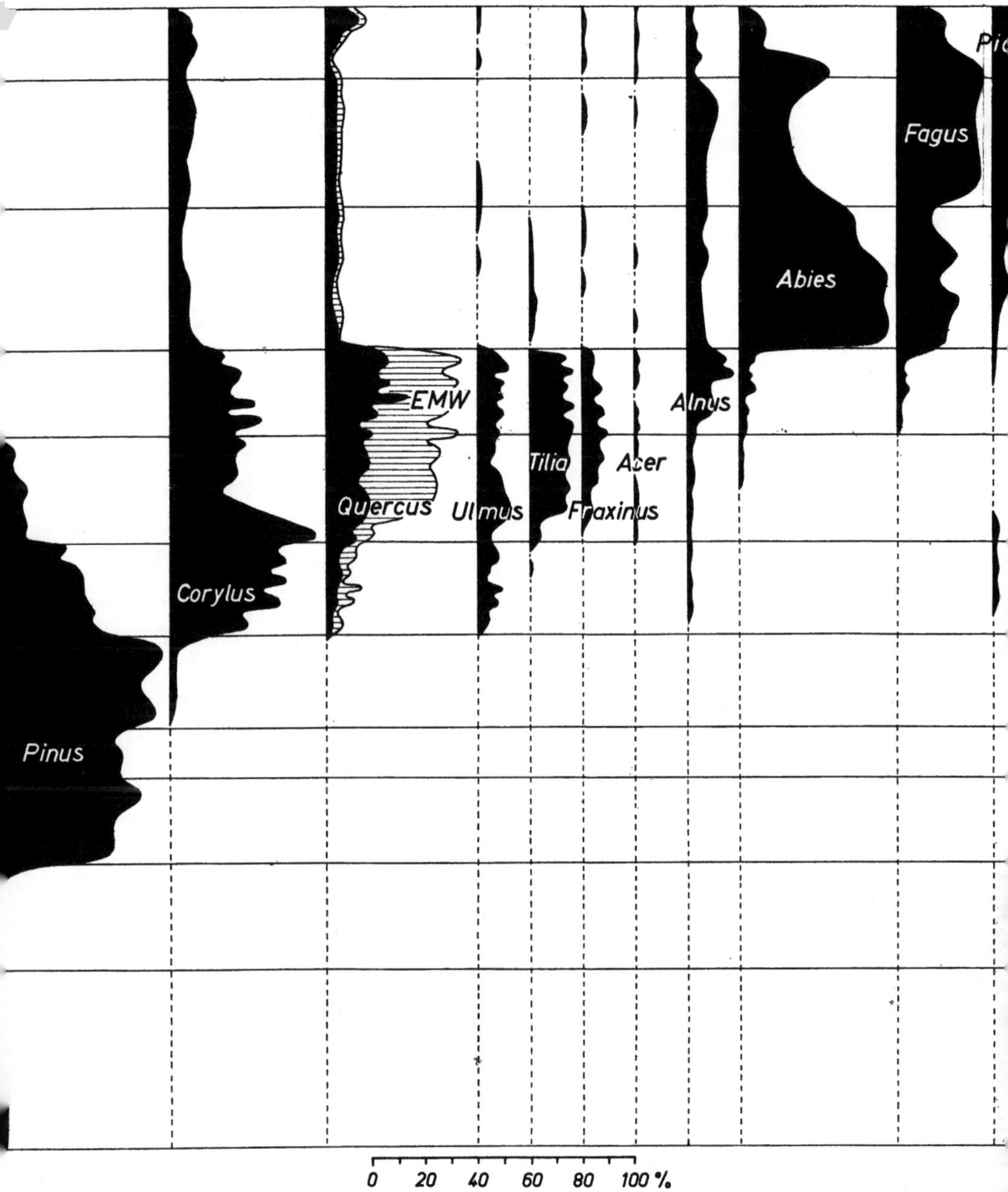

Abb. 1. Vereinfachtes Pollendiagramm aus dem Südschwarzwald (nach LANG 1954).

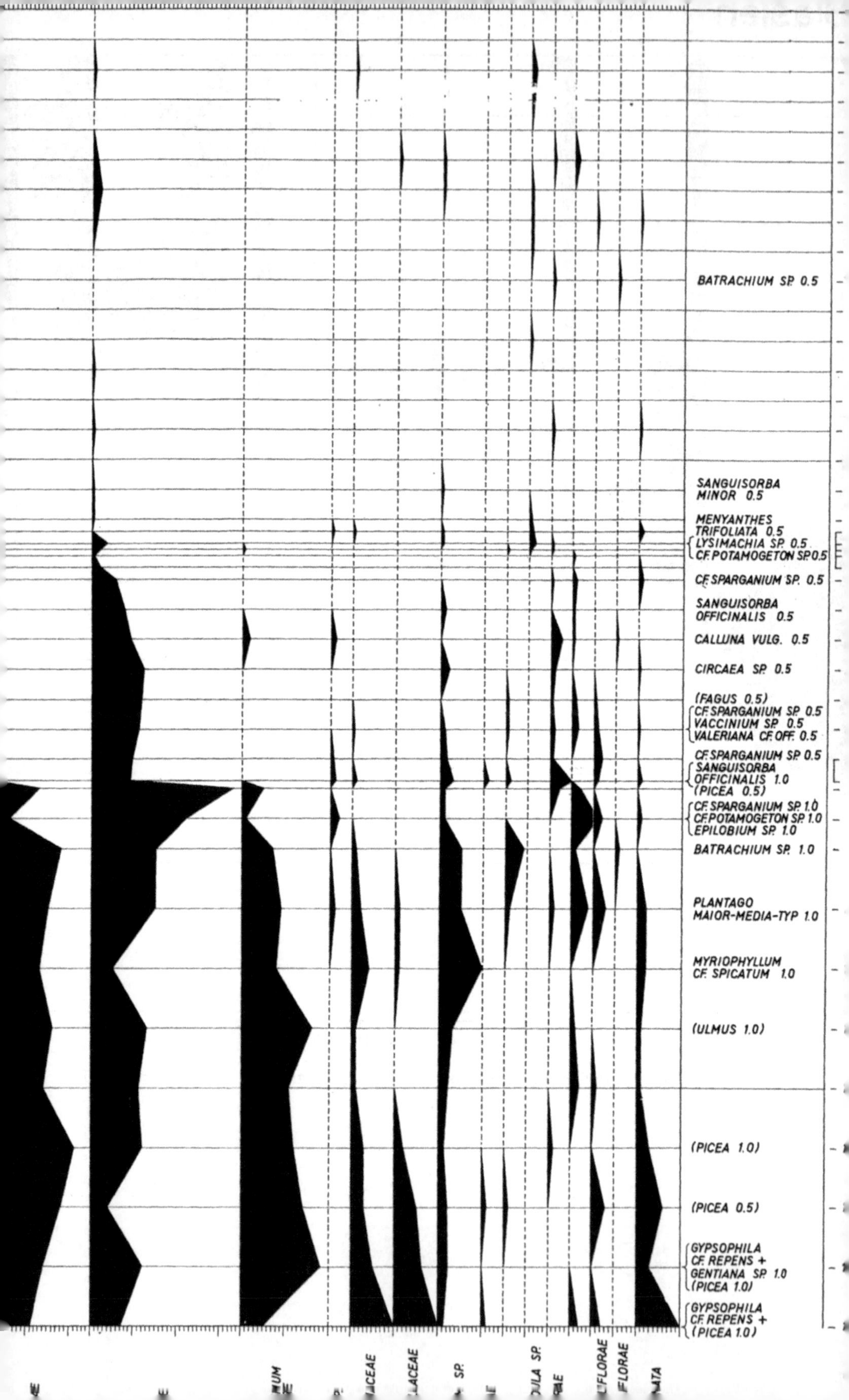

BATRACHIUM SP. 0.5
SANGUISORBA MINOR 0.5
MENYANTHES TRIFOLIATA 0.5
LYSIMACHIA SP. 0.5
CF. POTAMOGETON SP. 0.5
CF. SPARGANIUM SP. 0.5
SANGUISORBA OFFICINALIS 0.5
CALLUNA VULG. 0.5
CIRCAEA SP. 0.5
(FAGUS 0.5)
CF. SPARGANIUM SP. 0.5
VACCINIUM SP. 0.5
VALERIANA CF. OFF. 0.5
CF. SPARGANIUM SP. 0.5
SANGUISORBA OFFICINALIS 1.0
(PICEA 0.5)
CF. SPARGANIUM SP. 1.0
CF. POTAMOGETON SP. 1.0
EPILOBIUM SP. 1.0
BATRACHIUM SP. 1.0
PLANTAGO MAIOR-MEDIA-TYP 1.0
MYRIOPHYLLUM CF. SPICATUM 1.0
(ULMUS 1.0)
(PICEA 1.0)
(PICEA 0.5)
GYPSOPHILA CF. REPENS + GENTIANA SP. 1.0
(PICEA 1.0)
GYPSOPHILA CF. REPENS +
(PICEA 1.0)

finden: Zwar existiert in unserem Gebiet noch ein Teil der genannten Arten, sie sind aber anders vergesellschaftet. Dagegen kennen wir heute Gebiete, in denen Gesellschaften zwar nicht mit gleicher, aber doch mit ähnlicher Artenkombination vorkommen – ich denke hier etwa an die inneralpine Trockenvegetation (BRAUN-BLANQUET 1961) oder an die Vegetation Grönlands (BÖCHER 1949, SCHWARZENBACH 1961) – und dies vermag durchaus auch die Existenz unserer eben postulierten spätglazialen Gesellschaft bzw. des spätglazialen Gesellschaftskomplexes zu stützen.

IV

Lassen Sie mich nach diesem Ausflug in die Späteiszeit ein weiteres, diesmal die Wasservegetation betreffendes Beispiel aus einem weniger weit zurückliegenden Zeitraum aufgreifen: Aus der postglazialen Wärmezeit. In Seeablagerungen des Südschwarzwaldes aus dieser Zeit finden wir eine recht merkwürdige Artenkombination von Wasserpflanzen. Neben Arten wie *Isoëtes tenella, Isoëtes lacustris* und *Myriophyllum alterniflorum,* also Arten, die heute oligotrophe, vorzugsweise schwach bis stark saure Gewässer bevorzugen, müssen damals an denselben Standorten auch *Najas flexilis, Potamogeton pusillus* und *Ceratophyllum demersum* vorgekommen sein, also Arten, die heute in meso- und eutrophen Gewässern zu finden sind. Wenn diese Arten eine Gesellschaft bildeten oder sich zumindest in Kontaktgesellschaften berührten – und das ist nach den bisherigen Funden kaum zu bezweifeln – dann ist auch dies wieder eine beachtenswerte Erscheinung. Denn heute finden wir in unserem Gebiet diese Arten weder zusammen in einer Gesellschaft, noch benachbart in Kontaktgesellschaften. Die *Isoëtes*-Arten gelten heute innerhalb des Littorellion-Verbandes als Charakterarten einiger nordisch-subatlantischer Brachsenkraut-Gesellschaften (Isoëtetum tenellae, Isoëto–Lobelietum, Eriocaulo–Lobelietum); sie besiedeln zusammen mit *Myriophyllum alterniflorum* vorzugsweise die Uferzone nährstoffarmer, saurer Gewässer. Dagegen sind *Najas flexilis* [1], *Potamogeton pusillus* und vor allem *Ceratophyllum demersum* innerhalb der Ordnung Potametalia Charakterarten von Laichkrautgesellschaften in ausgesprochen nährstoffreichen Gewässern (vgl. z.B. TH. MÜLLER u. S. GÖRS 1960). Freilich gibt es in diesem Fall offenbar auch heute noch Fundorte, wo alle die genannten Arten zusammen auftreten, z.B. in Finnland (LUTHER 1945). Aus eigener Anschauung kenne ich solche Vorkommen nicht; ihre eingehende soziologische und ökologische Analyse wäre sehr erwünscht.

Zweifellos ließen sich die Beispiele von Pflanzengesellschaften mit Artenkombinationen, die gegenüber der Gegenwart abweichen, leicht vermehren. Nur auf eines sei abschließend noch hingewiesen: In der Frühen Wärmezeit, im Boreal, müssen nach dem Ausweis der Pollendiagramme vor allem in den westlichen Landschaften Mitteleuropas, be-

[1] Neben dem Fund im Feldseemoor (LANG 1955) seither auch im Kohlhüttenmoor bei St. Blasien in V/VI zugehörigen Schichten gefunden (unpubl.).

sonders in den westlichen Mittelgebirgen, Gesellschaften vorherrschend gewesen sein, in denen die Hasel die Hauptrolle spielte. Ob es sich hierbei um eigene Haselgebüsche oder um Kiefern- oder Eichenmischwälder mit reichem Haselunterwuchs gehandelt hat, ist viel diskutiert worden. Viele Autoren, z.B. K. BERTSCH, FIRBAS, GROSS u.a. nehmen das erstere an (FIRBAS 1949). Gleichgültig, welche Vorstellung die richtige ist, fest steht auf jeden Fall, daß zwar alle beteiligten Holzarten heute noch im Gebiet vorhanden sind, aber nicht mehr in dieser, durch *Corylus* beherrschten Vergesellschaftung.

V

An Hand dieser Beispiele, die die Land- wie die Wasservegetation betrafen, müssen wir uns nun nach der vegetationsgeschichtlichen Bedeutung dieser Befunde fragen. Wenn wir unter einer Pflanzengesellschaft eine bestimmte, durch Charakterarten und eine charakteristische Artenkombination ausgezeichnete Pflanzengemeinschaft verstehen, dann kann wohl kein Zweifel darüber bestehen, daß der Großteil unserer heutigen Pflanzengesellschaften sehr junger Entstehung ist. Von wenigen Ausnahmen abgesehen, die einige Spezialgesellschaften vor allem in Mooren betreffen mögen, müssen wir annehmen, daß diese floristisch gefaßten Pflanzengesellschaften über längere Zeiträume hinweg nichts Stabiles sind. Sie sind ständigen Wandlungen unterworfen, denn sie sind aus Einzelgliedern zusammengesetzt, den Arten, die auf Umweltänderungen, seien diese klimatischer, edaphischer oder biotischer Natur, in großem Maße unabhängig voneinander und verschieden reagieren. In den letzten Jahren haben die Ergebnisse der experimentellen Pflanzensoziologie gezeigt, wie sehr der Konkurrenzfaktor für das Zustandekommen bestimmter Vergesellschaftungen und bestimmter Standortswahl ausschlaggebend sein kann (ELLENBERG 1953 u.a., vgl. auch WALTER 1960). Wenn im Verlauf der Spät- und Nacheiszeit die heute vorhandenen Arten sukzessive in Mitteleuropa eingewandert sind, dann ist damit zu rechnen, daß in diesen früheren Zeiten bei anderer Florenzusammensetzung andere Konkurrenzverhältnisse geherrscht und damit sehr wahrscheinlich auch andere Pflanzengesellschaften gelebt haben.

Man muß daraus schließen, daß jedes auf die floristische Zusammensetzung der Vegetationstypen gegründete pflanzensoziologische System streng genommen nur für die Gegenwart Gültigkeit haben kann. Bestenfalls kann ein solches System noch Gültigkeit haben für den Zeitraum der Vergangenheit, in dem sich der Artenbestand unserer Flora gegenüber heute nicht mehr wesentlich geändert hat, also ungefähr für die Späte Wärmezeit und die Nachwärmezeit. Bekanntlich hat z.B. LÜDI (1954) bei einer kritischen Überschau über die bisherigen Pflanzenfunde der bronzezeitlichen Pfahlbauten der Schweiz keine nennenswerten Unterschiede im Artenbestand gegenüber heute feststellen können. Abgesehen von diesen jüngeren, die letzten Jahrtausende umfassenden Zeitabschnitten wird man aber bei allen vegetationsgeschichtlichen Untersuchungen die heutige floristisch-soziologische Vegetationsgliederung nur mit großer Vorsicht auf vergangene Zeiträume anwenden dürfen. Der Zeigerwert der

Arten, wie er durch die Gesellschaftstreue zum Ausdruck kommt, dürfte daher, entgegen der Anschauung von BRAUN-BLANQUET (1928, 1951), synchronologischer Auswertung nur mit großem Vorbehalt zugänglich sein. Da offenbar die potentielle ökologische Amplitude der Arten („physiologische Konstitution" nach ELLENBERG) häufig größer ist als ihre heutige reale ökologische Amplitude („ökologische Konstitution"), wird man dies auch bei der ökologischen Interpretation fossiler Pflanzenfunde berücksichtigen müssen. Es wäre zweifellos ein großer Vorteil für vegetationsgeschichtliche Untersuchungen, wenn an Stelle der realen ökologischen Amplitude der einzelnen Arten ihre potentielle zugrundegelegt werden könnte. Da diese aber nur experimentell ermittelt werden kann, ist sie bisher nur in den wenigstens Fällen bekannt.

ZUSAMMENFASSUNG

Von den Grundzügen der spätquartären Vegetationsentwicklung Mitteleuropas ausgehend werden vor allem zwei Fragen verfolgt. Die eine Frage ist die nach der floristischen Zusammensetzung der Pflanzengesellschaften früherer Zeitabschnitte des Spät- und Postglazials und ihrer Ähnlichkeit mit heutigen Pflanzengesellschaften. An einigen Beispielen wird zu zeigen versucht, daß damals Vegetationstypen mit heute nicht mehr existierenden Artenkombinationen vorkamen, z.B. die arktisch-alpinkontinentale Steppentundra der Ältesten Dryaszeit, die Hasel-Vegetation der Frühen Wärmezeit oder die merkwürdige Mischung heute oligotraphenter und eutraphenter Wasserpflanzen in wärmezeitlichen Mittelgebirgs-Seen. Die zweite Frage ist die nach dem Alter der heutigen Pflanzengesellschaften. Es zeigt sich, daß der Großteil von ihnen sehr jung sein muß, jedenfalls kaum älter als die Späte Wärmezeit. Aus diesen Ergebnissen wird der Schluß gezogen, daß floristisch definierte Vegetationssysteme im wesentlichen nur für die Gegenwart Gültigkeit haben können. Der soziologisch-ökologische Zeigerwert der Arten ist synchronologischer Auswertung nur mit Vorbehalt zugänglich; die Konkurrenzverhältnisse und die potentielle ökologische Amplitude der Arten müssen mitberücksichtigt werden.

SUMMARY

Starting with the outlines of Late Quarternary vegetation development mainly two problems are discussed. One problem is the floristic composition of plant communities of former, Late-glacial and Post-glacial periods and their resemblance to actual plant communities. Based on some examples it is shown, that in former times there were vegetation types with species combinations which do not exist any more, for instance the steppe-tundra of the Eldest Dryas period, the hazel vegetation of the Boreal period or the water vegetation in mountain lakes of the Post-glacial warm period containing a mixture of plants which are restricted today to either oligotrophic or eutrophic sites. The second problem concerns the age of actual plant communities. Most of them seem to be very young, at least hardly older than the Subboreal period. It can be derived from these results, that vegetation systems based on floristics are applicable only for the present time. For synchronological interpretation plant species can be used as ecological indicators only with caution. The competition situation has to be considered as well as the physiological amplitude of the species.

LITERATUR

BÖCHER, T. W.: Climate, soil and lakes in continental West Greenland in relation to plant life. – Meddel. om Grønland **147** (2): 1–63. 1949.

BRAUN-BLANQUET, J.: Pflanzensoziologie, Grundzüge der Vegetationskunde. – 1. Aufl. Berlin 1928, 2. Aufl. Wien 1951. 3. Aufl. Wien 1964.

— Die inneralpine Trockenvegetation. – Stuttgart 1961.

ELLENBERG, H.: Physiologisches und ökologisches Verhalten derselben Pflanzenarten. – Ber. Dtsch. bot. Ges. **65**: 351–362. 1953.

FIRBAS, F.: Spät- und nacheiszeitliche Waldgeschichte Mitteleuropas nördlich der Alpen. I. Allgemeine Waldgeschichte. – Jena 1949.

FIRBAS, F., H. MÜLLER u. MÜNNICH, K. O.: Das wahrscheinliche Alter der späteiszeitlichen „Bölling"-Klimaschwankung.– Naturwiss. **42**: 509. 1955.

GODWIN, H.: The spreading of the British flora considered in relation to conditions of the Late-glacial period. – J. Ecol. **37**: 140–147. 1949.

— The History of the British Flora. – Cambridge 1956.

GRADMANN, R.: Das Pflanzenleben der Schwäbischen Alb. – 1. Aufl. Tübingen 1898.

LANG, G.: Zur späteiszeitlichen Vegetations- und Florengeschichte Südwestdeutschlands. – Flora **139**: 243–294. 1952a.

— Späteiszeitliche Pflanzenreste in Südwestdeutschland. – Beitr. naturk. Forsch. Südwestdtschld. **11**: 89–110. 1952b.

— Neue Untersuchungen über die spät- und nacheiszeitliche Vegetationsgeschichte des Schwarzwaldes. I. Der Hotzenwald im Südschwarzwald. – Beitr. naturk. Forsch. Südwestdtschld. **13**: 3–42. 1954.

— Über spätquartäre Funde von Isoetes und Najas flexilis im Schwarzwald. – Ber. Dtsch. bot. Ges. **68**: 24–27. 1955.

— Vegetationsgeschichtliche Untersuchungen der Magdalénienstation an der Schussenquelle. – Veröff. Geobot. Inst. ETH Rübel **37**: 129–154. 1962.

LÜDI, W.: Beitrag zur Kenntnis der Vegetationsverhältnisse im schweizerischen Alpenvorland während der Bronzezeit. – Das Pfahlbauproblem: 89–109. Schaffhausen 1954.

LUTHER, H.: Über die rezenten Funde von Najas flexilis (Willd.) Rostk. et Schmidt in Ostfennoskandien. – Mem. Soc. pro Fauna et Flora Fenn. **21**. 1945.

MÜLLER, H.: Zur spät- und nacheiszeitlichen Vegetationsgeschichte des mitteldeutschen Trockengebietes. – Nova Acta Leopold. N. F. **16**/110: 1–67. 1953.

MÜLLER, TH., u. GÖRS, SABINE: Pflanzengesellschaften stehender Gewässer in Baden-Württemberg. – Beitr. naturk. Forsch. Südwestdtschld. **19**: 60–100. 1960.

NATHORST, A. G.: Neuere Erfahrungen von dem Vorkommen fossiler Glacialpflanzen und einige darauf besonders für Mitteldeutschland basierte Schlussfolgerungen. – Geol. Fören. Förh. Stockholm **36**, 267–307. 1914.

NEHRING, A.: Über Tundren und Steppen der Jetzt- und Vorzeit mit besonderer Berücksichtigung ihrer Fauna. – Berlin 1890.

RUDOLPH, K.: Grundzüge der nacheiszeitlichen Waldgeschichte Mitteleuropas. – Beih. Bot. Cbl. **47**/II: 111–176. 1930.

SCHWARZENBACH, F. H.: Die arktische Steppe in den Trockengebieten Ost- und Nordgrönlands. – Ber. Geobot. Inst. ETH Rübel **31**: 42–64. 1960.

WALTER, H.: Grundlagen der Pflanzenverbreitung. I. Standortslehre. 2. Aufl. Stuttgart 1960.

M. VILLARET-VON ROCOW:

Herr LANG nannte drei Beispiele für die Frage: Sind diese Funde mit der heutigen soziologischen Erfahrung zu vereinbaren? Das sind 1. die Spätglazial-Pflanzen, 2. Gesellschaften offenen Wassers und 3. die *Corylus*-Phase. Mir scheint, die drei Beispiele sind etwas einseitig. Der Konkurrenzfaktor war damals nicht so, wie wenig später, wenn man jüngere Vegetationen, z.B. zur Zeit der Eichenmischwald-Ausbreitung und noch mehr in der Gegenwart eingehend betrachtet. Hier wird uns die Soziologie bei der Auswertung der Pollendiagramme viel mehr helfen. Herr LANG sagte, daß viele jüngere Vegetationsspektren als Parallelen auftreten, aber in Interglazialen haben wir ja auch Zeiten mit großer Konkurrenz gehabt. Wenn wir die eigentlichen Waldzeiten auswerten wollen, sieht das Ergebnis anders aus, und verallgemeinern kann man vielleicht doch nicht in dieser Form. Der Flora von GODWIN können wir das alles sehr viel besser entnehmen, als ich es hier sagen kann.

R. NEUHÄUSL:

Die pflanzensoziologischen Gesetze der rezenten Pflanzengesellschaften zeigen in verschiedenen Teilen von Europa einige bestimmte Abweichungen. Es ist daher ganz klar, daß die historischen Pflanzengesellschaften in der nacheiszeitlichen Vegetationsentwicklung auch nicht mit dem heutigen Zustand ganz zu vereinigen sind.

H. ZOLLER:

Ich glaube, daß es sehr wichtig ist, auf was Herr LANG hingewiesen hat, daß diese Pflanzengesellschaften vor 13 000 Jahren nicht unbedingt die Charakterarten besaßen, die wir jetzt herauszufinden suchen. Aber andererseits scheint es mir nun doch, daß wir, wie die Geologen, eigentlich auch hier Aktualisten sein müssen. Wenn wir in der letzten Entscheidung sagen, nur das, was wir fossil gefunden haben, ist bewiesen, so müssen wir in der Deutung Aktualisten sein. Das können wir gar nicht anders. Herr LANG hat auf die Zentral-Alpen hingewiesen. Da gibt es doch eigentlich auf geringste Entfernung heute noch viel merkwürdigere Dinge, z.B. im Unterengadin. Auf der einen Seite des Inn sind die Steppenrasen mit *Stipa capillata, Dracocephalum austriacum, Sisymbrium strictissimum,* (also eine Liste kontinentaler Arten). Auf der anderen Seite steht ein Fichtenwald mit *Linnaea borealis*; man kann von dem Standort zu der *Stipa* hinaufsehen. Dann kommen auf dieser Seite Bäche herunter mit *Cicerbita alpina, Peucedanum ostruthium* und *Agrostis schraderiana.* Das alles steht nur 100 m voneinander entfernt. Ich finde, daß gerade dieses Bild des Spätglazials uns eigentlich gar nicht so erstaunlich vorkommen muß, wenigstens in unserem Bereich in mittlerer Breitenlage, wo wir ja eigentlich den Sonnenstand so haben, daß die Exposition einen so großen Einfluß hat. So haben wir sicher schon damals in der Vegetation diese Expositionsunterschiede ganz klar gehabt, und die wirken sich natürlich auch im Pollendiagramm aus. Nur ist man dann geneigt, das wiederum alles am gleichen Ort zu sehen, aber es ist eben ein Niederschlag, der uns ein Vegetationsmosaik wiedergibt. Ich muß natürlich zugeben, daß wir dann nicht so einfach aus dem Pollendiagramm deuten können. Aber das können wir als Aktualisten dann mehr oder weniger indirekt nachweisen. Denn wir müssen doch sehen, dieses Mosaik etwas aufzugliedern.

Daß die Zusammensetzung der Pflanzengesellschaften und die ökologischen Amplituden der einzelnen Arten im Spätglazial nicht unbedingt mit den heutigen Verhältnissen gleichzusetzen sind, ist eine für die Deutung von Pollendiagrammen grundlegende Feststellung. Will man aber aus den Fossilfunden eine konkrete Vorstellung über frühere Zustände der Vegetation gewinnen, so ist man trotzdem gezwungen, wie in der Geologie, das Aktualitätsprinzip anzuwenden. Man wird deshalb in der Vegetationsgeschichte immer sorgfältig zwischen den effektiven Fossil-Funden als direktem Beweismaterial und zwischen den indirekten Schlüssen, die man aus den Vorgängen und der Beschaffenheit der rezenten Flora und Vegetation zieht, zu unterscheiden haben. Die seit J. Iversen bekannte Mischung von arktisch-alpinen und mehr oder weniger kontinentalen Elementen in den spätglazialen Pollenspektren braucht nicht auf heute unbekannte Pflanzengesellschaften hinzuweisen. Die Verzahnung völlig verschiedener Elemente ist an konkurrenzarmen Standorten noch jetzt weiter verbreitet, als man meistens annimmt, nicht nur in den Alpen mit ihren durch das Gebirgsrelief bedingten, besonders scharfen und engräumigen Gegensätzen sondern auch im Alpenvorland (z.B. Garchinger Heide, vielfach auch in der oberrheinischen Tiefebene).

R. Neuhäusl:

Wir müssen gewiß zur Deutung früherer Zustände der Vegetation von den heutigen ausgehen. Das erinnert mich an die Bodenprofile von Prof. Tüxen, deren Boden-Geschichte und Vegetation man ausgehend von den heutigen Bildungen erkennen kann.

R. Tüxen:

Dieser Vortrag führte meisterhaft in den Kern des Problems beider Bereiche, der Soziologie und ihrer Geschichte hinein. Herr Lang hat eine Reihe von neuen geistreichen Gesichtspunkten vorgetragen, unter denen wohl der bedeutendste der ist, daß man nicht ohne weiteres von den heutigen Verhältnissen nach dem Aktualitätsprinzip ausgehend, die heute gewonnenen Erkenntnisse wegen ganz anderer Konkurrenzverhältnisse auf frühere Zeiten übertragen darf. Aber wie schon die Bemerkung von Herrn Zoller zeigte, besteht doch die Möglichkeit, daß in einem so eng beieinanderliegenden Komplex von äußerst verschiedenen Standorten, Pflanzen in nächster Nachbarschaft beieinanderleben, die durch geeignete Transportmöglichkeiten später in einem Depot gefunden werden können. Das, was Herr Zoller von den Alpen sagte, darf ich vielleicht aus Lappland ergänzen. Ich habe allerdings nur das Glück gehabt, wenige Wochen in Lappland sein zu können, aber was wir dort gesehen haben, war genau das Gegenteil, was wir erwarteten. Die Botaniker aus dem Norden, die nach Mitteleuropa oder in den Süden kommen, sagen, in diesen Gebieten sei alles ganz kompliziert, im Norden seien nur wenige Arten, und eine ungemein eintönige Vegetation. Deswegen müßten sie mit Soziationen arbeiten. Wenn man dann selbst nach Lappland kommt, sind die Arten gar nicht so wenig und die Vielzahl und die Verteilung des Mosaiks der

Gesellschaften ist erstaunlich. Stellenweise gibt es kaum einen Quadratmeter in geeigneten Geländeausschnitten, der dem anderen gleicht. Ich denke an die Gebiete südlich des Nordkaps oder etwa an die Küsten des Porsanger Fjords mit den Kalk- und Dolomitfelsen, wo nicht nur das Relief, sondern auch die Tiefgründigkeit, die Windexponiertheit, vor allem die Dauer der Schneedecke, die Feuchtigkeit, fließendes oder stagnierendes Wasser, das Vorhandensein von Torf oder Mineralboden oder gar Kalk, der windexponiert ist, auf Schritt und Tritt die verschiedensten Pflanzengesellschaften erzeugt, so daß man, wenn man aus einem Raum wie dieses Zimmer hier die Vegetation zusammenkratzen und irgendwo deponieren würde, die heterogensten Pflanzen finden würde. Dazu kommt noch, daß man nicht einfach als Mitteleuropäer, der neben einem Schneetälchen oder neben einem Rasen mit *Empetrum* und *Betula nana* oder in einer Feucht-Wiese oder zwei Schritte daneben in einem *Eriophorum*-Sumpf *Taraxacum* blühen sieht, diese Art richtig benennen kann.

Darum dürfen wir doch nicht ohne weiteres aus diesen Arten-Listen sagen, die Vegetation hat sich so stark verändert. Ich glaube, daß die wahre Lösung trotz Ihrer bemerkenswerten Gedankengänge etwa in der Mitte liegen wird. Ganz so verändert haben sich die Arten doch wohl nicht benommen, durch die Konkurrenz gestört, wie es scheinen möchte. Aber manches läßt sich wahrscheinlich, wenn man etwas gröbere Maßstäbe anlegt, auch aus der heutigen Vegetation nach dem Aktualitätsprinzip doch deuten.

W. Lüdi:

Ich meine, daß wahrscheinlich auch Herr Dr. Lang es nicht ganz so gemeint hat, wie es ihm nun ausgelegt wurde. Er wollte nur Schwierigkeiten zeigen, die sich ergeben, wenn wir Listen von Fossilien haben. Ich habe vorhin auch daraufhin gewiesen, daß gerade die Auswertung solcher Materialien zu pflanzensoziologischen Zwecken, um eine frühere Vegetation zu rekonstruieren, sehr schwierig ist. Ich glaube, das was Herr Tüxen gesagt hat, dieser rasche Wechsel der Vegetation auf sehr kleinem Raum, überall da vorhanden ist, wo wir Berge haben, da wo durch die Berge sehr verschiedenartige Standorte, die benachbart sind, geschaffen werden. Das haben wir in Nord-Norwegen vor allem gesehen, weniger in Finnland. Das ist ebenes Land. Im Gebirge kennen wir diese vielgestaltige Vegetation sowohl aus den Alpen, aus dem Süden und auch aus dem Norden, wo Bodenunterlage und Exposition so stark wechseln. Ich möchte daher doch Herrn Lang, in dem was er sagt, verteidigen. Es kommt darauf an, wie man das auslegt. Er wollte auf Schwierigkeiten hinweisen. Am wenigsten gilt das vielleicht noch für die Wasserpflanzen. Denn die Pollen werden durch Wind verbreitet, und infolgedessen finden wir all das am gleichen Ort abgelagert, was auch sonst ziemlich dicht beieinander steht. Es kann aber von sehr verschiedener Vegetation herrühren.

K. Faegri:

Es haben sich jetzt die Probleme etwas klarer herausgestellt; wir sehen zwei Deutungsversuche, die einander nicht ausschließen. Die eine – man könnte von Mosaiktheorie sprechen – die sich, wie Dr. Lüdi gesagt hat, in gebrochenem Gelände auswirken muß. Aber wir haben auch die Konkurrenztheorie. Wer einmal die Verhältnisse vor einem sich zurückziehenden Gletscher gesehen hat, legt auf das Fehlen der Konkurrenz sehr viel Gewicht. Dort ist alles zusammengeworfen. Das einzige ist, daß die Mykorrhiza-Pflanzen in den ersten Jahren nicht besonders glücklich sind. Aber das dauert nur 10–20 Jahre, was ja in dem hier anzulegenden Zeitmaßstab sehr wenig bedeutet. Man muß bei der Betrachtung der spätglazialen Floren immer im Auge behalten, daß die uns so vertraute ausmerzende Konkurrenz nicht oder fast gar nicht aufgetreten ist.

Für die Deutung spätglazialer Verhältnisse – auch der Verhältnisse der frühen Wärmezeit – muß in Betracht gezogen werden, daß wir nicht mit der jetzigen Flora rechnen dürfen, sondern mit der jetzigen Flora minus dem unbekannten, aber sicher sehr großen Komplement, das von den neolithischen Bauern hierher gebracht worden ist und das unter bestimmten Voraussetzungen sicher außerordentlich konkurrenzkräftig gewesen ist. Wir wissen nicht, wie unsere präneolithische Flora aussah. In Skandinavien rechnen wir mit etwa 20% unserer jetzigen Flora, die mit neolithischen Bauern hereingebracht sind. Man kann ja die Existenz dieser Pflanzen in einem vom Klimax beherrschten Gebiet gar nicht verstehen. Es sind alles keine Klimax-Pflanzen. Das bedeutet auch für die Konkurrenz-Verhältnisse und für das Verständnis der frühen Sukzession sehr viel und natürlich noch mehr für das Verständnis der weiteren Sukzessionen, wenn sie einmal angelangt sind.

A. Apinis:

In meinem Beispiel mit *Trapa natans* konnte ich im ersten Untersuchungsabschnitt feststellen, daß ich garnichts von den Eigenschaften der Pflanze weiß. Ich versuchte, sie durch das Experiment zu erfahren, um auf bestimmte klimatische und auf einfache ökologische Fragen eine mehr oder weniger richtige Antwort zu finden. Dasselbe betrifft auch unsere Waldpflanzen. Über die kritische Einstellung von Dr. Lang gegenüber den palynologischen Funden bin ich sehr erfreut. Das ist ein klarer Beweis, daß wir im allgemeinen auf einem richtigen Weg sind und wir ruhig weiterarbeiten können. Aber die Probleme der Ökologie und der Soziologie, der Art und auch der Genetik, sind ja auch grundbedeutend für die weitere Verallgemeinerung unserer Schlüsse, ob sie das Klima oder die Sukzession betreffen.

Zu dieser kritischen Auslegung der pollenanalytischen Resultate ist zu bemerken, daß an sich die pollenanalytische Methode sich meistens auf Pollen der Baum- und Sträucher-Arten bezieht, und nicht viele andere Pflanzenarten in Betracht nimmt, die kleine Pollenmengen produzieren. Eine Erweiterung der Methodik wäre wünschenswert, insbesondere Heranziehung von Mikro- und Makrofossilien-Analyse. Dieses würde in viel höherem Maße als jetzt dazu verhelfen, die Sukzessionsvorgänge an Pflanzengesellschaften zu verstehen.

R. Neuhäusl:

Ich möchte aufmerksam machen auf die Versuche, die mit oliogotrophen

Wasserpflanzen gemacht wurden, und die gezeigt haben, daß alle diese Oligothraphenten im eutrophen Milieu sehr gut wuchsen, und daß dies eine Frage der Konkurrenz oder Priorität oder später dann des menschlichen Einflusses ist.

G. LANG:

Im Jungmoränengebiet nördlich der Alpen haben wir so gewaltige Expositionsunterschiede doch nicht wie im Gebirge. Da mir noch eigene Erfahrung aus nordischen Gebieten fehlt, ist mir die Mitteilung von Prof. TÜXEN über die mosaikartige Anordnung in der Subarktis sehr wichtig. Mit dem Studium der Verhältnisse dort wird man den Schlüssel suchen müssen für unsere Vegetation im Spätglazial. Es gibt wohl keine andere Möglichkeit, als nach dem Prinzip des Aktualismus vorzugehen.

POLLENANALYTHISCHE ERGEBNISSE ALS KRITERIUM FÜR DIE HEUTIGE POTENTIELLE NATÜRLICHE VEGETATION

von

W. TRAUTMANN, Bad Godesberg

Manuskript nicht eingegangen.

SCHUBART:

Ich komme aus der forstlichen Praxis als Standortskartierer, der etwas zwangsmäßig dahinein getrieben auch mit diesen waldgeschichtlichen Fragen sich hat beschäftigen müssen. Es ist ganz klar, daß uns die pollenanalytische und die pflanzensoziologische Forschung hoch wertvolle Dienste bei unseren Arbeiten leisten, um nun wirklich diese Ergebnisse hier für ganz nützliche praktische Produktion umzuwerten. Wenn Dr. TRAUTMANN von der historischen Zeit sprach unter dem Einfluß des Menschen, so rechnete er tausend oder fünfzehnhundert Jahre. Sollten wir nicht noch weiter zurückgreifen müssen? Es wird sicher örtlich, landschaftlich verschieden sein. Aber ich glaube, daß wir in dem Moment, wo wir unter den Pollen Getreidepollen finden, auch doch damit rechnen müssen, daß der Einfluß des Menschen allmählich steigend im Wald einsetzt. Er setzt sicher nicht nur ein in Form der Weide und Viehwirtschaft, sondern richtet sich auch auf das Holz zur Holznutzung und vor allen Dingen auch zur Gewinnung von Brennholz. Damit kommt eine Veränderung in das natürliche Waldbild hinein, die unserer pollenanalytischen Forschung gefährlich wird. Denn wenn ich jetzt vielleicht tausend Jahre zurückspringen darf in die archivalisch nachweisbare Waldform, so ist die früheste Form unseres Waldes, besonders hier in unserem mitteldeutschen Raum, von dem ich vor allem Dingen sprechen möchte, eine Betriebswirtschaft, die einen zweigeteilten Wald hat. Sie hat also einen Oberstand und hat ein Unterholz, und dieses Unterholz wird im großen und ganzen nie mannbar, weil es viel zu früh genutzt wird. Infolgedessen können die dort vorhandenen Holzarten in einer pollenanalytischen Forschung nicht ohne weiteres erkannt werden.

Ich habe auch aus der jüngsten Literatur herausgelesen, daß man als das natürliche Waldbild den Hochwald ansieht, also den Baumwald, gewissermaßen als die Schlußstufe. Wenn wir heute die potentiell-natürliche Waldvegetation konstruieren wollten, so würden wir annehmen, daß sie in einen Baumwald zurückfällt. Möglich, aber wir wissen es nicht. Und es ist auch mit Recht Zweifel darein zu setzen. Denn das natürliche Bild wird wahrscheinlich ungleichmäßig sein. Unser Hochwald ist gerade die Waldstellung, die von vornherein einen großen Teil unserer Holzarten verdrängt. Der natürliche Wald dagegen wird wahrscheinlich besonders unsere Lichtholzarten, die nicht der Dunkelstellung verfallen, viel zahlreicher gehabt haben. Ich wollte mir erlauben, diese Bedenken, die aus der forstlichen Praxis dieser Forschung gegenüber aufkommen, zu äußern.

C. R. Janssen:

Dr. Trautmann hat das Verhalten der Pollenanteile von *Fagus* und *Quercus* verglichen. Das kann man nur, soweit beide Arten miteinander vergesellschaftet sind. Ich möchte fragen, ob es nicht möglich sei, daß mindestens ein Teil des *Quercus*-Pollen nicht aus den Luzulo-Fagetum oder Fago-Quercetum stammt, sondern aus *Quercus*-Wäldern, die keine *Fagus* enthalten (Auenwälder des Alno-Ulmion)? In diesem Fall ist das Verhalten der *Quercus*-Kurve im Diagramm unabhängig von der *Fagus*-Kurve.

R. Tüxen:

Ich möchte auf eine Frage hinweisen, die ich nicht zum ersten Male hier mitteile. Man sollte nicht vergessen daran zu denken, daß in den Zeiten, als der menschliche Einfluß noch nicht bestand, der Wald die gesamte Fläche einer bestimmten Landschaft einnahm: sagen wir 100 oder 98 oder 95%, und daß der Wald dann im Laufe der Zeit mehr und mehr durch den menschlichen Einfluß zurückgedrängt wurde. Wenn wir nun, um es einfach zu machen, 5 Waldbaum-Arten annehmen, welche die Pollenanalyse wiederfindet, so gibt es zwei Möglichkeiten ihres Verhaltens bei der Zurückdrängung des Waldes. Einmal könnten sie alle in der gleichen Weise von der Verringerung des Waldes betroffen worden sein, also prozentual abnehmen. Wenn jede dieser Holzarten anfangs 20% hatte, so können sie zum Schluß auch jede noch 20% haben. Das ist aber ganz und gar unwahrscheinlich. Es ist viel wahrscheinlicher, daß bei der verschiedenen Ökologie der einzelnen Holzarten und bei der Vernichtung des Waldes bestimmte Holzarten früher oder später vollkommen verschwanden, andere ebenfalls zurückgedrängt wurden, während wieder andere sogar nun einen viel größeren Anteil einnehmen konnten, als sie ursprünglich hatten. Das kommt daher, daß die Pollenanalyse für einen späteren Zeitpunkt, nicht mehr wie die Pollenanalyse, die für eine frühere Zeit durchgeführt wird, die Mischungsprozente der gesamten Waldabdeckung, sondern nur noch der Restwälder feststellen kann. Diese Restwälder sind aber nicht im gleichen prozentualen Verhältnis zusammengesetzt wie etwa die Ausgangswälder. Die Erle ist sehr spät durch den Menschen beeinflußt worden, während die Eiche schon viel früher durch ihn geschwächt oder gefördert wurde. Zu den Bedenken, die Herr Forstmeister Schubart angemeldet hat, darf ich also auch noch diese hinzufügen, ohne damit sagen zu wollen, daß die Ergebnisse der Pollenanalyse für uns nicht etwa größter Bedeutung wären für die Konstruktion der potentiellen natürlichen Vegetation. In jedem Falle müssen die historischen Ergebnisse der Pollenanalyse mit den Feststellungen unserer Konstruktionen zur Erkennung der potentiellen natürlichen Vegetation in Einklang gebracht werden können.

R. NEUHÄUSL:

Nach unseren Erfahrungen führt die Auslese bestimmter Baumarten wirklich zu einer ähnlichen Erscheinung. Aber doch kann man die standortgemäßen Bäume kaum ganz vernichten, weil sie immer und immer die Tendenz haben, die natürliche Stellung in dem Bestand wieder einzunehmen.

W. LÜDI:

Worauf ist diese ungeheure Steigerung der *Calluna*-Heide, die parallel geht mit der Bewirtschaftung des Menschen, zurückzuführen? Es kann ja nicht nur das gewesen sein, daß die Eichenwälder, die doch immerhin mehr oder weniger geschlossene Wälder waren, nun zur Heide wurden. Oder waren die Wälder so offen, daß sich dazwischen überall das Heidekraut ansiedeln konnte? Oder ist es dadurch bedingt, daß die Moor-Bildung und die Ausdehnung der Moore, die dabei ein gewisses Austrocknungsstadium erreichten, in dieser Zeit sehr zunahm?

Ich erinnere mich an einen Vortrag von Herrn TROLL-SMITH aus Kopenhagen, der ja die Ansicht vertritt, daß der Rückgang von Ulmen und Eschen und z.T. von *Carpinus*, der auch in Zentral-Europa, z.B. im Schweizer Alpenvorland schon im frühen Neolithikum konstatiert werden kann, auf das Schneiteln dieser Bäume durch den Menschen zurückzuführen sei. Ist das hier in diesem Gebiet auch so, oder ist es eine reine Verschiebung der Fläche in dem Sinne, wie es Herr Prof. TÜXEN auseinandergesetzt hat?

H. MERKER:

Der *Calluna*-Anstieg und der Ulmen-Abfall stehen in einem ganz ursächlichen Zusammenhang, weil ja IVERSEN in Kopenhagen bewiesen hat, daß die große Landnahme im Norden zunächst einmal auf der Viehhaltung beruhte und weniger auf dem Ackerbau. Gewiß kam Ackerbau auch auf den leichteren Böden schon Zweitausend vor Chr. auf. Aber zunächst war die Landwirtschaft hauptsächlich Viehhaltung. In der Sommerfütterung überwog die Weide, und die Weide mußte allmählich Heide schaffen, während die Winterfütterung hauptsächlich auf den sogenannten gehamelten oder geköpften Ulmen, Eschen und anderen Laubbäumen basierte. Sie wurden im Sommer und Herbst geerntet, getrocknet und für Winter-Stallfütterung verwendet. Also der Laubbaum-Abfall von Ulme, Esche usw. ergänzt sich damit gut mit dem starken Ansteigen der Heide.

F. FIRBAS:

Ich will nur noch auf etwas Methodisches hinweisen. Bei der Berechnung der Pollen-Diagramme geht man so vor, daß man eine bestimmte Grundsumme wählt und die Häufigkeit der Buche auf dieser Grundsumme dann weiter verwendet.

Der Gedanke von Hern TÜXEN, daß auf diese Weise in Landschaften, in denen nur ein Restbestand der Bewaldung übrig geblieben ist, dieser dann im Pollendiagramm dominant werden kann, obwohl die Waldbedeckung an Fläche absolut zurückgegangen ist, ist sicher sehr richtig, weil eben alles von allem abhängt. Es fragt sich nur, wo er verwirklicht wurde.

Mir sind aus Westdeutschland nur wenige Beispiele bekannt, aber auch dänische Diagramme zeigen, daß der Buchenanstieg und die Buchenherrschaft zu einer Zeit beginnen, in der die Siedlungszeiger zeigen, daß die betreffenden Holzarten eben bis auf Restbestände ausgemerzt worden oder sehr stark zurückgegangen sind. Das soll aber keine andere Fassung der Ansicht sein, daß die Eiche eine große Rolle gespielt hat, soll mehr als Material dienen zur weiteren Beurteilung dieser Frage.

K. FAEGRI:

Wenn *Calluna* usw. in die Grundsumme miteinbezogen würde, dann wäre ja Prof. TÜXENS Einwendung hinfällig. Denn dann würde dieses nichtbewaldete Gebiet schon in den Diagrammen repräsentiert sein.

W. TRAUTMANN:

Calluna ist nicht einbezogen.

K. FAEGRI:

Es wundert mich doch eigentlich, daß Herr TRAUTMANN so sagen kann, daß in diesem Gebiet der menschliche Einfluß vor etwa 1 000 n. Chr. unbedeutend gewesen ist. Denn bei uns in Skandinavien rechnen wir ja, daß unmittelbar nachdem der Mensch angekommen ist, er anfängt, die Wälder sehr stark zu beeinflussen. Nahe bei Bergen, etwa um 300 n. Chr. oder in Oslo um 2500 bis 3000 vor Chr. Die Auswirkungen sind genau dieselben.

Was mir hier aufgefallen ist, diese Endungen sind doch eigentlich wesentlich älter als eigentlich die Kultur-Einflüsse. Wenn wir diese durch die Getreidekurve und die *Calluna*-Kurve symbolisieren und *Plantago* ist vielleicht anwesend, dann haben wir diese Grenze. Aber das stimmt nicht! Entweder ist die Kulturregistrierung hier nicht ganz zutreffend, oder aber es ist ein anderes unbekanntes Moment dabei, das man mit einbezieht.

W. TRAUTMANN:

Ich möchte zunächst die Frage von Herrn Prof. FAEGRI beantworten. Es ist nicht das ganze Diagramm wiedergegeben, und es sind noch mehr Siedlungszeiger da. Wir haben aus Darstellungsgründen darauf verzichtet, hier die Spuren von *Plantago* und z. Teil von *Rumex* einzuzeichnen. Auch die Getreidekurve geht zurück. Der menschliche Einfluß beginnt also wesentlich früher. Aber ich bin der Ansicht, daß bis etwa bei diesem Zeitpunkt, wo die Getreidekurve auf Werte über 1–2% ansteigt und kontinuierlich weiter steigt, mit einem Rückschlag eine Zäsur liegt, die für die Entwicklung dieses Gebietes und die menschliche Beeinflussung wesentlich war, wesentlicher jedenfalls als der Abschnitt vorher, obwohl keineswegs bestritten werden soll, daß hier bereits eine menschliche Beeinflussung war. Sie kann allerdings nicht sehr groß gewesen sein. Sonst müßte sie sich doch in größeren Werten – die Werte von *Plantago* und *Rumex* liegen alle unter 1% – widerspiegeln. Also es ist hier eine starke Zäsur, aber ich glaube andererseits, daß Prof. FAEGRI ganz recht hat, wenn er sagt, dieser Anstieg ist schon menschlich bedingt. Es fragt sich, ob man nicht die Grenze zwischen IX und X a etwas tiefer legt. Ich habe sie im wesentlichen nach der Getreidekurve gezogen, wo die Getreidewerte über 1% ansteigen, wo also der Anstieg der Getreidekurve beginnt. Aber das ist nicht so wichtig. Wichtig ist, daß wir hier einen Zustand feststellen, der vom Menschen relativ wenig und einen anderen, der relativ stark beeinflußt war und wir sehen, in welche Richtung diese anthropogenen Veränderungen gehen.

Zu der Frage von Dr. LÜDI über den Anteil der Heide: Es ist nicht ausgeschlossen, daß auch örtlich, in dem kleinen Moor, das einige ha groß ist (es ist im übrigen aber ein Erlen-Bruchwald; alle diese Diagramme, die wir auch im Bergland untersuchen, sind meist kleine Erlenmoore) daß hier nun örtlich eine Austrocknung eintrat, und daß die *Calluna* zum Teil von der Moor-Oberfläche stammt. Auf der anderen Seite haben wir solche Beispiele in NW-Deutschland viel, z.T. heute noch vorhanden, wo Bestände von Eichen – ziemlich offen und zerstört – mit *Calluna* vorhanden sind. Es liegt nun nahe, diese beiden zu kombinieren. Natürlich hat die *Calluna* niemals auf solchen Flächen gestanden, wo *Fraxinus* und *Ulmus* eine Rolle spielen. Denn das sind in diesem Gebiet der Kreidezone die reichsten Böden. Dieses Pruno–Fraxinetum ist der reichste Wald. Man findet heute noch einige *Ulmus effusa*. Eine andere Ulme gibt es in diesem Gebiet von Natur aus wohl nicht. Auf die Frage, ob hier auch geschneitelt wurde und der Rückgang auch durch das Beschneiden der Bäume erfolgt, kann ich keine Antwort geben. Ich glaube aber, daß es mehr eine wirkliche Zerstörung des Waldes war durch die Viehweide, weil es wohl auch die ertragreichsten Flächen waren, die in diesem noch sehr stark bewaldeten Gebiet, das heute noch mehr als 50% Wald trägt, intensiv genutzt wurden.

Die Bemerkung von Prof. TÜXEN über den Anteil des noch vorhandenen Waldes muß man besonders im Flachland sehr stark berücksichtigen. Aber im Bergland, das ja tatsächlich sehr spät besiedelt worden ist – unsere Gebirge sind sicher erst im 1. Jahrtausend n. Chr. besiedelt worden – dort spielt das, glaube ich, nicht die Rolle, die es hier im nordwestdeutschen Flachland auf den sandigen Böden spielen kann.

Zur Frage nach dem Anteil von *Quercus* in der Umgebung der untersuchten Profile möchte ich sagen, daß die Profile in Mooren liegen, die nicht mehr als etwa 0,5 ha groß oder kleiner sind. Sie sind mit Birke oder Erle bestockt. Ich eliminierte immer die Birke und Erle in solchen Profilen, weil sie ja in den angrenzenden Wäldern von Natur aus keine Rolle spielen. Das wissen wir ziemlich sicher. Es sind entweder Buchen-Eichen-Wälder auf feuchteren Böden, oder eben Buchenwälder, und zwar reine Buchenwälder von Natur aus. Ich glaube nicht, daß eine bevorzugte Umwandlung der randlich um das kleine Moor herumliegenden eichenreichen Wälder diesen starken Anstieg der Eiche hervorgerufen hat. Wir haben zahllose Beispiele davon, und sie sind ja auch aus dem ganzen mittleren und westlichen Europa bekannt.

Zu der Bemerkung von Forstmeister SCHUBART über den Anteil der Lichthölzer: Wir sehen an diesem Diagramm, das kommt auch in vielen anderen Diagrammen zum Ausdruck, daß mit dem stärkeren Einfluß des Menschen auch die Lichthölzer zunehmen. Das gilt ja auch für *Corylus*.

D.h. die Lichthölzer haben sich mit dem Einfluß des Menschen ausgebreitet. Ich stelle mir unsere Hochwälder, in jedem Fall unsere Buchenwälder doch als Hochwälder vor ohne irgend einen nennenswerten Unterstand und ohne eine nennenswerte Strauchschicht, also keineswegs als gestufte Bestände. Etwas anderes ist es in den Eichen-Hainbuchen-Wäldern, wo die Hainbuche mit in die erste Baumschicht hineinwächst, aber häufig auch noch einen Unterstand in der zweiten Baumschicht bildet. Wenn man diese als Mittelwälder bewirtschaftet, verschwindet die Hainbuche mehr und mehr, und es stellt sich die Hasel ein. Wir haben hier im Münsterland viele tausend ha reine Eichenbestände mit Haselunterwuchs, der sehr wohl fruchtet, so daß sein Pollenniederschlag durchaus erfaßt werden kann. Allerdings muß man dabei bedenken, daß bei sehr kurzem Umtrieb das Unterholz nicht zum Blühen und Fruchten kommt, und daß es damit in den Pollendiagrammen nicht in Erscheinung tritt.

RELATIONS ENTRE LES SPECTRES SPOROPOLLINIQUES RÉCENTS ET LA VÉGÉTATION ACTUELLE

par

JEAN HEIM, Louvain
Aspirant F.N.R.S.

Comme la pluie sporopollinique est enregistrée par les mousses croissant à la surface du sol ou sur des souches dans des massifs forestiers, il est possible, grâce à un prélèvement de ces bryophytes, d'étudier les spectres polliniques fournis par différents massifs forestiers.

La comparaison de ces spectres polliniques à des relevés phytosociologiques précis effectués dans les mêmes placeaux, permet de tirer des conclusions quant à la représentation des espèces, le taux de boisement du peuplement etc. Les résultats de cette recherche sont également indispensables à l'interprétation correcte des diagrammes polliniques de tourbières et de profils de sable. Elle peut également chiffrer la distance de transport des pollens et contribuer à une meilleure connaissance de la biologie et de l'adaptation d'essences exotiques à nos climats (*Picea excelsa, Abies pectinata, Pseudotsuga douglasii, Pinus nigra*...).

METHODES

Différentes méthodes ont été utilisées pour concrétiser ces observations:

1. L'étude de la pluie sporopollinique dans des peuplements unispécifiques (*Picea, Fagus, Pinus*) à différentes altitudes, exposition et à des âges divers.
2. La réalisation de transects, les uns cheminant au travers de peuplements purs d'essences forestières différentes qui jouxtent, d'autres prenant comme point de départ un peuplement unispécifique et s'étendant au travers d'une tourbière ou d'une bruyère; enfin, notons encore que ces transects peuvent être orientés selon la direction des vents dominants, selon la pente du terrain etc. Ce point permet d'étudier la distance de transport des pollens.
3. L'analyse de microprofils en récoltant les mousses sur les souches, celles se trouvant à même le sol, la litière tassée, la litière feuilletée plus ou moins décomposée, l'humus brut et l'horizon superficiel généralement très humifère du sol, nous montre l'évolution de la végétation au cours d'un ou de deux siècles.

CONCLUSIONS

Ces différents moyens nous fournissent des renseignements très intéressants.

1. *Le taux de boisement* exprimé par le rapport AP/T ou AP/NAP + AP s'élève pour les peuplements compris en Ardenne belge à 72% (En France, pour la Hêtraie de la Ste-Baume, il est de 93%). En plus des pollens emmagasinés dans la mousse provenant du peuplement analysé, il s'ajoute en moyenne 30% de pollens venant de l'extérieur du peuplement (*Betula, Pinus, Alnus, Corylus....*). Dans les landes et prairies, ce taux s'élève à 30–40%.
2. En ce qui concerne *la représentation* des espèces, signalons parmi les essences forestières *normalement représentées* dans leur peuplement, *Pinus, Quercus, Fagus, Betula.* Par contre, *Picea* est toujours *sous-représenté* dans les pessières. De plus, en dehors de leur massif, *Pinus* et *Betula* (parfois *Alnus*) sont *surreprésentés.* Les graminées dans les hêtraies, chênaies et pinèdes sont normalement représentées, alors que dans les pessières, à strate herbacée presque nulle, elles acquièrent des pourcentages souvent élevés. Dans les landes et dans les prairies, elles reflètent la composition floristique du placeau.

   Les éricacées sont normalement représentées dans les spectres polliniques de tourbières ou bruyères, mais par contre dans les forêts, elles sont souvent nettement *sousreprésentées,* spécialement *Vaccinium.* Signalons encore les valeurs très variables des Fougères (*Pteris, Dryopteris, Cypéraceae* et *Sphagnum*). Certaines espèces quoique présentes avec des coefficients phytosociologiques élevés, n'ont jamais été dénombrées: *Luzula, Juncus.*
3. *L'influence des vents dominants* ressort des transects orientés dans différentes directions.
4. Les rideaux d'abri n'altèrent point l'allure générale des spectres polliniques du voisinage.

En résumé, il convient de conclure que la concordance entre le spectre pollinique et la végétation est fidèle pour les arbres et que les surreprésentations de *Pinus* et *Betula* n'affectent guère l'image générale.

ZUSAMMENFASSUNG

Ich habe die Untersuchung von Oberflächenproben, d.h. von dem aus den letzten Jahren stammenden Pollenniederschlag, der sich in den auf dem Waldboden oder auf Baumstümpfen wachsenden Moosrasen befindet, durchgeführt, sowie Transekte und kleine Bodenprofile hergestellt.

Durch den Vergleich dieser Pollenspektren mit genauen Pflanzenaufnahmen bin ich zu den nachstehenden Schlußfolgerungen gelangt:

Die Walddichte, die sich aus dem Verhältnis BP/T = BP/BP + NBP ergibt, ist sehr groß. Bei Berücksichtigung aller Waldbestände der belgischen Ardennen, schwankt dieser Wert im Mittel um 72%. (In Frankreich, im Buchenwald von Sainte-Baume [Provence] schwankt er um 93%). In Hochmooren und waldlosen Gebieten wie Heide und Wiesen erreicht er kaum 30%. Es darf jedoch nicht vergessen werden, daß ungefähr 20 bis 30% der Baumpollen des Pollenspektrums in jeden Waldbestand aus den in der Umgebung befindlichen Wäldern einfliegt. Dieser Teil ist also von Fall zu Fall dem betreffenden Bestande fremd. Die Transekte oder Oberflächen-Diagramme ermöglichen es, die Tragweite der Pollenkörner bestimmter Bestände kennen zu lernen. Darüber hinaus können wir anhand der kleinen Bodenprofile, die Entwicklung einer bestimmten Stelle während eines oder zweier Jahrhunderte beobachten.

Ein Wort über die Vertretungen:

Im allgemeinen sind *Fagus* in den Buchenwäldern, *Quercus* in den Eichenbeständen, *Pinus* und *Betula* in ihren Beständen normal vertreten. Dagegen sind *Betula* und *Pinus* außerhalb ihrer Bestände überrepräsentiert.

Die Gräser sind in den Buchen–, Eichen- und Kieferwäldern, sowie in den Wiesen und in den waldlosen Gebieten normal vertreten und stimmen gut mit der floristischen Zusammensetzung der Vegetation überein. In den Fichtenwäldern dagegen, wo die Nichtbaumschicht sehr gering ist, sind sie überrepräsentiert.

Die Getreide erreichen in den belgischen Wäldern 1,5%. Bei den *Ericales* ist *Vaccinium* in den Wäldern und sogar in waldlosen Gebieten immer untervertreten; *Calluna* ist auf den Hochmooren und in den Heidelandschaften Belgiens einigermaßen gut vertreten.

Die Farnsporen (*Pteris, Dryopteris*), die *Cyperaceae* und *Sphagnum*, haben alle eine sehr unregelmäßige und oft eine sehr beschränkte Pollenerzeugung. *Juncus* und *Luzula* haben wir niemals in unseren Pollenzählungen gefunden.

Der von Süd-Osten kommende Windeinfluß ist von Bedeutung und in den verschiedenen Transekten ersichtlich.

Der Einfluß eines Birkenschirmes um das Hochmoor „Fange de la Mouchette" verursachte kaum eine Veränderung des allgemeinen Bildes beim Pollenspektrum der umliegenden Moorvegetation.

Im großen und ganzen kann die Übereinstimmung zwischen Pollenspektrum und Vegetation als zufriedenstellend bezeichnet werden, indem die Übervertretung von *Pinus* und *Betula* das allgemeine Bild der Vegetation kaum beeinträchtigt.

SUMMARY

The relations between recent pollen spectra of surface samples and the present vegetation of the Ardennes:

The surface samples consist of moss polsters, superficial litter and humus layer, collected in forests, heaths and grasslands. The vegetation is described by the Braun-Blanquet quantitative scale (= cover abundance evaluation). Here are the conclusions of this investigation.

1. The ratio of afforestation, i.e. AP/T or AP/NAP + AP, considering all the forest-stands in the Belgian Ardennes, is 72%. For the bogs, heaths and grasslands its reaches scarcely 30%.

2. However the forest-pollen spectra comprise about 20 to 30% of trees-pollen produced by the neighbouring wooded stands (= regional influence). – By means of the investigated transects across several different wooded stations, it is possible to determine the more or less great distance of transportation (wind influence).

3. Generally *Fagus*-pollen in Beechforest. *Quercus*-pollen in oakforest, *Betula*- and *Pinus*-pollen in their respective plantations, are well repre-

sented. On the other hand, outside of their forest, *Pinus*-pollen and *Betula*-pollen are over-represented. The *Picea*-pollen is very under-represented in the spruce-plantations. *Gramineae*-pollen are fairly represented in the Beech-, Oak- and Pinewoods, and well represented in grasslands and woodless region, and they reflect well the composition of the local vegetation. *Cerealia*-pollen reach 1.5% in the analysed forests. The percentages of Fernspores (*Pteris* & *Dryopteris*), *Sphagnum*-spores and *Cyperaceae*-pollen are very variable in the pollen spectra. *Juncus*- and *Luzula*-plants are abundant in the forest, have not been found in the pollen spectra from bryophytic polsters. *Vaccinium*-pollen is under-represented in the forests; while within raised bogs and heaths, *Calluna*-pollen is well represented. *Conclusions*: On the whole the correlation between "pollen pictures" and present vegetation of the Ardennes is correct for the tree components.

POLLENANALYTISCHE UNTERSUCHUNGEN ZUM KASTANIENPROBLEM AM ALPEN-SÜDFUSS

von

H. ZOLLER, Basel

Die Entwicklung der rezenten, von *Castanea sativa* beherrschten Wälder in den Tessin-Tälern ist kulturbedingt. In mehreren Pollenprofilen aus der insubrischen Schweiz konnte schon vor dem Beginn der zusammenhängenden *Castanea*-Kurve eine ausgeprägte Ackerbauperiode (Neolithikum, Bronzezeit) nachgewiesen werden, die nicht nur durch das Auftreten von Cerealia und Archäophyten sondern auch durch die starke Wiederausbreitung der Birke in sekundären Folgegesellschaften belegt ist.

Die Hauptausbreitung der Edelkastanie und des Nußbaums fällt in die römische Zeit. Sie erreichte im 4. bis 6. Jahrhundert nach Chr. ein erstes Maximum. In prähistorischer Zeit kann man in den Tessin-Tälern höchstens mit einem sehr vereinzelten Vorkommen von Edelkastanie und Nußbaum rechnen. Jedenfalls war den neolithischen Siedlern die Kultur von *Castanea sativa* in größerem Maßstab noch unbekannt.

Die römischen Kastanienwälder wurden nicht nur im Bereich von azidophilen Quercion robori–petraeae–Wäldern sondern auch auf Fraxino–Carpinion–Standorten angelegt, wo sie wahrscheinlich auf bronze-eisenzeitlichem Ackerland oder nach Rodung von Schwarzerlen-Eschen- und Lindenmischwäldern entstanden sind.

In den ersten nachchristlichen Jahrhunderten war die Edelkastanie der Hauptfruchtbaum im Südtessin. Der Getreidebau sowie der Weinbau waren dagegen auffallend spärlich.

Nach dem Zusammenbruch des römischen Imperiums sind im 6. und 7. Jahrhundert die Kastanien-Selven (Hochwälder) stark zurückgegangen. Auf den fruchtbaren Böden im Bereich des Fraxino–Carpinion entstanden im frühen Mittelalter ausgedehnte Getreidefelder. Dagegen wurden die Kastanienbestände weitgehend auf die minderwertigen Böden des azidophilen Quercion robori–petraeae–Verbandes abgedrängt und wohl oft nur als Niederwälder (Palina) genutzt.

Ungefähr im 11. Jahrhundert nimmt die Bedeutung der Kastanien-Fruchthaine wiederum zu. Neuerdings dehnten sich die Bestände von *Castanea sativa* auf den fruchtbaren Böden im Bereich des Fraxino–Carpinion–Verbandes aus und bildeten die Hauptnahrungsquelle, während die frühmittelalterlichen Äcker vielerorts verschwunden sind.

Erst während der mittelalterlichen Rodungsperiode (9. bis 12. Jhdt.) gelangte die Edelkastanie bis in die Bergstufe der oberen Talabschnitte. Ungefähr gleichzeitig mit dem zweiten hochmittelalterlichen Maximum in den Tieflagen wurden auch Selven in der montanen Region, im Bereich des Luzulo–Fagion und von *Abies*-Wäldern gepflanzt, stellenweise sogar über das heutige Areal hinaus.

Der hoch- bis spätmittelalterliche Aufschwung der Kastanienkultur in der insubrischen Schweiz, währenddem in weiten Gebieten auch das Heidekraut (*Calluna vulgaris*) zu seiner rezenten Massenausbreitung gelangt ist, hat ungefähr bis ins 18. Jhdt. gedauert. Mit der Einführung von *Zea mays* und billigem Getreide verlor die Kastanie allmählich an Rentabilität, sodaß wiederum zahlreiche Selven aufgegeben oder nur noch als Palina bewirtschaftet wurden. So erscheint heute das Areal der Kastanienwälder zum größten Teile nur auf die wenig ertragreichen Böden des Quercion robori–petraeae–Verbandes beschränkt.

SUMMARY

The first-neolithic agriculture was shown on Lake Origlio near Lugano at about 2700 B.C.

During the bronze age the oak woods and the mixed alder-ash-forests were already considerably cleared; *Betula pendula* and *Pteridium* or *Calluna*-heaths mainly spread out in Tessin.

Castanea sativa was introduced only in the celto-roman period and the large forests of this tree along the southern margin of the Alps are all anthropogenous.

After the first maximum of *Castanea* extension in the fourth and fifth century during the early middle ages cereals, hemp and *Fagopyrum* were preponderately cultivated on the fertil soils, while *Castanea* woods remained at best on the acid soils of Quercion robori–petraeae.

Later about 1000 A.D. new woods of *Castanea sativa* were planted on the better soils of Fraxino–Carpinion. The second maximum of *Castanea* culture continued until the 18th century, when *Zea mays* was introduced. Nowadays the area of the *Castanea* woods is again restricted to the Quercion robori–petraeae reach on soils of inferior value.

K. Faegri:

Es hat mich gewundert, daß Prof. Zoller mit dem Kammerbohrer so schlechte Erfahrungen gemacht hat wie ich mit der Dachnovski-Sonde. Man muß darauf hinweisen, daß die Torfarten, die in diesem Falle zu verarbeiten waren, für Aufnahmen mit Dachnovski-Sonde eigentlich recht wenig geeignet waren. Aber der Kammerbohrer sollte dafür besser geeignet sein. Ich möchte darauf aufmerksam machen, daß schlechte Resultate im allgemeinen eine oder zwei Ursachen haben können. Die Lippe des Kammerbohrers muß messerscharf sein. Besonders wichtig ist es, daß sie unten scharf ist. Sonst werden Stoffe von oben herabgetragen. Leider ist durch die Konstruktion diese Stelle etwas geschwächt. Man muß also mit der Feile immer nacharbeiten und sehen, ob die Lippe wirklich scharf ist, besonders wenn man in groben, minerogenen Sedimenten gearbeitet hat, dann wird sie sehr rasch unscharf. Die andere Ursache ist, daß die äußere Röhre sehr eng um die innere fassen muß. Wenn man einige Jahre mit einem Kammerbohrer gearbeitet hat, besonders wenn Sand dazwischen gekommen ist, wird das Gerät unbrauchbar. Man sollte von

Zeit zu Zeit eine Probe machen, den Bohrer hinuntersenken und einige Zeit dort lassen, ohne ihn zu öffnen und wieder heraufholen. Wenn er dann voller Wasser herauf kommt, werfen Sie ihn ruhig weg. Seit ich diese beiden Vorsichtsmaßnahmen durchführe, habe ich – wie auch Kollege IVERSEN – keine schlechten Erfahrungen gemacht.

Ich vermute, daß Herr Prof. ZOLLER mit gewissen Bedenken *Xanthium* vorgeführt hat. Es ist ja, wie er schon bemerkt, ein Repräsentant einer sonst ausschließlich neuweltlichen Gruppe der Compositen. Wie *Ambrosia* sind alle amerikanisch. Wenn man allerdings in den „Natürlichen Pflanzenfamilien" nachsieht, steht gerade bei *Xanthium strumarium* ein kleines Fragezeichen. Vielleicht könnte *Xanthium* auch altweltlicher Herkunft sein. *Xanthium* ist jetzt auch im mittelschwedischen Glazial gefunden. Man kam zu unserem Laboratorium mit diesem Pollenkorn, und ich war ebenso bedenklich wie Herr ZOLLER, als er dies als *Xanthium* identifiziert hat. Ich habe gesagt, dies ist eine Composite, die auf demselben Stadium der Reduktion gegen Windblütigkeit steht wie *Xanthium*. Eine Woche später kam Prof. ZOLLERS Arbeit, und dort gab es auch *Xanthium*!

Herr ZOLLER hat gesagt, daß die Frage des Indigenats der Kastanie in Norditalien und in der Süd-Schweiz schwierig sei. Sie scheint ja jetzt gelöst zu sein. Aber ich glaube, daß viele dieser Schwierigkeiten, die wir früher gehabt haben, eigentlich auf eine etwas vermischte Problemstellung zurückzuführen sind. Und wenn ich diese Frage hier wieder aufnehme, muß ich gestehen, daß ich nicht an dieser Kastanienfrage interessiert bin. Wir haben gerade dieselben Fragen bei uns in West-Skandinavien, wo wir ja auf einem kleinen Landstreifen zwischen dem Gebirge und dem Meer leben. Auch bei uns sind die Verbreitungsverhältnisse außerordentlich schwierig. Alle Arten müssen auf einem von zwei schwierigen Wegen gekommen sein.

Weder *Picea* noch *Fagus* sind richtig zu uns gekommen. Ich glaube, mehr oder weniger überzeugend nachgewiesen zu haben, daß die sogenannten spontanen Fichten- und Buchenwälder, die wir bei uns haben, doch letzten Endes auf Transport durch den Menschen beruhen. Der Mensch hat die Samen mitgeschleppt, absichtlich oder unabsichtlich, das kann man nicht immer sagen. Aber der erste Anfang der Buchen- und Fichtenwälder im westlichen Norwegen ist so eng mit menschlicher Aktivität verbunden, daß man einen ursächlichen Zusammenhang wohl vermuten darf. Jetzt hat sich aber gezeigt, daß die beiden Bäume außerordentlich aggressiv sind und – besonders die Fichte – ihr Areal auf Kosten der natürlichen Vegetation ausbreiten. Da steht man vor dem Problem: sind die Heimatberechtigung und die spontane Verbreitung eigentlich zusammenzustellen? Ich glaube nicht. Man kann nicht übersehen, daß während der letzten zwei oder drei Jahrtausende doch der Mensch in seiner Aktivität, in seinem Umherstreifen, ein sehr wichtiges verbreitungsbiologisches Agens gewesen ist. Dieses Agens aus dem natürlichen Zusammenhang herauszunehmen und nicht zu akzeptieren, weil der Mensch die Samen ausgestreut hat, das geht nicht! Die Frage ist also nicht, wie sind die Arten hierhergekommen, sondern wie benimmt sich die Art, nachdem sie in irgendeiner Weise mit oder ohne menschliche Hilfe dahin gekommen ist. Bei uns ist es für die Fichte ganz offenbar. Der Mensch hat nur etwas beschleunigt, was früher oder später von selbst gekommen wäre. Die Einführung der Fichte durch den Menschen bei uns ist durchaus als ein natürlicher Vorgang anzusehen. Für die Buche ist das nicht ganz so ausgesprochen.

Ich habe in Prof. ZOLLERS Arbeit etwas vermißt: Wir haben gehört, daß auf dem guten Boden die Kastanien im Tessin sich nicht recht halten können, dort wird die Kastanie rasch auskonkurriert. Jetzt zerstört allerdings der Pilz die Kastanie, so daß meine Frage etwas hypothetisch wird. Wenn aber das Kastanien-Sterben nicht dorthin gekommen wäre, hätten sich dann die Kastanien als ungeschützter Baum auf dem schlechten Boden erhalten können? War also die Kastanie ein bleibender Zuwachs zur natürlichen Vegetation dieser Gegend, oder muß man die Kastanie auch in dieser Hinsicht als vom Menschen abhängig ansehen?

R. v. Soó:

Ich möchte zur Frage der Kastanie etwas aus dem südöstlichen Raum Europas, ganz besonders aus den Karpaten-Becken erwähnen. Am Anfang des Jahrhunderts war die allgemeine Meinung, daß die Kastanie im ganzen Karpaten-Becken nicht spontan war, sondern von den Römern gepflanzt und verbreitet wurde. Für die Balkan-Halbinsel ist dies bestimmt der Fall. Ivo HORVÁT hat 1938 diese Bilder zwischen der Save und der Drau ebenfalls als Querceto–Castaneta beschrieben, wo die Kastanie weit von jeglicher menschlicher Kultur ziemlich häufig auftritt. In der neuesten Zeit wurden ebenfalls solche Kastanien-Vorkommen auch in dem transdanubischen Teil Ungarns bekannt. Reine Kastanien-Haine, die wohl auf Kultur zurückzuführen sind, sind nicht nur dort, sondern auch am Südfuße der Karpaten altbekannt. Kastanien wachsen in drei verschiedenen Gesellschaften: im Querco–Castanetum, also ganz azidiphilen Eichenwäldern, die aber, wie im Colloquium vor einigen Tagen herauskam, nicht mehr zum atlantischen Quercion robori-petraeae gehören, sondern – wie wohl auch die südschweizerischen – anderswohin gehören, dann in neutral oder schwach sauren Querco–Carpineten und dann auch in Quercus petraea–cerris-Wäldern, die hier schon ziemlich verbreitet sind und noch mehr auf der Balkan-Halbinsel.

Schon 1925 hat HOLLENDONNER *Castanea* nachgewiesen, und zwar aus subfossilien Hölzern, aus den Höhlen des nordöstlichen ungarischen Mittelgebirges. Für die richtige Bestimmung kann ich natürlich nicht bürgen. Immerhin, wenn auch hier *Castanea* nicht mehr spontan ist, müssen wir dies doch annehmen für Kroatien und Danubien, wo heute noch *Castanea* sporadisch in den Wäldern vorkommt. Es entstand darüber eine große Diskussion unter den jugoslavischen und ungarischen Geobotanikern über die Spontaneität der Kastanie.

Juglans regia kommt bestimmt hier in den südöstlichen Karpaten spontan vor. Aber es gibt auch einige Vorkommen in Mittel-Ungarn. Bisher wurden diese nicht für spontan gehalten, bis WERNECK in den nordöstlichen Ostalpen *Juglans* fand. Dort ist sie ganz bestimmt spontan, nämlich in einer ganz anderen Varietät als die der Balkan-Halbinsel. Es wurde noch nicht nachgeprüft, wie es jetzt mit unserer *Juglans* steht. Die österreichischen Geobotaniker und Floristen meinen, daß diese *Juglans*, die auch einen besonderen Varietäts-Namen hat, dort spontan sei. Wenn *Juglans* aber in den nordöstlichen Ostalpen noch spontan vorkommen kann, umso mehr kann sie natürlich weiter südlich oder südöstlich spontan sein.

Prof. ERDTMANN aus Schweden erwähnte in einem Vortrag in Budapest, daß eben Pollen von *Centaurea cyanus* in Schweden in ganz tiefen Ablagerungen gefunden wurden, in Schichten vor der Getreide-Kultur. Bisher wurde auch *Centaurea cyanus* als ein Archaeophyt betrachtet, der zur Getreide-Kultur gehört.

W. LÜDI:

Ich möchte Herrn Dr. ZOLLER zu dieser Arbeit gratulieren. Ich glaube, daß er mit einer bedeutenden Sicherheit nachgewiesen hat, daß *Castanea* eigentlich nicht zu den alten einheimischen Arten in der insubrischen Region der Schweiz zu zählen ist. Mir persönlich macht das gar nichts aus. Denn als ich meine Arbeit machte, hatte man die Radium-Karbon-Datierung noch nicht, und ich konnte nicht genau bestimmen, in welcher Zeit *Castanea* zur Ausbreitung kam. Ich möchte höchstens das hinzufügen, was Herr Dr. ZOLLER schon als möglich erklärt hat, daß sehr viel früher *Castanea*-Pollen gefunden wurden, die vielleicht durch Fern-Transport aus der weiteren Umgebung gekommen sein müssen. Es wäre nun eigentlich gegeben, daß er seine Untersuchungen weiter hinunter fortsetzt in den Appenin, wo *Castanea* ein außerordentlich weit verbreiteter Baum ist, bis hinunter in den südlichsten Teil, und feststellt, wann die Zeiten der Ausbreitung dieser Art, und, wenn möglich, der Einwanderung gegeben sind.

Über die Bodenansprüche möchte ich nur bemerken, daß *Castanea* offenbar sehr breite Möglichkeiten hat, sich zu halten und zu gedeihen. Reiner Kalkboden sagt ihr allerdings gar nicht zu. Aber auf den Schieferböden, die in Italien ungeheuer verbreitet sind, ist auch *Castanea* entsprechend verbreitet. Auch auf den Tuff-Böden vulkanischen Ursprungs gedeiht sie sehr gut. Wenn *Castanea* wie auch *Quercus* dort in Reinbeständen wächst, so ist das jedenfalls der Wirkung der Menschen zuzuschreiben. Ich stelle mir vor, daß von Natur aus, schon im Tessin übrigens, diese beiden Bäume häufig, vielleicht sogar gewöhnlich in Mischung miteinander vorkommen würden. Ich möchte hinzufügen, daß in Italien in den mehr atlantischen Gebieten, in Etrurien z.B., *Castanea* hauptsächlich auf sauren Böden vorkommt, ganz entsprechend auch in der Begleit-Vegetation, so wie im Tessin, daß aber in den trockenen Gebieten im Innern der Halbinsel und im östlichen Teil *Castanea* vor allem auf den schiefrigen Böden gedeiht, die ungefähr neutrale Bodenreaktion aufweisen.

Wir haben im Nord-Alpengebiet an manchen Stellen *Castanea*-Bestände, größer oder kleiner, die im allgemeinen in die Römerzeit verlegt werden. Wir haben da Dörfer, die heißen Quarten, Quinten, Terzen und an diesen Stellen findet man auch *Castanea*-Wälder. Man findet z.B. im Rheintal, unterhalb Sargans *Castanea*-Pollen reichlich in Ablagerungen, die der Römerzeit entstammen. Die Kastanie muß also schon recht früh durch die Römer in dieses Gebiet hereingebracht worden sein. Nun habe ich *Castanea*-Pollen seinerzeit auch in einem römischen Abfallhaufen in Vindonissa im Kanton Aargau in der Nähe des Zusammenflusses der Aare und der Reuß gefunden. Dieser römische Schutthügel wurde hauptsächlich in der Zeit aufgeschüttet, als der Limes noch nicht existierte, als hier zum Schutze des Römerreiches nach Norden hin eine römische Legion stationiert wurde, d.h. im ersten oder zweiten Jahrhundert n. Chr. Es müßten also eigentlich diese *Castanea*-Pollen, die dort mit großer Wahrscheinlichkeit auf eine *Castanea*-Kultur hinweisen, früher hingekommen sein, als man sie im Tessin angepflanzte. Es wäre höchstens in Betracht zu ziehen, daß dieses Stück des Schutthaufens verhältnismäßig jung wäre und bei dem Rückzug der Römer nach Süden entstanden sei.

Es wurde von Prof. ZOLLER und Prof. v. Soó darauf hingewiesen, daß *Juglans* in Bezug auf die Einführung eine ähnliche Rolle zukomme, wie der Edelkastanie. Nun ist in den Diagrammen aus dem Tessin auffällig, daß *Juglans* zur gleichen Zeit wie *Castanea* die Massenverbreitung aufnimmt. Andererseits wissen wir aber, daß *Juglans* nördlich der Alpen sehr viel früher existierte. KARL BERTSCH hat im neolithischen Pfahlbau am Bodensee Reste von *Juglans* gefunden, und später habe ich in einem frühbronzezeitlichen Pfahlbau reichlich *Juglans*-Pollen gefunden. Das wäre anzusetzen zur Zeit von 1500 v. Chr., also sehr früh. Später wurde ebenfalls in einem spät-bronzezeitlichen Pfahlbau am Zugersee *Juglans*, nicht immer in den Kulturschichten, aber in den unmittelbar drüber liegenden Schichten der frühen Eisenzeit gefunden. Das würde die Ansicht, die Prof. v. Soó vorhin äußerte, und die, wenn ich nicht irre, von KARL BERTSCH aufgestellt worden ist, daß *Juglans* auch im Bodensee-Gebiet einheimisch gewesen sei, unterstützen. Doch ist es nicht anzunehmen, daß *Juglans* dort die Eiszeit überdauert hat, wohl aber, daß sie früh eingewandert wäre. Und wenn wir nun *Juglans* und *Castanea* in der Ausbreitung gleichzeitig finden, so darf man vielleicht annehmen, daß *Castanea* etwas früher eingewandert ist als *Juglans*; wenn nicht in das Tessin, so doch in das anschließende mittel- und süd-italienische Gebiet.

Was Herr FAEGRI an dem Kammerbohrer ausgesetzt hat, haben wir immer wieder konstatiert. Die Kammerbohrer sind, so wie wir sie von Schweden bezogen haben, vielleicht ganz im Anfang, jedenfalls nicht über längere Zeit, wasserdicht. Wenn sie durch Grundwasser hindurch gestochen werden, so füllen sie sich langsamer oder schneller mit Flüssigkeit. Wenn man dann nur sehr wenige Pollen hat, dann können Pollen in dieser Flüssigkeit eine sehr bedeutende Verunreinigung nach unten mit sich bringen. Beim Bohren wird die Flüssigkeit wieder hinaus getrieben, aber dabei wird beim Abschälen des Sedimentes um den Kammerbohrer herum doch sukzessive, wenn das Wasser heraus gedrückt wird, eine gewisse Vermischung eintreten in Form von spiraligen Schalen. Wir haben immer dann solche Verunreinigung bekommen, wenn das Sediment sehr pollenarm war, und wenn man nicht rasch hineinkommen konnte. Mit der Dachnovski-Sonde kann man aber in einem solchen Fall diese Fehler vermeiden, indem man durch den Torf gerade durchsticht und dann in das härtere anorganische Sediment hineinkommt, das man mit der Dachnovski-Sonde dann auch durchstechen kann, und sie erst nachher öffnet.

K. FAEGRI:

Ich bin mit Herrn LÜDI ganz einverstanden, wenn man so mit einem Kammerbohrer hinabgeht, dann geht es nicht. Der Kammerbohrer muß auch hineingestochen werden.

SUZUKI-TOKIO:

Castanea-Wald gibt es auch in Japan. MAYR beschrieb früher ein Castanetum. Gegen 1942 hat NAKANO den Castanion crenatae-Verband zwischen den beiden klimatischen Gesellschaften des Fagion crenatae, einem Sommerwald und dem Shiion sieboldi, einem immergrünen Laubwald liegend, aufgestellt. Aber dieses Zwischenglied ist teilweise unklar. Vertikal können wir besonders in Südwest-Japan keine eigene Stufe unterscheiden. Eher ist horizontal eine ziemlich breite Zone dieser Art vorhanden.

H. ZOLLER:

Ich bin ganz Prof. FAEGRI's Meinung, daß man der Frage der Spontaneität keine doktrinäre Bedeutung geben soll. Aber man muß sich in solchen Fällen doch oft fragen, ob eine Art nun ohne den Menschen oder mit dem Menschen hierher gekommen ist. Erstens ist dann einmal ein weiterer natürlicher Mitspieler da, sofern ihm das die Konkurrenz-Verhältnisse erlauben. Aber nehmen wir das Tessin. Wir sehen dort in den Parken wunderbare *Araucarien*, es gedeihen dort *Camellia sinensis* und viele *Magnolien* aus Japan und Amerika. Ich weiß nicht, ob man sie in Konkurrenz halten könnte, wie die Kastanie. Aber ich bin überzeugt, daß man bei einiger Pflege doch alle möglichen Bäume da pflanzen könnte, und daß sie sich erhalten würden: *Aesculus* oder *Buddleia* usw., die nun eigentlich eingebürgert sind. Es ist doch ein Unterschied zwischen den eingebürgerten und eigentlichen spontanen Arten auch in Bezug auf das Areal. Es zeigt sich, wenn man diesen Unterschied macht, doch, daß die meisten Arten gar nicht ihre ganze ökologische Amplitude ausfüllen.

Die Frage, ob die Edelkastanie sich bei einem Aufhören der Kultureinflüsse in der potentiellen natürlichen Vegetation der insubrischen Schweiz halten könnte, ist schwer zu beantworten. In Anbetracht der Konkurrenzkraft von Eiche, Buche, Esche und Schwarzerle dürfte das mindestens nicht in Reinbeständen der Fall sein. Für die Entwicklung sekundärer Folgewälder, wie sie die Kastanien-Selven und auch die niederwaldartige Kastanien-Palina darstellen, scheint aber doch die Kenntnis der Rolle von *Castanea vesca* in der vorkulturzeitlich natürlichen Vegetation in erster Linie ausschlaggebend. Viel wichtiger ist auch die Feststellung der einzelnen Phasen der historischen Ausbreitung.

Das Vorkommen der Kastanie in Ungarn hängt teilweise mit dem Vorkommen von *Juglans* zusammen. Aus vielen archaeologischen Arbeiten ist doch bekannt, daß von Osten her eine ganze Reihe von Anthropochoren nach Mitteleuropa gekommen sind, auch nach Mitteldeutschland, und daß man im Süden vielerorts Lücken hat, in der diese Arten später angekommen sind. Prof. ROTHMALER hat mir gesagt, das sei gar nichts besonderes, daß z.B. *Juglans* schon im Neolithikum und in der Bronzezeit am Bodensee aufgetreten ist und an den oberitalienischen Seen noch nicht.

Das Auftreten von *Juglans* in Pfahlbauten heißt ja noch lange nicht, daß sie bis zum Bodenseegebiet spontan war. Denn es ist doch sicher anzunehmen, daß ein ziemlicher Austausch an Waren auch schon im Neolithikum und in der Bronzezeit stattgefunden hat. Die Tatsache, daß in den insubrischen Pollendiagrammen die zusammenhängende Kurve auch von *Juglans regia* erst spät, frühestens in der Eisenzeit beginnt, ist in Anbetracht der sicheren *Juglans*-Funde in Pfahlbauten nördlich der Alpen (z.B. Bleiche bei Arbon am Bodensee) bemerkenswert. Berücksichtigt man aber die natürlichen Vorkommen von *Juglans regia* im Balkan, so scheint es durchaus möglich, daß die Art auf dem Donauwege bis ins nördliche Alpenvorland gebracht wurde, bevor sie an den oberitalienischen Seen kultiviert worden ist.

ENTSTEHUNG DES NORDALPINEN ABIETI-FAGETUM[1]

von

H. MAYER, Wien

Wenn man heute naturnah aufgebaute Tannen-Buchen- und Tannenwälder an der Nordabdachung der Alpen in der Schweiz (KUOCH 1954) und im Gebiet der Chiemgauer und Kitzbüheler Alpen sowie in den nördlichen Hohen Tauern/Zillertaler Alpen (MAYER 1961) vergleicht, ergeben sich bei analogen Gesellschaften nicht unerhebliche Unterschiede. Gegen Osten werden bei sinkenden oberen Verbreitungsgrenzen Abieti-Fagetum und Abietetum in immer tieferen Berglagen konkurrenzkräftig. Im Westen treten an der unteren Verbreitungsgrenze Buchen- und Laubmischwälder mit tannenreichen Bergwäldern in Kontakt, während im Osten anstelle laubbaumreicher Vegetationseinheiten fichtenreiche Nadelwälder in einer breiten Zone angrenzen. Unterschiede in Höhenlage, Verbreitung, Standortklima und Kontaktgesellschaft sowie in der Leistungsfähigkeit und im waldbaulichen Verhalten sind nicht so auffällig wie der abweichende Aufbau, der aus mittleren Mengen (Stetigkeit und Artmächtigkeit, vgl. KUOCH 1954) von wesentlichen Assoziationsmerkmalen ersehen werden kann (Tabelle 1).

Tabelle I. Mittlere Mengen wesentlicher Assoziationsmerkmale in westalpinen (KUOCH 1954) und ostalpinen (MAYER 1959) Gesellschaften.

	ABIETI-FAGETUM		ABIETETUM	
	Westalpen	Ostalpen	Westalpen	Ostalpen
Acer pseudoplatanus	1 — 12	1 — 7	+ — 1	+ — 1
Fagus silvatica	35 — 51	27 — 51	+ — 5	+ — 6
Abies alba	20 — 29	15 — 36	35 — 36	29 — 35
Picea abies	6 — 8	11 — 24	12 — 26	34 — 43
FAGION-Charakterarten	21 — 63	6 — 60	12 — 35	4 — 40
FAGETALIA-Charakterarten	39 — 62	13 — 53	5 — 39	3 — 37
PICEION-Charakterarten	0 — +	+ — 2	2 — 4	4 — 10
PICEETALIA-Charakterarten	2 — 10	0 — 6	27 — 48	28 — 79

Sowohl im Abieti-Fagetum als auch im Abietetum existieren vergleichbare Vegetationsunterschiede. Im Tannen-Buchen-Wald gehen ostwärts die mittleren Mengen von Bergahorn, Fagion- und Fagetalia-Arten zurück. Die Fichte verdoppelt bis verdreifacht ihren Anteil. Deutlicher sind die Abweichungen beim Abietetum. Tanne und auch

[1] Auch erschienen in „Schweizerische Zeitschrift für Forstwesen, Nr. 7, Juli 1961, S. 369–384.

Laubwaldarten verlieren Boden, während sich Fichte und Nadelwaldarten merklich ausdehnen. Gegen Osten nimmt also der Nadelwaldeinfluß durch stetes Auftreten der Fichte als vitale montane Mischbaumart zu, der Laubwaldeinfluß direkt und indirekt durch den größeren Anteil von Nadelwaldarten ab. Im Tannenwald und besonders in artenärmeren, azidophilen Subassoziationen (Luzulo–Abietetum) prägt sich der Nadelwaldcharakter in den Ostalpen stark aus, und die Fichte wird zu einem wesentlichen und charakteristischen Gesellschaftsglied. Das reichlichere ostalpine Fichtenvorkommen in natürlichen Waldgesellschaften kann eine Reihe von Gründen haben:

a. Standortunterschiede im engeren Sinn, wie Höhenlage, geologischer Untergrund, edaphische Verhältnisse; zum Beispiel Überwiegen nadelbaumfördernder Unterlagen in den Ostalpen.
b. Abweichende Klimaverhältnisse nach Jahrestemperatur, Niederschlägen oder Klimacharakter; zum Beispiel subkontinentaleres nadelwaldbegünstigendes Klima im Osten.
c. Unterschiedliche postglaziale Entstehung west- und ostalpiner Gesellschaften, die sich heute noch im Aufbau auswirkt. Nur dieser Problemkreis soll hier näher betrachtet werden.

ENTSTEHUNG DES ABIETI–FAGETUM IN DEN CHIEMGAUER ALPEN (Abb. 1, Tab. II)

Die Pollenanalyse des Profils Reit im Winkl/Winklmoos-Sulzenmoos (1060 m) gibt repräsentativ die Einwanderungsgeschichte der wichtigsten montanen *Mischbaumarten* wieder.

Picea: Im frühen Postglazial, als die praeborealen Pinuswälder montane Standorte zwischen 800 bis 1400 m einnahmen, sind bereits die ersten Fichtenpollen nachweisbar. Dann breitet sich in der borealen Eichen-

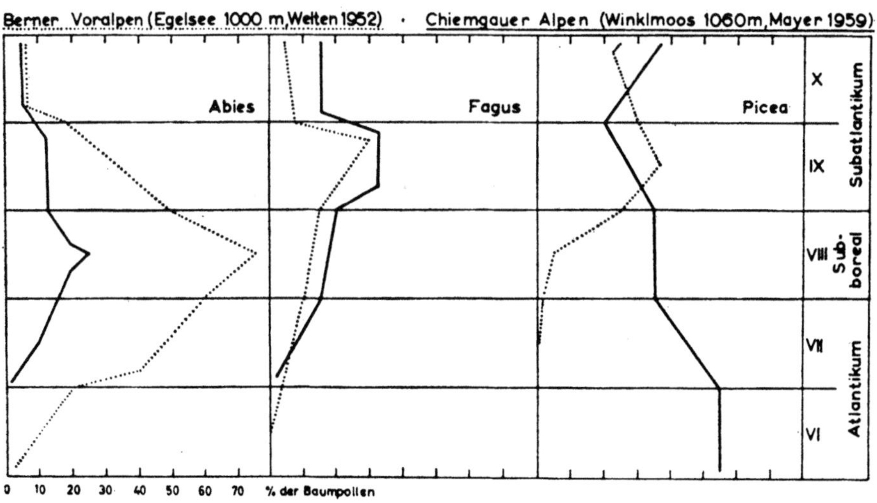

Abb. 1. Einwanderungsgeschichtlicher Vergleich von *Abies*, *Fagus* und *Picea* in den Berner Voralpen und Chiemgauer Alpen belegt die unterschiedliche Entstehung des Fichten-Tannen-Buchenwaldes (Abieti-Fagetum) in diesen Gebieten.

mischwald-Fichten-Hasel-Zeit anschließend an den starken Rückgang von *Pinus* die Fichte so rasch aus, daß Eichenmischwaldarten und Hasel nur kurzfristig zu einer nicht übermäßigen Dominanz kommen. In der mittleren Wärmezeit herrscht während der mitteleuropäischen EMW-Zeit die Fichte mit durchschnittlichen Werten von 50 bis 60 Prozent vor. Gegen Ende des Atlantikums verringert sich der Fichtenanteil, der im Subboreal und vor allem im älteren Subatlantikum zur Zeit des Tannen- und Buchenoptimums die geringsten Werte erreicht. Anthropogen bedingt nimmt dann die Fichte wieder zu.

Abies: Gleichzeitig mit *Fagus* wandert *Abies* in der älteren Fichten-Eichenmischwaldzeit ein und breitet sich kräftig im jüngeren Atlantikum aus. Während der subborealen Fichten-Tannen-Zeit erreicht sie maximale Werte um 20 bis 25%, die in der Nachwärmezeit kontinuierlich abfallen. Bereits vor Beginn des stärkeren menschlichen Einflusses vermindert sich unter natürlichen Verhältnissen ihr Anteil.

Fagus: Nach gemeinsamer Einwanderung breitet sich *Fagus* zögernder aus als *Abies*. In der älteren Nachwärmezeit gedeiht die Buche optimal im montanen Bergwald bei Pollenwerten von 30 bis 40%. Durch den salinarischen Kahlschlagbetrieb verliert die Buche in der jüngeren Nachwärmezeit besonders viel Areal.

Die Fichte spielt also seit der Einwanderung eine beherrschende Rolle im montanen Bergwald der Chiemgauer Alpen. Nur die Buche, nicht aber die Tanne erreicht im jüngeren Postglazial vorübergehend einen höheren Pollenanteil. Die Tanne konnte sich zwar früher, aber mit geringeren Mengen als die Buche gegenüber der Fichte durchsetzen. In der Nachwärmezeit prägt gerade die Buche den Charakter des montanen Voralpenwaldes.

Unter gleichzeitiger Berücksichtigung der sonstigen Mischbaumarten und der Waldentwicklung in den Tal- und Hochlagen (Tabelle II) läßt sich die Entstehung des Abieti–Fagetum gut rekonstruieren, nachdem an der Nordabdachung der mittleren Ostalpen (Vor-, Zwischen- und Innenalpen) differenzierte analoge und homologe (zum Beispiel Abieti–Fagetum et Abietetum festucetosum) Gesellschaften unter verschiedenem Klimacharakter, der Parallelen zu Phasen der postglazialen Klimaentwicklung aufweist, vorkommen (Mayer 1961).

Es ist Lang (1962) zuzustimmen, daß unser Wissen über die zeitliche Entwicklung und die Entstehungsart spätglazialer Gesellschaften noch recht dürftig und wenig gesichert ist. Bei einem indirekten Deutungsversuch der Genese jüngerer Assoziationen aus dem späten bis mittleren Postglazial durch Analogieschlüsse auf Grund der aktuellen Vegetation kann der Unsicherheitsfaktor auf ein Minimum reduziert werden, wenn sich die Beurteilung auf umfassende Grundlagen stützt, die den komplexen palynologischen, ökologischen, soziologischen und dynamischen Problemen entsprechen. Als weitere Unterlagen für eine aktuelle Deutung sind notwendig:

a. Genauer Einblick in das standörtliche Abhängigkeitsgefüge montaner Waldgesellschaften unter heutigen Klimaverhältnissen in den „subatlantischen" Westalpen (Kuoch, 722 Aufnahmen) und den „subkontinentalen" Ostalpen (Mayer 1961, 458 Aufnahmen). Ansatzpunkte

Tabelle II. Pollendurchschnittswerte aus vergleichbarer Höhenlage in den Berner Voralpen und in den Chiemgauer Alpen.

Höhenstufe		submontan		*montan*		tiefsubalpin	
Höhenlage (m)		590	500	1000	1060	1500	1540
Vergleichsgebiete		Berner Voralpen	Chiemgau	Berner Voralpen	Chiemgauer Alpen	Berner Voralpen	Hochkönig
Nummer		1	2	3	4	5	6
	X	60 — 10	30 — 15	20 — 3	15 — 10	5	+
	IX	60 — 80	25 — 35	10 — 30	25 — 35	5 — 10	10 — 15
Fagus	VIII	20 — 70	10 — 20	5 — 15	15 — 20	10	5 — 10
	VII	5 — 60	5 — 20	+ — 5	— 10	— 5	?
	VI	+	+	+	+	—	?
	X	5	10 — 8	10 — 2	10 — 5	20 — 5	— 2
	IX	20 — 10	10	20 — 10	10 — 15	20 — 30	5 — 15
Abies	VIII	30 — 50	10 — 15	50 — 80	15 — 25	30 — 40	15 — 20
	VII	20 — 30	— 10	40 — 60	— 15	70 — 80	?
	VI	— 20	+	— 10	+	— 5	?
	X	10 — 70	18 — 27	20 — 30	25 — 35	50 — 70	60 — 80
	IX	5 — 30	25 — 20	20 — 40	35 — 25	40 — 60	65 — 75
Picea	VIII	20 — 40	35 — 30	5 — 30	40 — 30	— 40	50 — 60
	VII	5 — 10	40 — 35	— 3	45 — 35	—5	?
	VI	+	40	+	60 — 50	—	?
	X	— 30	17 — 26	5 — 60	5 — 35	55 — 10	10 — 20
	IX	5	10 — 20	5 — 10	5	5	5 — 10
Pinus	VIII	5	10	— 5	5	5	5
	VII	5	15 — 10	— 5	5	5	?
	VI	5	25 — 15	— 5	15 — 5	10	?
	X	— 5	5	— 3	2 — 1	— 5	—
	IX	5	5	— 5	5 — 3	— 5	+
EMW	VIII	5	10 — 5	— 5	5	— 5	2 — 4
	VII	30 — 10	20 — 10	30 — 5	15 — 10	20 — 5	?
	VI	60 — 80	20 — 15	40 — 50	30 — 25	35 — 45	?

1. Faulensee (Welten 1944)
2. Chiemgau (Paul-Ruoff 1927)
3. Egelsee (Welten 1952)
4. Winklmoos-Sulzenmoos (Mayer 1959)
5. Bruchsee (Welten 1952)
6. Mitterberg-Troiboden (Firbas 1923)

für eine Beurteilung liefern die in einem klimatisch einheitlichen Gebiet heute nicht mehr optimal entwickelten, insbesondere reliktischen Klimagesellschaften als Zeugen abgelaufener Waldentwicklungsabschnitte (Tab. III).

b. Genügend dichtes Netz auswertbarer Pollenprofile in soziologisch eingehend bearbeiteten Gebieten mit Aufschlüssen über die Waldentwicklung auch in horizontal (Vor- bis Innenalpen) und vertikal (Fagetum und Piceetum) benachbarten Gebieten (Tabelle II). Auf dem Verhältnis von rezentem Pollenanteil und heutiger naturnaher Vegetation in bestimmten Gebieten sowie auf Parallelen früherer Waldentwicklungsabschnitte zur gegenwärtigen Vegetation in jetzt klimatisch abweichenden Nachbargebieten basiert zu einem wesentlichen Teil die aktuelle Deutung. Durch zunehmende Bestimmbarkeit der Nichtbaumpollen (zum Beispiel Charakterarten wie *Ericales, Lycopodium,*

Polygala chamaebuxus usw.) vergrößert sich die Aussagefähigkeit.

c. Grundzüge der postglazialen Klimaentwicklung, die in groben Zügen für Mitteleuropa feststeht. Für den alpinen Bereich ist mit mehr oder minder belangvollen Abweichungen zu rechnen. Nach FIRBAS (1949) und LÜDI (1955) kann der Klimaablauf im Postglazial wie folgt charakterisiert werden:

Präboreal	IV	aufwärmend, trocken
Boreal	V	warm, trocken
Atlantikum	VI	warm, feuchter werdend
	VII	warm, feucht
Subboreal	VIII	abnehmende Wärme, zeitweise trocken
	IX	kühler, feuchter
Subatlantikum	X	kühl, feucht

Tab. III. Klimaxgesellschaften und kennzeichnende Klimarahmenwerte in verschiedenen östlichen und westlichen Gebieten der Nordalpen. Assoziationen in Klammer reliktisch oder nur klimaxnah.

Jahresniederschlag (Sommer) T-Schwankung	Bayern – Tirol (MAYER 1961)	Alpengebiet	Ostschweiz (KUOCH 1954)	Jahresniederschlag (6–8) T-Schwankung
1300–2200 mm (450–800) 15,5–19,0°C	*Abieti-Fagetum* (*Luzulo-Abietetum*)	Voralpen	*Abieti-Fagetum* (*Abietetum*)	1300–1800 mm (450–700) 15,0–18,5°C
1000–1500 mm (420–600) 16,0–20,0°C	*Asperulo-Abieti-Fagetum* *Luzulo-Abietetum*	Zwischenalpen	*Abietetum* (*Abieti-Fagetum*)	900–1300 mm (300–450) 16,0–19,0°C
900–1300 (390–550) mm 18,5–21,5°C	*Abietetum* (*Abieti-Fagetum*)	Innenalpen	*Piceetum montanum*	650–1100 mm (250–400)
800–1100 (300–400) mm 18,0–22,0°C	*Piceetum m.* (*Asperulo-Abietetum*)		(*Abietetum*)	17,0–21,5°C

Auf verschiedene *Pinus*-Waldgesellschaften (Zirben-Lärchen-Wälder in höheren Lagen, Schneeheide-Fohrenwälder in tieferen und wärmeren Lagen sowie Latschenbestockungen an Steilhängen) folgen während der *mittleren Wärmezeit* nach vorübergehendem Auftreten von Laubmischwäldern mit Bergulme, Linde, Bergahorn, auch Eiche, Esche und reichlich Hasel uniforme montane Fichtenwälder. Sie sind zum Teil dem heutigen Piceetum montanum galietosum in den inneren Alpentälern vergleichbar. An trockeneren Standorten waren diese Gesellschaften angereichert durch thermophile Baumarten wie Linde, Eiche, auch Fohre, Lärche, während an feuchteren Standorten als Mischbaumarten und Begleiter Bergulme, Bergahorn, Esche und vor allem auch Weißerle in Frage kommen. Nach dem Aufbau der hygrophilen Gesellschaften besteht Ähnlichkeit zu den heutigen baltischen Fichtenmischwäldern mit optimal entwickelten Laubbäumen (gemischte Hainwälder).

Im Subboreal entwickelt sich dann vor allem montan und hochmontan auf hochstaudenreichen Standorten, in ebenen Lagen, auf bodensaurem Gestein sowie bei sehr feuchten Böden ein tannenreicher Fichtenwald, ähnlich dem heutigen Abietetum. Nach Vergleich mit der Waldentwicklung in den Kitzbüheler Alpen und nördlichen Hohen Tauern sowie in den Schweizer Alpen (Lüdi 1955) können die klimaxnahen Subassoziationen myrtilletosum, adenostyletosum alliariae, equisetosum, kaum schon die typischen elymetosum und festucetosum angenommen werden. Vom heutigen montanen Waldgesellschaftskomplex her gesehen konnte sich – außer Abietetum – ein typischer Fichten-Tannen-Wald dort entwickeln, wo sich jetzt noch standörtlich bedingt Tannen-Varianten des Abieti–Fagetum abzeichnen, nämlich vor allem in höher gelegenen Standorten und auf nadelbaumfördernder Unterlage (tonreiche Gesteine, bodensaure Unterlage, Pseudogleyböden und podsolige Böden). Während des Subboreals entsteht nun schon tiefmontan und am äußeren Alpensaum auf begrenztem Areal das Abieti–Fagetum. Soziologisch und standörtlich kann es sich dabei nur um Vegetationseinheiten handeln, die heute am buchenreichsten sind und keine *Abies*-Varianten ausbilden sowie lokalklimatisch begünstigte Standorte auf laubbaumfördernder Unterlage (Hartkalk und Dolomit, Humuskarbonatböden, hochentwickelte Hangbraunerden) mit basenreichen, warmen, gut durchlüfteten Böden besiedeln. Im Subboreal ist deshalb beim allerdings fichten- und tannenreicheren Abieti–Fagetum als heute schon mit den Subassoziationen adenostyletosum glabrae (vor allem *Carex alba*-Ausbildung), caricetosum pendulae und allietosum zu rechnen. Damals stiegen tannenreiche Gesellschaften rund 200 m höher als heute. Allmählich verlagerte sich im Subatlantikum ihr Areal in den heutigen Höhenbereich von 600 bis 1400 m.

Erst seit der älteren Nachwärmezeit existiert ein ähnlicher Waldgesellschaftskomplex wie heute. Das Abieti–Fagetum ist nun optimal entwickelt. Jetzige Gesellschaftsrelikte des „subalpinen Buchenmischwaldes" in 1400 bis 1500 m Höhe (Abieti–Fagetum adenostyletosum glabrae, *Carex ferruginea*-Ausbildung) entstanden in dieser Zeit. Die Assoziation war damals buchen- und auch tannenreicher als heute. Parallelen zum jetzigen montanen Waldgesellschaftskomplex in den Schweizer Voralpen sind auffällig, wo tiefmontan Buchenwaldgesellschaften auftreten und der Anteil von Tanne höher und von Fichte niedriger als in den Ostalpen ist. Die Konkurrenzkraft der Buche auf laubbaumfördernder Unterlage war so groß, daß auch hochmontan zum Teil vorübergehend buchenbeherrschte Gesellschaften entstanden (Acereto–Fagetum mit Hochstaudenunterwuchs). Für die heute buchenreichen Subassoziationen des Abieti–Fagetum (adenostyletosum glabrae, caricetosum pendulae und allietosum) ist eine so weitgehende Entmischung wahrscheinlich, daß vorübergehend infolge des geringen Anteils an Nadelbäumen ein Fagetum entstand, wie es heute noch in den Schweizer Voralpen existiert. Die anderen Subassoziationen des Abieti–Fagetum, insbesondere die Tannen-Varianten waren zweifellos buchenreicher als heute. Im edaphisch bedingten hochmontanen Abietetum auf feinerdereichen Böden mit unausgeglichenem Wasserhaushalt ist ebenfalls mit einem stärkeren Buchenvorkommen zu rechnen. Ob die Buche mit einem nennenswerten Anteil die Oberschicht erreichte, erscheint zweifelhaft. Im Charakter dürfte damals das Abietetum myrtilletosum und equisetosum den heutigen Tannen-Varianten des Abieti–Fagetum (zum Beispiel luzuletosum silvaticae) nahegekommen sein. Am Gesellschaftsaufbau war die Fichte in der Buchenzeit mit dem geringsten Anteil im gesamten Postglazial beteiligt.

Seit dem späten Mittelalter beginnt dann ein starker anthropogener Einfluß, der im Gebiet zur Dominanz von Fichtenforstgesellschaften führte und naturnah aufgebaute Gesellschaften bis auf Reste zerstörte. Der Tannenanteil erwies sich widerstandsfähiger als die Buchenbeimischung. Da in den Chiemgauer Alpen, von wenigen Standorten des Abietetum abgesehen, heute das Abieti–Fagetum als Klimax-Assoziation herrscht, gibt das Verhältnis der drei Mischbaumarten zueinander im Laufe der Waldgeschichte auch Aufschluß über die unterschiedliche Gesellschaftszusammensetzung (Tabelle IV).

Im ostalpinen Abieti–Fagetum hat die Fichte seit jeher eine entscheidende Rolle gespielt. Sekundär war die Tanne von Bedeutung. Gegenüber den Nadelbäumen hat sich die Buche erst später durchgesetzt. Zahlreiche lokale und regionale Abweichungen von der angedeuteten schematischen Entwicklung sind in Rechnung zu stellen. Einzelheiten der Gesellschaftsentstehung sind durch Pollenanalysen von Rohhumusauflagen und Moortorfen in ausgedehnten einheitlichen Subassoziationen zu erarbeiten.

ENTSTEHUNG DES ABIETI–FAGETUM IN DEN BERNER VORALPEN (WELTEN 1952)

Das in rund 1000 m Höhe gelegene Profil Egelsee (Abb. 1, Tabelle II) kann für Teile der Schweizer Voralpen Verbreitungsgeschichte der Baumarten und Gesellschaftsentstehung charakterisieren. *Abies* im Boreal einwandernd, breitet sich in der älteren Eichenmischwaldzeit rasch aus und herrscht bereits im älteren Atlantikum vor. Mit einem Pollenanteil von 50 bis 80% dominiert die Tanne im Subboreal. Schon in der älteren Nachwärmezeit verliert sie erheblich Areal und wird auch anthropogen zurückgedrängt. *Fagus* wandert etwas später ein als *Abies*, dehnt sich langsamer aus und kann erst im älteren Subatlantikum Werte von 20 bis 30% erreichen. Auch die Buche verliert in der Neuzeit an Boden. *Picea* kommt gegen Ende der Eichenmischwald-Tannen-Zeit auf und setzt sich erst im späteren Subboreal stärker durch. Gleichzeitig mit *Fagus* erreicht *Picea* in der Buchenzeit mit Werten von 30 bis 40% unter natürlichen Verhältnissen den größten Pollenanteil, der dann im jüngeren Subatlantikum nur unbedeutend zurückgeht und in der Neuzeit wieder ansteigt.

Westalpin kommt also *Abies* die beherrschende Rolle zu. Gegenüber *Fagus* wird *Picea* verspätet von Bedeutung, die erst in jüngerer Zeit vor allem durch forstliche Begünstigung stärker hervortritt. Aufschlußreich für den Werdegang des Abieti-Fagetum ist das Verhältnis von Tanne, Buche und Fichte (Tabelle III). Kontinuierlich nimmt der Tannenanteil ab. Die Fichte dringt zunehmend stärker in den montanen Mischwald ein. Vollends durch ihre bewußte Förderung wird der Aufbau west- und ostalpiner Bergwälder immer ähnlicher, wenngleich schweizerische Gesellschaften im späten Postglazial stets fichtenärmer und tannenreicher waren und am ehesten noch *Fagus* im nördlichen Alpenbogen eine vergleichbare Rolle spielt.

Tabelle IV. Verhältnis der Pollenwerte von Fichte, Tanne und Buche in den Chiemgauer Alpen (MAYER 1959) und Berner Voralpen (WELTEN 1952).

Zeit-abschnitt	Chiemgauer Alpen *Picea*	*Abies*	*Fagus*	Sa	Berner Voralpen *Abies*	*Fagus*	*Picea*
VI	100	—	—	100	95	5	—
VII	70	15	15	100	85	10	5
VIII	50	30	20	100	70	15	15
IX	40	20	40	100	40	30	30
X a	55	15	30	100	30	25	45
X b	70	10	20	100	15	25	60

In den Berner Voralpen verlief die Entwicklung des Abieti-Fagetum im Vergleich zu den Ostalpen abweichend. Nach praeborealen *Pinus*-Wäldern und stärker als im Osten in Erscheinung getretenen haselreichen Eichenmischwäldern entstand zunächst ein Abietetum, das im älteren Atlantikum und im Subboreal auch in den Voralpen dominierte, während die Assoziation heute für die nördlichen Zwischenalpen die montane Klimaxvegetation darstellt. Nur in tiefer Lage und auf laubbaumfördernder Unterlage bildete sich damals bereits ein Abieti-Fagetum. Im älteren Subatlantikum wurden in den Voralpen immer mehr Standorte vom Abieti-Fagetum erobert, während das Abietetum nur noch ein kleines Areal behaupten konnte. Erst in der älteren Nachwärmezeit drang in den montanen Bergwald die Fichte stärker ein, die aber auch durch den Menschen begünstigt nicht den hohen Anteil am Bestandesaufbau wie in den Ostalpen erreichte.

WALDBAULICHE BEURTEILUNG DER WEST- UND OSTALPINEN TANNEN-BUCHENWALD-ENTSTEHUNG

Zwischen den jetzigen Aufbauunterschieden des Abieti-Fagetum in Ost und West und der andersgearteten Gesellschaftsentstehung scheint ein ursächlicher Zusammenhang zu bestehen. Nahezu die gleiche Bedeutung, welche die Fichte für die Entstehung der montanen Mischwälder im ostalpinen Untersuchungsgebiet spielt, besitzt die Tanne in den nördlichen Berner Alpen. Wirkt aber tatsächlich noch die frühere Dominanz der primär gesellschaftsbildenden Baumarten nach, da das Abieti-Fagetum auch heute noch im Osten fichtenreicher und im Westen tannenreicher ist? Seit dem älteren Subatlantikum, der Buchenzeit, herrscht in den Voralpen das Abieti-Fagetum. Ein Zeitraum von 2000 bis 2500 Jahren müßte ausreichend gewesen sein für eine weitgehende Angleichung im Aufbau. Noch dazu wirkte der anthropogene Einfluß in den letzten 800 Jahren nivellierend. Es können aber auch standörtliche Unterschiede, vor allem abweichende Klimaverhältnisse im Westen (subozeanisch) und Osten (subkontinental) den heutigen unterschiedlichen Aufbau des west- und ostalpinen Abieti–Fagetum mitbedingen, verursachen oder seit Entstehung aufrechterhalten. Eingehendere Untersuchungen sollen diese Zusammenhänge klären.

Ergeben sich aus der unterschiedlichen Entstehung noch weitergehende Folgerungen? Von den unmittelbar vergleichbaren (analogen) Subassoziationen unterscheidet sich das west- und ostalpine Abieti–Fagetum elymetosum am geringsten im Aufbau. Sind die beiden Vegetationseinheiten trotzdem waldbaulich gleichwertig? Hat sich die unterschiedliche Entstehung des Abieti–Fagetum nicht nur quantitativ, sondern auch qualitativ ausgewirkt? Wie sind genetisch die Baumarten zu beurteilen (vgl. FIRBAS 1949, S. 281 und 285)? Arteigene Anlagen wie Standortansprüche, Rasch- oder Langsamwüchsigkeit, Lichtbedürfnis oder Schattenerträgnis besitzen innerhalb der Populationen, ja sogar innerhalb von Ökotypen eine ± große Amplitude. So ist zum Beispiel der Lärchen-Hochlagentyp im Piceetum subalpinum der Berchtesgadener Kalkalpen extrem lichtbedürftig, langsamwüchsig, relativ krebsanfällig, dickborkig und starkastig. Der Tieflagen-Ökotyp der Lärche im Abieti–Fagetum ist weniger lichtbedürftig, raschwüchsig, weitgehend krebsresistent, dünnborkig und feinastig (MAYER 1954). Die genetische Fixierung einzelner Merkmale erhärtet ein laufender Anbauversuch. Eine unterschiedliche Entstehung der beiden Herkünfte ist durchaus möglich. Existiert bei Tanne und Fichte eine ähnliche Aufspaltung in Ökotypen durch die unterschiedliche Entstehung?

Durch die hemmende Alpenbarriere gelangte die Tanne relativ spät (bereits um 7000 v. Chr. in den insubrischen Alpentälern) und auf unterschiedlichen Wanderwegen in die Nordalpen. Sie erreichte die Chiemgauer Alpen von Osten und Südosten kommend bei ihrer Einwanderung von eiszeitlichen Refugialgebieten auf dem Balkan her. Von Südwesten (Alpenrand, Jura, Zentralmassiv) vorstoßend (Refugialgebiete auf der apenninischen und iberischen Halbinsel) gelangte sie in die Schweizer Voralpen. In der Bodenseegegend scheinen West- und Osttanne gleichzeitig angekommen zu sein. Inwieweit die tatsächliche Einwanderung in bestimmten Gebieten diesen schematischen Modellvorstellungen entsprach (vgl. BERTSCH 1953), bedarf noch eingehender mühevoller pollenanalytischer Sichtung an mutmaßlichen Wanderwegen. Die Tanne in Ost und West entstammt also im großen gesehen verschiedenen weit voneinander entfernten Refugialgebieten. Eine primäre genetische Fixierung der beiden Herkünfte ist nicht ausgeschlossen. Größeres Schattenerträgnis der Osttanne wäre zum Beispiel möglich, da diese infolge der Spätfröste an der östlichen Arealgrenze stärker als im Westen auf Verjüngung unter Schirm angewiesen ist. KRAUSS (1952) hält Osttannen nach Beobachtungen im Frostwinter 1928/29 für stärker frostselektioniert als Westtannen, nachdem damals im Bayerischen Wald trotz schärferer Fröste geringere Schäden als im Schwarzwald zu verzeichnen waren. Der Einfluß standörtlicher Unterschiede wurde noch nicht abgeklärt. KOHN

(1962) untersuchte daraufhin die Frosthärte an Nadeln und Knospen von zwei Provenienzen der Ost- und Westtanne mittels methodisch gut durchdachter Versuche und stellte fest, daß im Winter 1958/59 die maximale Nadelfrosthärte —34,5°C betrug. Im Vor- und Nachwinter war ähnlich wie bei der Knospenfrosthärte (1959/60 maximal —26,5°C) die Schwarzwaldtanne (St. Märgen) wiederholt bis 3°C frosthärter als die Tanne aus dem Bayerischen Wald (Kötzting). Wenn auch weitere geringe Frosthärteunterschiede im Gegensatz zur Arbeitshypothese auftraten, können erst auf Grund eines breiteren Grundlagenmaterials endgültige Schlüsse gezogen werden.

Die Tanne unterwanderte in den Chiemgauer Alpen dominierende montane Fichtenwälder. Die Schattbaumart verlor bei der Auseinandersetzung mit der Halbschattbaumart zweifellos, da gleichzeitig auch die Buche als Mitbewerber auftrat, lichtbedürftigere Biotypen, so daß nach Entstehung des ostalpinen Abieti–Fagetum die Tanne dort auf größeres Schattenerträgnis ausgelesen war und sich besonders schattenfeste Klimaxtypen durchsetzten. In den Berner Voralpen wanderte dagegen die Tanne in Gesellschaften von Lichtbaumarten wie Fohrenwäldern und Eichenmischwäldern ein, so daß ihre primäre Bio- und Ökotypenzusammensetzung weitgehender erhalten blieb. Deshalb müßte sie im Durchschnitt eine weniger ausgeprägte Schattbaumart als in den Ostalpen sein. Die Klimaxbaumart scheint auch heute noch im Westen leichter auf Freiflächen anzukommen als im Osten. Darauf deuten auch unter anderem bescheidene Pioniereigenschaften der Tanne im Rhododendro–Abietetum hin, die zum Beispiel in den süditalienischen *Abies*-Varianten des Aremonieto–Fagetum HOFMANN 1962) oder in der Kalabrischen Sila (KÖSTLER 1956) viel ausgeprägter sind. Aus der unterschiedlichen Entstehung abgeleitete Eigenheiten stimmen mit dem tatsächlichen Verhalten überein. Deshalb erscheint auch die Tanne im Westen resistenter (Klimafaktoren?) gegenüber anthropogenem Einfluß als im Osten. Zurzeit stehen noch keine geeigneten Untersuchungsmethoden für eine exakte, quantitative Erfassung dieser Eigenschaft zur Verfügung.

Die Fichte ist postglazial vor allem im inneren Alpenraum und auch am Alpenrand von Osten nach Westen gewandert (BERTSCH 1940). Von den spätglazialen Refugien am Süd- und Südostrand der Alpen aus ermöglichten niedrige Pässe (zum Beispiel Brenner) auch ein Vordringen nach Norden. Im Vergleich zur Tanne waren aber die diluvialen Refugialgebiete geographisch, klimatisch und wohl auch soziologisch einheitlicher, so daß eine geringere, primäre genetische Differenzierung zu erwarten ist. In den Chiemgauer Alpen löste die Fichte rasch die lichtdurchfluteten *Pinus*-Wälder ab. Beim Wettbewerb mit der Lichtbaumart konnten sich noch lichtbedürftigere Biotypen erhalten als in den Westalpen, wo die Fichte in dominierende Tannenwälder mit Buche einwanderte und zwangsläufig besonders schattenertragende Biotypen konkurrenzkräftiger waren. In den Chiemgauer Alpen büßte die Fichte später gegenüber Tanne und Buche erheblich Areal ein unter sekundärer Ausmerzung lichtbedürftigerer Biotypen. Da die Fichte aber weiterhin auf Dauergesellschaftsstandorten vorherrschte, auf nadelbaumfördernder Unterlage bei extremeren edaphischen Verhältnissen und geringerer Vitalität der Klimaxbaumarten Tanne und Buche konkurrenzfähiger blieb und sich dort also teilweise seit über 6000 Jahren primär eingewanderte Biotypen unter selektiver Anpassung erhielten, hat die ostalpine Population im Durchschnitt geringeren Schattbaumcharakter und ausgeprägtere Pioniereigenschaften als die westalpine mit geringerer Anpassungsfähigkeit.

Die Buche ist ähnlich wie die Tanne in die Schweizer Voralpen von Südwesten (Fagion-Entstehungszentrum italienische und iberische Halbinsel; Entfaltungszentrum Provence und Riviera) und in die Chiemgauer Alpen vom südöstlichen Refugium des Fagion-Verbandes auf dem Balkan her eingewandert. Infolge geringerer genetischer Variabilität im Vergleich zu Tanne und Fichte wird die unterschiedliche diluviale Refugiallage waldbaulich nicht offenkundig. Die sekundäre Differenzierung war im Vergleich zu den beiden Nadelbäumen ebenfalls unbedeutender, da im Osten die Buche zusammen mit der Tanne in die Bestände der Halbschattbaumart Fichte eindrang, im Westen sich der Laubbaum in montane Tannenwälder einmischte. Nur experimentell-physiologische Untersuchungen auf breiter Basis könnten die weitgehendere Ähnlichkeit der beiden Herkünfte bestätigen.

Vergleicht man nun die drei wichtigsten Baumarten des Abieti-Fagetum nach ihrem Lichtbedarf und ihrer Schattenfestigkeit, wesentlichen Faktoren der Konkurrenzkraft, dann ist der Piomiercharakter

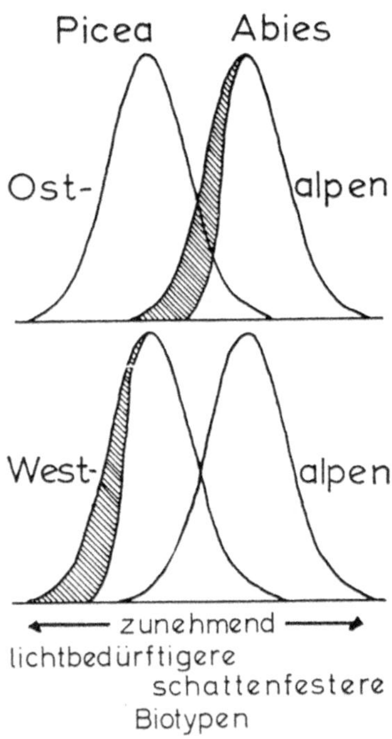

Abb. 2. Ökologische Amplitude von Biotypen der Halbschattbaumart Fichte und der Schattbaumart Tanne gegenüber dem Lichtfaktor. Schraffierter Bereich: Verlust von Biotypen während der initialen Entstehungsphase des Abieti-Fagetum durch wechselnde Konkurrenzlage in den Ost- und Westalpen.

(unter anderem größerer Anteil lichtliebender Biotypen) von Fichte in den Ostalpen und von Tanne in den Westalpen ausgeprägter (Abb. 2). Das Konkurrenzgleichgewicht ist dadurch in den Chiemgauer Alpen zugunsten der Fichte, in den Westalpen zugunsten der Tanne verschoben. Deshalb ist in den Chiemgauer Alpen ein höherer Fichtenanteil, in den Schweizer Voralpen ein höherer Tannenanteil, dagegen bei der Buche eine annähernd gleiche Vertretung im Abieti-Fagetum zu erwarten. Das heutige Baumartenverhältnis im naturnahen Abieti-Fagetum und Abietetum der nördlichen West- und Ostalpen bestätigt „scheinbar" diese Zusammenhänge (Tabelle I).

Aber erst vergleichende Anbauversuche der drei Baumarten aus analogen naturnahen und typischen Subassoziationen können unter Berücksichtigung der heutigen Standortunterschiede (Klimacharakter) Klarheit in diese Zusammenhänge bringen. Dabei sind kaum erhebliche Wuchsunterschiede oder auffällige morphologische Abweichungen zu erwarten (vgl. GIACOBBE 1930, PAVARI 1951). Entscheidende Aufschlüsse sind erst durch zusätzliche experimentell-physiologische Untersuchungen (zum Beispiel unterschiedliche Dauer des Dickenwachstums, SUSMEL 1954, vgl. LEIBUNDGUT u. HELLER 1960) zu gewärtigen. Die Auswahl repräsentativer Herkünfte gestaltet sich schwierig, da die unterschiedliche Herkunft einwanderungsgeschichtlich belegt werden muß.

Die systematische Gliederung der Tanne in Ökotypen, Kleinarten, Unterarten und Arten steht in engem Zusammenhang mit der soziologischen, chorologischen und syngenetischen Verwandtschaft der besiedelten Assoziationen und Verbände in Europa und im Mittelmeergebiet. Von *Abies alba* her gesehen wird die systematische Bindung immer lockerer in der Gruppenfolge *Abies nebrodensis, borisii regis* und *cephalonica – Abies equi trojani, bornmülleriana* und *nordmanniana – Abies pinsapo* und *marocana – Abies numidica* und *cilicica*. Höheres Alter und größere morphologische Unterschiede der mediterranen Tannen gehen auch aus der größeren soziologischen Eigenständigkeit der besiedelten Assoziationen hervor. Das vegetationskundliche Unterlagenmaterial ist heute noch zu dürftig, um diesen Zusammenhängen umfassend nachgehen zu können. Unter einwanderungsgeschichtlichen Aspekten wären zum Beispiel auch Probleme des Tannensterbens (zum Beispiel Frankenwald) zu untersuchen, da gerade an spät erreichten Arealgrenzen mit langen postglazialen Wanderwegen durch scharfe und langdauernde Auslese mit einer erheblichen Verarmung an Biotypen und als sekundäre Folge mit einer beträchtlichen Einengung der ökologischen Amplitude und Anpassungsfähigkeit zu rechnen ist.

Nach Provenienzversuchen, Erfahrungen beim Anbau fremder Herkünfte und bis jetzt bekannten genetischen Eigenschaften unserer Waldbäume (ROHMEDER-SCHÖNBACH 1959) sind auf Grund der unterschiedlichen Entstehung analoge ost- und westalpine Tannen-Buchen-Wälder waldbaulich nicht völlig gleichwertig. Ebenso wesentlich, wenn nicht entscheidender als die heutigen quantitativen Aufbauunterschiede der Gesellschaften können jene qualitativen Besonderheiten sein, die sich aus dem abweichenden genetischen Charakter der Baumpopulationen infolge ihres wechselvollen postglazialen Schicksals ableiten. Waldbauliche

Schlußfolgerungen für vergleichbare tannenreiche Gesellschaften können unter Umständen selbst in geographisch benachbarten Gebieten (Wetterstein-Allgäu und Churfirsten-Alpsteingebiet) nicht uneingeschränkt übertragen werden. Auch aus diesem Grunde ist es geboten, waldbauliche Untersuchungen nicht nur auf standortkundlich-bodenkundlicher Basis im engeren Sinne durchzuführen und auszuwerten, sondern die Grundlagenbasis soziologisch zu erweitern, damit über den lokalen Rahmen hinaus auch wesentliche entwicklungsgeschichtliche Tatbestände entsprechend gewürdigt werden können.

SUMMARY

The *Abies-Fagus* woodlands of the northern Alps have developed in two different ways. In the eastern Alps, *Abies* and *Fagus* invaded the established *Picea* woods while in the western Alps the *Abies* were at first gradually enriched by beech and later by spruce. Besides, a primary genetical differentiation arose between the western and eastern *Abies* populations as a result of their widely separated glacial refuges. Since, in the west, *Abies* replaced open pine woods but in the east invaded closed spruce woods as a shade tree, a secondary genetical differentiation is found as a result of selection induced by competition according to the different light requirements of the two tree species. The diminishing pioneer character of both species, which may still be observed in progress today, is evidence that the analogous east and west alpine *Abies-Fagus* woodlands are not, as a result of their different origins, of entirely equal value from the forester's point of view.

LITERATUR

Bertsch, K.: Geschichte des deutschen Waldes. – Jena 1953.

Firbas, F.: Spät- und nacheiszeitliche Waldgeschichte Mitteleuropas nördlich der Alpen. – Jena 1949.

Giacobbe, A.: Studi sull'abete rosso e sull'abete bianco in Italia. – Casale Monferrato 1930.

Hofmann, A.: Übersicht der süditalienischen Buchenwälder. – Vortrag beim Internationalen Kolloquium über die Systematik der europäischen Buchenwälder. Stolzenau 1962.

Kohn, H.: Untersuchungen zur Frage der Unterscheidbarkeit physiologischer Rassen bei *Abies alba*. – Manuskript 1962.

Köstler, J.: Tannen zwischen Skylla und Charybdis. Jahrbuch des Vereins zum Schutze der Alpenpflanzen und -Tiere. – 1956.

Krauss, G.: Zur Frage der forstlichen Standortsrassen. – Forstw. Centralbl. 1952.

Kuoch, R.: Wälder der Schweizer Alpen im Verbreitungsgebiet der Weisstanne. – Mitt. Schweiz. Anst. Forstl. Versuchsw. 1954.

Leibundgut, H. u. Heller, H.: Photoperiodische Reaktion, Lichtbedarf und Austreiben von Jungpflanzen der Tanne (*Abies alba* Miller). – Beiheft Zeitschr. Schweiz. Forstver. **30**. 1960.

Lang, G.: Über die Geschichte von Pflanzengesellschaften auf Grund quartärbotanischer Untersuchungen. – Internationales Symposion über Pflanzensoziologie und Palynologie in Stolzenau/Weser 1962. Den Haag 1966.

LÜDI, W.: Die Vegetationsentwicklung seit dem Rückzug der Gletscher in den mittleren Alpen und ihrem nördlichen Vorland. – Bericht über das Geobotanische Forschungsinstitut Rübel in Zürich für das Jahr 1954. 1955.
MAYER, H.: Montane Wälder am Nordabfall der mittleren Ostalpen. Vegetationsgefälle in tannenreichen Waldgesellschaften von den Chiemgauer und Kitzbüheler Alpen zu den nördlichen Hohen Tauern/Zillertaler Alpen. – Habilitationsschrift Universität München 1961.
PAVARI, A.: Esperienze e indagini sulle provenienze e razze dell'abete bianco (*Abies alba* Mill.). – Publ. della Staz. sperim. di Selvicoltura, **8**. Firenze 1951.
ROHMEDER-SCHÖNBACH: Genetik und Züchtung der Waldbäume. – Hamburg und Berlin 1959.
SUSMEL, L.: Indagini sulla differenziazione del ritmo e dell'attivita vegetativa in provenienze di *Abies alba* Mill. – L'Italia Forestale e Montana 1954.
WELTEN, M.: Über die spät- und postglaziale Vegetationsgeschichte des Simmentales sowie die frühgeschichtliche und historische Wald- und Weiderodung auf Grund pollenanalytischer Untersuchungen. – Veröff. Geobot. Inst. Rübel. Zürich. Bern 1952.

H. ZOLLER:

In Ergänzung zur Bildungsgeschichte tannenreicher Waldgesellschaften auf der Nordseite der Alpen sei daraufhingewiesen, daß die postglaziale Rückwanderung von *Abies alba* äußerst unregelmäßig gewesen ist. So wurde die Südabdachung der Alpen von Südwesten her in den Tessin-Tälern schon im Präboreal von der Tanne erreicht, nach 7500 v. Chr., während *Abies alba* auf der Nordseite der Schweizeralpen erst zwischen 4000 und 3000 v. Chr. eingewandert ist. Die postglaziale Rückwanderung der Tanne stellt sich deshalb als besonders charakteristisches Beispiel für die hemmende Wirkung der in Europa west-östlich verlaufenden Gebirgsmassive heraus. Hinsichtlich der mehrfach aufgeworfenen Frage nach den verschiedenen Ökotypen der Weißtanne dürften sich Herkünfte aus dem frühen Einwanderungsgebiet (Piemontesischer Alpenrand, Insubrische Schweiz) als besonders aufschlußreich erweisen.

G. LANG:

Die Ausführungen von Herrn ZOLLER über die Einwanderung und Ausbreitung von *Abies* können noch ergänzt werden: Im Französischen Zentralmassiv erfolgte nach LANG und TRAUTMANN (1961) die Massenausbreitung der Tanne auf Grund eines C^{14}-Datums um 3000 v. Chr., ihre Einwanderung erfolgte wohl nur wenig früher. Der bisher älteste postglaziale Nachweis der Holzart im Umkreis der Alpen (7000 v. Chr.) stammt also aus dem insubrischen Gebiet (ZOLLER). Man wird daher die Vorstellung von einem Glazialrefugium von *Abies* auf der iberischen Halbinsel aufgeben und für die Nordalpen und ihr Vorland vor allem eine Einwanderung aus Italien her schließen müssen, sei es auf dem Weg über die Alpenpässe oder am Alpenrand entlang.

H. MAYER:

Nach dem Diagramm wird in den Ostalpen die Einwanderung der Tanne etwa 1000–2000 v. Chr., aber bestimmt nicht älter, vor sich gegangen sein. Man muß bei der genetischen Differenzierung der Tanne zwei Momente genau unterscheiden. Sie kann zunächst begründet sein in der unterschiedlichen Refugial-Lage im Südosten und irgendwo im Süden und Westen, und sekundär, durch die Einwanderung in verschiedene Assoziationen, wodurch dann eine entsprechende unterschiedliche Auslese der Biotypen erfolgt ist. Das Endergebnis ist für den praktischen Forstmann wichtig. Ob aber die primäre oder die sekundäre Differenzierung ausschlaggebend ist, das müssen erst eingehende Untersuchungen beweisen. Gerade die Einwanderung von Westen und Südwesten ist in ihrem Verlauf ja noch nicht ganz klar, gerade in dem mittleren Ostalpen-Bereich. Denn die alten Diagramme, auf die man sich hier stützt, sind mit dem Kammerbohrer erbohrt und teilweise mit Verunreinigungen behaftet, so daß eine Neubearbeitung dieser alten Diagramme und eine konsequente Bearbeitung der von uns jetzt vermuteten Wanderwege in Verbindung mit C^{14}-Datierungen dringend nötig wäre, um eine genaue Kenntnis der Herkunft, insbesondere der westlichen Tanne, ob aus dem Appenin oder mehr aus der Iberischen Halbinsel, zu gewinnen.

BEITRÄGE ZUR JÜNGEREN GESCHICHTE DER FLORA UND VEGETATION DER FLUSSAUEN

(Untersuchungen aus dem Leinetal bei Göttingen)

von

ULRICH WILLERDING, Göttingen

In den Flußtälern des süd-niedersächsischen Berglandes sind im Überschwemmungsbereich der Flüsse wechselnd mächtige Auenlehmdecken abgelagert. Wie Untersuchungen aus den letzten beiden Jahrzehnten – zuerst wohl von NATERMANN (seit 1937) – ergaben, sind diese Auenlehme weitgehend anthropogen und haben dementsprechend ein geringes Alter. – Ähnliche Verhältnisse dürften auch in anderen Flußgebieten, deren Einzugsgebiete tonig-lehmige Böden aufweisen, anzutreffen sein.

Die vom Menschen infolge ausgedehnter Rodungen verursachte Auenlehm-Ablagerung schuf somit weitgehend einen neuen Standorttyp. Nachdem bereits ROBERT GRADMANN (1932) die natürliche Bewaldung unserer Flußtäler angenommen hatte, kann man heute recht genaue Angaben für ihre potentielle natürliche Vegetation im Sinne TÜXENS machen. Nun wurde in den letzten 15 Jahren die Frage nach der ursprünglichen Vegetation der durch die Auenlehmablagerung irreversibel veränderten Standorte der Flußaue diskutiert, besonders von TÜXEN und FIRBAS. Die Kenntnis der heutigen Standorts- und Vegetationsverhältnisse führt zu der Vermutung, daß an diesen Stellen die ursprüngliche Vegetation von der heute natürlichen ganz besonders abweichen würde. Genauere Aussagen über dieses Problem waren aber nur von paläobotanischen Untersuchungen zu erwarten.

Bei den Baggerarbeiten in der Göttinger Kiesgrube wurden nun 1955 und 1956 zwischen Auenlehm und liegendem Schotter pflanzenrestführende Ablagerungen in großem Ausmaße angeschnitten, deren von Herrn Prof. FIRBAS angeregte und geförderte Untersuchung möglicherweise Auskünfte über die früheren Vegetationsverhältnisse der Göttinger Aue geben konnte. Im folgenden sind die in diesem Zusammenhang interessanten Untersuchungsergebnisse kurz zusammengefaßt.

Über die damaligen Standortsverhältnisse in der Aue gibt die Untersuchung der stratigraphischen Verhältnisse Aufschluß. Danach handelte es sich um eine wahrscheinlich ziemlich ausgedehnte Schotteraue mit Schlickgründen und starker Materialumlagerung, die von gelegentlich durchfluteten Rinnen durchzogen wurde.

Vier kurze Pollendiagramme, deren Material der Lehmmudde bzw. vereinzelt vorkommendem Radizellentorf entnommen wurde, erlauben eine Datierung der untersuchten Schichten, wobei die Pollendiagramme STEINBERGS aus dem benachbarten Untereichsfeld zum Vergleich herangezogen wurden. Danach gehören die untersuchten Ablagerungen in die vegetationsgeschichtlichen Abschnitte IX–Xa nach FIRBAS, d.h. sie reichen von der älteren Nachwärmezeit bis in die jüngere NWZ hinein. Dafür sind die hohen Rotbuchen-Werte (—60%), bis auf 16% ansteigende Hainbuchen-Werte sowie hohe Anteile des Pollens vom Getreidetyp (— ca. 60%) bezeichnend. Pollen vom Roggentyp kann 28–53% des als Getreide angesehenen Pollens ausmachen. Der darüber hinaus auch durch einige verkohlte Körner nachgewiesene Roggen (*Secale cereale*) ist nach SCHIEMANN und BERTSCH im westlichen Mitteldeutschland erst in der jüngeren Eisenzeit zu erwarten. Entsprechende Hinweise geben die zahlreichen, nach JANKUHN spätlatène-kaiserzeitlichen Scherben aus den oberen Schotterlagen der Kiesgrube. Die freundlicherweise von Herrn Dr. MÜNNICH in Heidelberg durchgeführten C^{14}-Bestimmungen zweier Hölzer ergaben eine Altersstellung von 331 vor Chr. Geb. (ca. 265 cm unter der Oberfläche) bzw. von 24 nach Chr. Geb. (ca. 140 cm tief aus den oberen Schotterbereichen).

Die Großrest-Untersuchungen vermitteln einen Einblick in die damalige Flora der Leine-Aue: 107 Phanerogamenarten ließen sich nachweisen, darunter einige Kulturpflanzen: *Secale cereale, Triticum aestivo-compactum, Tr.* cf. *dicoccum, Tr.* cf. *monococcum, Hordeum vulgare, Avena* sp. und *Linum usitatissimum*, das im Gegensatz zu den vorgenannten Kulturpflanzen nicht verkohlt war. Hinzu kommen 5 Moos-Arten, darunter das durch Sporen vertretene kleine Lebermoos *Anthoceros punctatus*.

Therophyten und Hemikryptophyten sind – wie eine Zusammenstellung nach Lebensformen zeigt – hinsichtlich Artenzahl und Nachweis-Einheiten (Früchte und Samen) in auffällig großem Ausmaße vertreten:

Therophyten	37 Arten	etwa 36%
Hemikryptophyten	32 „	„ 31%
Phanerophyten	16 „	„ 16%
Helophyten	7 „	„ 7%
Hydrophyten s. str.	4 „	„ 4%
Geophyten	3 „	„ 3%
Chamaephyten	3 „	„ 3%

Eine gemeinsame Auswertung von Pollendiagrammen und Großrestuntersuchungen ermöglichen begründete Aussagen über die früheren Vegetationsverhältnisse.

Aus der Tabelle der verschiedenen Nachweis-Einheiten ergeben sich für Vorkommen und Verbreitung der Holzarten hinreichend gesicherte Anhaltspunkte. Danach ist für das Göttinger Gebiet damals mit einem Vorherrschen rotbuchenreicher Wälder zu rechnen. Mischbestände aus Esche, Ahorn, Eiche, Hainbuche und möglicherweise auch Rotbuche werden am Rande der Aue gestockt haben. Einzelne Exemplare dieser Arten mögen auch in den im Auenbereich verbreiteten Erlenwäldern vorgekommen sein. Wie langjährige stratigraphische Untersuchungen im Göttinger Leinetal zeigen, handelte es sich nicht um Erlenbrücher im engeren Sinne; bei den sehr zahlreichen Aufschlüssen in der Aue konnten jedenfalls in den letzten 7 Jahren keine Reste von Bruchtorfen festgestellt werden. Dagegen sind von Auenlehm überdeckte humose Böden, die von SCHEFFER und MEYER z.T. als schwarzerdeähnliche Auenböden bezeichnet wer-

	Hölzer									Holzkohlen		Pollen	andere Nachweise
	Summe		Gruppe I			Gruppe II						(BP-Alnus)	
	n	%	n	Klasse	%	n	Klasse	%	n	%		%	
Alnus glutinosa	566	60,9	259	abcW	74,0	307/30	bcWG	53,0	22/9	40.5		30; 100; 500	Fr., Zapfen, Blüten
Salix	296	31,9	48	abcW	14,0	248/21	bcWG	42,8	2/2	3,8		1; 6; 15	Blätter, Fruchtkapseln, Knospen
Fraxinus excelsior	17	1,8	8	ab	2,2	9/3	c	1,5	3/3	5.5		0,5–1,5	—
Acer	25	2,7	17	abc	5,0	8/3	bc	1,4	8/5	14,9		0,5–2,0	—
Quercus	10	1,1	7	abc	2,0	3/1	b	0,5	11/6	20,4		10–35	Cupula, Eichel, Blatt
Carpinus betulus	9	1,0	7	b	0,8	2/1	b	0,3	—	—		0.5–4,0; 6–16	Fr.
Fagus silvatica	5	0,5	3	b	2,0	2/2	b	0,3	7/5	13,0		26–60	Cupula, Fr.
Corylus avellana	1	0,1	—		—	1/1	b	0,2	—	—		5–28	Fr.
Tilia	—	—							1/1	1,8		1–13	—
Betula	—	—										4–11	—
Pinus	—	—										10–20	—
Picea	—	—										1–6	—
Abies	—	—										0,5–2,0	—
Populus	—	—										2 Pollenkörner	—
Summe	929		349			580			53				

Zeichenerklärung: Gruppe I: Hölzer einzeln gelegen; Gr. II: Hölzer aus Schwemmtorf- und Lehm-Mudde-Proben. Größenklassen: a Durchmesser 20 cm, b Durchm. 2,5–20 cm, c Durchm. 2,5 cm. W: Wurzelholz; G: Holz mit Transportform. 307/30 bedeutet: 307 Hölzer aus insgesamt 30 Proben.

den, im Gebiet außerordentlich häufig. Bei der mikroskopischen Untersuchung von Bodenproben aus diesen Humushorizonten ließen sich immer wieder leiterförmige Gefäß-Durchbrechungen in Humus-Abdrücken feststellen, wie sie bei der Erle vorkommen; für Pollenanalysen ist der Boden dagegen nicht geeignet. Es liegt daher nahe, diese fossilen Humusböden als Standorte der Erlenwälder anzusehen. Demnach hat es sich um Erlenstandwälder gehandelt, wie sie heute zum Fraxino-Carpinion bzw. Alno-Ulmion-Verband gezählt werden.

Die durch Blattfunde bestimmten Weidenarten *Salix alba, fragilis, triandra* und *viminalis* dürften sich dagegen auf den z.T. schlickbedeckten Schotterböden der Aue in Gesellschaften zusammengefunden haben, die dem Salicetum albo-fragilis und dem Salicetum triandro-viminalis entsprechen.

Aussagen über die Vergesellschaftung der nachgewiesenen Krautarten sind naturgemäß noch schwieriger. Allerdings ist anzunehmen, daß Arten, die heute für bestimmte pflanzensoziologische Einheiten bezeichnend sind, vor ca. 2000 Jahren bereits entsprechende Gesellschaften aufbauten. Das dürfte auch gelten, wenn man die Entstehung der jeweiligen Artenkombinationen berücksichtigt. Die Zusammenstellung kennzeichnender Arten läßt also mit relativ großer Sicherheit Angaben über die damals vorhandenen Pflanzenbestände zu.

1.	Potametalia (Wasserpflanzengesellschaften)	4 Arten
2.	Phragmitetalia (Röhrichte)	7 Arten
3.	Scheuchzerio-Caricetalia fuscae (Flach- und Zwischenmoore)	2 Arten
4.	Bidentetea	6 Arten
5.	Agropyro-Rumicion	3 Arten
6.	Artemisietea	10 Arten
7.	Stellarietea	25 Arten
8.	Epilobietea	3 Arten
9.	Molinio-Arrhenatheretea	8 Arten
10.	Querco-Fagetea	7 Arten

Der hohe Anteil von sogenannten Unkrautarten legt natürlich die Frage nach dem Herkunftsort der gefundenen Makrofossilien nahe. Verkohlte Reste, die also sehr wahrscheinlich aus Auen-benachbarten Siedlungsgebieten eingeschwemmt sein müssen, liegen neben kleinen Holzkohlenstücken mit deutlichen Transportformen nur vom Getreide sowie von einer *Papilionacee* vor. Eine Einschwemmung ist außerdem wohl noch für die winterannuellen Arten der Wintergetreide-Äcker anzunehmen, denen zusagende Standorte in der Aue gefehlt haben dürften. Andererseits wachsen gerade in den Flußufer-Gesellschaften der engeren Flußtäler (Leine- und Weser-Oberlauf) heute sehr viele Unkräuter aus der Gruppe der Bidentetea-, Stellarietea- und Chenopodietea-Arten. Wenn damals die Verbreitungseinheiten dieser Arten in die Aue gelangen konnten, so ist – nach Kenntnis der damaligen Standortsverhältnisse – auch damit zu rechnen, daß sie sich bereits etwa um Chr. Geb. zu entsprechenden Beständen vereinigten. Über die Ursprünglichkeit dieser Arten kann aber leider in diesen Untersuchungen nichts gesagt werden, da das Göttinger Leinetal bereits seit dem Neolithikum besiedelt ist. Ausgesprochene Wasserpflanzen-, Röhricht- und Flachmoor-Gesellschaften waren aber anscheinend weniger verbreitet.

In der abschließenden Zusammenfassung sollen noch einmal die wesentlichen Merkmale der damaligen Vegetationsverteilung im Leinetal aufgezeigt werden. Regional herrschten rotbuchenreiche Wälder vor; für die auennahen Gebiete sind Mischwälder mit Eiche, Esche, Ahorn und Hainbuche anzunehmen, denen – wie Tüxen 1956 für die südniedersächsischen Flußtäler vermutete – die Ulme fehlte. Dagegen gab es offensichtlich ausgedehnte Erlenwälder auf humosen Mineralböden, denen die vorgenannten Arten beigemischt gewesen sein können. In den Alluvionen stockten Weiden-Bestände, denen die Pappel fehlte; Kies- und Schlickflächen wurden von nitrophilen Therophyten-Gesellschaften besiedelt. Die geringere Verbreitung von Wasser- und Sumpfpflanzen-Gesellschaften läßt sich wohl auf starke Schotter-Umlagerungen zurückführen, wie sie auch aus der Verteilung prähistorischer Funde im Schotter hervorgehen.

SUMMARY

At the bottom of the Leine-valley near Göttingen many subfossil rests of plants have been found (107 species of spermatophyts); they were situated between the basal layer of gravel and the so-called „Auenlehm". By means of pollenanalytical and also macrofossil investigations we know in which time these sediments were formed: Iron-Age about the birth of Christ; this was confirmed by two C^{14}-datings of wood. – The surface of the parts near the Leine-river at that time can be concluded from the stratigraphical situation: There were great gravel regions with small water-rills and lateral of them humous mineral soils in a small clay-layer above the gravel (Auanmoor-soil). – As macrofossil-analysis and partly also pollenanalysis shows, in the gravel-plains grew bushes and woods of four willow-species and also associations of nitrophil therophyts. Near this part of the valley on the Auanmoor-soil alderwoods were to be found. Beside this zone of vegetation the Oak-wood sphere began, but in the region of hills and mountains it was the beech that predominated in this time. By the anthropogenous sedimentation of Auenlehm in the gravel-plains the conditions at the places near the Leine-river were changed irreversibly; therefore the „heutige potentielle natürliche Vegetation" (Tüxen 1956) would be different from the actual vegetation of the Iron-time about the birth of Christ.

LITERATUR

Tüxen, R.: Die heutige potentielle natürliche Vegetation als Gegenstand der Vegetationskartierung. – Angewandte Pflanzensoz. **13**: 3–42. Stolzenau/Weser 1956.

Willerding, U.: Beiträge zur jüngeren Geschichte der Flora und Vegetation der Flußauen. Untersuchungen aus dem Leinetal bei Göttingen. – Flora **149**, 435–476. – Hier sind auch die genannten Arbeiten aufgeführt. 1960. Inzwischen erschien zu ähnlichen Fragen:

Firbas, F. u. Willerding, U.: Zur jüngeren Vegetationsgeschichte des Leinetals. – Veröff. Max Planck Inst. f. Geschichte **11** (2): 78–82. 1965.

C. R. JANSSEN:

Es ist mir aufgefallen, daß Sie so wenig *Ulmus* gefunden haben im Auelehm. Im allgemeinen erreichen *Ulmus* und *Tilia* in West-Europa nur im Atlantikum höhere Werte. Ich glaube, daß der Mensch mit dem schnellen Absinken dieser Werte speziell in den Auen-wäldern etwas zu tun hat, in denen gerne Wiesen angelegt werden. Es ist vielleicht interessant, das mitteldeutsche Trockengebiet zum Vergleich heranzuziehen. Die Pollendiagramme dieses Gebietes zeigen ebenfalls einen Rückgang von *Ulmus* und *Tilia* bis vor ungefähr 200–300 Jahren, wo sie wieder anstiegen. Man erklärt das so, daß in dieser Zeit die menschliche Tätigkeit in den Auenwäldern aufhörte und dann Ulmen und Linden sich wieder ausbreiten konnten. Man findet dort jetzt Wälder von *Fraxinus, Ulmus* und *Tilia.* Sie sind keine Relikte aus dem Atlantikum, sondern man bezeichnet sie als sekundäres Quercetum mixtum–Optimum.

W. LOHMEYER:

Wir haben heute im Leine-Tal unterhalb von Hannover noch Wälder, die Ulme enthalten, aber *Ulmus laevis,* keine *Ulmus carpinifolia.* Diese Wälder stehen auf sehr feuchten oder gar nassen Standorten, die humos sind. Im allgemeinen sind es humose Mineralböden in flachen Dellen und häufig in Verbindung mit Erle und *Prunus padus,* die wir zum Pruno-Fraxinetum stellen würden.

Dieser Horizont, den Sie vorhin gezeigt haben, ist ganz ähnlich wie das Pruno-Fraxinetum, das wir noch im Leine-Tal haben. Ähnliche Standorte gibt es auch im Weser-Tal, was ja auch verständlich ist. Wir kennen gegenüber von Stolzenau noch ein Pruno–Fraxinetum, auf Mineralboden in Kontakt mit einem richtigen Alnetum glutinosae. Wir nehmen an, daß hier im Weser-Tal von Natur aus *Ulmus laevis* wächst. Noch jetzt gibt es *Ulmus laevis* im Weser-Tal, aber im allgemeinen nur in Hecken. Wir kennen im Weser-Tal keinen natürlichen Wald mit *Ulmus laevis.* Im Leine-Tal kommt das häufiger vor, aber nur in Verbindung mit Erle. Darum sollte man eigentlich erwarten, daß in Ihren Eichenwäldern hin und wieder doch *Ulmus laevis* vorkommen würde.

P. SEIBERT:

Wir haben ein rezentes Beispiel, das den Verhältnissen, die Herr WILLERDING geschildert hat, sehr genau entspricht. In Niederbayern, im Gebiet der Rottmündung in den Inn, etwa 25 km südlich von Passau haben wir, weil die Rott noch ein ziemlich lebendiger Fluß ist, noch rezente Ablagerungen in Initialstadien und haben auch die ganze Serie der Sukzession in den Waldgesellschaften noch beobachten können. Dort fängt die erste Siedlung mit dem Polygonetum brittingeri an: an etwas schlickigen Stellen gibt es auch andere Bidention–Gesellschaften. Wir beobachten an manchen Stellen das Convolvuletum und haben dann die Weiden-Auen vertreten durch die Salix alba–Salix fragilis–Wälder und durch das Weidengebüsch als Mantelgesellschaft, das Salicetum triandro–viminalis. Als Dauergesellschaft gibt es das Pruno–Fraxinetum ohne jede Ulme, mit *Fraxinus, Prunus padus* und beiden Erlen, *Alnus incana* und *Alnus glutinosa.* Wo es etwas anmoorig wird, gibt es auch an feuchten Stellen das Erlenbruch, das Carici elongatae–Alnetum.

U. Willerding:

Auf Schlick- und Schotterböden kann wahrscheinlich die Ulme doch nicht gestockt haben. Die Ulme bevorzugt in der Regel eher nährstoffreiche Lehmböden. Diese Böden sind aber im Bereich der Aue vor Ablagerung des Auenlehmes ja nicht oder nur in geringer Ausdehnung vorhanden.

Die Ulme ist heute auf diesen Auen-Lehmböden natürlich, wie es von der Weser- oder Leine-Aue geschildert worden ist. Ursprünglich, d.h. vor Ablagerung des Auenlehmes, war sie aber nicht vorhanden.

Die Mitteilung von Herrn Seibert bestätigt dadurch, daß wir an der Rott ähnliche Standorte haben, wie sie früher im Leine-Tal vorkamen, durchaus, was im Leine-Tal fossil festgestellt werden konnte.

NEUE BEITRÄGE ZUR VEGETATIONSGESCHICHTE DES SPÄT- UND POSTGLAZIALS AM NIEDERRHEIN

von

Hans-Wolfgang Rehagen, Krefeld

Das Niederrhein-Gebiet (Abb. 1) erweist sich vom Standpunkt der Pollenanalyse aus gesehen als ein nur wenig verlockendes Terrain. Die Landschaft ist arm an größeren Mooren bzw. entsprechenden Seeablagerungen. Kleinere Moorbildungen trifft man zwar häufiger an, doch sind sie infolge der starken Siedlungsintensität entweder in den vergangenen Jahrhunderten schon ausgetorft worden oder den Kultivierungsbestrebungen der letzten Jahrzehnte praktisch völlig zum Opfer gefallen. Daher ist es auch kaum verwunderlich, daß bisher aus diesem Gebiet nur eine einzige pollenanalytische Arbeit vorliegt. Sie stammt aus dem Jahre 1940. Nietsch veröffentlicht in ihr die Untersuchungsergebnisse zweier Profile eines verlandeten Rhein-Altwassers. Für die geologische und bodenkundliche Landeskartierung erschien es nun jedoch aus mancherlei Gründen wünschenswert, eine ausgedehntere und detailliertere Kenntnis auf diesem Gebiet zu besitzen. Daher wurde im Jahre 1957 in Zusammenarbeit mit der Abteilung für Vorgeschichte des Rheinischen Landesmuseums Bonn auch die Pollenanalyse des Spät- und Postglazials in den Rahmen der Grundlagenforschung des Geologischen Landesamtes Nordrhein-Westfalen mit einbezogen. In Anbetracht der widrigen Umstände waren von vornherein die Erwartungen nur gedämpft, und so überrascht es denn auch kaum, daß nicht alle Fragen beantwortet werden konnten, zumal die geborgenen Profile meist nur kürzere Abschnitte der spät- und postglazialen Vegetationsentwicklung umspannten (vgl. Abb. 2). Dennoch erbrachten die Untersuchungen Resultate, die nicht ohne Interesse sein dürften.

Abb. 1 gibt einen kurzen Überblick über das Untersuchungsgebiet. Man sieht, wie die scheinbar so gleichförmige Rheinebene quer von einer Linie durchschnitten wird, die etwa westlich von Geilenkirchen, dann nördlich von Erkelenz und weiter südlich von Mönchen-Gladbach und Düsseldorf verläuft. Sie grenzt in ihrem Verlauf die Lößböden der Niederrheinischen Bucht gegen die Lehm- und Sandböden des Rheinischen Tieflandes ab. Gleichzeitig kennzeichnet sie dabei, wenn auch nicht scharf, klimatische und hydrographische Unterschiede. So ist das Klima der Bucht kontinentaler, etwa subatlantisch-mitteleuropäisch getönt. Die Frühlings- und Sommertemperaturen, das Julimittel 17,5°–18°C, das Jahresmittel 9,5°–10°C sind etwas höher als im Tiefland, während die Niederschläge infolge der Wind- und Regenschattenlage durch die Eifel und das Hohe Venn unter 700 mm, meist aber zwischen 650 und 550 mm

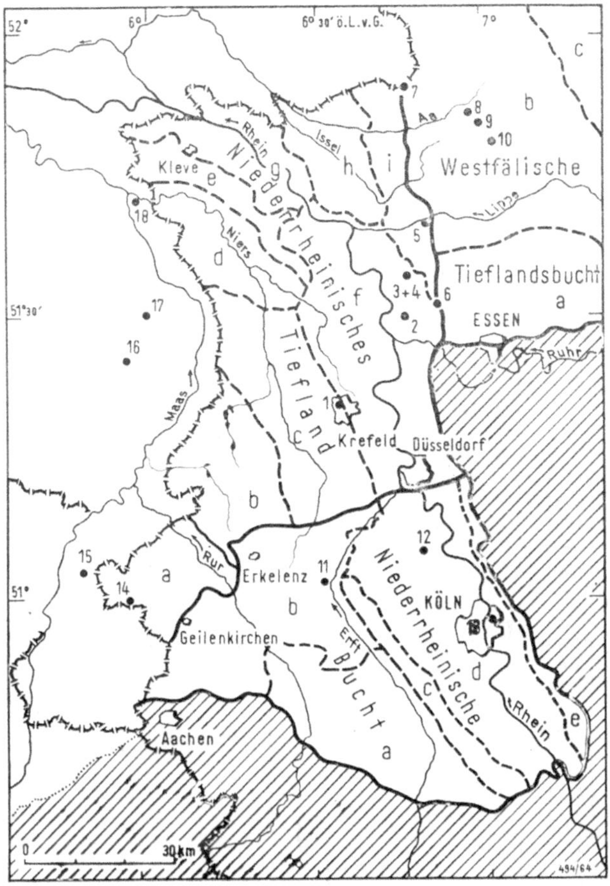

Abb. 1. Karte des Untersuchungsgebietes mit Lage der Profile

Fundpunkte: 1 Hülser Bruch, 2 Hamborn, Schlachthofstraße, 3 Dinslaken, Kläranlage, 4 Dinslaken, Jugendzentrum, 5 Hünxe, Autobahnbrücke, 6 Sterkrader Venn, 7 Burloer Venn, 8 Weißes Venn bei Velen, 9 Weißes Venn bei Merfeld, 10 Haltern, Stadtwald, 11 Morken-Harff, 12 Butzheimer Busch bei Stommeln, 13 Merheimer Bruch in Köln, 14 Leiffender Venn, 15 Gulickshof, 16 Helenavenn, 17 Venray, 18 Gennep, 19 Usselo, liegt etwas außerhalb der Lageskizze, und zwar nördlich von 7 Burloer Venn.

(Nr. 3, 4 und 11 von AVERDIECK & DÖBLING 1959, Nr. 14 von JANSSEN 1960, Nr. 15–19 von VAN DER HAMMEN 1951 veröffentlicht.)

Naturräumliche Haupteinheiten:

I. Niederrheinische Bucht

a) Jülicher Börde, b) Zülpicher Börde, c) Ville, d) Kölner Bucht, e) Schlebusch-Wahner Heide

II. Niederrheinisches Tiefland

a) Selfkant, b) Schwalm-Nette-Platten, c) Kempen-Aldekerker Platte, d) Niersniederung, e) Niederrheinische Höhen, f) Mittlere Niederrheinebene, g) Untere Rheinniederung, h) Issel-Ebene, i) Niederrheinische Sandplatten

III. Westfälische Tieflandsbucht

a) Emscher-Land, b) Westmünsterland, c) Kern-Münsterland

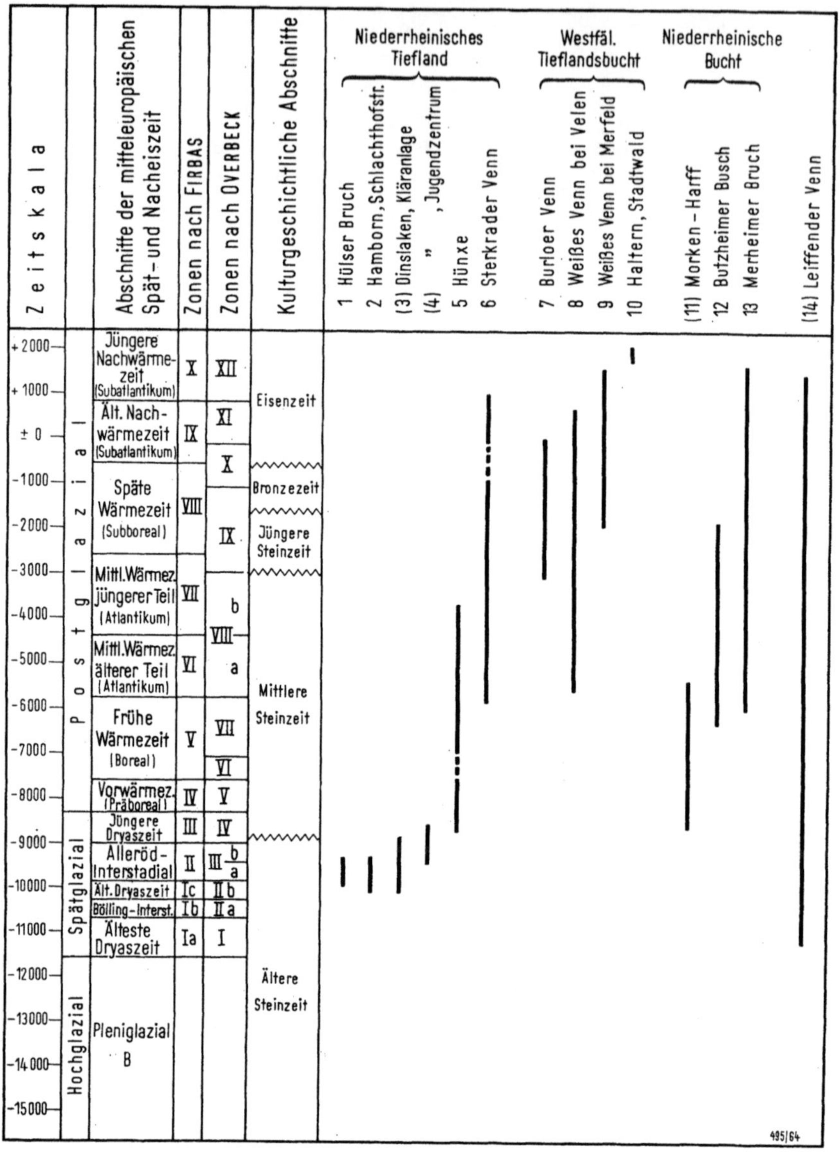

Abb. 2. Die Einordnung der Profile in das Schema des Spät- und Postglazials.

liegen. Dagegen ordnet sich das Klima des Niederrheinischen Tieflandes der Vegetations- und Klimazonierung der niederdeutschen Tieflandsregion ein. So liegen die Temperaturen etwas niedriger, das Julimittel zwischen 17° und 17,5°C, der Jahresdurchschnitt zwischen 9° und 9,5°C, und der durchschnittliche Jahresniederschlag ist mit 700–750 mm etwa um 100 mm höher. Die Winter sind in beiden Landschaftsbereichen maritim milde. Allerdings kommen im Tiefland während des Frühjahrs Kaltluft-Einbrüche häufiger vor. Sie wirken wachtsumsverzögernd und verkürzen somit die Vegetationsperiode.

Betrachten wir diese Daten noch einmal im Hinblick auf die natürliche

Vegetation, so läßt sich ganz allgemein folgendes sagen: Die tiefgründigen und meist nährstoffreichen Braunerde-Böden der Niederrheinischen Bucht sind der natürliche Lebensraum für die je nach Bodenfeuchte verschiedenen Ausbildungsformen artenreicher mitteleuropäischer Eichen-Hainbuchenwälder. Im Niederrheinischen Tiefland wurde der größere Teil des natürlichen Lebensraumes von feuchten Au- und Bruchwäldern sowie von bodensauren Eichen-Hainbuchenwäldern eingenommen. Auf den meist armen Sandböden stocken dagegen Eichen-Birkenwälder.

Die ersten Ergebnisse, nur das Spätglazial betreffend, wurden bereits im Jahre 1959 von Averdieck & Döbling veröffentlicht; sie stammen von den Fundpunkten 3, 4 und 11. Als wesentlichstes Merkmal für das niederrheinische Alleröd fanden die beiden Autoren eine ausgeprägte Kiefernherrschaft, die viel deutlicher als im übrigen Nordwestdeutschland und den Niederlanden zutage tritt; außerdem wiesen sie auf das

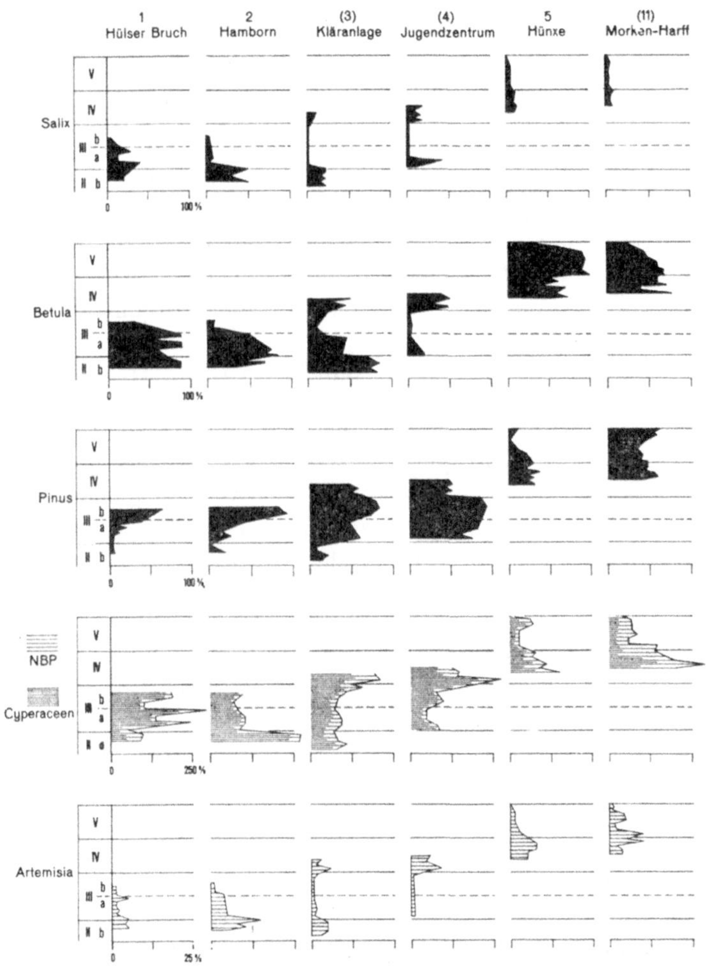

Abb. 3. Pollenkurven aus dem Spätglazial, die Hauptzüge der Vegetationsentwicklung am Niederrhein skizzierend. Die schwarz ausgefüllten „Sägeblätter" entsprechen der Baumpollensumme von 100%; die Nichtbaumpollen-Kurven werden auf jeweils diese Summe bezogen.

Vorkommen von *Phragmites* hin. In Verbindung mit dem Auftreten von Trockenrasenpflanzen und dem fast völligen Fehlen von *Empetrum* und anderen *Ericales* schlossen sie auf ein kontinentaleres Klima am Niederrhein während des Spätglazials, insbesondere während der Jüngeren Dryaszeit. Für die Vorwärmezeit wurde eine nur lückenhafte Bewaldung angenommen. Die Bölling-Schwankung konnte hingegen nicht nachgewiesen werden.

Inzwischen liegen nun weitere Untersuchungen vor, die die eben erwähnten wie folgt ergänzen (Abb. 3): So wurden Profile (Fundpunkte 1 und 2) geborgen, die im Alleröd einen deutlichen Birkenabschnitt erkennen lassen. Unterschiede zeigen sich in den Diagrammen Morken-Harff (11) und Hünxe (5) während der Jüngeren Dryaszeit. In Morken-Harff, einem Profil aus der Bucht, treten Trockenrasenpflanzen wie z.B. *Sanguisorba minor* auf, *Empetrum* und *Sphagnum* dagegen fehlen nahezu ganz. Umgekehrt fehlt in Hünxe, einem Profil aus dem Niederrheinischen Tiefland, *Sanguisorba minor*, während *Empetrum* und *Sphagnum* regelmäßig, wenn auch nur in geringen Werten vorkommen. Analog verhält sich *Pinus*. In Morken-Harff überflügelt sie bald *Betula* und dominiert dann klar, während in Profilen aus dem Tiefland – in Hünxe wird dieser Vorgang durch lokale Faktoren noch zusätzlich verstärkt – die Kiefer sich meist nur mühsam durchzusetzen vermag. Offenbar machten sich die erwähnten klimatischen Unterschiede auch schon in jenen Perioden bemerkbar; die unterschiedliche Wirkung edaphischer Faktoren muß jedoch auch in Betracht gezogen werden.

Die Einwanderung der thermophilen Hölzer zu Beginn des Postglazials (Abb. 4) ließ sich leider erst an einem einzigen Beispiel einwandfrei verfolgen, und zwar an dem Profil von Morken-Harff (11). Gegen Ende des Präboreals tritt zuerst *Corylus* und kurz danach *Ulmus* auf. Mit dem rationellen Anstieg der Hasel-Kurve an der Zonenwende V/VI (nach Overbeck) ist auch *Quercus* mit geschlossener Kurve da. Nach dem *Pinus*-Maximum stellen sich im Verlauf der Zone VII (nach Overbeck) *Tilia* und *Alnus* ein. *Acer* und *Fraxinus* treten zu dieser Zeit auch schon auf, doch sind ihre Kurven nicht geschlossen. Wenigstens bei der Esche schließt sie sich spätestens zu Beginn des Atlantikums. Mit dem Steilanstieg der Hasel setzen auch die rationellen Kurven von *Quercus* und *Ulmus* ein. Das boreale C_1-Maximum fällt meist mit den ersten Gipfeln der Eichen- und Ulmen-Kurve zusammen. Zu dieser Zeit sowie im älteren Teil des Atlantikums finden sich *Hedera* und *Viscum* am häufigsten.

Zur Wende Boreal/Atlantikum kreuzen sich in den Diagrammen aus dem Niederrheinischen Tiefland (Fundpunkte 5, 6 und 8) die Kurven von *Alnus* und *Pinus* mehr oder minder steil, während in denen der Bucht (Fundpunkte 12 und 13) die Erlen-Kurve verhältnismäßig ruhig ansteigt. Eine Unterteilung der Zone VIII (nach Overbeck) auf Grund des Verhaltens von *Pinus* ist in den meisten Fällen nicht möglich, da die Kurve allzu rasch die 5%-Grenze unterschreitet. Auch der C_2-Gipfel ist häufig nicht klar erkennbar. Unterschiedlich setzt sich der EMW zusammen. Im Tiefland repräsentiert *Quercus* nahezu von Anfang an etwa die Hälfte. *Ulmus* und *Tilia* erreichen selbst in den Maxima kaum je mehr als 10% der BP-Summe. Anders liegen dagegen die Verhältnisse in der Bucht. Im älteren Abschnitt des Atlantikums sind Ulmen-Gipfel von über 30% vorhanden, ja selbst bis 50% wurden gezählt (Fundpunkt 12). Merkwürdig ist das weitere Verhalten der Ulme. In der Mitte des Atlantikums fällt sowohl in den nördlichen wie auch in den südlichen Landschaften ihre Kurve auf Werte unter 5% ab und behält dann diese Werte auch bis zum

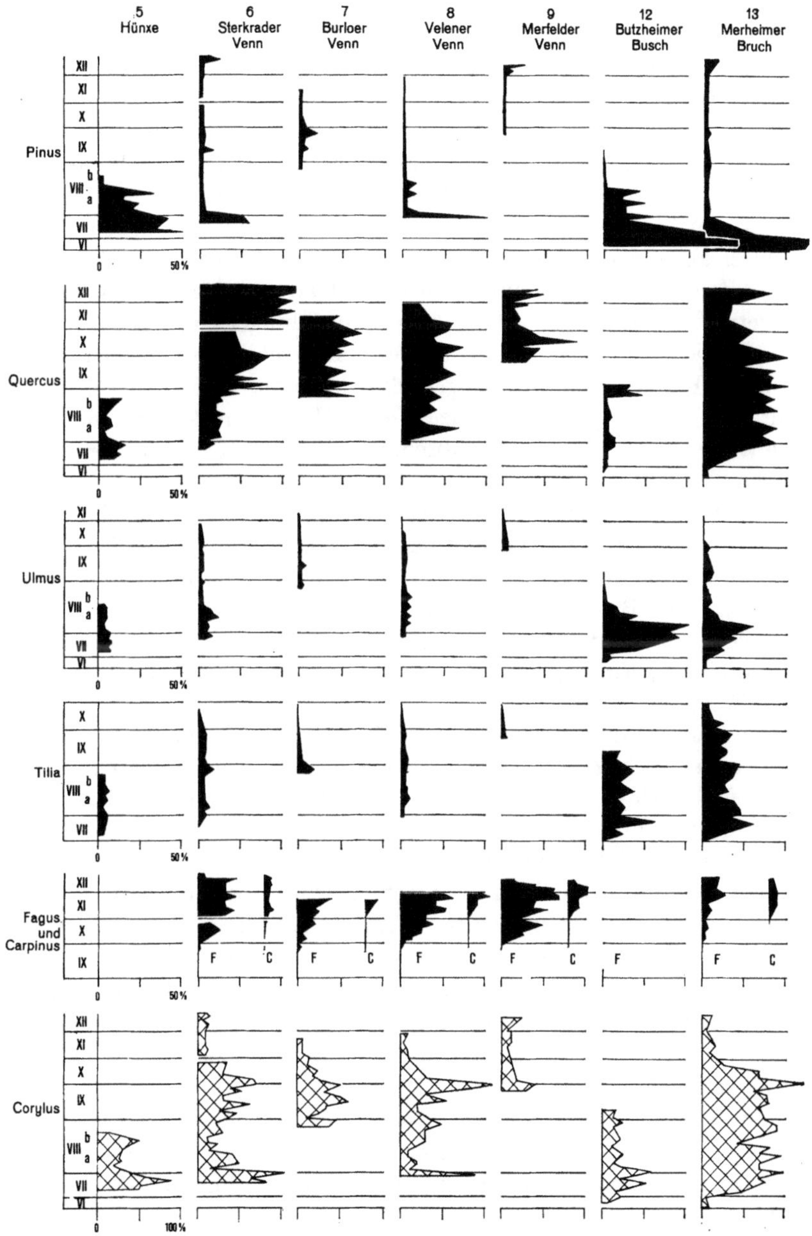

Abb. 4. Pollenkurven aus dem Postglazial, die Hauptzüge der Vegetationsentwicklung des Niederrheingebietes und Westmünsterlandes skizzierend. Die schwarz ausgefüllten „Sägeblätter" gehören zur Baumpollensumme von 100%; *Corylus* ist nicht in diese Summe einbezogen worden.

Beginn des Subatlantikums in etwa bei. Eine schlüssige Erklärung für dieses von dem übrigen Nordwestdeutschland abweichende Verhalten konnte bisher noch nicht gefunden werden. Gegenüber den bescheidenen Werten im nördlichen Teil des Untersuchungsgebietes ist *Tilia* in den Diagrammen der Niederrheinischen Bucht stark vertreten. Ihre Kurve steigt bald über die der Ulme hinaus und bekräftigt die These HESMERS (1958), daß dieses Gebiet zu den größten mitteleuropäischen Lindenvorkommen überhaupt gehört.

Da der sonst übliche Ulmen-Abfall fehlt, bietet sich zur Grenzziehung Atlantikum/Subboreal der Beginn der geschlossenen *Fagus*-Kurve sowie das gleichzeitig erste Auftreten von *Plantago lanceolata* als offenbar geeignetes Äquivalent an (Fundpunkte 6, 8, 12 und 13). Die Buche überschreitet im weiteren Verlauf der Zone IX (nach OVERBECK) die 1%-Grenze nicht oder doch nur unwesentlich. *Fraxinus* ist im allgemeinen stärker als in der Mittleren Wärmezeit zu finden, doch zeigt ihre Kurve nicht den typischen Verlauf wie er in Holland und Dänemark wiederholt angetroffen wurde. *Acer* ist jetzt ebenfalls häufiger zu finden. *Tilia* und *Ulmus* wie auch *Hedera* zeigen dagegen keinen offensichtlichen Rückgang. Nur die Funde der Mistel klingen allmählich aus. Die Zone IX schließt mit dem überall gut kenntlichen *Corylus*-Maximum C4, wie überhaupt die Werte der Hasel in diesem Abschnitt allgemein über denen der vorigen liegen.

In OVERBECKS Zone X breitet sich *Fagus* aus und erreicht hier schon relativ hohe Werte. *Corylus* fällt dagegen von ihrem Gipfel auf etwa 15% ab. Mit Beginn dieses Abschnittes liegt auch die *Carpinus*-Kurve – außer im Merheimer Bruch (13) – geschlossen vor, allerdings waren in manchen Profilen (z.B. Fundpunkt 7) Pollenfunde schon in der vorigen Zone häufig. *Tilia, Ulmus, Hedera* und auch *Fraxinus* sinken allmählich auf ihre tiefsten Werte ab.

Schwierig ist die Grenzziehung zur Zone XI (nach OVERBECK). Am geeignetsten erscheint bisher der rationelle Anstieg der *Carpinus*-Kurve. Er befand sich übrigens in den untersuchten Hochmoorprofilen (Fundpunkte 8 und 9) fast immer in der Nähe des Schwarz-/Weißtorf-Kontaktes. Zu diesem Zeitpunkt erreichte auch die Hasel meist ihre niedrigsten Werte, die jedoch nur in Ausnahmefällen unter der 10%-Grenze lagen. *Fagus* liegt weiterhin zwischen 10 und 20%. Nur in den Maxima des Velener (8) und Merfelder (9) Venns steigert sich die Buche über 30%. Dominierend bleibt neben der Erle auch weiterhin die Eiche, deren Kurve außer im Merfelder Venn (9) nur gelegentlich unter die der Buche sinkt. Kurz vor Beginn der mittelalterlichen Rodungsperiode erreicht *Carpinus* seine Spitzenwerte um 10%.

Mit dem kräftigen Anstieg der Kurven für Getreide und der Siedlungsanzeiger haben wir die jüngsten Zeitabschnitte erreicht. Sie wurden jedoch meist nur noch bruchstückhaft angetroffen (Fundpunkte 6, 9 und 13).

Weitere Ausführungen über die Untersuchungen sind der inzwischen veröffentlichten Arbeit über die Vegetationsgeschichte des Niederrheingebietes (REHAGEN 1964) zu entnehmen.

Spät- und nacheiszeitliche Torfablagerungen aus dem Gebiet der Niederrheinischen Bucht, des Niederrheinischen Tieflandes und des Westmünsterlandes wurden erstmalig untersucht oder neu bearbeitet. Die Profile umfaßten nur Teile der spät- und postglazialen Vegetationsentwicklung. Die Zonierung erfolgte nach OVERBECK.

Im Spätglazial zeigten sich auch Profile, die im Alleröd eine Periode ausgesprochener Birkenvorherrschaft besaßen (Zone IIIa). Während der Jüngeren Dryaszeit (Zone IV) und ebenso im frühen Postglazial (Zone V–VII) nimmt der Anteil an ozeanischen Florenelementen im Untersuchungsgebiet von Süden nach Norden zu. Während der wärmezeitlichen Vegetationsabschnitte (Zone VIII–X) ist in der Niederrheinischen Bucht die Linde stark vertreten; der anfangs sehr hohe Ulmenanteil geht bereits im Verlauf der Zone VIIIa erheblich zurück. An der Wende vom Atlantikum zum Subboreal (Zonengrenze VIII/IX) ist der in Nordwest- und Mitteleuropa allgemein zu beobachtende Ulmenabfall in den vorliegenden Diagrammen des Untersuchungsgebietes nicht zu erkennen. Zur Grenzziehung Zone VIII/IX wurde daher der Kurvenbeginn von *Plantago lanceolata* herangezogen; etwa gleichzeitig wandert die Buche ein. Nach dem *Corylus*-Maximum C_4 setzt mit Beginn der Zone X der rationelle Anstieg der *Fagus*-Kurve ein. Ausgenommen im Weißen Venn bei Merfeld übertrifft die Buchen-Kurve jedoch die der Eiche in der Regel nicht. Zur Grenzziehung zwischen den Zonen X und XI dient der rationelle Anstieg der *Carpinus*-Kurve; in den untersuchten Hochmoorprofilen liegt dieser pollenfloristische Leithorizont in der Nähe des Schwarz-/Weißtorf-Kontaktes.

SUMMARY

Late and post glacial peat deposits from Niederrheinische Bucht, Niederrheinisches Tiefland and Westmünsterland were studied and restudied. The profiles spanned only sections between late and post glacial vegetation development. The zonation follows that of OVERBECK.

The late glacial period showed profiles which, in the Allerød time, possessed a pronounced predominance of *Betula* (zone IIIa). During the Late Dryas time (zone IV) and corresponding in the early post glacial stages (zone V–VII) the content of the oceanic floral elements in the area increased from south to north. During the warmer period (zone VIII–X) *Tilia* was strongly represented in the Niederrheinische Bucht and the *Ulmus* content, which at the beginning of this period was quite high, declined considerably during zone VIIIa. During the period of change from Atlantic to Subboreal (border of zones VIII and IX) the *Ulmus* decline which is generally observed in northwest and central Europe, cannot be recognised on the diagrams from the studied area. For this reason the transition between the zones VIII and IX is drawn here at the beginning of the curve of *Plantago lanceolata*; and at the same time it is noted that *Fagus* elements are migrating into the area. After the *Corylus* maximum C_4 the *Fagus* curve shows an expansion („rationeller Anstieg") at the beginning of zone X. It is noted that the *Fagus* curve usually does not cut over the *Quercus* curve except in the diagram from the Weißes Venn near Merfeld. An expansion („rationeller Anstieg") in the *Carpinus* curve takes place in the border regions of zones X and XI; in the raised bog profiles studied, this pollen and floral index horizon is found in the vicinity of the Recurrence Surface (Schwarz-/Weißtorf-Kontakt).

LITERATUR

Averdiek, F.-R.: Pollenanalytische Untersuchungen am Niederrhein. – Zusammenfassender Bericht über die Arbeiten zur Vegetations- und Siedlungsgeschichte am Niederrhein vom 1.10.1957–31.3.1958. – 31 pp., 3 Taf., Krefeld 1958. – (Unveröff. Ber. i. Geol. L. A. Nordrh.-Westf.).

— & Döbling, H.: Das Spätglazial am Niederrhein. – Fortschr. Geol. Rheinld. u. Westf. **4**: 341–362, 4 Taf., 8 Abb., 3 Tab. Krefeld 1959.

Hammen, Th. v. d.: Late Glacial Flora and periglacial Phenomena in the Netherlands. – Leidse Geol. Mededelingen **17**: 71–183, 44 Abb. Leiden 1951.

Handbuch der naturräumlichen Gliederung Deutschlands. – Veröff. d. Bundesanst. f. Landeskde. u. d. Deutsch. Inst. f. Länderkde., 6. Lfg.: 609–882, 1 Taf. Remagen 1959.

Hesmer, H.: Wald- und Forstwirtschaft in Nordrhein-Westfalen. Bedingtheiten – Geschichte – Zustand. – 540 pp., 155 Abb. Hannover 1958.

Janssen, C. R.: On the Late-Glacial and Post-Glacial vegetation of South Limburg (Netherlands). – 112 pp., 14 Taf., 5 Abb., 2 Tab. Diss. Amsterdam 1960.

Koch, H.: Paläobotanische Untersuchungen einiger Moore des Münsterlandes. – Beih. Bot. Cbl. **46**, Abt. II: 1–70, 9 Abb., 11 Tab. Dresden 1929.

Nietsch, H.: Pollenanalytische Untersuchung auf der Niederterrasse bei Köln. – Z. deutsch. geol. Ges. **92**: 350–364. Stuttgart 1940.

Rehagen, H.-W.: Zur spät- und postglazialen Vegetationsgeschichte des Niederrheingebietes und Westmünsterlandes. – Fortschr. Geol. Rheinld. u. Westf. **12**: 55–96, 4 Taf., 3 Abb. Krefeld 1964.

QUARTÄRE VEGETATIONSGESCHICHTE JUGOSLAWIENS AUF PALYNOLOGISCHER GRUNDLAGE

von

ALOJZ ŠERCELJ, Ljubljana

Ich möchte eine kurze Übersicht über unser heutiges Wissen von der Entwicklung der quartären Waldvegetation in Jugoslawien vermitteln. Dabei bin ich mir vollkommen bewußt, daß es nur ein bescheidener Versuch ist, das historische Vegetationsbild eines Gebietes darzustellen, auf dem die Elemente von drei oder vier (HORVAT 1959) Florenregionen zusammentreffen und sich mit einander vermischen, in vertikaler Anordnung sogar überdecken, und daß die Verhältnisse dadurch noch verwickelter werden, weil noch zahlreiche tertiäre Relikte hinzu kommen.

Unser Bild der tertiären Vegetation ist ziemlich einheitlich, weil einerseits meist nur die fossilen Floren der Braunkohlenlager untersucht worden sind (ETTINGSHAUSEN, UNGER, MORLOT, ŠPOLJARIČ, WEYLAND & PFLUG & PANTIČ, MILAKOVIČ, ERCEG usw.), aber auch deswegen, weil die tertiären Klimaverhältnisse einheitlicher waren.

Während die bisherigen Untersuchungen der Makroreste kaum die zeitliche Grenze Pliozän – Pleistozän erreichen, blieben die pleistozänen Sedimente fast unberührt, mit Ausnahme der paläolithischen Kulturschichten (S. BRODAR, M. BRODAR, OSOLE, MALEZ, LASKAREV, MARKOVIČ-MARJANOVIČ u.a.), aus denen Pflanzenreste analysiert worden sind.

Bei der Schilderung der Vegetationsentwicklung richten wir uns nach der für den Alpenbereich gültigen pleistozänen Chronologie.

ALTPLEISTOZÄN

Bis vor kurzem war die Zusammensetzung der altpleistozänen Floren des jugoslawischen Gebietes gänzlich unbekannt. Erst im Jahre 1960 ist an zwei verschiedenen Stellen die altpleistozäne Flora palynologisch festgestellt worden.

Ein Profil aus der Umgebung von Novo mesto in Slovenien (darin wurden auch die Knochen von *Dicerorhinus* gefunden) zeigt eine sehr üppige Tegelen-Vegetation. Das Diagramm (Fig. 2) zerfällt zwar in zwei getrennte Abteilungen: Der untere Teil weist auf eine kältere Phase hin, ein Interstadial. Nach einer Unterbrechung folgt die üppig entwickelte Vegetation eines typischen Interglazials, mit dem Überwiegen von *Juglandaceen*: *Carya* (45%), *Juglans*, *Pterocarya*, *Zelkova*, *Engelhardtia*, *Tsuga canadensis* und *T. diversifolia*, *Sciadopitys*, *Podocarpus*, *Pinus haploxylon* und *P. doploxylon*-Typ.

Nach dem Vergleich mit der Vegetation von Leffe (LONA 1959) kann

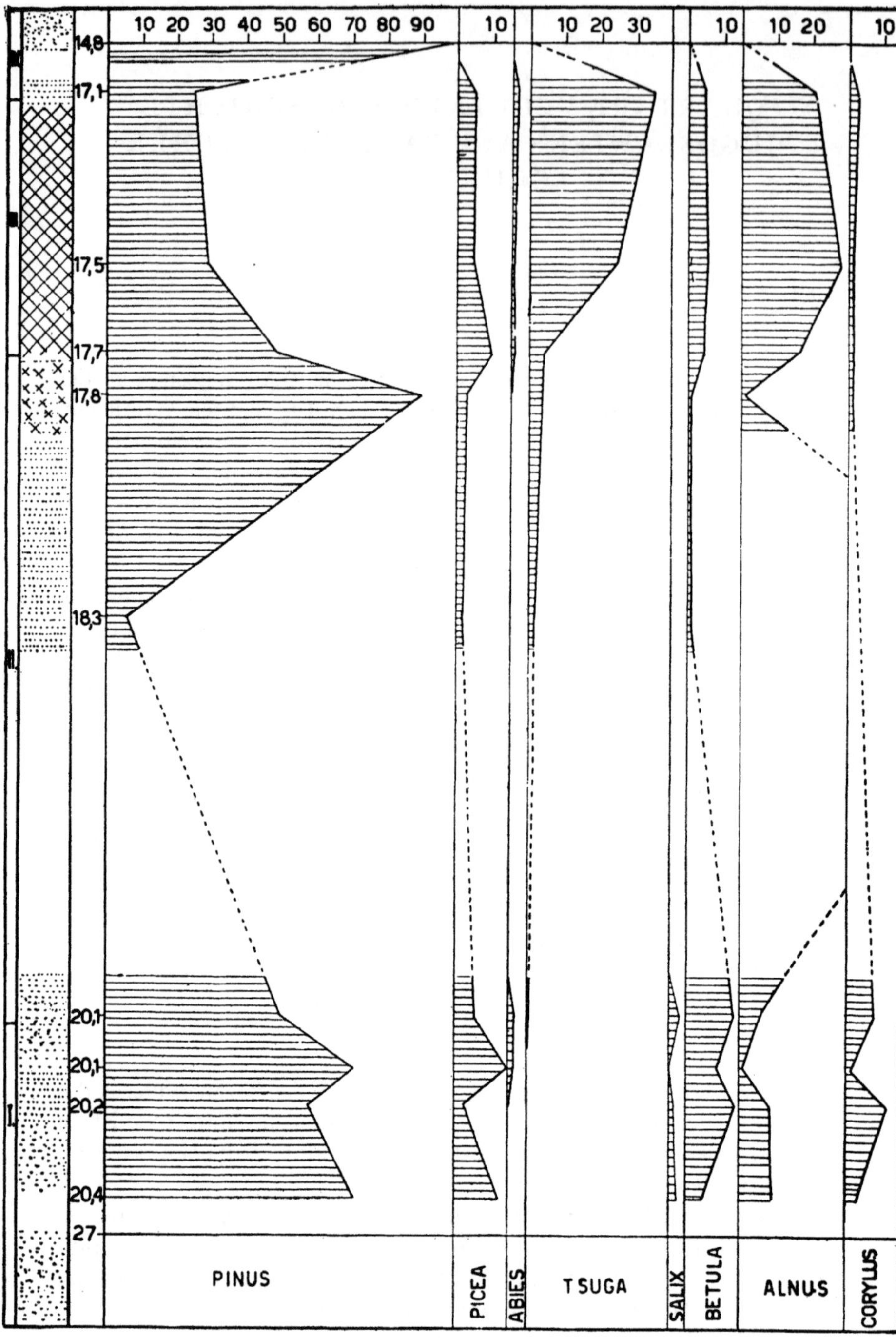

Fig. 1. A Pollen diagram from the neighbourhood of Ljubljana.

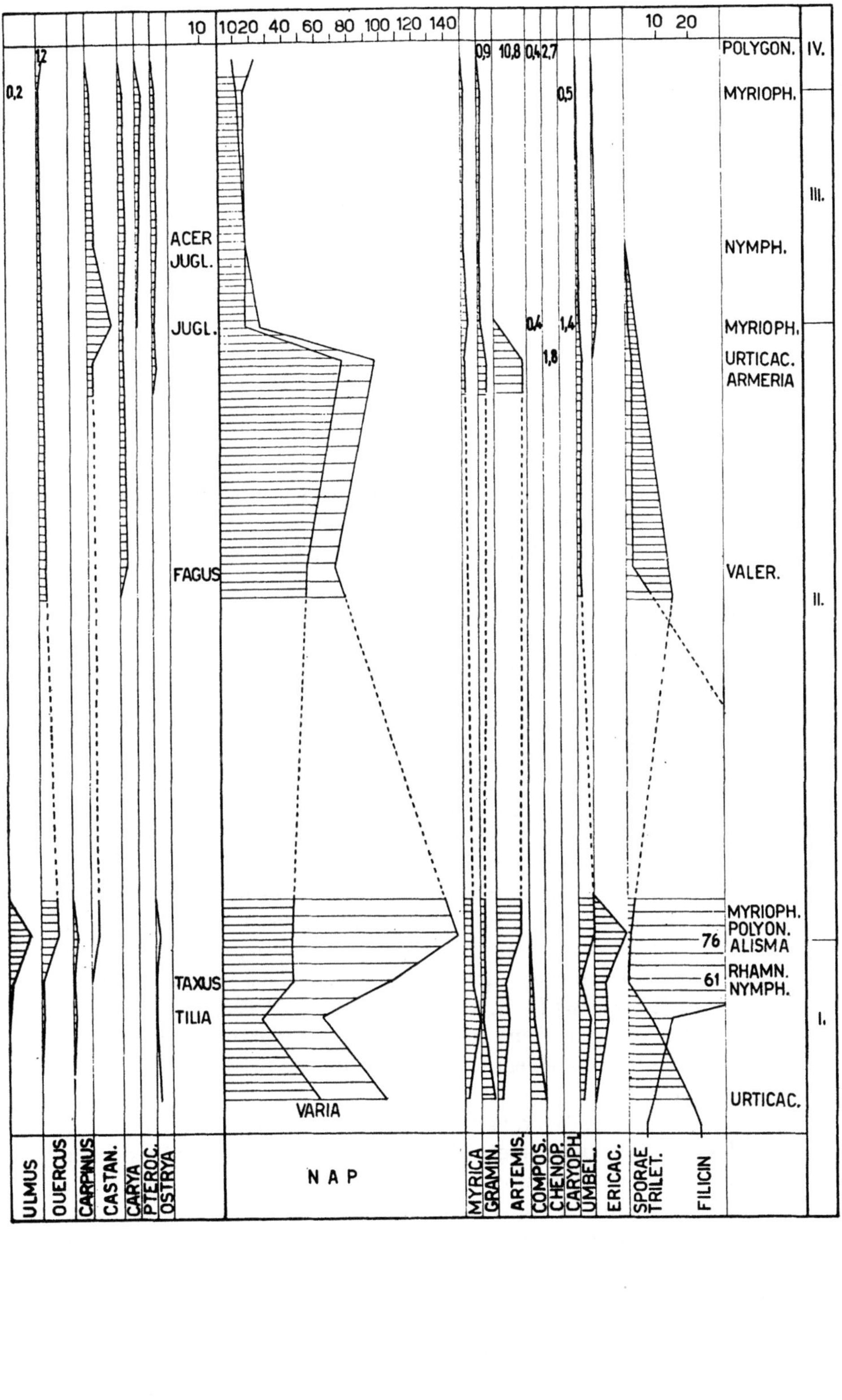
10
10 20 40 60 80 100 120 140
10 20
0,2
1,2
0,9
10,8
0,4
2,7
0,5
0,4
1,4
1,8
76
61
ACER
JUGL.
JUGL.
FAGUS
TAXUS
TILIA
VARIA
POLYGON.
MYRIOPH.
NYMPH.
MYRIOPH.
URTICAC.
ARMERIA
VALER.
MYRIOPH.
POLYON.
ALISMA
RHAMN.
NYMPH.
URTICAC.
IV.
III.
II.
I.
ULMUS
QUERCUS
CARPINUS
CASTAN.
CARYA
PTEROC.
OSTRYA
N A P
MYRICA
GRAMIN.
ARTEMIS.
COMPOS.
CHENOP.
CARYOPH.
UMBEL.
ERICAC.
SPORAE TRILET.
FILICIN

die untere Abteilung dieses Profils ins Günz-Interstadial gestellt werden. Der obere Teil dürfte aber den größten Teil des Interglazials G/M umfassen. Jünger kann es kaum sein, wohl eher älter!

Das zweite Profil (Fig. 1) stammt aus der Umgebung von Ljubljana. Im Profil einer Tiefbohrung ist zwischen 17 und 20 m Tiefe eine viel ärmere Tegelen-Vegetation festgestellt worden. Nur *Tsuga canadensis* erreicht hier 35%, die Kurven von *Carya, Pterocarya, Juglans* und *Castanea* überschreiten aber nie 5%. Entsprechend dem vorigen könnte dieses Profil in das M-Interstadial eingereiht werden.

Das Terrassen-Profil einer Tongrube am Südrande der Stadt Ljubljana, unweit von dem vorigen Bohrungsprofil, ist schon lange als Fundort der Knochen von *Libralces* aff. *gallicus* bekannt, wonach RAKOVEC (1954) das Profil ins Mindel-Glazial gestellt hatte. Die Pollenuntersuchung zweier Schichten brachte eine terminokratische Vegetation zum Vorschein: *Pinus, Betula, Myrica* (sehr reichlich), *Alnus* und nur vereinzelte *Carya-* und *Tsuga*-Pollenkörner.

Daraus kann geschlossen werden, daß auch die altpleistozänen Vereisungen genügend stark waren, um die damalige Vegetation dieses Gebietes nach Süden vertreiben zu können.

Heuer ist bei Ilirska Bistrica ein neues Profil mit ursprünglicher Tegelen-Flora festgestellt worden.

Zu Ende des Altpleistozäns starb die Tegelen-Flora aus.

Ein so langes Aushalten dieser Vegetation ist bisher nur für den Südalpen-Raum bekannt, was darauf hindeutet, daß die quartäre eurosibirische Flora sich nicht so früh in Süd-Europa wie in West-Europa ansiedeln konnte, weil ihr die Tegelen-Flora mehr Widerstand im Süden als im Westen bot.

MITTLERES PLEISTOZÄN

An Sedimenten aus der Tongrube der Ziegelei von Lokarji bei Vodice sind pollenanalytische, xylotomische und anthrakotomische Untersuchungen gemacht worden (DROBNE, PAVLOVEC, ŠERCELJ 1960). Die daraus resultierende Flora ist ziemlich artenarm: *Pinus diploxylon, Pinus haploxylon, Taxus baccata, Picea, Abies, Alnus, Betula,* nur in der untersten Schicht auch *Tsuga canadensis* (3%), keine Spur von der Buche.

Nach der Vegetation und nach sonstigen stratigraphischen Verhältnissen ist dieses Profil einem schwächeren Interstadial der Riß-Vereisung zugeschrieben worden.

Bei der Ziegelei Bobovk, in der Nähe von Kranj sind schon 1953 durch den Bagger stark beschädigte Mammut-Knochen ausgegraben worden. Da das Gebiß einige primitivere Merkmale zeigt, dürfte das Mammut in der zweiten Hälfte der Riß-Vereisung gelebt haben (RAKOVEC 1954).

Pollenanalytische Untersuchungen des ganzen Profils ergaben eine einheitliche vollglaziale Vegetation: *Pinus, Betula, Artemisia, Selaginella selaginoides*. Das deutet auf eine sehr niedrige Baumgrenze hin.

Aus dem R/W Interglazial kennt man keine palynologisch untersuchten Profile. Nur aus den paläolithischen Kulturschichten (Mousterien) in Betalov spodmol sind Holz- und Holzkohlenstücke und Pollen von *Pinus, Picea, Tilia* und *Alnus* bekannt (S. BRODAR 1955).

Für die Vegetation des W I Stadials verfügt man über spärliche und unsichere Angaben von Holzkohlenresten aus den paläolithischen Kulturschichten aus den Karsthöhlen im Bereich von Postojna (S. BRODAR, OSOLE 1961).

Eine unsichere Stellung haben einige vollglaziale Profile aus der Umgebung von Ljubljana, jedoch gibt es Hinweise dafür, daß sie in den ersten Teil der Würm-Vereisung zu stellen sind. Die festgestellte Vegetation: *Pinus, Picea, Betula, Salix, Tilia, Gramineae, Compositae, Chenopodiaceae, Selaginella selaginoides.*

Seit dem Ende des W I Glazials bis zur Gegenwart kann man aber den fast ununterbrochenen Entwicklungsgang der Vegetation verfolgen, und zwar ausschließlich auf Grund eines Diagrammes der Tiefbohrung im Moor von Ljubljana (Fig. 3).

Die Bohrung ist im Jahre 1959 im westlichen Teile des Moores durchgeführt worden, in der Hoffnung, das ganze Pleistozän zu durchschneiden. In der Tiefe von 107 m wurde der Felsuntergrund erreicht. Die darauf-liegenden pollenfreien Sedimente – Schotter und Sande – weisen auf eine sehr rasche Sedimentation hin, wahrscheinlich im W I Stadial.

Von 80 m bis zur Oberfläche liegen aber meist pollenführende Schichten vor, und zwar: zwischen 80 und 50 m Seekreide, Gyttjen, Lehme und Sande, zwischen 50 und 10 m meist Sande und Lehme, nur von 44–43 m Gyttja, von 10 m bis zur Oberfläche Seekreide, teilweise mit Schlamm vermischt. Der Torf darüber ist schon seit der Römerzeit abgestochen oder vernichtet worden.

Das aus dem Diagramm ersichtliche Vegetationsbild umfaßt verschiedene Zeitperioden. Um deren Abwechselung deutlicher zu machen, ist an der rechten Seite des Diagramms die von GROSS (1958) vorgeschlagene Temperaturkurve eingetragen. Bemerkenswert ist die genaue Übereinstimmung des Diagramms und der Kurve.

So glaube ich, daß die einzelnen Abteilungen folgendermaßen in das pleistozäne System eingereiht werden können:

Abteilung		
A	10– 0 m	Holozän
B	18–10 m	Spätglazial
C	43–18 m	Stadial, W III
D	45–43 m	Paudorfer Interstadial, W II/W III
E	50–45 m	Stadial, W II
F	80–50 m	Göttweiger Interstadial, W I/W II
G	107–80 m	Stadial, W I

Das Ziel, die Sedimente des ganzen Quartärs zu umfassen, wurde daher nicht erreicht; hoffentlich wird man mit der zweiten Bohrung im östlichen Teile des Moores, auf einer anderen tektonischen Einheit, mehr Glück haben.

Aus der Abt. A (W I) liegen einige vereinzelte Spektren vor, mit nur *Pinus*- und *Picea*-Pollen.

Das Göttweiger Interstadial, Abt. B, ist schon vollentwickelt, obwohl das Diagramm übertriebene Schwankungen der *Pinus*-Kurve zeigt. Das ist nur teilweise den klimatischen Ursachen zuzuschreiben, mehr aber den für die Pollenerhaltung ungünstigen Sedimenten. Die übrigen Koniferen: *Picea, Abies, Larix* sind normal vertreten; *Alnus, Corylus, Tilia, Ulmus* und besonders *Fagus* sind im Vergleich zu den heutigen Verhältnissen, untervertreten. Dagegen weist aber die sehr üppige Verbreitung der Eiche und besonders noch der Weißbuche auf eine Gesellschaft ähnlich dem Querco–Carpinetum hin und nicht auf den sogenannten Eichen-Mischwald.

In der Abteilung C wird das vollkommene Verschwinden der mesophilen Vegetation bemerkt.

Für eine kurze Zeit sind in der Abt. D wieder die mesophilen Laubbäume aufgetreten, ein Beweis des zwar kurzen, aber sicher festgestellten Interstadials, das mit dem Paudorfer Interstadial verglichen werden kann.

Die Abt. D ist die Zeit eines erneuten Kältevorstoßes, und zwar des stärksten, wie das Diagramm und die Temperaturkurve klar beweisen. Neben ausschließlich kryophilen Elementen: *Pinus, Betula, Salix,* teilweise *Alnus* (*viridis*) sprechen auch *Selaginella selaginoides* und *Ephedra* dafür. Man bemerke die NAP-Werte, deren Kurve nie 50% der Gesamtpollensumme überschreitet. So kann man von einer Waldtundra, oder besser einer Art Taiga sprechen, für die gerade niedrigere NAP-Werte bezeichnend sind.

Die Abt. F dürfte das Spätglazial darstellen mit erheblichen Temperaturschwankungen, wie es das periodische Auftreten von wärmeliebenden Baumarten: *Corylus, Alnus, Ulmus, Quercus* und *Fagus*, übereinstimmend mit der Temperaturkurve zeigt.

Abteilung G stellt das Holozän dar, wofür die plötzliche Senkung der *Pinus*-Kurve, und ebenso der steile Anstieg der Buchen-Kurve sprechen, während sich die *Corylus*- und EMW-Kurven nur vorübergehend einschalten.

Die Übergangsperiode ist aus dem Diagramm von Bevke in Einzelheiten noch besser zu sehen.

Der holozäne Entwicklungsgang ab Präboreal bis zum Subboreal, d.h. bis zur Pfahlbautenzeit, ist in einem Diagramm aus dem östlichen Teil des Moores ersichtlich. Nur die Seekreide ist analysiert worden, weil der darüberliegende Torf, den Prof. Firbas als erster palynologisch untersucht hatte, schon zu stark zersetzt ist.

Aus den übrigen Teilen Jugoslawiens gibt es zwar keine publizierten pleistozänen, wohl aber zahlreiche holozäne Diagramme.

Černjavski hat viele Gebirgsseen in Serbien, Mazedonien, Crna gora und Bosnien palynologisch untersucht. Bei der Deutung der Diagramme ging er von der Voraussetzung aus, daß der Torf mit dem ausgehenden Pleistozän zu wachsen begann, und danach richtete er sich bei seiner Datierung der Profile, obwohl Stojanov und Georgijev den Torf vom Vitosa-Gebirge schon 1934 als subatlantisch bezeichneten.

In der letzten Zeit sind aber mehrere Diagramme erschienen, die sicher

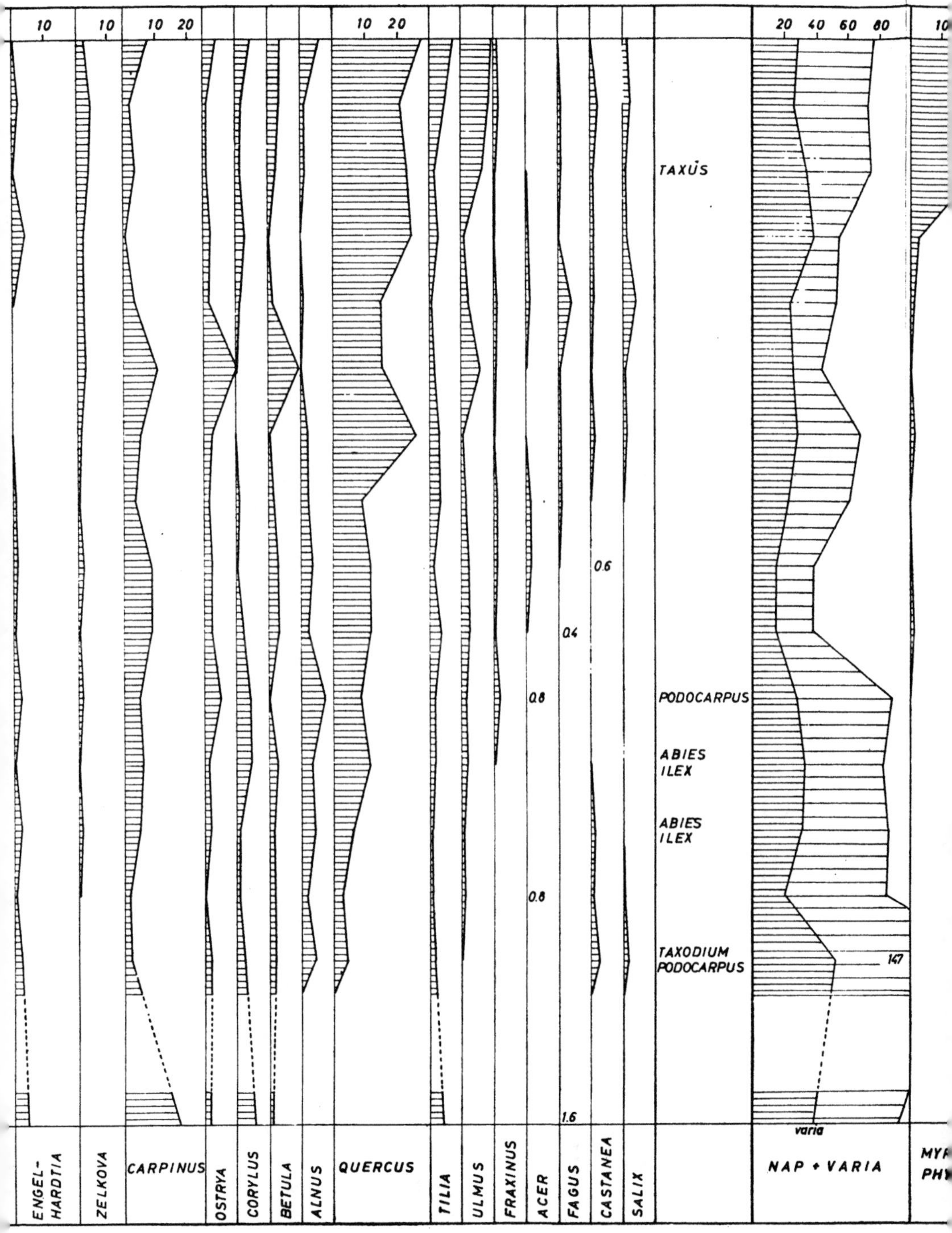

Fig. 2. A Pollen diagram of sediments from Zalog near Novo mesto.

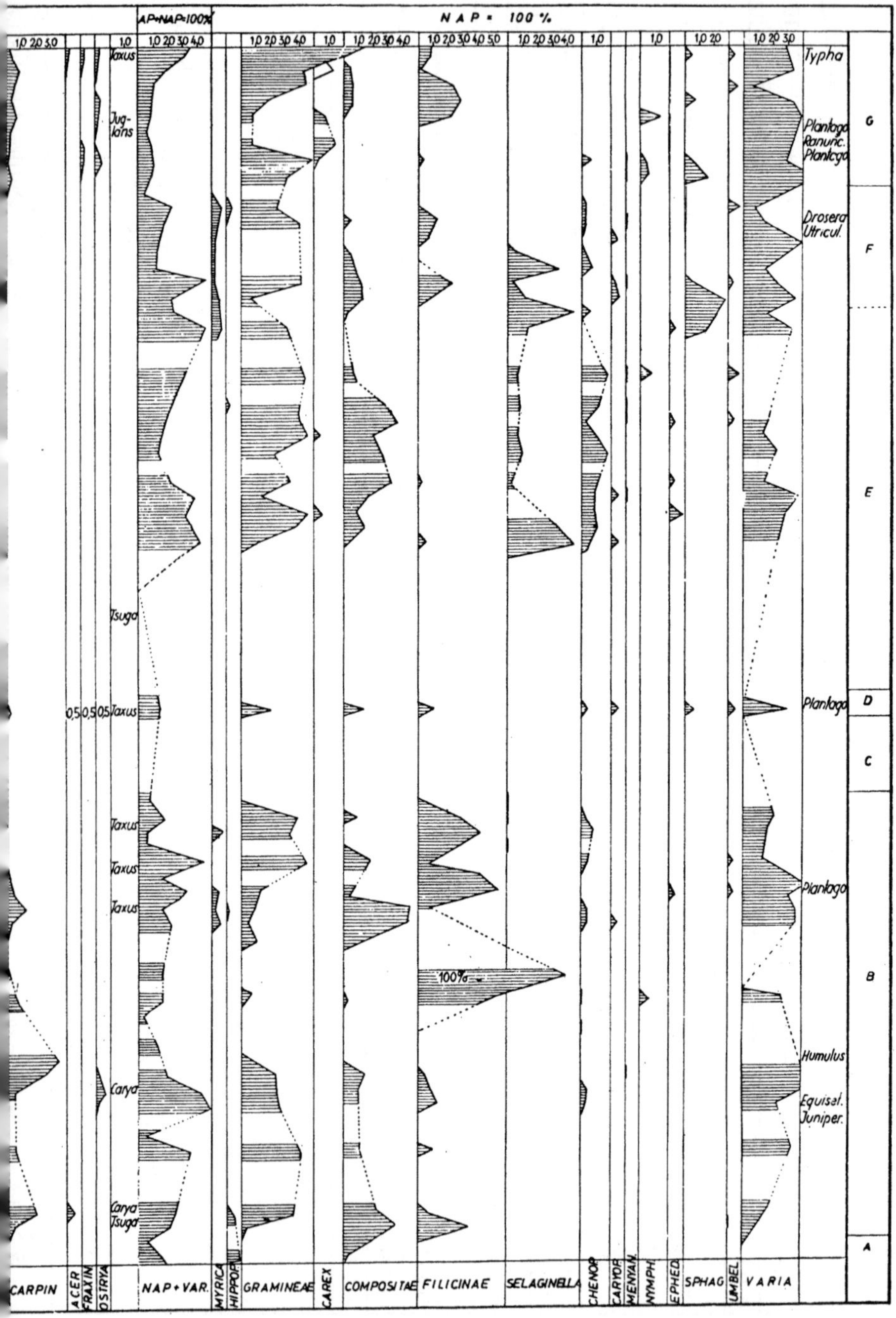

een Notranje gorice and Podpeč villages on Ljubljana Moor.

ins Spätglazial reichen. Es sind dies die Profile aus Klana in Kroatien (Gigov, Nikolić 1959) und sogar das mittels der Diatomeen-Analyse datierte Diagramm von Semetesko jezero auf Kopaonik-Gebirge (Gigov, Milovanović 1960).

Für den allergrößten Teil des jugoslawischen Berggebietes ist in der holozänen Vegetation die absolute Herrschaft der Buche seit dem Boreal das bezeichnendste Merkmal.

Die Pannonische Ebene ist aber nach Gigov mehr das Gebiet der EMW, wie dies Zolyomi (1953) für Ungarn und Lona (1957) für die Po-Ebene bewiesen haben.

So verfügt man heute für den Südost-Alpenraum über eine Reihe von Diagrammen, die uns ein zwar noch lückenhaftes Entwicklungsbild der Vegetation des ganzen Quartärs vermitteln.

SUMMARY

The Tertiary vegetation in Yugoslavia is known mostly through macrofossils; very little is known so far in palynology of Tertiary sediments.

As for the Quaternary much more has been done in palynology, but also macroscopic remains, especially charcoal from Paleolithic stations have been investigated.

The Lower Pleistocene vegetation was a Caryetum, associated with *Tsuga, Juglans, Pterocarya, Quercus, Carpinus* etc., that is proved by a pollen diagram from Zalog near Novo mesto in the valley of the river Krka (1). Compared to that of Leffe this profile can be correlated to G/M (Cromer) Interglacial. In the neighbourhood of Ilirska Bistrica near Triest a new profile with more ancient vegetation has been stated.

In the suburbs of Ljubljana a profile of a deep-boring has been palynologically investigated (2). *Tsuga* is the predominant tree (till 35% AP), meanwhile *Carya, Pterocarya, Juglans* and other „Tegelen elements" have been reduced under 5%. This profile has originally been correlated to Mindel-Interstadial, but more probably it should be ascribed to M/R-Interglacial. Near-by a clay-pit is open in which bones of *Libralces* aff. *gallicus* have been found. The vegetation stated therein is a cryophilic one.

In the layers of Riss-Interstadial at Lokarji near Kranj a poor vegetation was discovered: *Picea, Pinus, Abies, Tsuga* and *Taxus*. At Bobovk near Kranj a Late-Riss profile with Mammoth bones contains an exclusively kryophilic vegetation.

In the Moustérien strata of some Paleolithic stations in Postojna basin, of the R/W Interglacial to Würm age charred wood and charcoal have been found of as well as thermophilic and kryophilic trees.

A deep-boring in Ljubljana Moor reaching back to Göttweig Interstadial sensu Soergel and Gross, but now considered as Interglacial R/W. The most interesting feature of the vegetation is joining of beech to Querco–Carpinetum; later on in one of Würm interstadials *Fagus* entered definitely in the composition of our vegetation, but it took its predominance only at the beginning of Holocene.

There exist several holocenic pollen diagrams from all the territory of

Yugoslavia (BUDNAR-TREGUBOV, ČERNJAVSKI, GIGOV, NIKOLIĆ, ŠERCELJ and some others).

Two main features of holocenic development of vegetation can be distinguished: In the mountainous centre of Yugoslavia *Fagus* prevailed since the beginning of the Holocene. In the Panonian basin Querco-Carpinetum or QM was prevailing until Subboreal and only then *Fagus* got some importance.

LITERATUR

BRODAR, S.: Ein Beitrag zum Karstpaläolithikum im Nordwesten Jugoslawiens. – Actes IVme Congr. Intern. Quaternaire. Rome-Pise 1955.

ČERNJAVSKI, P.: Pollenanalytische Untersuchungen der Gebirgsseen in Jugoslawien. – Verh. Intern. Verein. theor. angew. Limnologie Beograd. 1935.

DROBNE, F., PAVLOVEC, R., ŠERCELJ, A.: Nekaj analiz ter problematika pleistocenskih sedimentov v Lokarjih pri Vodicah. (Some Analyses and Problems of Pleistocene Sediments at Lokarji near Vodice). – Kamniški zbornik **6**. Ljubljana 1960.

FIRBAS, F.: Pollenanalytische Untersuchungen einiger Moore der Ostalpen. – Lotos **71**. Prag 1923.

GIGOV, A., NIKOLIĆ, V.: Rezultati analize polena na nekim tresavama u Hrvatskoj. (Analyse pollinique de quelques tourbières en Croatie). – Glasnik Prir. muzeja srp. zemlje, ser. B. Beograd 1960.

—, MILOVANOVIĆ, D.: Paleobotanička mikroanaliza sedimenata Semeteškog jezera na Kopaoniku. (Paläobotanische Mikroanalyse der Sedimente des Semeteško jezero (See) auf Kopaonik). – Zbornik radova biol. inst. N. R. Srbije **3**. Beograd 1960.

GROSS, H.: Die bisherigen Ergebnisse von C_{14}-Messungen und paläontologischen Untersuchungen für die Gliederung und Chronologie des Jungpleistozäns in Mitteleuropa und Nachbargebieten. – Eiszeitalter und Gegenwart **9**. Oehringen 1958.

HORVAT, I.: Die Pflanzenwelt Südosteuropas als Ausdruck der erd- und vegetationsgeschichtlichen Vorgänge. – Acta Soc. Botan. Poloniae **28**. Warszawa 1959.

LONA, F.: I depositi lacustri Euganei: Archivio paleontologico del Tardo glaciale e del Periodo postglaciale. – Memorie Biogeogr. Adr. **5**. Venezia 1957.

— e FOLLIERI, M.: Successione pollinicia della serie superiore (Günz-Mindel) di Leffe (Bergamo). – Veröff. geobot. Inst. Rübel. Zürich **34**. Bern 1959.

RAKOVEC, I.: Libralces aff. gallicus Azzarolli z Viškega Brda pri Ljubljani. (Libralces aff. gallicus from Viško Brdo near Ljubljana).– Razprave IV razr. Sloven. Akad. znan. umetn. **2**. Ljubljana 1954.

— O fosilinih slonih iz Slovenije. (On fossil Elephants's Remains in Slovenia). – Razprave IV razr. Sloven. Akad. znan. umetn. **2**. Ljubljana 1954.

ŠERCELJ, A.: Prispevek k zgodovini naših gozdov. Ein Beitrag zur Geschichte der slowenischen Wälder. – Gozdarski vestnik **17**. Ljubljana 1959.

— Staropelistocenska vegetacija v Zalogu pri Novem mestu. The Lower Pleistocene Vegetation from Zalog near Novo mesto. – Razprave IV razr. Slov. akad. znan. umetn., **6**. Ljubljana 1961.

— Die Entwicklung der Waldvegetation in Slowenien seit dem letzten Glazial. – (Manuskript) 1961.

ZOLYOMI, B.: Die Entwicklungsgeschichte der Vegetation Ungarns seit dem letzten Interglazial. – Acta biol. Acad. Scientiarum Ung. **4**: 267–430 Budapest 1953.

J. S. ZONNEVELD:

Welche Bäume drängten *Pinus* während der Alleröd- und Bölling-Periode zurück?

A. ŠERCELJ:

In diesen Zeiten sind *Alnus, Corylus, Ulmus, Quercus* und sogar *Fagus* aufgetreten.

ZUR PFLANZENSOZIOLOGISCHEN BEWERTUNG IRISCHER NACHEISZEITLICHER POLLENDIAGRAMME

von

J. J. Moore S.J., Dublin

I. DIE ZWEI KLIMAXWÄLDER IRLANDS UND IHRE VORLÄUFER

Der Monoklimax-Begriff („Climatic Climax") von Clements (1916) hat die englisch sprechenden Pflanzenkundler stark beeinflußt. Das Bild einer fast gleichmäßigen Vegetationsdecke, deren Züge nur vom Klima abhängen, ist so klar und faszinierend, daß nicht nur Botaniker, sondern auch Fachmänner aus benachbarten Gebieten, in seinem Banne stehen.

Der bedeutendeste Bearbeiter der irischen Flora, Praeger (1934), war der Meinung, *Quercus*-Wälder wären der dominierende Pflanzenteppich der Insel, wenn nur der Einfluß der Menschen aufgehoben würde. Jessen (1949), der die bahnbrechende Arbeit über die irische Flora- und Vegetationsgeschichte geleistet hat, nahm die Meinung der einheimischen Botaniker an. In der Deutung seiner Pollendiagramme hat er den schon üblichen Begriff vom Eichenmischwald, welcher der Auffassung Praegers nahe war, benützt.

Dieser Begriff eines einheitlichen Klimax-Waldes, von Clements gleich auf welchem Boden-Ausgangsmaterial, kann in einer jungen Landschaft, wie Irland, irreführend sein. In Irland sind zwei völlig verschiedene Boden-Gruppen zu finden, mit zwei entsprechenden Vegetationstypen – einer auf karbonatreichen, der andere auf basenarmen Böden. Während der letzten Vereisung hat das Eisfeld, das nicht ganz bis zu der Südküste reichte, eine mächtige Decke von kalkreichem Geröll, Sand und Ton über die irische Zentralebene ausgebreitet. In der Nähe der Gebirge aber, besonders in West-Irland und in Wicklow, findet man ein sehr armes Ausgangsmaterial, meistens Granit.

Diese zwei Waldtypen, die diesen zwei edaphischen Komplexen entsprechen, sind schon von Webb (1947) zum Teil anerkannt worden. Braun-Blanquet und Tüxen (1952) haben sie aber zum ersten Mal klar und deutlich geschildert: sie beschrieben ein Blechno–Quercetum (aus den Quercetea robori–petraeae) auf ärmeren Böden und ein Corylo–Fraxinetum (aus den Fagetalia) auf reicheren Böden.

Mitchell (1951) war der erste Pollenanalytiker, der einen Unterschied zwischen den Pollenkurven aus den kalkreichen Gebieten und aus den ärmeren bemerkte. In den späteren Zonen waren die *Ulmus*-Kurven verschieden, aber Mitchell hat diese Tatsache nur als Zonierungshilfe benützt. In seiner Arbeit von 1956, wo zum ersten Mal Kurven für *Fraxinus* erschienen, hat er nochmals den Unterschied betont.

Tabelle I

Reihe der aufeinander folgenden Vegetationstypen auf den reicheren und ärmeren Böden Irlands seit der letzten Vereisung. Diese Schema ist eine vorläufige Deutung der bis jetzt erschienenen Diagramme.

Zone	Basenreiche Böden	Basenarme, sauere Böden	C^{14}
X	*Fagus, Pinus, Picea, Abies* spp., u.s.w. (angepflanzt)		
IX	SYSTEMATISCHER ACKERBAU		1,000 A.D.
	Fraxinus und *Ulmus* ↖	↗ *Quercus*	0
	5-mal Regeneration		
	Corylus-Gebüsche ↖	↗ *Betula*-Pionierstadium	1,000
VIII	5-mal durch Rodung degradiert		
	HOCHWALD		2,000
	Neolithischer Ackerbau		
			3,000
	GESCHLOSSENER HOCHWALD		
			4,000
VII	*Ulmus, Quercus* (*Betula*)	*Quercus* (*Pinus sylvestris*)	
			5,000
	Pinus an den Rändern der Moore		
VI	*Corylus* sehr häufig mit *Ulmus*	*Pinus-Quercus-Wald*	6,000
		Pinus-Betula-Quercus-Wald	7,000
V	*Corylus* häufig Geschlossene Wälder	*Betula-Pinus*	
IV	*Betula*-Wälder (± offen)	*Betula-Pinus*-Wälder (± offen)	8,000
III	Tundra: „Blumen-Oasen"	*Empetrum-Rhacomitrium*-Heide	
II	„PARK TUNDRA" *Betula*-Gebüsche, *B. nana* *Gramineæ, Juniperus*	HEIDE *Empetrum-Rhacomitrium* Einige *Betula*-Gebüsche	9,000
I	OFFENE TUNDRA *Gramineæ, Cyperaceae, Salix herbacea*	OFFENE TUNDRA *Empetrum, Rhacomitrium, Carex*	

Dieser Unterschied ist wohl auch in allen Zonen zu erkennen. Um ein Bild der Reihe von aufeinander folgenden Vegetationstypen in Irland zu gewinnen, sollte man sich nach den folgenden Prinzipien richten:

1 . Die dazu benützten Diagramme müssen aus der Mitte eines oder des anderen Gebiets stammen. Sonst würde die Vermischung der Pollenarten zu groß.

1a. Es wäre also gut einige Profile zu beschreiben nur um die soziologischen und ökologischen Verhältnisse zu erklären. Sehr viele der irischen Diagramme sind nur wegen eines prähistorischen Fundes gemacht; meistens liegen sie am Rand eines Hochmoores, wo der Einfluß von Lagg- und Randbäumen wie *Alnus, Betula* und *Pinus*, groß ist.

2 . In den späteren Zonen sollte man an die Auswaschung, und wegen der hohen Niederschläge an eine eventuelle Podsolierung denken. In einem Diagramme von SMITH (1961) ist wohl eine solche Auswaschungs- oder Versauerungserscheinung zu erkennen (Diagramm II, B, 370–335 cm).

Tab. I schildert eine vorläufige, nach diesen Prinzipien vorgenommene Deutung der schon veröffentlichten irischen Diagramme. Die Unterschiede sind in der Späteiszeit am klarsten: *Empetrum*-Heide auf ärmeren Böden, Tundra mit viel Gras, *Salix herbacea* und *Betula nana* auf den reicheren Böden. JESSEN (1949) hat das häufige Vorkommen von *Empetrum* in den westlichen Diagrammen als von ozeanischen Einflüßen abhängig gedeutet. Wegen seines Vorkommens auch in Nord-Irland (SMITH 1961), weit von der Westküste entfernt, sollte man auch Bodeneigenschaften als ursächlichen Faktor mitberücksichtigen.

II. DER STAND DES CORYLO–FRAXINETUM BR.-BL. ET TX. 1952 IN IRLAND

Wie TRAUTMANN (1957) für das Eggegebirge und CONWAY (1954) für the Pennines schon zeigten, ist der spätere Teil der Diagramme für die Bestimmung des Standes der heutigen potentiellen natürlichen Vegetation sehr aufschlußreich. Die schon veröffentlichten irischen Diagramme können auch dem Pflanzensoziologen wichtige Winke geben.

Eine verbreitete Auffassung der Eschen-Wälder der britischen Insel, die meist auf englischen Ergebnissen beruhen, läßt sich in vier Punkten zusammenfassen:

1. Die Esche ist lichtliebend.
2. Sie wird also von der Rodung begünstigt.
3. Eschenwälder sind deshalb Pionier-Gesellschaften, die durch eine Quercetum–Phase (wohl roboris) zum Fagetum leiten (GODWIN 1956). TANSLEY (1949) behauptet sogar, daß das Fraxinetum in der selben Beziehung zum Fagetum stehe wie das Betuletum zum Quercetum.
4. Nur auf flachgründigen Kalkböden bildet das Fraxinetum einen Klimax-Wald.

Aus rein soziologischen und ökologischen Gründen sind solche Behauptungen für Irland fraglich; aus pollenanalytischen Gründen sind sie noch fraglicher.

Die zwei Klimax-Waldgesellschaften Irlands lassen sich von Seiten der windbestäubten Pflanzen allein deutlich unterscheiden. Tab. II ist eine

Teiltabelle der zwei Klimax-Wälder, in der nur die Pflanzen, deren Pollen bzw. Sporen gezählt wurden, eingetragen sind. Sie zeigt, welche Arten der

Tabelle II

Arten der zwei heutigen Haupt-Waldassoziationen Irlands, deren Kurven in den Pollendiagrammen erscheinen. (Die römischen Zahlen geben die Stetigkeitsklassen – V-I = je 20% – an; arabische Zahlen = Zahl der Aufnahmen, in den eine Art vorkommt).

	Corylo-Fraxinetum	*Blechno-Quercetum*
Zahl der Aufnahmen	17	20
Bäume und Sträucher:		
Fraxinus excelsior	V 1 — 5	.
Corylus avellana	IV 1 — 5	I + — 2
Ulmus glabra (scabra)	II + — 1	.
(Quercus robur?)	II + — 3	.
Quercus petraea	(1) ?	V 2 — 5
Betula pubescens	1 3	III 1 — 3
Ilex aquifolium	III + — 2	V 2 — 5
Hedera helix	IV 1 — 4	IV + — 2
Andere:		
Dryopteris filix-mas	V + — 1	I + — 1
Pteridium aquilinum	1 3	III + — 1

Pollendiagramme in der Beurteilung der Klimaxwälder maßgebend sind. Für das Corylo-Fraxinetum sind *Fraxinus excelsior* und *Ulmus glabra* (wohl die einzige einheimische *Ulmus*-Art) gute Kennarten. Die

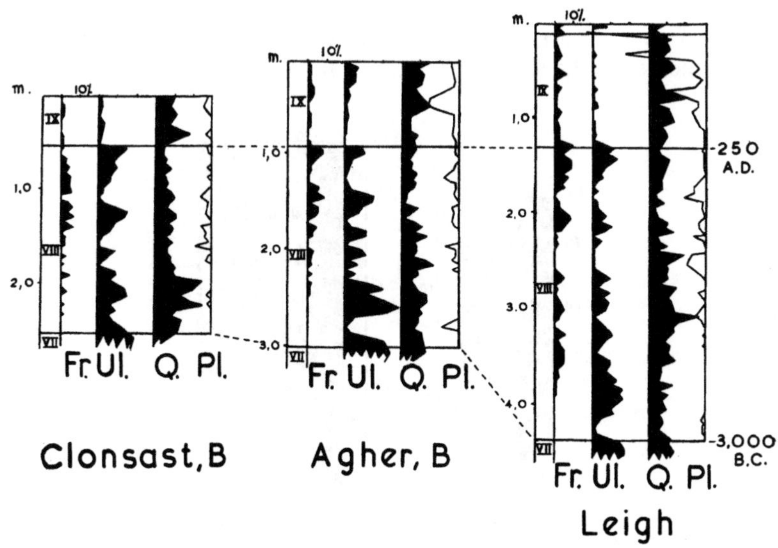

Abb. 1. Späterer Teil der Kurven für *Fraxinus* (Fr.), *Ulmus* (Ul.), *Quercus* (Q.) und *Plantago lanceolata* (Pl.). Die drei Orte liegen im kalkreichen Gebiet der Zentralebene Irlands. (Kurven und Zonierung aus Mitchell 1956; Datierung nach Watts 1961. Alle Werte als % der A. P., einschließlich *Corylus*, die in den Zonen VIII und IX Werte von 40% bis 80% hat).

Lage von *Quercus* ist noch nicht sicher: *Q. robur* kommt sicher in einer Subassoziation des Corylo–Fraxinetum vor. Ob es ein natürliches Vorkommen ist, wissen wir noch nicht: denn *Q. robur* wurde im 18. und im 19. Jahrhundert massenhaft angepflanzt, und es wird behauptet, die Art sei nicht einheimisch (TANSLEY 1949). Ihr Pollen ist bis jetzt von dem der *Q. petraea* nicht mit Sicherheit unterscheidbar.

Abb. 1 zeigt den jüngeren Teil von drei Diagrammen aus der Zentralebene Irlands, wo die heutige potentielle natürliche Vegetation des trockenen Bodens das Corylo–Fraxinetum ist. Nur die zwei Kennarten, *Fraxinus* und *Ulmus* und dazu *Quercus* und *Plantago lanceolata* sind abgebildet. Die Waldgeschichte seit dem Ende des Atlantikum kommt klar heraus: *Ulmus* fällt plötzlich um 3000 vor Christus, wie überall in Nord-Europa, steigt aber gleich, oft zu noch höheren Werten wieder an. Fast gleichzeitig beginnt die *Fraxinus*-Kurve. Dieser Punkt entspricht der massenhaften Ausbreitung der Buche in NW-Deutschland. In Zone VIII treten vier Rodungsphasen auf, wo *Ulmus* und *Fraxinus* gleich abfallen, wo aber die Eiche oft anscheinend steigt. Um etwa 300 vor Christus kommen die Eschen-Ulmenwälder zum letzten Mal zur Herrschaft. Schließlich, in Zone IX von MITCHELL, seiner sogenannten Christlichen Zone, geht die Waldvernichtung flächenhaft vor sich.

Folgende Schlüße lassen sich aus diesen Kurven ziehen:

1. Die Pollenwerte für *Fraxinus* (bis 40% der Baumpollen, *Corylus* nicht mitgerechnet) und *Ulmus* (bis 55%) sind im späteren Teil der irischen Diagramme besonders hoch. So hohe Werte sind anderswo wohl nicht zu finden. Wenn man an die niedrige Pollenerzeugung der Esche denkt, dann ist es klar, daß es sich hier um einen echten Eschen-Ulmenwald handelt, der für eine ziemlich lange Zeit, trotz der Rodung, sich erhalten hat.
2. Der Wiederaufstieg der beiden Kurven nach der Rodung deutet im allgemeinen nicht auf die Pionier-Rolle der Esche. In Gegenden des

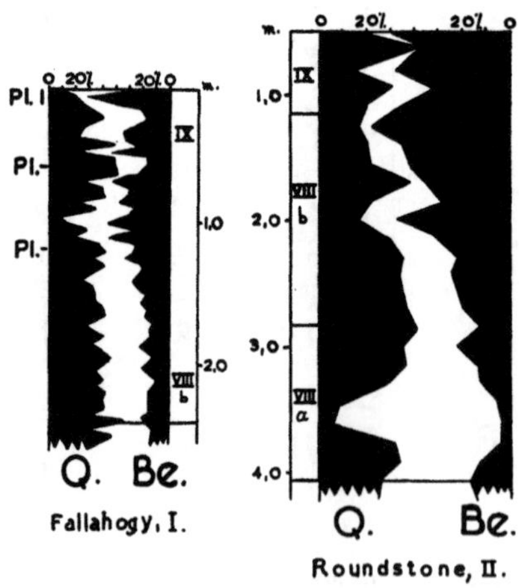

Abb. 2 Späterer Teil der Kurven für *Quercus* (Q.) und *Betula* (Be.) gegeneinander gestellt. Fallahogy (aus SMITH 1958) liegt in Nord-Irland, Roundstone (aus JESSEN 1949) auf Granit in West-Irland, die beiden von kalkreichen Gebieten weit entfernt.

Blechno-Quercetum dagegen, deuten die Diagramme auf die Pionier-Rolle der Birke nach der Rodung der Eiche hin. Wenn man die *Quercus*-Kurve und die *Betula*-Kurve gegenüberstellt, passen sie fast zu einander wie Schloß und Riegel. Abb. 2 zeigt zwei solche Beispiele aus SMITH (1958) und JESSEN (1949) zusammengestellt.

3. Wie MORRISON (1959) bemerkte, haben die neolithischen und Bronzezeit-Menschen wahrscheinlich Eschen-Ulmen-Wald-Gebiete für das Kultivieren ausgesucht – sie hatten wohl den ökologischen Instinkt aller mit der Erde eng verbundenen Menschen.

Zusammenfassend könnte man sagen: irische Eschenwälder sind keine Pionier-Gesellschaften, sondern echte lokale vikariierende Klimax-Wälder, die an Stelle der Buchenwälder der Fagetalia in Irland vorkommen. Die Esche ist also kein besonders lichtliebender Baum, wie auch WARDLE (1961) zeigte. Sie wird als Keimling von *Mercurialis perennis* gehemmt, aber diese Art kommt in Irland nur sehr selten vor.

SUMMARY

The pollen diagrams of districts lying in the Central Plain of Ireland, where calcium-rich glacial till abounds, differ markedly from those of districts of low base status. The present-day climax vegetation of the former would, in the absence of agricultural activity, be probably an ash wood as described by BRAUN-BLANQUET and TÜXEN (1952) (Corylo-Fraxinetum); of the latter, their Blechno-Quercetum.

Table I is a provisional broad outline of the vegetational history of these two regions, based on published diagrams.

On the basis of the curves for *Fraxinus* and *Ulmus* (faithful species of the Corylo-Fraxinetum, cf. Table II) in MITCHELL's (1956) diagrams from the Irish Central Plain (Fig. 1) an attempt is made to assess the status of the Irish ash wood, stands of which are today so rare. The Irish diagrams contain no conclusive evidence that *Fraxinus* is seral to Oak, even on deeper soils, as GODWIN (1956) and TANSLEY (1949) assert of some English ash woods. However, in regions where the Blechno-Quercetum is the climax, the diagrams give clear evidence of the pioneer rôle of *Betula* in relation to *Quercus* (Fig. 2).

LITERATUR

BRAUN-BLANQUET, J. & TÜXEN, R.: Irische Pflanzengesellschaften. – Veröff. geobot. Inst. Rübel **25**: 224–415. Bern 1952.

CLEMENTS, F. E.: Plant succession: an analysis of the development of vegetation.- Carnegie Inst. Washington **242**. 1916.

CONWAY, VERONA: Stratigraphy and pollen analysis of southern Pennine blanket peats. – J. Ecol. **42**: 117–147. 1954.

GODWIN, H.: The history of the British flora. – Cambridge. 1956.

JESSEN, K.: Studies in late-quaternary deposits and flora-history of Ireland. – Proc. Roy. Irish Acad., **52** B: 85–290. 1949.

MITCHELL, G. F.: Studies in Irish quaternary deposits: **7**. – Proc. Roy. Irish Acad. **53** B: 111–206. 1951.

MITCHELL, G. F.: Post-boreal pollen diagrams from Irish raised bogs. – Proc. Roy. Irish Acad. **57** B: 185–251. 1956.

Morrison, M. E. S.: Evidence and interpretation of „landnam" in the north-east of Ireland. – Bot. Notiser **112**: 185–204. 1959.
Praeger, R. Ll.: The botanist in Ireland. – Dublin 1934.
Smith, A. G.: Pollen analytical investigations of the mire at Fallahogy Td., Co. Derry. – Proc. Roy. Irish Acad. **59** B: 329–343. 1958.
Smith, A. G.: Cannons Lough, Kilrea, Co. Derry: stratigraphy and pollen analysis. – Proc. Roy. Irish Acad. **61** B: 369–383. 1961.
Tansley, A. G.: The British Islands and their vegetation. – Cambridge 1949.
Trautmann, W.: Natürliche Waldgesellschaften und nacheiszeitliche Waldgeschichte des Eggegebirges. – Mitt. Flor.-soz. ArbGemeinsch. N. F. **6/7**: 276–296. Stolzenau/Weser 1957.
Wardle, P.: Biological flora of the British Isles: Fraxinus excelsior L. – J. Ecol. **49**: 739–751. 1961.
Watts, W. A.: Post-atlantic forests in Ireland. – Proc. Linn. Soc. London **172**: 33–38. 1961.
Webb, D. A.: The vegetation of Carrowkeel, a limestone hill in north-west Ireland. – J. Ecol. **35**: 105–129. 1947.

E. Hübl:

Wie weit kommt in Irland auf trockenen Böden die Esche vor? Bei uns im südost-mitteleuropäischen Raum hat sie ein sozusagen ökologisch zweigeteiltes Areal, einerseits in der Aue, andererseits auf trockenen, vor allem auf Kalkböden, oft zusammen mit der Flaum-Eiche, so besonders in Ungarn.

R. v. Soó:

In ganz Südost-Europa, auch in Ungarn und sogar in Nieder-Österreich ist die Wasser-Esche artlich von der Kalk-Esche unterschieden. Die Wasser-Esche ist nämlich *Fraxinus angustifolia* Vahl. Das haben zuerst die Jugoslaven (Fukarek) festgestellt. Im Karpaten-Raum, in der Tschecho-Slowakei, in Ungarn und sogar an der Donau hinauf bis Ober-Österreich wächst *Fraxinus angustifolia*, ssp. *pannonica* Soó et Simon. Diese früher für Ökotypen gehaltenen Formen der Wasser-Esche und Kalk-Esche kann man sehr gut als Arten von einander unterscheiden. Sie haben z.B. einen ganz anderen Blütenstand. Es wäre jetzt gut, nachzuforschen, wie weit diese Arten noch in Süd-Bayern auftreten. Ich glaube, daß dort ebenfalls die beiden Arten vorkommen. Nur ganz anders wäre es jetzt in Nord-Europa. Es wäre auch hier gut, nachzuprüfen, wie die Eschen in den Auenwäldern und an trockenen Standorten, ganz besonders auf Kalkböden, sich verhalten.

H. Zoller:

Die Frage nach einer Trockenheit ertragenden Eschen-Rasse stellt sich auch im Schwäbischen und Schweizerischen Jura, wo man Gruppen von *Fraxinus* nicht selten im Bereich des Quercion pubescentis-petraeae an steilen, südexponierten Kalkhängen eingestreut findet. Systematisch ist aber die Wertigkeit dieser Populationen im Raum der Mittelgebirge erst noch genauer abzuklären. In den jurassischen Eichen-Buschwäldern wurde nach dem trockenen Sommer von 1947 und 1949 mehrfach beobachtet, daß an solchen Standorten *Fraxinus excelsior* durch die Dürre viel weniger geschädigt worden ist, als selbst die Flaumeiche (vgl. auch Lüdi und Zoller 1949). Ob es sich dabei um einen besonderen, gegen Trockenheit resistenten Ökotyp von *Fraxinus excelsior* handelt, oder ob diese vielfach erwähnten Vorkommen der sogenannten „Kalkesche" doch unter dem Einfluß von lokalen Grundwasserströmen stehen, bleibt noch näher zu untersuchen.

W. LÜDI:

Ich habe am Bieler See beobachtet, wie im sehr trockenen Sommer, wo *Abies* und alle möglichen Bäume eingingen und selbst *Pinus*-Arten sehr litten, in Felsspalten, wo in der Tiefe wohl bessere Wasserversorgung stattfand, Eschen sehr gut gediehen, die keine Schäden zeigten.

E. HÜBL:

In Ergänzung der Bemerkungen von Prof. v. Soó darf ich feststellen, daß im Bereich der österreichischen Donau *Fraxinus angustifolia* wohl vorkommt, *Fraxinus excelsior* aber überwiegt, mit Ausnahme des Tales der March, die ein ausgeprägter Tiefland-Fluß ist. *Fraxinus angustifolia* wäre demnach in Österreich als Stromtal-Pflanze zu betrachten, die an den stärker alpin beeinflußten Gewässern zurücktritt. Ich glaube, ich darf das behaupten, da ich einer der Ersten bin, der *Fraxinus angustifolia* in Nieder-Österreich gefunden haben und sie einigermaßen zu kennen glaube.

R. TÜXEN:

Als wir vor 35 Jahren hier in Niedersachsen mit der Untersuchung der Wälder begannen, standen auch wir ganz und gar unter dem Einfluß der Auffassung der Mono-Klimax von CLEMENTS. Wir wurden belehrt, daß in Niedersachsen alles Buchen-Klimax sei. Die Eindrücke, die wir von Jahr zu Jahr stärker gewannen – Freund DIEMONT aus Holland war wesentlich daran beteiligt – gingen aber in der Richtung, daß eben die Buche nur auf reicheren Böden oder im Gebirge die Klimax-Vegetation beherrscht, während auf den reicheren Tiefland-Böden oder im Hügelland das Querco–Carpinetum, und auf ganz armen Quarzsand-Böden die Birke und die Eiche, das Querco–Betuletum als Klimax-Vegetation erkannt wurden. Wir haben diese Gruppe der verschiedenen Ausgangsgesteine, die hier jedes für sich eine besondere Boden- und damit parallel gehend eine eigene Vegetationsentwicklung bedingen und durchlaufen, damals als Klimax-Gruppe bezeichnet.

Es erfüllt mich mit Genugtuung und Freude zu sehen, wie sich die Klimax-Gruppe, also die ärmste Vegetation, das Blechno–Quercetum, und als reichste Vegetation das Corylo–Fraxinetum, auch in Irland sehr deutlich durch die geistreichen pollenanalytischen Auswertungen, die uns Pater MOORE gezeigt hat, bewährt. Hier liegen also zwei verschiedene Klimax-Gesellschaften vor, die nicht ineinander übergehen können, was wir bei uns zuerst geglaubt haben, als wir noch annahmen, es gäbe nur eine Klimax. Bei uns haben ja die Pollenanalytiker durch die Untersuchung kleinster Moore dasselbe gefunden.

A. APINIS:

Die klare Auslegung der pollenanalytischen Ergebnisse in beiden Wald-Klimaxgebieten Irlands (BRAUN-BLANQUET et TÜXEN 1949) sowie die anschließende Diskussion über die Verbreitung der Esche in Europa veranlaßt mich zu einer Bermerkung über die Ökologie dieses Waldbaumes.

Im östlichen Nordeuropa ist die Esche meistens an feuchte, eutrophe Böden gebunden, die einen höheren beweglichen Grundwasserstand aufweisen. In Westeuropa, z.B. in England (TANSLEY 1939) hat die Esche einen sehr weiten Vergesellschaftungs-Bereich und kommt auch auf schweren trockenen Böden vor. Es scheint, daß in diesen Gebieten Englands die Boden-Feuchtigkeit durch einen höheren Luft-Feuchtigkeitsgrad ersetzt wird, der eine erweiterte edaphische Amplitude der Esche ermöglicht, weil die ökotypische Zusammensetzung der Art ziemlich einheitlich ist.

J. J. MOORE:

Die Esche kommt bei uns, glaube ich, nur auf trockenen Böden vor. Die Sumpf-Esche ist nicht zu finden. In den Sümpfen und in den Auenwäldern herrscht *Alnus* mit etwas *Salix*. Die Esche dominiert oft auf schroffen kalkreichen Hängen, wo sie immer noch sehr hoch und schön erhalten ist. Ich habe bemerkt, daß hier in Deutschland die Esche etwas anders aussieht als in Irland. Die Blätter sind nicht wie bei uns.

SUZUKI-TOKIO:

Wir haben mehrere Arten von *Fraxinus* in Japan, drei von ihnen sind wichtig. Die erste, *Yati-damo* ist auf Hokkaido beschränkt und meist mit einem Farn, *Matteuccia*, verbunden. Die zweite, *Fraxinus commemoralis* wächst mit *Chrysosplenium alternifolium* und *Climacium* in erodierten Talsohlen, die im Frühling mit Schneewasser überschwemmt werden. Diese beiden sind an hohes Grundwasser gebunden. Die letzte Art, *Fraxinus sieboldiana*, wächst auf trockenen Böden und ist gesellschaftsvag. Sie ist stets vorhanden im Kiefernwald oder im Buchenwald. Keinesfalls ist *Fraxinus* in Japan kalkstet.

R. TÜXEN:

Herr LANG sagte gestern, daß man doch nicht recht über die Vergangenheit der Pflanzengesellschaften urteilen könne, weil früher die Konkurrenz ganz anders gewesen sei, und wir gar nichts darüber wissen können, wie sich damals die Gesellschaften ausgebildet haben. Wenn nur wenig Holzarten vorkommen, wie in Irland oder bei uns, so können auch in früheren Zeiten mit diesen wenigen Holzarten die Waldgesellschaften nicht gar so wesentlich von den heutigen unterschieden gewesen sein. Wenn eine Holzart neu einwandert in ein Gebiet, so wird sie, wenn sie eine aggressive und sehr konkurrenzfähige Art ist, auch allerlei Veränderungen machen. Wenn sie aber eine milde Art ist, die den anderen nichts tut, so wird sie die Pflanzengesellschaften, in die sie eindringen kann, kaum oder nicht verändern. Wir müssen den Konkurrenz-Faktor sehr stark nach der dynamo-genetischen Kraft der einzelnen Arten abstufen und dürfen nur von einigen Arten hohe Konkurrenzkraft und damit starke Veränderungen in der Zusammensetzung der von ihnen eroberten Vegetation annehmen. Da wir aber die Ökologie der einzelnen Arten kennen, da wir auch die relative Konkurrenzkraft zu kennen glauben, so können wir in großen Zügen ihr soziologisches Verhalten beurteilen und eine ungefähre Vorstellung von Pflanzengesellschaften in früheren Zeiten gewinnen, wie wir das eben in dem Referat von Pater MOORE gesehen haben.

G. LANG:

Selbstverständlich sind Verallgemeinerungen gefährlich, so wollte ich meinen Vortrag eigentlich nicht verstanden wissen. Ich bezweifele z.B. nicht, daß es heute noch manche Pflanzengesellschaften gibt, die auch früher schon in dieser Zusammensetzung existiert haben. Im vorliegenden Fall handelt es sich aber um Waldgesellschaften: Bei den Pollenanalysen sind im wesentlichen vor allem die Holzarten erfaßt, die soziologische Gliederung, die Assoziationen, Verbände, Ordnungen etc. gründen sich aber nicht nur auf die Holzarten, sondern ebenso auch auf die krautige Bodenflora. Pollenanalytisch wissen wir über diese aber bisher nur wenig. Ich glaube nicht, daß wir etwa aus dem Buchenvorkommen im Göttweig-Interstadial und im Früh-Holozän in Jugoslavien (ŠERCELJ) auch auf das Vorkommen des Fagion schließen dürfen.

INTERGLAZIALE PFLANZENSUKZESSIONEN AUS DÄNEMARK UND IHR VERHÄLTNIS ZU UMWELTFAKTOREN

von

SVEND TH. ANDERSEN, Charlottenlund

Ich danke für die Gelegenheit bei diesem Symposium über Pflanzensoziologie und Pollenanalyse über Probleme der interglazialen Pflanzensukzessionen reden zu können, und ich hoffe, daß auch die interglazialen Vegetationsverhältnisse und ihre Probleme von Interesse sein werden. Die großzügigen interglazialen Pflanzen-Sukzessionen umfassen lange, zwischen zwei Eiszeiten eingeschaltete Zeiträume, und was sehr wichtig ist, sie geben uns ein Bild natürlicher vom Menschen unbeeinflußter Entwicklungsvorgänge. Es gibt aber auch gewisse Schwierigkeiten für ein volles Verstehen dieser interglazialen Pflanzen-Sukzessionen, die unserem noch unvollständigen Wissen zugeschrieben werden können. In Dänemark, das von den Refugien der Eiszeiten weit entfernt liegt, können die Reihenfolgen der Einwanderung der Baum- und Straucharten in den Interglazialzeiten und in der Postglazialzeit kaum durch Klimaveränderungen allein erklärt werden (vgl. IVERSEN 1960). Sie zeigen Variationen, die wir noch nicht befriedigend verstehen können. Auch die genetische Konstitution der Arten kennen wir noch kaum, und einige Rätsel der Quartär-Vegetationsforschung können vielleicht durch entwicklungsgeschichtliche Vorgänge erklärt werden.

Ich habe in Dänemark die Vegetationsverhältnisse zweier verschiedenen Interglazialzeiten untersucht. Die jüngste repräsentiert das wohlbekannte Eem-Interglazial, die ältere vielleicht das sogenannte Cromer-Interglazial (siehe ANDERSEN 1963). Diese Untersuchungen sind nicht abgeschlossen. Ich kann jedoch einige vorläufige Resultate vorlegen, die vielleicht von Interesse sein werden.

Das erste Pollendiagramm (Fig. 1a) repräsentiert das Eem - Interglazial. Das Sediment ist eine 2 m mächtige Gyttja-Schicht, die zwischen Tonschichten aus der vorhergehenden und der nachfolgenden Eiszeit eingeschaltet ist. In der linken Hälfte des Pollendiagramms sind nur die Kurven der wichtigsten Vegetationskomponenten gezeigt. Beim Betrachten der Pollenkurven muß man sich erinnern, daß die Vegetationskomponenten in der Pollenflora der Seegyttja nicht gleichmäßig repräsentiert sind. Die stark pollenerzeugenden *Pinus, Betula, Alnus* und *Corylus* sind über- ,und einige zoogame Bäume und Sträucher, die hier jedoch eine geringe Rolle spielen, sind unterrepräsentiert. Auch die Kräuter sind vermutlich etwas unterrepräsentiert. Wir können deshalb nur mit Vorbehalt das Pollendiagramm in ein quantitatives Vegetationsbild übersetzen. Doch, die Entwicklungstendenzen werden klar widergespiegelt.

Die interglaziale Vegetationssukzession ist in 7 Pollenzonen gegliedert. Zone 1 repräsentiert einen offenen Birkenwald mit vielen Kräutern. Zone

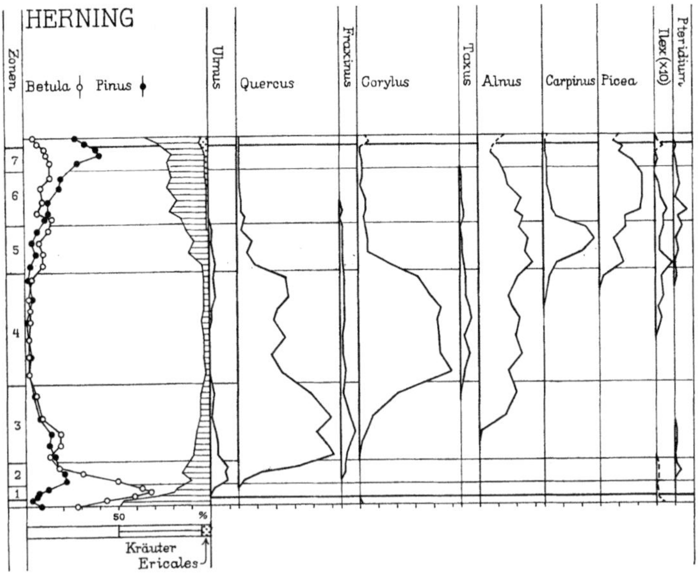

Fig. 1a. Pollendiagramm des Eem-Interglazials von Herning in Jütland. Einzelkurven.

2 enthält einen Birken-Kiefernwald mit häufigen Ulmen und zunehmendem Eichenanteil. Zone 3 ist von fast reinem Eichenwald gekennzeichnet. In Zone 4 war die Hasel dem Eichenhochwald reichlich beigemischt. In Zone 5 erreichte die Hainbuche die Vorherrschaft, und auch die Fichte wanderte ein. In Zone 6 erreichte die Fichte die Dominanz, mit ansteigender Kiefern- und Birkenbeimischung, und in Zone 7 wurde die Kiefer sehr häufig. Diese lange dauernde Sukzession gibt uns ein Bild von ständigem Vegetationswechsel. Die einzelnen Baum- und Straucharten wanderten ein, vermehrten sich und gingen wieder zurück.

Wir können jetzt fragen: Wie war diese Sukzession von Waldstadien von Umweltveränderungen abhängig? In Fig. 1b sind die Kurven für Pflanzen verschiedener ökologischer Bedeutung zusammengestellt. Die Kurve A soll das Vorkommen der lichtbedürftigen und konkurrenzschwachen Pflanzen zeigen. Die Kräuter sind hier als Lichtzeiger angesehen worden, denn im Walde produzieren diese Pflanzen nur reichlich Pollen, wenn sie reichlich Licht genießen. Die Gesamtkurve dieser Pflanzen hat einen sehr charakteristischen Verlauf und gliedert die interglaziale Sukzession klar in drei Stadien: (I) mit abnehmenden Werten der Lichtpflanzen, (II) mit sehr niedrigen Werten und (III) mit wieder ansteigenden Werten dieser Pflanzen.

Stadium I spiegelt die Einwanderung der Waldbäume wider. Die Temperatur stieg schnell an. Anfangs dominierten die Lichtpflanzen, und wir hatten einen frühinterglazialen Wald vom Pioniertypus mit reichlicher

Krautvegetation. Das Zurückgehen der Lichtpflanzen wurde deutlich durch die Einwanderung und Verbreitung der mehr schattenspendenden Ulme, Eiche, Hasel und Erle verursacht. Die Ulme und die Eiche wanderderten früh ein und verbreiteten sich schnell. Die Hasel und auch die Erle verbreiteten sich überraschend spät. Im Postglazial war die Reihenfolge die umgekehrte. Licht- und Bodenverhältnisse waren in diesem frühen Stadium optimal, und eine reiche Flora von anspruchsvollen Arten kam vor (unter anderem *Fraxinus, Viburnum, Cornus, Hedera, Viscum*). Das Klima war deutlich von ozeanischem Gepräge.

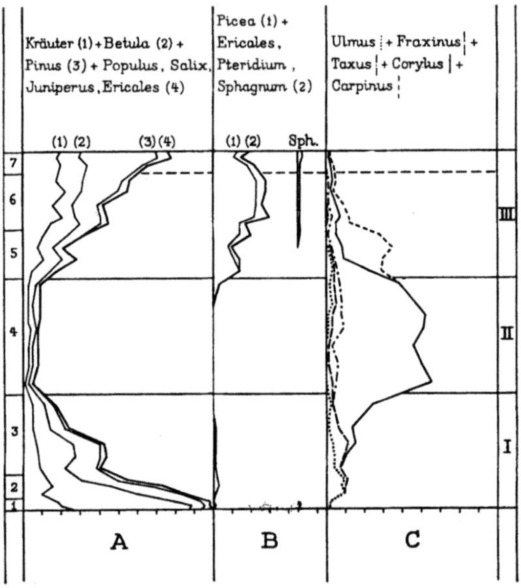

Fig. 1b. Pollendiagramm des Eem-Interglazials von Herning. Gesamtkurven für Pflanzen verschiedener ökologischer Kategorien (vgl. p. 107/108). I: protokratisches, II: mesokratisches, III: oligokratisches Stadium.

In Stadium II war die Kurve der Lichtpflanzen sehr niedrig. Der Eichen-Haselwald war konkurrenzkräftig und besiedelte das ganze Gebiet. Nur die Erle war auch ziemlich allgemein, vermutlich auf den nassesten Böden verbreitet. Neueingewanderte Bäume und Sträucher waren *Tilia cordata, Acer* und *Taxus*, die alle schattenertragend sind.

Stadium III umfaßt die *Carpinus*-Zone (5), die *Picea*-Zone (6) und die *Pinus*- Zone(7). Keine deutlichen Klimaänderungen können in der *Carpinus*-Zone und der *Picea*-Zone gespürt werden. Die *Carpinus*-Zone war deutlich optimal, und in der *Picea*-Zone war *Ilex* noch häufig, und auch andere wärmeliebende Pflanzen sind dort festgestellt worden (*Taxus, Hedera, Buxus, Lonicera periclymenum, Viscum, Osmunda*), die meistens auch ein ozeanisches Klima andeuten. In Zone 7 war eine Klimaverschlechterung deutlich (*Alnus, Ilex* und *Pteridium* gingen zurück).

Die Ausbreitung der Hainbuche verursachte einen augenblicklichen Rückgang der Eiche und der Hasel, und nun beherrschte ein Schattenbaum endlich den Hochwald, während die Erle auf den nassen Böden nicht beeinflußt wurde. Und doch breiteten sich die lichtanzeigenden Pflanzen auch aus, eine verringerte Konkurrenzfähigkeit des Waldes anzeigend. Diese Entwicklung kann kaum anders als durch die Folge einer Verschlechterung der Böden erklärt werden. Die Bedeutung der Bodenbildungsprozesse sollte nicht vernachlässigt werden. Im damaligen Jungmoränengebiet war die Kalk-Auslaugung der erste tiefgreifende Bodenbildungsprozeß. Die Azidität der obersten Bodenschicht nahm zu, aber der Boden blieb den anspruchsvollen Waldbäumen günstig, so lange schnelle Streuzersetzung und gute Bodenumwühlung vor sich ging (das heißt in Mull-Zustand im Sinne P. E. MÜLLERS). Aber mit der Bildung einer sauren, oberflächlichen Humusschicht (das heißt Mor im Sinne MÜLLERS) verschlechtert sich der Bodenzustand, und ein Podsolprofil kann sich bilden. Eine Gesamtkurve der eine saure Humusschicht anzeigenden Pflanzen ist im Pollendiagramm (Fig. 1b) als Kurve B gezeigt. Man sieht, daß diese Pflanzen in den Stadien I und II ganz fehlten, aber im Stadium III steigt ihre Kurve zusammen mit der Kurve der Lichtpflanzen. *Picea* ist in dieser Kurve mitgerechnet, denn in atlantischen Gebieten ist dieser Baum dazu geneigt eine saure Humusschicht zu bilden. In diesem Interglazial verbreitete offener Heidewald sich augenscheinlich infolge einer Bodenversauerung, die gleichzeitig mit der Einwanderung der Fichte den Anfang nahm. Die am besten drainierten Böden waren vermutlich der Versauerung am meisten ausgesetzt, während die niedrigeren grundwasserbeeinflußten Böden vermutlich langsamer von der Degradation beeinflußt wurden. Eine Gesamtkurve der wichtigsten Mull-Pflanzen ist als Kurve C gezeigt. Man sieht, daß diese Pflanzen in Stadium II sehr verbreitet waren. Ihr Rückgang in Stadium III war vermutlich anfangs von der Bodenentwicklung bedingt. *Alnus* ist in dieser Kurve nicht miteinbegriffen, denn dieser Baum hängt am meisten vom Grundwasser ab. Doch, seine Kurve sinkt auch in Stadium III. In Zone 7 wurden die Lichtpflanzen sehr allgemein vermutlich infolge der Temperatursenkung sowie der Bodendegradierung.

Es stellt sich also heraus, daß der frühe Teil des Interglazials von verschiedenen Waldstufen, welche die oft lange verzögerte Einwanderung der wärmeliebenden Bäume und Sträucher reflektierten, gekennzeichnet war. Lichtliebende Pflanzen waren hier noch häufig. Im mittleren Teil war ein stabiler Zustand erreicht worden. Mit der Einwanderung der Fichte wurden die Einwirkungen einer Bodenverschlechterung immer mehr durchgreifend. In dem heutigen Vegetationsbild des nördlichen Mitteleuropas lehren uns die Pflanzensoziologen (z. B. TÜXEN, LEMÉE, ELLENBERG, MATUSZKIEWICZ u.a.), daß die natürliche Klimaxvegetation ein Mosaik von Eichen-Hainbuchen-Buchenwäldern auf den besseren Böden und lichten, azidophilen Waldtypen auf den ausgelaugten Böden bildet. Im Westen sind diese Heidewälder Eichen-Birkenwälder, im Osten gehen sie in Kiefernwälder über. Die Pflanzen der Kurve C im interglazialen Pollendiagramm sind heute Arten der Querco-Fagetea und ganz besonders des Fraxino-Carpinion-Verbandes. Zusammen mit der Eiche waren diese Pflanzen im Stadium II der interglazialen Sukzession alleinherrschend. Die Arten der Kurven A und B kennzeichnen im heutigen Vegetationsbild die offenen bodensauren Wälder der

Quercetea robori-petraeae und der Vaccinio-Piceetea. In der interglazialen Sukzession verbreiteten die Heidewälder sich allmählich auf die früheren Mullböden als eine Folge einer Bodenversauerung, die vielleicht unter Einwirkung des ozeanischen Klimas und durch die Einwanderung der Fichte hervorgerufen wurde.

Eine subarktische Heidevegetation löste die Sukzessionsreihe des Eem-Interglazials ab, bis etwas später die interglaziale Landoberfläche durch periglaziale Solifluktionsvorgänge ganz zerstört wurde (ANDERSEN 1961). Keine direkten Zeugnisse von der interglazialen Bodenbildung sind deshalb in Jütland bewahrt. Die Bodenverhältnisse können aber auch durch die Entwicklungsgeschichte des interglazialen Sees beleuchtet werden, wo das Vorkommen der höheren Wasserpflanzen Schlüsse über Veränderungen der Wasserchemie erlauben. Anstatt der Pollenkurven werden Durchschnittshäufigkeiten der Pollen der verschiedenen Wasserpflanzen in den verschiedenen Pollenzonen gezeigt:

Pollenzonen	1	2	3	4	5	6	7
(1) *Myriophyllum verticillatum*	1.3	0.07	0.08	0.04	—	—	—
Myriophyllum spicatum	0.13	0.23	0.04	—	—	0.02	—
Stratiotes aloides	—	0.03	0.02	—	—	—	—
Ceratophyllum sp. (Blattspitzen)	+	+	+	+	+	—	—
(2) *Nuphar luteum*	0.06	0.07	—	0.03	0.02	0.13	0.06
Nymphaea alba	0.06	0.07	0.02	0.05	0.05	0.08	—
(3) *Littorella uniflora*	—	—	—	—	0.02	0.12	0.12
Isoëtes echinospora	—	—	—	—	0.09	8.8	73
Isoëtes lacustris	—	—	—	—	—	0.31	2.6
Myriophyllum alterniflorum	—	—	—	—	—	0.02	0.12

Die Gruppe (1) enthält die basiphilen Arten, die heute den Seen mit saurem Wasser fremd sind, Gruppe (2) enthält die Arten, die gegen die Azidität der Gewässer indifferent sind, und Gruppe (3) enthält die Arten, die heute im wesentlichen auf Seen mit biokarbonatarmem Wasser beschränkt sind (vgl. IVERSEN 1929). Man sieht, daß die basiphilen Arten schon recht früh im Sukzessionsvorgang selten wurden, daß die indifferenten Arten in allen Pollenzonen verbreitet waren, und daß die Arten der Gruppe (3) auf die Pollenzonen 5, 6 und 7 beschränkt waren. Daraus läßt sich schließen, daß der Bikarbonatgehalt des Wassers in den frühen Pollenzonen 1 und 2 hoch war, daß er in den Pollenzonen 3–4 abnahm, und daß in den Pollenzonen 5, 6 und 7, die dem Stadium III entsprechen, keine Bikarbonate mehr ausgewaschen wurden. Diese bemerkenswerte Entwicklungsgeschichte des Sees stimmt mit den erwähnten Schlußfolgerungen, daß die Karbonate des Bodens während der frühen Stadien der Interglazial-Sukzession ausgelaugt wurden, und daß saure Böden im Stadium III vorherrschten, gut überein.

Ich möchte auch die Vegetationsentwicklung des älteren Interglazials erwähnen. Das Pollendiagramm stammt von einer 4 m mächtigen Gyttja-Ablagerung, die zwischen Tonschichten liegt. Das Pollendiagramm (Fig. 2a) zeigt nur die Hauptzüge der Vegetationsentwicklung. In Zone 1 ist ein lichter Kiefern-Birkenwald repräsentiert. In Zone 2 erlangte die Ulme die Vorherrschaft, und die Erle wurde häufig. In Zone 3 drängte die Eiche die Ulme zurück. In Zone 4 erlangte die Eibe die Vorherrschaft. In Zone 5

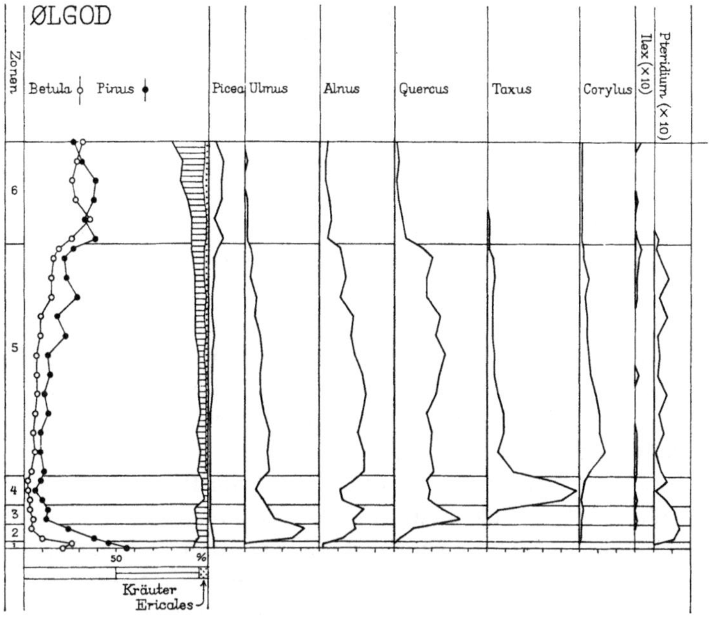

Fig. 2a. Pollendiagramm des Cromer(?)-Interglazials von Ølgod in Jütland. Einzelkurven.

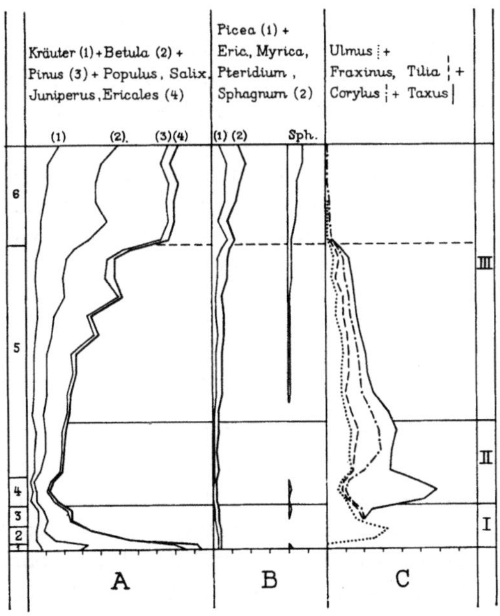

Fig. 2b. Pollendiagramm des Cromer(?)-Interglazials von Ølgod. Gesamtkurven für Pflanzen verschiedener ökologischer Kategorien (vgl. p. 107/108). I: protokratisches, II: mesokratisches, III: oligokratisches Stadium.

ging die Eibe wieder zurück, und die Eiche wurde wieder vorherrschend unter Beimischung von Ulme, Hasel und Eibe. In Zone 6 wurden Kiefer und Birke wieder vorherrschend, die Fichte wurde ziemlich häufig, und Eiche, Ulme und Erle traten ganz zurück.

Die Kurven A, B und C (Fig. 2b) entsprechen denjenigen aus dem früher gezeigten Diagramm. Kurve A zeigt auch hier die lichtbedürftigen Pflanzen. Sie gliedert wieder die Interglazial-Sukzession in 3 Stadien: (I) mit abnehmenden Werten, (II) mit niedrigen Werten und (III) mit wieder ansteigenden Werten dieser Pflanzen.

In Stadium I finden wir wieder einen frühinterglazialen Wald von offenem Typus, der schnell von den mehr schattenspendenden Ulmen und Eichen verdrängt wurde. *Tilia*, *Fraxinus*, *Taxus*, *Ilex* und *Hedera* sind auch repräsentiert, und das Klima war vermutlich von ozeanischem Gepräge.

In Stadium II breitete *Taxus* sich aus und bildete allem Anschein nach fast geschlossene Gebüsche. Das *Taxus*-Stadium dauerte nur kurze Zeit und die Kurve der Eibe kehrte bald zu mehr „normalen" Werten zurück. Die Hasel breitete sich nach dem *Taxus*-Stadium aus; aber ihre Pollenhäufigkeit blieb ziemlich niedrig.

In Stadium III steigt die Kurve der lichtbedürftigen Pflanzen allmählich wieder an. Der Wald hatte einen Gleichgewichtzustand erreicht, die Kurven ändern sich nur allmählich und kleine Klimaänderungen sind angedeutet. Dieser Zustand wurde am Übergang zur Zone 6 unterbrochen, wo die wärmebedürftigeren Pflanzen plötzlich zurückgingen (*Alnus*, *Pteridium* und *Ilex* mit einbegriffen). Es scheint sicher zu sein, daß Zone 6 eine kühle Phase war, welche die Annäherung einer neuen Eiszeit andeutet. Die Kurve der lichtbedürftigen Pflanzen beginnt frühzeitig anzusteigen, und deutet ein lange dauerndes und langsames Lichterwerden des Waldes an. Dem Anstieg der Lichtpflanzen geht eine Steigerung von *Picea* und den anderen saueren Humus anzeigenden Pflanzen parallel (Kurve B), während die Kurve für die Mullboden-Pflanzen (Kurve C) den entgegengesetzten Verlauf zeigt. Wir finden also auch hier angedeutet, daß Heidewald und Moore sich ausbreiteten, und daß die Vegetation der reichen Böden zurückging, und es scheint, daß ausgelaugte und podsolierte Böden sich allmählich ausbreiteten. In Zone 7 wurden die Lichtpflanzen sehr häufig, was wir der niedrigeren Temperatur sowie fortschreitender Bodenverschlechterung zuschreiben können.

ZUSAMMENFASSUNG

Vereinfachte Darstellungen von zwei Interglazial-Sukzessionen verschiedenen Alters wurden gezeigt. Nur die gröbsten Linien konnten dargestellt werden. Wichtige Züge scheinen den beiden Sukzessionen gemeinsam zu sein. Die Gesamtkurven der lichtbedürftigen und konkurrenzschwachen Pflanzen haben einen charakteristischen Verlauf. Die abnehmenden Werte dieser Pflanzen im ersten Stadium spiegeln die Einwanderungen der mehr schattenspendenden Bäume und Sträucher wieder. Dies ist das sogenannte protokratische Stadium (vgl. IVERSEN 1958). Die Lichtverhältnisse im Wald waren noch günstig, die Konkurrenz war schwach, und die Böden waren kalkhaltig. Im zweiten Stadium, dem sogenannten m e s o k r a t i s c h e n Stadium (vgl. IVERSEN 1958), waren die lichtbedürftigen Pflanzen stark zurückgedrängt. Die Karbonate der obersten Bodenschicht wurden wohl ausgelaugt, aber infolge guter Bodenumwühlung und schneller Zersetzung blieben die Verhältnisse den Mullbodenpflanzen noch günstig. Im dritten Stadium wurde die Konkurrenzfähigkeit des geschlossenen Waldes verringert. Lichte, azidophile Wälder verbreiteten sich vermutlich unter der Einwirkung einer Bodenverschlechterung, die in den gezeigten Fällen mit der Verbreitung der Fichte zusammenfiel. Dieses Stadium kann man das o l i g o k r a t i s c h e Stadium nennen.

Die Bodenbildung war zweifellos ein entscheidender Faktor für die großen quartären Entwicklungscyklen, und wir können erwarten, große Unterschiede in den Vegetations-Sukzessionen und in der Ausbildung der physiokratischen Stadien zu finden gemäß der Variationen der lokalen Klima-, Boden- und Geländeverhältnisse.

SUMMARY

Two interglacial successions of differing age were shown. They have important features in common. The summation curves for light-requiring plants have characteristic trends. Their decreasing values in the first stage reflects the immigration of the shade-giving trees and shrubs. This is the protocratic stage (cp. IVERSEN 1958), where light conditions in the forest still were favourable, competition weak and the soils were calcareous. In the second stage, the mesocratic stage (cp. IVERSEN 1958), the light-requiring plants were suppressed, the carbonates of the topmost soil layer may have been leached, but conditions remained favourable for the mull soil plants because of soil mixing and rapid decomposition. In the third stage, the competitive power of the closed forest decreased. Light, acidophilous forests expanded presumably because of a soil degradation, that coincided with the spreading of *Picea*, but the climate remained warm. This stage may be called the oligocratic stage.

LITERATUR

ANDERSEN, S. T.: Vegetation and its environment in Denmark in the early Weichselian Glacial (Last Glacial). – Danm. Geol. Unders., II. R., **75**. 1961.

— Pollen analysis of the Quaternary marine deposits at Tornskov in South Jutland. – Danm. geol. Unders. IV. R. **4**, 8. 1963.

ELLENBERG, H.: Über Zusammensetzung, Standort und Stoffproduktion bodenfeuchter Eichen- und Buchen-Mischwaldgesellschaften Nordwestdeutschlands. Mitt. – Flor. – soz. ArbGemeinsch. Niedersachsen, **5**. Hannover 1939.

IVERSEN, J.: Studien über die pH-Verhältnisse dänischer Gewässer und ihren Einfluß auf die Hydrophyten-Vegetation. – Bot. Tidsskr. **40**. 1929.

— The bearing of glacial and interglacial epochs on the formation and extinction of plant taxa. – Uppsala Univ. Årskr. 1958.

— Problems of the early Post-Glacial forest development in Denmark. – Danm. Geol. Unders., IV. R., **4**, 3. 1960.

LEMÉE, G., Recherches écologiques sur la végétation du Perche. – Thèse. Paris 1937.

Matuszkiewicz, W.: Die Waldassoziationen vom Białowieża-Nationalpark.– Univ. Maria Curie Sklodovka, Ann., Sect. C, Suppl. **6**. 1952.
— und Polakowska, M.: Zur Systematik der azidophilen Mischwälder Polens. – Soc. Bot. Pol. Acta **24**. 1955.
Müller, P. E.: Studien über die natürlichen Humusformen und deren Einfluß auf Vegetation und Boden. Berlin 1887.
Tüxen, R.: Die Pflanzengesellschaften Nordwestdeutschlands. – Mitt. Flor.-soz. ArbGemeinsch. Niedersachsen **3**. Hannover 1937.
— Das System der nordwestdeutschen Pflanzengesellschaften. – Mitt. Flor.-soz. ArbGemeinsch. N.F. **5**. Stolzenau/Weser 1955.

K.-E. Behre:

Ich habe kürzlich von Göttingen aus einige norddeutsche Eem-Interglaziale in der Kieselgur in der Lüneburger Heide behandelt. Da hätte ich einige Fragen an Herrn Dr. Andersen, im Hinblick darauf, wie weit seine Ergebnisse mit unseren korreliert werden können: 1. Wann und wie weit ist die Hauptausbreitung von *Picea* im dänischen Eem-Interglazial gewesen? 2. Wie weit läßt sich *Abies* noch nachweisen in Dänemark und auch wann, da sie bei uns in der Lüneburger Heide meiner Meinung nach die N-Grenze ihres glazialen Verbreitungsgebietes haben dürfte? 3. Die Frage nach der Ausbreitung von *Taxus*. Sie zeigten in ihrem älteren interglazialen Diagramm, daß dort tatsächlich *Taxus* ziemlich stark hervorgetreten ist, während sie bei dem Eem-Diagramm *Taxus* nur neben *Buxus* erwähnt haben, und keine Kurve zeigten. Ich darf vielleicht hinzufügen, daß in der Lüneburger Heide im letzten Interglazial *Taxus*-Werte von über 20% keine Seltenheit in der Eichenmischwald-Phase sind, und zwar nicht, wie in Ihrem älteren Interglazial- Diagramm vor oder mit *Corylus*, sondern mit der Hauptausbreitung nach dem *Corylus*-Gipfel.

Dann habe ich noch einige weitere Fragen zu Ihrem Trophie-Diagramm. Es widerspricht dem, was wir hier aus Nord- und Mitteleuropa kennen insofern, als wir im allgemeinen keine Oligotrophierung sondern eine Eutrophierung der Seen antreffen. Ich habe die Möglichkeit gehabt, in der Lüneburger Heide, weil es sich um Kieselgur handelt, an Hand der Kieselalgen den Trophie-Zustand bestimmen zu können und habe dort einigermaßen übereinstimmend mit anderen Autoren aus Skandinavien u.a. eine Entwicklung gefunden, wie wir sie im Postglazial erwarten können, nämlich von einem mesotrophen See ausgehend, der dann sehr stark eutrophiert wird und in der beginnenden Kiefernzeit sein Trophie-Maximum erreicht hat und erst kurz vor Eintreten der Wiedervereisung ein leichtes Absinken des Trophie-Grades zeigte. Das widerspricht Ihren Ausführungen. Im ganzen paßt es allerdings besser in den Rahmen, den wir von Mitteleuropa bisher haben. Darum frage ich, was ist der Untergrund? Wo kommen die Nährstoffe her? Handelt es sich um eine geringmächtige Moränendecke, wie wir sie ja auch an anderen Orten öfter haben, wo also der Kalk sehr bald ausgewaschen war, so daß dann, weil keine weiteren Nährstoffe eingewaschen wurden, der See versauern konnte? Wir kennen so etwas aus England, wo ein im Spätglazial eutropher See im Laufe des Postglazials durch die Vermoorung der umgebenden Gebirge immer stärker oligotroph wurde. Das war aber eine Ausnahme. Auch Ihr Ergebnis würde dem, was man hier gewohnt ist, ziemlich widersprechen.

G. LANG:

In der Liste der Wasserpflanzen aus dem Eem-Interglazial ist *Littorella uniflora* in der Gruppe der azidophilen Arten aufgeführt. In Südwest-Deutschland muß man die Art aber zur indifferenten Gruppe stellen: Sie kommt sowohl in bikarbonatarmen wie bikarbonatreichen Gewässern vor, z. B. sehr reichlich in der Uferzone des ausgesprochen bikarbonatreichen Bodensees. Diese Kritik beeinträchtigt aber die Schlußfolgerungen nicht.

W. LÜDI:

Offensichtlich werden im Interglazial doch gewisse Arten etwas anders gewertet, als sie uns jetzt ökologisch bedingt scheinen. Das ist vielleicht darauf zurückzuführen, weil sie sich irgendwie verändert haben. Ich denke da in erster Linie an *Picea*. *Picea* ist von Dr. ANDERSEN als eine Lichtpflanze aufgeführt worden. Ich meine, daß man *Picea* nicht als eine Lichtpflanze, sondern als eine ziemlich schattenertragende Pflanze betrachten muß. Allerdings scheint dort eine ganze Gesellschaft wesentlich anders zu sein, als sie etwa in den Alpen ist. – Sie haben ja als eine charakteristische Art z.B. *Lonicera periclymenum* erwähnt, die eine atlantische Art ist und in den Alpen eigentlich mehr im Querco–Carpinetum in der West-Schweiz vorkommt, aber kaum in den Fichtenwäldern gefunden wird. So sind auch einige andere, die sich ganz wesentlich anders verhalten. Ich wollte fragen, wie sich das mit dem Lichtbedarf verhält in dem Diagramm, das Sie uns ausgeführt und erklärt haben.

Was die vorhin genannte *Littorella* betrifft, so habe ich sie in der Schweiz noch nicht, aber das mag Zufall sein, in ausgesprochen sauren Gewässern, dafür am Rande der Flüsse und Seen, die neutral oder alkalisch reagieren, gefunden. Auch das deutet darauf hin, daß da gewisse Unterschiede vorhanden sind, die stark mit den klimatischen Bedingungen zusammenhängen mögen und in Nord-Europa in verschiedener Hinsicht wesentlich andere Gesellschaftszugehörigkeit für viele Arten geben können als in dem zentralen Europa, oder gar in Süd-Europa. Sie haben auch angegeben, daß ein dichtes *Taxus*-Gebüsch das Land bedeckt habe. *Taxus* bildet aber doch Bäume, und wenn sie sich normal entwickeln kann, doch auch schöne Wälder. Ich meine, daß ich die schönsten *Taxus* in Dänemark gesehen habe.

H. ZOLLER:

Ich glaube, daß Herr ANDERSEN etwas besonderes Schönes gezeigt hat, was eigentlich auch im Postglazial, wenigstens unter einigermaßen natürlicher Sukzession zu finden ist gerade in den oberen Lagen der Alpen: das ist die gleichzeitige Ausbreitung von *Picea* im Gefolge mit anderen azidophilen Arten. Es handelt sich natürlich um ganz verschiedene Gebiete, und es ist schwer, zu vergleichen. Man sagt, daß es lichte azidophile Waldgesellschaften gab, und daß diese infolgedessen einen dichten Krautwuchs haben, der sich in Pollen-Niederschlag auswirkt. In den Alpen sieht man aber vielfach, etwa zwischen dem Atlantikum und Suboreal, daß in den älteren Gesellschaften – teilweise sind sie im Norden von Ulmen und Linden beherrscht und teilweise in den Südalpen von *Abies* –, wenn die

Oligotrophierung einsetzt, die Zwergsträucher kommen. Aber bei uns ist es meistens so, daß diese Werte abnehmen. Nun ist es klar, daß das ja verschieden sein kann von Gebiet zu Gebiet nach den Standortbedingungen, dem allgemeinen Klima und den lokalen Bodenverhältnissen. Aber ich glaube doch, daß man das, was Sie gesagt haben, nicht ohne weiteres verallgemeinern kann.

R. Tüxen:

Ich bewundere die Exaktheit der Argumente und die Logik der Schlüsse in den Ausführungen des Herrn Andersen. Ich glaube, daß wir hier einen ganz entscheidenden Fortschritt in der pollenanalytischen Auswertung unter Berücksichtigung der Autökologie und auch der Synökologie erlebt haben. Ich darf mir eine Frage erlauben: Wie groß sind die Moore oder die Ablagerungen, aus denen Sie Ihre Proben genommen haben? Handelt es sich um sehr weite, die also aus großer Entfernung Durchschnittswerte von den Pollen erhalten haben, oder handelt es sich um ganz kleine Ablagerungen, die das nächste Bild der Umgebung widerspiegeln? Wenn das Letzte der Fall wäre, so könnte man Abweichungen zwischen den beiden gezeigten Diagrammen als lokale Varianten erklären.

Ich darf meiner großen Genugtuung darüber Ausdruck geben, daß eine pflanzensoziologische Auswertung sich ja geradezu aufdrängt, vielleicht noch etwas weiter gehend als die sehr vorsichtige Deutung von Herrn Andersen zuließ. Es geht ja gar nicht darum, daß wir Assoziationen wiederfinden. Das kann man natürlich nicht erwarten. Aber wie Herr Andersen schon sagte: die Klassenarten der Querco–Fagetea, man könnte vielleicht noch etwas einschränken, Ordnungscharakterarten der Fagetalia oder Verbands-Charakterarten des Fraxino – Carpinion. Wir gewinnen ja damit sehr viel, wenn wir wissen, wie die geschichtliche Entwicklung eines Verbandes, einer Ordnung oder auch einer Klasse war, auch wenn wir nicht sagen können, wie die Assoziationen im Einzelnen ausgesehen haben.

Ich möchte noch darauf hinweisen, daß die Tabelle der Wasserpflanzen ja nur etwas komprimiert werden braucht. Es ist leicht verständlich, Herr Lang, daß selbst in einer kleinen Schichtfolge die eutrophen und die oligotrophen wenige cm übereinander liegen, besonders, wenn das Sediment noch etwas durcheinander geschwemmt wird. Ich könnte mir wohl denken, daß man, wenn die See-Ablagerungen nicht so dick sind, die verschiedenen Arten ganz dicht übereinander findet.

Ich habe vor 30 Jahren angenommen, daß unsere heutigen Wälder in einer säkulären Sukzession stehen. Wir haben eben die säkuläre Sukzession im Interglazial wirklich gesehen. Ich bin dann aber sehr bald belehrt worden, daß es sich bei uns nicht um eine Sukzession handele, sondern um eine Zonation, indem eben auf den verschiedenen Ausgangsgesteinen verschiedene mehr oder weniger parallel, oder sagen wir konvergierende Sukzessionsreihen verlaufen, welche die Klimaxstadien auf Kalk, Silikat und Quarz einander annähern, ohne jemals zu einer Quer-Verbindung zu kommen. Das war der Irrtum, dem ich damals erlegen war. Aber die Beobachtungen, die mich zu diesen Fehlschlüssen lenkten, waren diese: Wenn ein Querco–Carpinetum etwa, oder Luzulo–

F a g e t u m, selbst ein reiches F a g e t u m durch den Menchen in unserem Klima degradiert wird durch Niederwald-Bewirtschaftung, durch Beweidung, durch Brand, durch das Eindringen nicht standortgemäßer Holzarten, nicht nur der Nadelhölzer, sondern in gewissem Maße auch der Buche, dann tritt eine anthropogen bedingte Sukzession in Richtung auf die azidophilen Waldgesellschaften und durch diese auch in Richtung auf die Podsol-Profile, also auf die oligotrophen Bodenbildungen ein. Das was sich hier aus natürlichen Ursachen der Bodenreifung und des Klimas, – das sind ja ganz verschiedene Dingen, von denen nicht das eine die Ursache des anderen zu sein braucht – vor unseren Augen abgespielt hat, wie es uns Herr ANDERSEN gezeigt hat, das wird heute unter dem Einfluß des Menschen auch sichtbar, allerdings anthropogen bedingt. Ich darf mir nur noch die Anregung erlauben, über diese anthropogen ausgelöste Vegetations- und Boden-Degradation in Parallele mit dem natürlichen Vorgang nachzudenken in gemeinsamer Arbeit.

H. MERKER:

In ANDERSENS Dissertation werden aus den Herning-Fundstellen eine Reihe Kräuter genannt, die heute als Acker-Unkrautarten auftreten. Dies stellt die Einwanderungsgeschichte mancher Unkräuter in ein neues Licht. Die dort gefundenen Arten (A. nennt sie z.B. *Polygonum lapathifolium*-Typ, *Rumex acetosella*-Typ) könnten demnach Tertiär-Relikte sein, insbesondere, wenn man die Tatsachen der weit westlicher gelegen Schelf-Zonen, der Aufsplitterung des Eisrandes, der Lokal- und Mikro-Klimaverhältnisse, der Boden-Enklaven u.a.m. berücksichtigt.

S. TH. ANDERSEN:

Zu Herrn BEHRE: Die Fichte wanderte im Eem-Interglazial in Jütland zusammen mit der Hainbuche ein, während die Tanne, die in Norddeutschland noch vorkam, in Jütland nur mit vereinzelten vermutlich ferntransportierten Pollenkörnern repräsentiert ist. Die Eibe wanderte zusammen mit der Hasel ein und ist bis etwa 10% repräsentiert. Im älteren Interglazial wanderte die Eibe früher ein und war dort viel gewöhnlicher. Sie scheint in den dem Eem vorangehenden Interglazialen viel verbreitet gewesen zu sein und kam ja z.B. im Interglazial bei Gort in West-Irland massenhaft vor.

Die Eutrophie bezw. die Oligotrophie des interglazialen Sees bei Herning habe ich nicht erwähnt, denn dies ist eine komplizierte Frage, die von vielen Faktoren abhängig ist. Der Bikarbonatgehalt des Wassers ist von großem Interesse, denn er spiegelt die Kalk-Auswaschung des umgebenden Gebietes wieder. Die Arten der Gruppe (3) in meiner Tabelle sind ja, wie IVERSEN schon vor 20 Jahren sehr klar gezeigt hat, nicht kalkscheu, aber sie kommen vorwiegend in den kalkarmen Seen vor, weil sie so wenig konkurrenzfähig sind und deshalb die besten Lebensbedingungen dort finden.

Zu Dr. LÜDI: *Picea* ist nicht zu den lichtbedürftigen Pflanzen gerechnet worden. Als ich die Pollendiagramme ausarbeitete, erwartete ich, daß die Pollenzonen mit viel *Picea*-Pollen eine schattenliebende Vegetation enthalten würden, und es war eine Überraschung, daß die lichtbedürftigen

Pflanzen sich zusammen mit *Picea* verbreiteten. Es muß wohl schon so gewesen sein, daß die Fichte hier nahe der atlantischen Grenze ihres Verbreitungsgebietes von irgendwelchen Faktoren gehemmt wurde und nicht so sehr konkurrenzfähig war. Die *Taxus*-Vegetation möchte ich gerne Wald nennen, aber die *Taxus*-Bäume wurden wohl nicht so hoch wie z.B. die Eichen.

Zu Prof. ZOLLER: Die Zwergstrauch-Heide spielte in den erwähnten Interglazial-Zeiten keine große Rolle, aber sowohl *Calluna* als *Empetrum* kamen doch im oligokratischen Stadium vor. In den Alpen waren die Klima- und Bodenverhältnisse wohl ziemlich anders.

Zu Prof. TÜXEN: Ich glaube, daß dieses Symposion eine glückliche Wahl war. Es war mir eine besondere Freude hier in Stolzenau meine Probleme mit diesem sachkundigen Kreise diskutieren zu können, denn die Zusammenhänge der heutigen Vegetationsverhältnisse Nord-Deutschlands, wie sie von Herrn Prof. TÜXEN und anderen aufgefaßt und beschrieben wurden, sind für meine Ausdeutung der interglazialen Pflanzen-Sukzessionen sehr einleuchtend gewesen. Ich habe die Ablagerungen ziemlich großer ehemaliger Seen (300–500 m Durchmesser) unter vielen Interglazial-Vorkommen ausgewählt, denn ihre Pollendiagramme sind am wenigsten von lokalen Verlandungsvorgängen beeinflußt und spiegeln die Vegetationsverhältnisse eines nicht zu kleinen Gebietes wieder. Im protokratischen Stadium waren die Konkurrenzverhältnisse vom heutigen Zustand sehr verschieden, aber in den stabilisierten Stadien der Sukzession sind die höheren Vegetationseinheiten des heutigen Zustandes ziemlich gut zu erkennen. Natürlich kann man an den Pollendiagrammen der See-Ablagerungen die Pflanzengesellschaften nicht in so großem Detail wie die heutigen Pflanzen-Assoziationen umgrenzen. Während man im heutigen Vegetationsbild eine Zonation von Pflanzengesellschaften abhängig von den Bodentypen findet, so findet man in den Pollendiagrammen eine Sukzession von Pflanzengesellschaften, die sich mit der vorschreitenden Bodenbildung auf demselben Substrat ablösen. Im heutigen Vegetationsbild, das von dem Menschen stark beeinflußt ist, sind wir zum reifen Stadium einer Interglazialzeit gelangt, wo die Bodenversauerung sich auch ohne die Eingriffe des Menschen wohl immer mehr ausbreiten würde.

Zu Herrn Dr. MERKER: Ich möchte gewisse unserer früh- und spätweichselzeitlichen Pflanzen nicht gerne Unkräuter nennen. Auf der anderen Seite haben unsere Glazialrelikte sich nach den Waldrodungen ja vielfach als Unkräuter wieder verbreitet.

INTERPRETATIONS OF QUATERNARY PLANT-COMMUNITIES IN EASTERN AND CENTRAL NORTH AMERICA

by

W. S. BENNINGHOFF, Ann Arbor, Mich.

Manuskript nicht eingegangen.

T. SUZUKI:

No corresponding land is found in America that is comparable to Japan in Eurasia. Do you know if there are any warm temperate or subtropical elements in America's past flora? Any information about *Lithocarpus* would be particularly interesting to us.

S. T. ANDERSON:

In the pollen diagram from Michigan mentioned, I have interpreted the basal herb pollen maximum to be due to a cooling of the climate during one of the late-glacial climatic oscillations, probably that of the Valders (earlier called „Mankato") re-advance. *Elaeagnus commutata*, recorded there, is one of the Cordilleran species, which are in the Rocky Mountains and the northern prairies and relic in the eastern forest region. The presence of the species in a late-glacial vegetation in Michigan and to-day as far east as the Gaspé Peninsula at the Gulf of St. Lawrence suggests to me an earlier coherent distribution area in a thinly forested belt across the continent south of the ice border. In reference to the late Professor POTZGER's study of the history of the lake forest formation I should like to ask, do you consider *Pinus* a stable member of the Fagus–Acer–Tsuga–climax–forest?

W. LÜDI:

Kommt *Ephedra* heute in Nordamerika vor? Und welche Arten und in welchen Gegenden?

W. S. BENNINGHOFF:

To Prof. SUZUKI: I do not know of records of *Dipterocarpaceae* in North-America, but perhaps fossils of this family occurred in the middle or older Tertiary, certainly in no younger deposits. *Castanopsis* is not restricted to a narrow zone along the West coast of the United States, although it was more extensive during the Tertiary.

To Dr. S. T. ANDERSON: In my opinion the climax association of CLEMENTS, like the climax formation is only of regional significance. One cannot identify a small sample of vegetation as climax or not climax. Thus, in the sense of the regional climax, *Pinus strobus* and *Pinus resinosa* are members of the climax, although admittedly they are allowed their places within the northern Hardwoods forest by wind, damage, fire, and other disturbances. To your second question, whether the *Picea* maximum of the Hidden Lake profile and other profiles from adjacent localities is the climatic regression (Valders) following the Two Creeks Interval I reserve my opinion on this matter, as the expressions in the profiles and precise radiocarbon datings are still not adequate for positive determination.

With reference to the *Elaeagnus* which I mentioned as a Boreal Forest species in the Lateglacial of Hidden-Lake and which you point out as extending from northwestern North America along the eastern prairie margin southeastward to the Great Lakes, I should explain further, that I have seen this plant commonly on new alluvium in the northwestern and southern Boreal Forest as far east as eastern Manitoba. Its occurrence on new alluvium today implies to me, that the Late-glacial would have provided abundant sites for this plant.

To Prof. LÜDI: There are more than 12 species of *Ephedra* in the United States, but all are now restricted to the westernmost Great Plains, the Basin and Ronge Province, and Rocky Mountains from Nevada and Colorado southward and into Mexico.

ÜBER PROBLEME DER VEGETATION UND POLLENANALYSE IN MINNESOTA UND ANGRENZENDEN GEBIETEN (USA)

von

W. VAN ZEIST und H. E. WRIGHT

Der Staat Minnesota, der im nördlichen Teil der USA ungefähr auf halbem Wege zwischen der Ost- und Westküste liegt, ist in pflanzengeographischer Hinsicht besonders interessant, was in Abb. 1 gezeigt wird [1]. Im Nordosten Minnesotas und im nördlichen Teil von Wisconsin und Michigan läßt sich ein Gebiet abtrennen, in dem sowohl Koniferen als auch wärmeliebende Laubbäume vorkommen. Es wird in der Folge mehrfach mit Mischwaldzone bezeichnet. Südlich und westlich von der Mischwaldzone trifft man ein Gebiet mit Laubwäldern ohne Beimischung von Nadelholz an. Im südwestlichen Teil von Minnesota und in den südlich und westlich davon gelegenen Staaten ist die Prärie die ursprüngliche Vegetation. Die Laubwaldzone, die in Minnesota und Wisconsin einen

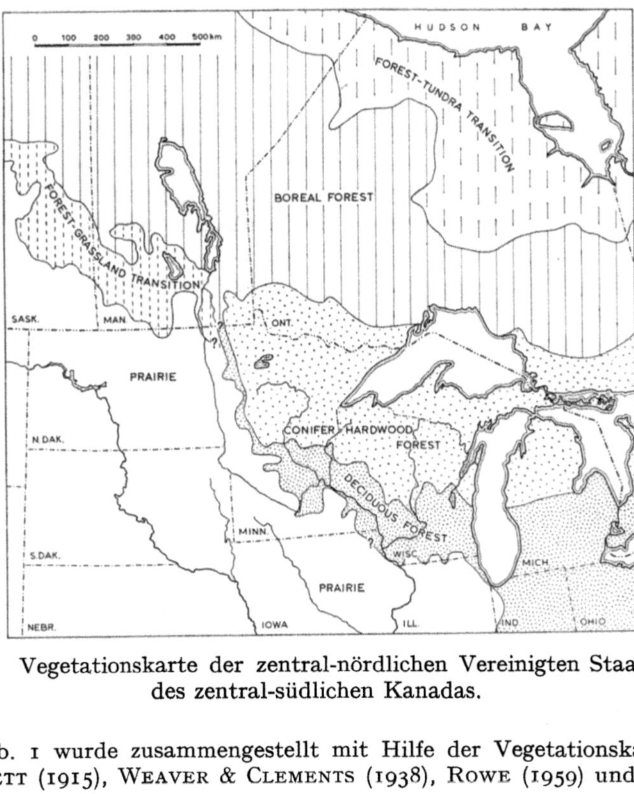

Abb. 1. Vegetationskarte der zentral-nördlichen Vereinigten Staaten und des zentral-südlichen Kanadas.

[1] Abb. 1 wurde zusammengestellt mit Hilfe der Vegetationskarten in LEVERETT (1915), WEAVER & CLEMENTS (1938), ROWE (1959) und CURTIS (1959).

ziemlich schmalen Gürtel zwischen der Prärie und dem Koniferen-Laubwaldgebiet bildet, wird nach Osten hin wesentlich breiter. Die Übergänge zwischen diesen Vegetationszonen sind allmählich und die in Abb. 1 angegebenen Grenzen müssen denn auch als mehr oder weniger fließend betrachtet werden. Das kommt unter anderen recht gut zum Ausdruck im Übergangsgebiet von Wald und Prärie, wo öfters die trockenen Süd- und Westhänge mit einer Prärievegetation und die feuchteren Nord- und Osthänge mit Wald bewachsen sind.

Auf eine nähere Beschreibung der Prärievegetation muß hier verzichtet werden. Es ist allgemein bekannt, daß es eine waldlose Vegetation ist, die neben einigen Sträuchern eine große Mannigfaltigkeit von Gräsern und anderen Kräutern aufweist. Dieser Vegetationstyp, der sich einstmals über ein sehr großes Gebiet ausdehnte, hat wohl am meisten unter der Urbarmachung gelitten. Abhängig von den edaphischen Faktoren ist die Artenzusammensetzung der Prärie sehr unterschiedlich (cf. Curtis 1959).

Auch die Laubholzzone weist recht große Unterschiede in der Waldzusammensetzung auf. An den trockenen Stellen kommt ein Waldtyp vor, dessen Baumschicht hauptsächlich von einigen Eichenarten (in Minnesota: *Quercus macrocarpa* Michx., *Q. alba* L. und *Q. rubra* L.) gebildet wird. Im Übergangsgebiet von Wald und Prärie kann der Wald sehr offen sein, und es bildet sich eine Savanne, das heißt eine Graslandvegetation mit zerstreuten Bäumen oder Baumgruppen. Charakteristisch für die besseren Böden im Laubholzgebiet ist der Linden-Ahorn-Wald. Die wichtigsten Bäume dieser artenreichen Gesellschaft sind *Acer saccharum* Marsh., *Tilia americana* L., *Ulmus americana* L., *Ulmus rubra* Muhl., *Ostrya virginiana* (Mill.) K. Koch und *Quercus*-Arten. Im östlichen Teil von Wisconsin kommt die Buche (*Fagus grandifolia* Ehrh.) dazu. Die Auenwälder in den Flußtälern bestehen hauptsächlich aus *Acer saccharinum* L., *Ulmus americana* L. und *Fraxinus pennsylvanica* Marsh.

Was die Zusammensetzung der Wälder in dem Gebiet mit sowohl Koniferen als auch wärmeliebenden Laubbäumen anbetrifft, so wird nach Norden hin das Laubholz allmählich durch Nadelholz ersetzt, wobei die thermophilen Laubbäume sich nur noch auf den ökologisch günstigsten Standorten behaupten können. Die Vegetationsverhältnisse in diesem Gebiet sind recht kompliziert und bedürfen oft noch näherer Untersuchung. Allgemein kann aber das Folgende gesagt werden: Kennzeichnend für die trockneren Standorte sind die *Pinus*-Arten, wobei *Pinus banksiana* Lamb. und *P. resinosa* Ait. vorzugsweise auf ärmeren und *Pinus strobus* L. auf besseren Böden vorkommt. Diese Art ist aber keineswegs auf trokkene Stellen beschränkt. *Picea glauca* (Moench) Voss und *Abies balsamea* (L.) Mill. bevorzugen feuchtere Böden, aber erst ganz im Norden Minnesotas werden Wälder mit überwiegend *Picea* und *Abies* häufig. Auf feuchten Standorten mit guten Bodenverhältnissen wächst wieder der Linden-Ahorn-Wald, in dem neben den Laubbäumen hier auch die Koniferen *Pinus strobus*, *Picea glauca* und *Abies balsamea* vorkommen können. Der häufigste Baum in diesem Gebiet ist jetzt wohl *Populus tremuloides* Michx., die nach der Abholzung oder dem Abbrennen des Waldes aufkommt, vorausgesetzt, daß der Boden nicht zu schlecht ist. In den Flußtälern trifft man wieder einen Auenwald mit *Acer*, *Fraxinus* und *Ulmus* an. Weiter kommen im nördlichen Teil von Minnesota zahlreiche kleinere und größere Moore vor, auf denen besonders *Picea mariana* (Mill.) BSP. und *Larix laricina* (DuRoi) K. Koch sehr häufig sein können.

Es sei noch darauf aufmerksam gemacht, daß sich zwischen dem Mischwaldgebiet und der Prärie immer eine Zone mit ausschließlich Laubholz befindet. Die Koniferen meiden hier gleichsam den direkten Kontakt mit der Prärie. Im Nordwesten Minnesotas wird der Übergang von Wald zur Prärie gebildet von einer Savanne mit Gruppen von vorwiegend Eichen, Pappeln und Ahornen (*Acer negundo* L.), welche häufig in reinen Beständen vorkommen.

Noch weiter nach Norden, in Kanada, verschwinden auf die Dauer die wärmeliebenden Bäume, welche sich noch am längsten auf besonders günstigen Standorten, wie in Flußtälern, behaupten können. Von den Nadelhölzern kommen *Pinus strobus* und *P. resinosa* nicht mehr vor. *Picea glauca* und *P. mariana* und die Pappelarten *Populus balsamifera* L. und *P. tremuloides* sind häufig. Daneben wachsen im borealen Waldgebiet *Pinus banksiana, Abies balsamea, Larix laricina* und *Betula papyrifera* Marsh. Im Übergangsgebiet zwischen borealem Wald und Tundra wird der Waldbestand lockerer und die Anzahl der Arten nimmt weiter ab.

Über den Zusammenhang zwischen den Ergebnissen palynologischer Untersuchungen und der ursprünglichen Vegetation, das heißt der Vegetation vor der Besitznahme des Gebietes vom weißen Menschen, gibt Abb. 2

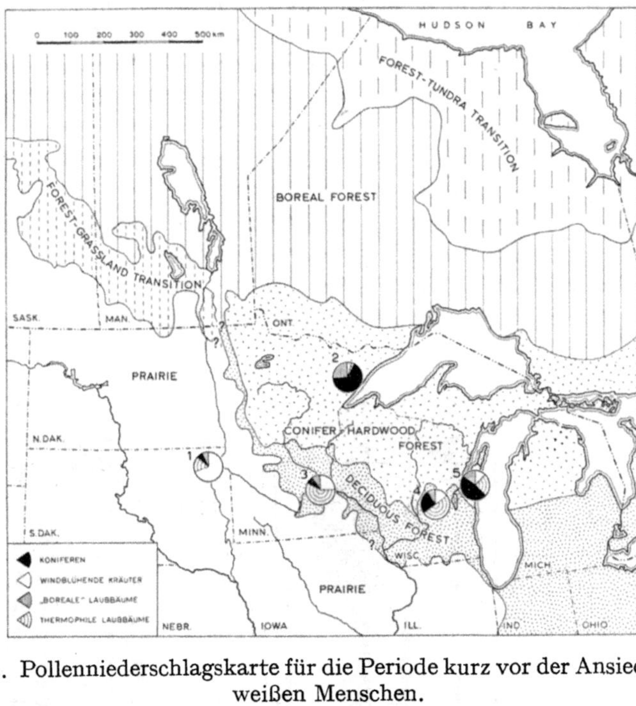

Abb. 2. Pollenniederschlagskarte für die Periode kurz vor der Ansiedlung des weißen Menschen.

1 Pickerel Lake (VAN ZEIST unveröffentlicht).
2 Weber Lake (FRIES 1962).
3 Kirchner Marsh (WRIGHT, WINTER & PATTEN 1963).
4 Disterhaft's Farm Bog (WEST 1961).
5 Seidel Lake (WEST 1961).

Auskunft. Als Unterlage ist die schon erwähnte Vegetationskarte benutzt worden, auf der die hier unterschiedenen Komponenten der Pollendiagramme während des Zeitabschnittes direkt vor der Ansiedlung des weißen Menschen wiedergegeben worden sind. Als Komponenten des Pollendiagramms sind unterschieden worden: die Summe der windblühenden Kräuter, wie *Cyperaceae, Gramineae, Chenopodiaceae* und *Artemisia*, die Summe der Koniferen, die Summe der wärmeliebenden Laubbäume, und die Summe der „borealen" Laubbäume (*Betula, Populus, Alnus, Salix*). Jeder Kreis zeigt in diesem Falle also die Durchschnittsprozentsätze einer Anzahl Pollenspektren aus dem oberen Teil der Diagramme, wobei die Spektren, in denen die Tätigkeit der Kolonisten zum Ausdruck gelangt, nicht mitberücksichtigt worden sind. Diese Tätigkeit äussert sich unter anderem durch einen Anstieg der Werte vom *Ambrosia*-Pollentyp.

Die Übersicht von Abb. 2 zeigt, daß wenigstens in großen Zügen eine gute Übereinstimmung besteht zwischen den Ergebnissen der Palynologie und den Vegetationstypen, wie sie auf Grund vegetationskundlicher Untersuchungen aufgestellt worden sind. So zeigt der obere Teil des Diagramms aus dem heutigen Präriegebiet (1, Pickerel Lake) sehr hohe Kräuter-Prozentsätze. In dem Weber Lake Diagramm (2) aus dem Gebiet mit Laub- und Nadelholz sind die Koniferenwerte (hauptsächlich *Pinus* und *Picea*) sehr hoch, im Gegensatz zu den Diagrammen aus der Laubholzzone in Minnesota (3, Lake Carlson/Kirchner Marsh), wo der Pollen der wärmeliebenden Laubbäume dominiert. Der *Pinus*-Anteil kann hier auf Ferntransport zurückgeführt werden. Der ziemlich hohe Kräuter-Prozentsatz weist auf die Nähe der Prärie hin. Interessant sind auch die beiden Diagramme aus Wisconsin, welche auf beiden Seiten der Grenze zwischen der Laubholz- und Mischwaldzone liegen. Die Nähe des Nadelwaldes kommt im Diagramm Disterhaft's Farm Bog (4) in verhältnismäßig hohen Koniferenwerten zum Ausdruck. Im Diagramm Seidel Lake (5) ist der Koniferenpollen aber fast zweimal so häufig. Obwohl also diese beiden Ablagerungen in verhältnismäßig geringer Entfernung voneinander liegen, spiegelt sich der Unterschied im Vegetationstyp deutlich im

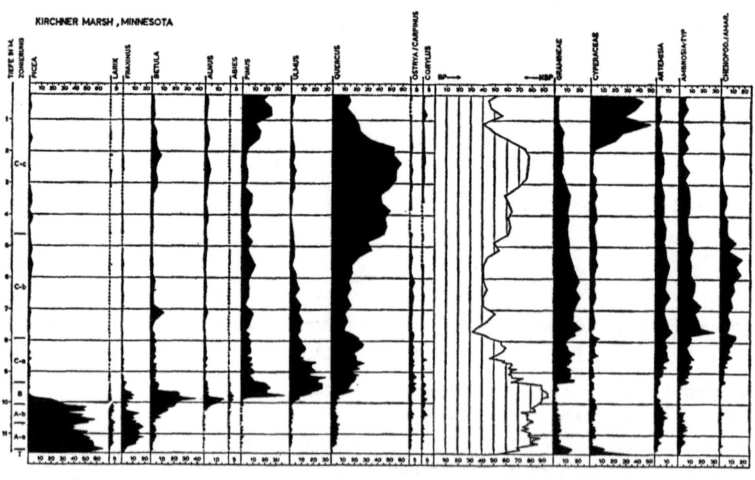

Abb. 3. Vereinfachtes Diagramm Kirchner Marsh (nach WRIGHT, WINTER & PATTEN 1963).

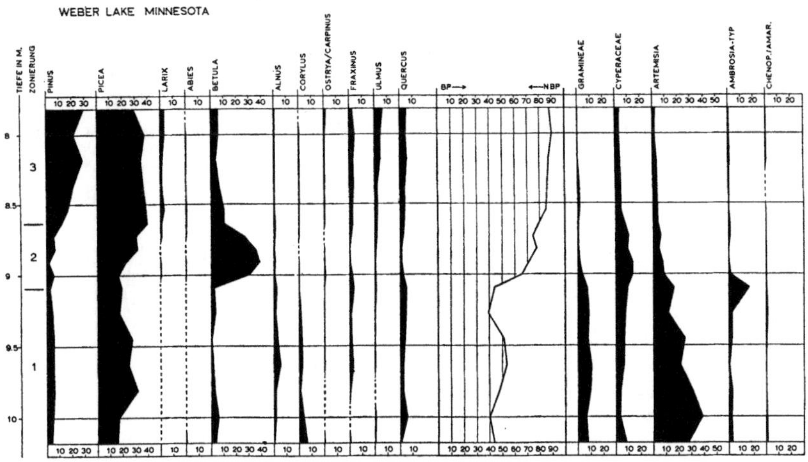

Abb. 4. Vereinfachtes Diagramm Weber Lake (nach FRIES 1962). Nur die untere Hälfte ist hier wiedergegeben worden.

Pollendiagramm wider. Zusammenfassend läßt sich sagen, daß der Zusammenhang zwischen der Vegetation und den pollenanalytischen Ergebnissen recht befriedigend genannt werden kann.

Interessant sind die Ergebnisse pollenanalytischer Untersuchungen von spätglazialen Ablagerungen. Die Zonierung des Spätglazials in den USA stimmt in wesentlichen überein mit der in Europa gebräuchlichen Gliederung. Das Two Creeks Interstadial ist das Aequivalent der Allerødzeit (Zone II nach FIRBAS), während die Jüngere Dryaszeit in Europa (Zone III) der Valderszeit in den Vereinigten Staaten gleichzustellen ist.

Ein auffallendes Phänomen im spätglazialen Teil der Pollendiagramme aus den zentral-nördlichen USA sind die im allgemeinen recht hohen Baumpollenwerte. Das wird unter anderen illustriert in Abb. 3, die das vereinfachte Diagramm Kirchner Marsh aus dem Süden Minnesotas darstellt [1]. Der Anteil des Baumpollens während des Spätglazials beträgt hier 70 bis 90%, wobei besonders die *Picea*-Werte sehr beträchtlich sind. Der spätglaziale Teil des Diagramms Weber Lake (Abb. 4) aus dem Norden Minnesotas, das hier gleichfalls in sehr vereinfachter Form wiedergegeben worden ist, zeigt dagegen hohe Kräuterprozentsätze, aber auch hier ist *Picea* mit rund 25% noch recht gut vertreten [2]. Das weist darauf hin, daß in dieser Umgebung während des Spätglazials in verhältnismäßig geringer Entfernung vom Rande des Inlandeises die Fichte gar nicht so selten war.

Daß *Picea* recht nahe am Eisrande vorkam, wird deutlich demonstriert in einem der von WEST (1961) veröffentlichten Diagramme aus Wisconsin. Die Ablagerung Disterhaft's Farm Bog wurde in einem Toteisloch in der Green Lake Moräne gebildet (Abb. 5). Von dieser Endmoräne zog sich das Eis einige Zeit vor dem Two Creeks Interstadial zurück. Später, während der Valderszeit, rückte das Eis wieder vor, und die Lage des Eis-

[1] Das vollständige Diagramm wurde veröffentlicht in WRIGHT, WINTER & PATTEN 1963.

[2] Für das vollständige Diagramm siehe FRIES 1962.

randes zur Zeit des maximalen Valders-Vorstoßes ist auf der Karte in Abb. 5 angegeben. Daraus ergibt sich, daß Disterhaft's Farm Bog nicht vom Eis überfahren wurde. Man darf dann auch erwarten, daß die Ablagerung von Sedimenten in diesem Toteisloch, die nach dem Rückzug des Eises begonnen hatte, während der Valderszeit nicht aufhörte. Das

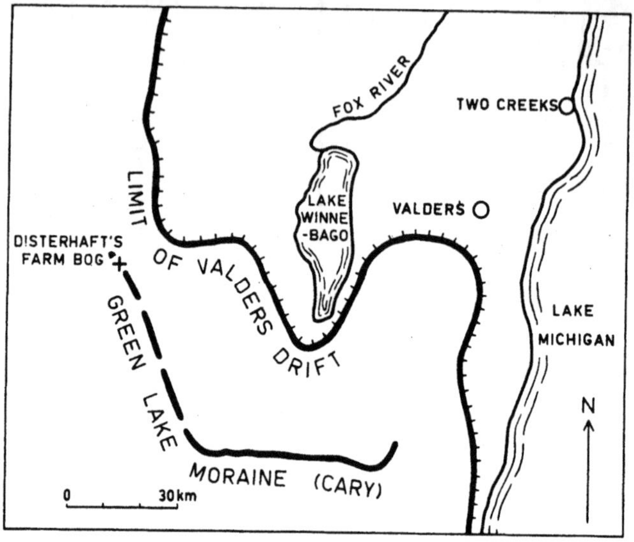

Abb. 5. Lagekarte der Ablagerung Disterhaft's Farm Bog (nach WEST 1961).

Pollendiagramm müßte deshalb Auskunft geben über die Vegetation in der Nähe dieses Sees während der Valderszeit, das heißt über die Vegetation in einer Entfernung von nur 15 bis 20 km vom Eisrande. In Abb. 6 ist der untere Teil des Diagramms Disterhaft's Farm Bog in vereinfachter Form wiedergegeben worden. Es ist sehr wahrscheinlich, daß Pollenzone 2 in diesem Diagramm das Two Creeks Interstadial repräsentiert, zu welcher Zeit der Wald ziemlich dicht gewesen sein muß. Auf Zone 2 folgt ein Anstieg der Kräuter, während von den Bäumen besonderes *Picea* eine

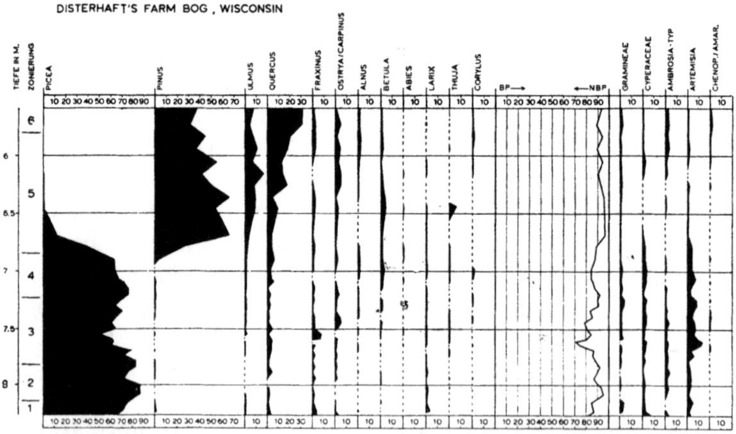

Abb. 6. Vereinfachtes Diagramm Disterhaft's Farm Bog (nach WEST 1961). Nur die untere Hälfte ist hier wiedergegeben worden.

Abnahme zeigt. Zone 3 ist also offenbar eine Periode, in der eine Klimaverschlechterung stattfand, und sie muß der Valderszeit entsprechen. Aus den noch recht hohen *Picea*-Werten in Zone 3 ergibt sich aber, daß während der Valderszeit hier in einer Entfernung von weniger als 20 km vom Eisrande Fichtenwald gestanden hat. Es läßt sich schwer entscheiden, ob das ganze Gebiet mit einem offenen Fichtenwald bedeckt war, oder ob es Fichtengruppen mit offener Vegetation dazwischen, also eine Parklandschaft gegeben hat.

Ist die Anwesenheit von Wald so nahe am Eisrande schon einigermaßen unerwartet, so ist das Vorkommen von Blütenstaub wärmeliebender Bäume in spätglazialen Ablagerungen vielleicht noch erstaunlicher. Dieses Phänomen wird gezeigt unter anderen im Weber Lake Diagramm (Abb. 4) ,wo im spätglazialen Teil *Fraxinus*, *Quercus*, der *Ostrya/Carpinus*-Typ und *Corylus* verhältnismäßig häufig sind. Auch in den anderen bis jetzt untersuchten späteiszeitlichen Ablagerungen aus diesem Gebiet sind die wärmeliebenden Bäume mit ziemlich hohen Werten vertreten. Nun kommt auch in spätglazialen Ablagerungen aus Nord- und Nordwest-Europa der Pollen thermophiler Bäume nicht selten vor. IVERSEN (1936) konnte überzeugend nachweisen, daß hier dieser Blütenstaub sekundären Ursprungs ist. In dem Geschiebelehm kommt nämlich Pollen interglazialen und sogar tertiären Alters vor. Während der Ablagerung der spätglazialen Schichten gelangte mit dem eingeschwemmten Geschiebelehm auch dieser Blütenstaub in die Seen. Es besteht unter den Pollenanalytikern kein Zweifel darüber, daß wenigstens in Nord- und Nordwest-Europa der Pollen wärmeliebender Bäume in späteiszeitlichen Schichten sekundären Ursprungs ist und keine Beziehung zur damaligen Vegetation hat.

Das Problem des Vorkommens von Pollen thermophiler Bäume in spätglazialen Ablagerungen in den USA ist ausführlich von ANDERSEN (1954) anläßlich des von ihm angefertigten Pollendiagramms aus Michigan diskutiert worden. ANDERSEN zog den Schluß, daß in der von ihm untersuchten spätglazialen Ablagerung George Reserve der Pollen thermophiler Bäume sekundär sein muß. Obwohl es sehr gut möglich ist, daß ANDERSEN in seinem Fall recht hat, darf dieser Schluß nicht verallgemeinert werden. So stehen aus Minnesota jetzt einige Analysen von Geschiebelehmproben zur Verfügung (WRIGHT, WINTER & PATTEN 1963). Diese Proben wurden dem Geschiebelehm unter den spätglazialen Schichten entnommen, so daß es ausgeschlossen ist, daß der eventuell im Geschiebelehm vorhandene Pollen später durch Oxydationsvorgänge verschwunden sein könnte. Das Ergebnis dieser Analysen ist ziemlich negativ, denn nur von *Picea* und Cyperaceen wurden einige Pollenkörner angetroffen, dagegen gar keine von wärmeliebenden Bäumen. Da der Geschiebelehm also keine Pollenkörner thermophiler Bäume enthält, liegen für die Auffassung des sekundären Ursprungs dieser Pollentypen keine Gründe vor. Obwohl Ferntransport nicht ohne weiteres ausgeschlossen werden darf, stößt man auch mit dieser Hypothese öfters auf Schwierigkeiten. Es ist demnach wahrscheinlich, daß in diesem Gebiet während des Spätglazials nicht nur *Picea* und andere boreale Arten, sondern auch Bäume wie *Quercus*, *Fraxinus* und *Corylus* vorkamen. In diesem Zusammenhang soll noch erwähnt werden, daß in einer spätglazialen Schicht in Minnesota die makroskopischen Reste von *Fraxinus pennsylvanica* Marsh. angetroffen wurden, zusammen mit denen von *Picea glauca* (Moench) Voss und *Larix* (ROSENDAHL 1948). Das Vorkommen dieser wärmeliebenden Bäume in der spätglazialen Vegetation weist darauf hin, daß trotz der Nähe des Inlandeises die Wachstumsbedingungen nicht zu ungünstig waren.

Da die Klimaverhältnisse im borealen Waldgebiet Kanadas sicherlich nicht ohne weiteres mit denen in Minnesota zur Zeit des Spätglazials zu vergleichen sind, darf man auch nicht erwarten, dort heute eine Vegeta-

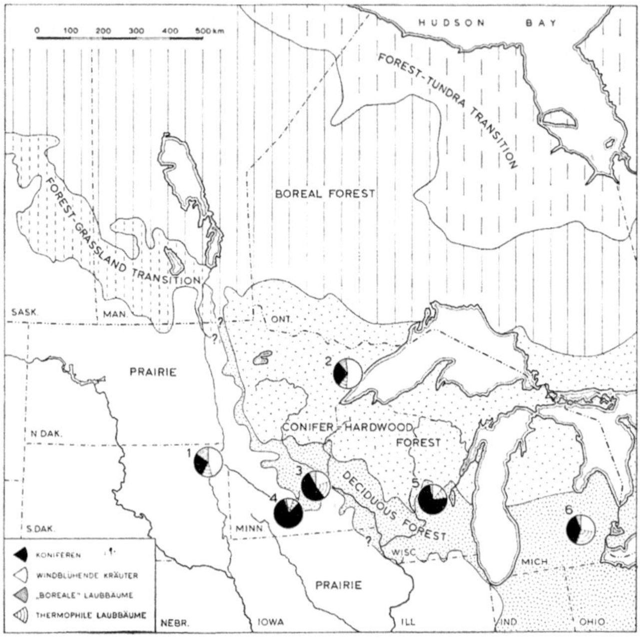

Abb. 7. Pollenniederschlagskarte für das Spätglazial.

1 Pickerel Lake (VAN ZEIST unveröffentlicht).
2 Weber Lake (FRIES 1962).
3 Kirchner Marsh (WRIGHT, WINTER & PATTEN 1963).
4 Madelia (JELGERSMA 1962).
5 Disterhaft's Farm Bog (WEST 1961).
6 George Reserve (ANDERSEN 1954).

tion vorzufinden, die der späteiszeitlichen in Minnesota völlig entsprechen würde. Im südlichen Teil des zentralkanadischen borealen Waldes, wo *Picea* schon eine vorherrschende Rolle spielt, kann man auf den günstigsten Standorten *Quercus macrocarpa* Michx., *Ulmus americana* L. und *Fraxinus pennsylvanica* Marsh. antreffen. Das beweist, daß ein Zusammengehen von borealem Fichtenwald mit wärmeliebenden Bäumen auch jetzt noch vorkommt und daß deshalb im Spätglazial ein ähnliches Vegetationsmuster sehr gut möglich gewesen sein muß.

Abb. 7 gibt eine Übersicht des Spätglazials aus den verschiedenen Diagrammen dieses Gebietes. Auch hier sind die schon vorher unterschiedenen Komponenten, nämlich Kräuter, Koniferen, wärmeliebende Laubbäume und boreale Laubbäume, dargestellt worden. Das Two Creeks Interstadial und die Valderszeit wurden hier zusammengenommen. Aus dieser Übersicht geht hervor, daß es freilich Unterschiede gibt, aber daß diese keinen direkten Zusammenhang mit den heutigen Vegetationszonen zeigen. So ist das Verhältnis zwischen Koniferen einerseits und wärmeliebenden Laubbäumen anderseits in den Diagrammen Weber Lake (2) und Kirchner Marsh (3) ungefähr gleich. Merkwürdigerweise kommt in dem südlichsten Diagramm Madelia (4) verhältnismäßig wenig Laubholzpollen vor. Der hohe Kräuter-Prozentsatz in dem spätglazialen Spektrum des Diagramms aus dem Präriegebiet (1) könnte vielleicht darauf

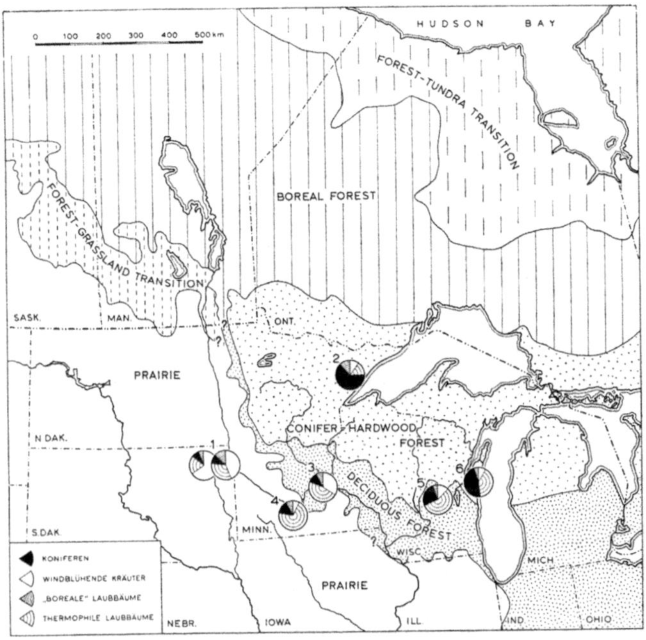

Abb. 8 Pollenniederschlagkarte für Zone C-a.

1 Pickerel Lake (VAN ZEIST unveröffentlicht).
2 Weber Lake (FRIES 1962).
3 Kirchner Marsh (WRIGHT, WINTER & PATTEN 1963).
4 Madelia (JELGERSMA 1962).
5 Disterhaft's Farm Bog (WEST 1961).
6 Seidel Lake (WEST 1961).

hinweisen, daß im Spätglazial die Vegetation dort schon einen Prärie-Charakter hatte. Es soll aber erwähnt werden, daß auch im Weber Lake Diagramm (2) die Kräuterwerte hoch sind, obwohl im Nordosten Minnesotas heutzutage von einer Prärievegetation keine Rede sein kann. Man kann also feststellen, daß die spätglaziale Vegetation wenig oder gar keinen Zusammenhang mit den heutigen Vegetationstypen aufweist.

Das änderte sich aber nach dem Spätglazial, als in verhältnismäßig kurzer Zeit – in vielleicht nicht mehr als 1000 Jahren – sich in großen Zügen die heutigen Vegetationsgebiete ausbildeten. Das Diagramm Kirchner Marsh (Abb. 3) ist ein gutes Beispiel der Vegetationsentwicklung zu Anfang des Postglazials. Auffallend ist die gewaltige Abnahme von *Picea*. Zu gleicher Zeit zeigt *Betula* eine starke Zunahme, gefolgt von einem

Pinus-Anstieg. In diesem Diagramm ist das *Pinus*-Maximum nur vorübergehend, und während der ganzen Zone C zeigt *Quercus* die höchsten Baumpollenwerte, wobei anfänglich auch *Ulmus* noch recht häufig ist. Seit dem Anfang von Zone C kommt in der Umgebung dieser Ablagerung ein Laubwald vor. Die *Pinus*-Werte von etwa 10% können auf Ferntransport zurückgeführt werden.

Abb. 8 zeigt die Mittelwerte der schon erwähnten Pollengruppen, jetzt für den ersten Teil von Zone C (nach DEEVEY 1939), Subzone C-a, das ist die Periode gleich nach der schnellen Vegetationsentwicklung im frühen Postglazial. In Gegensatz zum Spätglazial sieht man jetzt wesentliche Unterschiede. In Nord-Minnesota ist der Koniferenpollen dominant, während in den Diagrammen Kirchner Marsh und Lake Carlson (3) die wärmeliebenden Laubhölzer den höchsten Prozentsatz aufweisen. In Wisconsin lag auch damals die Grenze von Laub- und Mischwald irgendwo zwischen den beiden schon öfters diskutierten Seeablagerungen. Im Diagramm nördlich der heutigen Vegetationsgrenze (6) überwiegt der Koniferenpollen, in dem anderen Diagramm (5) der Blütenstaub wärmeliebender Bäume. Wenigstens im jetzigen Präriegebiet fand aber während dieser Periode noch eine gewisse Veränderung in der Vegetation statt. So zeigt das Pickerel Lake Diagramm (1) ganz im Anfang von Zone C noch verhältnismäßig niedrige Kräuterwerte; erst später ist der Kräuterpollen so häufig, daß die Annahme einer Prärie gerechtfertigt erscheint. Deswegen sind in diesem Fall zwei Kreise wiedergegeben worden, wobei der rechte die untersten Spektren von Zone C-a, der linke den späteren Teil dieser Subzone darstellt. In dem einzigen Spektrum des Madelia Diagramms (4), das noch gerade zur Zone C gerechnet werden kann, ist von der Nähe der Prärie nichts zu spüren, obwohl diese Stelle gerade noch innerhalb des heutigen Prärie-Areals liegt. Wenigstens im Osten der beiden Dakotas und im Südwesten von Minnesota ist die Prärie anscheinend erst im Laufe von Subzone C-a, jedoch immer noch zu einem frühen Zeitpunkt zur Ausbildung gekommen.

Zusammenfassend läßt sich also sagen, daß in diesem Teil der USA die heutigen Vegetationszonen sich wenigstens in großen Zügen schon ziemlich zu Beginn des Postglazials, vor etwa 8–9000 Jahren, gebildet haben. Das bedeutet aber keineswegs, daß seitdem gar keine Veränderungen in der Vegetation mehr stattgefunden haben. Im Gegenteil, die pollenanalytischen Ergebnisse deuten auf eine vorübergehende Trockenzeit im Laufe des Postglazials hin. So kann wenig Zweifel darüber bestehen, daß während dieser Trockenzeit der Eichenwald in der Umgebung von Kirchner Marsh ziemlich offen war und daß hier vielleicht sogar die Savanne vorherrschte. Man darf erwarten, daß besonders Diagramme aus der Nähe der heutigen Vegetationsgrenzen die Folgen einer Klimaänderung gut zum Ausdruck bringen werden. Diese Vermutung ist bestätigt worden durch die Untersuchungen von J. H. MCANDREWS (noch nicht veröffentlicht) im Nordwesten Minnesotas.

Es wird überflüssig sein zu betonen, daß nur einige Aspekte der spät- und nacheiszeitlichen Vegetationsgeschichte in Minnesota und angrenzenden Gebieten hervorgehoben worden sind und daß keineswegs versucht worden ist, dieses Thema erschöpfend zu behandeln. Das Ziel dieses

Aufsatzes war nur hinzuweisen auf die Möglichkeiten, welche auch in den zentral-nördlichen USA die Zusammenarbeit von Pflanzensoziologen und Palynologen bietet.

Die Zeichnungen sind von den Herren J. KLEIN und B. ROELINK angefertigt worden. Die Verfasser möchten Herrn Dr. K.-E. BEHRE (Wilhelmshaven) herzlichst danken für die Korrektur des deutschen Textes.

ZUSAMMENFASSUNG

In den zentral-nördlichen USA können drei Vegetationstypen unterschieden werden, nämlich Mischwald, in dem sowohl Koniferen als auch wärmeliebende Laubbäume vorkommen, Laubwald und Prärie. Es konnte eine gute Übereinstimmung festgestellt werden zwischen diesen Vegetationstypen und Pollenspektren aus der Zeit vor der Besitznahme des Gebietes vom weißen Menschen. Die Unterschiede in der spätglazialen Vegetation zeigen keinen direkten Zusammenhang mit den heutigen Vegetationszonen. Von besonderem Interesse ist das Vorkommen von Blütenstaub wärmeliebender Bäume in spätglazialen Ablagerungen in diesem Teil der USA. Die palynologischen Ergebnisse deuten darauf hin, daß die heutigen Vegetationszonen sich in großen Zügen schon vor etwa 8–9000 Jahren gebildet haben. Während einer Trockenperiode im Laufe des Postglazials sind diese Vegetationszonen vorübergehend in östlicher Richtung verschoben worden.

SUMMARY

In Minnesota and neighbouring states three major vegetation types can be distinguished, viz. conifer-hardwood forest, deciduous forest, and prairie. Pollen spectra from the time preceding the arrival of white man correspond well with these vegetation types. The inferred vegetation during late-glacial time does not show any correlation with the distribution of the vegetation types mentioned above. An interesting phenomenon in the late-glacial of the Midwest of the United States constitutes the presence of pollen of thermophilous trees. According to the palynological results, vegetation zones similar to those of the present came into existence in early post-glacial time, ca. 8–9000 years ago, but were temporarily replaced by eastward expansion of prairie and oak savanna.

Manuskript abgeschlossen im Januar 1963.

LITERATUR

ANDERSEN, S. T.: A late-glacial pollen diagram from southern Michigan. – Danmarks Geol. Unders. II. R., **80**: 140–155. 1954.

CURTIS, J. T.: The vegetation of Wisconsin. – Univ. Wisconsin Press. Madison, Wisc. 1959.

DEEVEY, E. S.: Studies of Connecticut lake sediments. Amer. J. Sci. **237**: 691–724. 1939.

FRIES, M.: Pollen profiles of late Pleistocene and Recent sediments at Weber Lake. northeastern Minnesota. – Ecology **43**: 295–308. 1962.

IVERSEN, J.: Sekundäres Pollen als Fehlerquelle. – Danmarks Geol. Unders. IV. R. **15**: 3–24. 1936.

JELGERSMA, S.: A late-glacial pollen diagram from Madelia, south-central Minnesota. – Amer. J. Sci. **260**: 522–529. 1962.

LEVERETT, F.: Surface formations and agricultural conditions of northwestern Minnesota. – Minn. Geol. Survey Bull. **12**. 1915.

ROSENDAHL, C. O.: A contribution to the knowledge of the Pleistocene flora of Minnesota. – Ecology **29**, 284–315. 1948.

ROWE, J. C.: Forest regions of Canada. – Canada Dept. No. Affairs Nat. Res., Forestry Branch, Bull. **123**. 1959.

WEAVER, J. E. & CLEMENTS, F. E.: Plant Ecology. – New York and London, Second Edition. 1938.

WEST, R. G.: Late- and postglacial vegetational history in Wisconsin, particularly changes associated with the Valders readvance. – Amer. J. Sci. **259**, 766–783. 1961.

WRIGHT, H. E., WINTER, T. C. & PATTEN, H. L.: Two pollen diagrams from southeastern Minnesota: Problems in the regional late- and postglacial vegetational history. – Geol. Society of America Bull. **74**: 1371–1396. 1963.

W. S. BENNINGHOFF:

In the United States we have been very pleased to have Dr. VAN ZEIST, Dr. FRIES, Dr. WEST, Dr. HAFSTEN and other pollenanalysts from Europe come to study our problems in North-America. It is stimulating and helpful for us to have the results of their investigations which provide views of our vegetation history as seen from their different experience (and often longer experience in pollenanalytical problems). We hope the European pollenanalysts will continue to come to North-America and to untertake some research problems there.

S. T. ANDERSEN:

Wie Herr BENNINGHOFF soeben zeigte, sind die orographischen Verhältnisse Nordamerikas von denjenigen Europas ganz verschieden, und man kann sich eine schnelle Einwanderung der südlichen Laubhölzer nach dem Rückzug des Eises ziemlich gut vorstellen. In meinem Pollendiagramm aus Michigan, das erwähnt wurde, kommen viele Pollen wärmeliebender Bäume, sogar südlicher Pflanzen wie *Liquidambar* und *Vitis* in der basalen Tonschicht vor, aber sie verschwinden fast völlig in der darüber liegenden Gyttja. Deshalb habe ich diese Pollen als sekundär eingeschwemmt angesehen.

Nun besitzt ein solches Diagramm-Fragment nur wenig Beweiskraft, und weitere Untersuchungen besserer Profile aus Michigan könnten leicht die Frage klären. Doch der Pollengehalt einer Tonprobe aus Minnesota kann wohl nichts über die Verhältnisse in Michigan aussagen. Durch das Eis umgelagerte Bodenschichten aus dem interglazialen Lake Erie könnten wohl eine ausgezeichnete Quelle für Sekundärpollen sein. Falls alle Laubbaum-Pollen in dem Michigan-Profil primär wären, müßte man sich ziemlich komplizierte Klimaänderungen vorstellen um ihr fast völliges Verschwinden in der *Pinus*-Pollenzone erklären zu können.

T. SUZUKI:

Die floristische Zusammensetzung der Nadelwälder des „Coastal forest" nach CLEMENTS ist verschieden von den Appalachen und vom Felsengebirge. Anstelle der *Abies-Picea*-Verbindung gibt es Kiefernwald. Kennt man historische Ursachen dafür?

W. S. BENNINGHOFF:

In connection with Dr. ANDERSEN's remarks that the possibility remains that some of the thermophilous tree pollens in the Late-glacial of Dr. VAN ZEIST's diagrams are rebedded, permit me to say, that in Michigan and Indiana we occassionally find *Lepidodendron* megaspores and other carboniferous micro-fossils in Late-glacial sediments. These microfossils certainly were rebedded!

K. FAEGRI:

Ich möchte Herrn ANDERSEN beipflichten. Ich glaube nicht, daß diese großen *Quercus*-Wälder überhaupt vegetationsgeschichtlich erklärt werden können. Sie müssen auf irgend einer pollenanalytischen Fehlerquelle beruhen: wahrscheinlich sekundäre Pollen, möglicherweise andere Fehlerquellen. Aber Vegetation kann das nicht sein. Das wäre vollkommen unmöglich.

Eine andere Frage, die ich gern hier anschneiden möchte sowohl in Verbindung mit diesem Vortrag als auch mit dem vorherigen, ist das Prärie-Problem. Ich muß allerdings gestehen, daß ich sehr wenig davon gesehen habe. Ich bin über einige hundert km^2 Prärie geflogen und habe einige km^2 durchgangen. Wenn man an der östlichen Grenze steht und über die Prärie in Minnesota hinausschaut, muß ein Mensch, der überhaupt Sinn für Vegetationsdynamik hat, sehen, daß die Prärie dort ganz künstlich ist, und daß sie mit dem Aufhören der Bisonjagd durch die Indianer zum Verschwinden verurteilt ist. Jetzt kommen überall Baumgruppen auf. Die einzige echte Prärie, die ich gesehen habe, ist ein kleines Stück auf einem Hügel auf feinem durchlässigen Sand. Dort standen *Stipa* und ähnliche Arten. Alles andere waren mesotrophe Wiesen!

W. VAN ZEIST:

Zur Frage des sekundären Ursprungs des Blütenstaubs wärmeliebender Bäume in spätglazialen Schichten (ANDERSEN, FAEGRI): Es ist sehr gut möglich, daß diese Pollen im spätglazialen Teil der „George Reserve"-Ablagerung (Michigan) sekundär ist. Man darf dieses Ergebnis nicht verallgemeinern.Die Anwesenheit von wärmeliebenden Bäumen in der späteiszeitlichen Vegetation von Minnesota und Wisconsin muß als ziemlich gesichert betrachtet werden.

Zur Präriefrage (FAEGRI): Im Übergangsgebiet von Prärie und Wald sieht man jetzt tatsächlich, daß die Graslandvegetation stellenweise vom *Corylus*-Gebüsch und Wald ersetzt wird. Man darf annehmen, daß durch die Aktivität der Indianer die Grenze nach Osten verschoben worden ist. Es besteht aber kein Zweifel, daß weiter westlich die Prärie eine vom Klima bedingte natürliche Vegetation ist.

DIE ERGEBNISSE DER PALYNOLOGISCHEN UNTERSUCHUNGEN IN JAPAN UND DIE PFLANZENSOZIOLOGISCHE BETRACHTUNG

von

SUZUKI-TOKIO, Ooita (Japan)

Die palynologischen Untersuchungen in Japan haben um das Jahr 1930 fast gleichzeitig mit den pflanzensoziologischen angefangen. Es gab zwei Forschungszentren. Das erste war in Kyôto und das zweite in Sendai. Daneben gab es auch einzelne Forscher, die sich mit diesem Problem beschäftigten und dazu etwas beitrugen. Heute haben wir wie in anderen Wissenszweigen sehr viele tätige Forscher sowie auch zahlreiche Ergebnisse in der Palynologie in Japan, wobei die oben genannten zwei Zentren noch als die bedeutendsten bestehen bleiben.

Die Schule von Sendai wurde von Prof. T. JIMBÔ begründet und nach seinem Rücktritt hauptsächlich von K. SOHMA (43–59) weiter geführt. Außerdem trugen M. SHIMADA (37–42) und N. TAKAHASHI zu den Pollenanalysen im Nordost-Japan bei. T. JIMBÔ (5) faßte die verschiedenen Untersuchungen über die tertiären Ablagerungen in Japan zusammen, er ist nun im Begriff diese bis zum Quartär zu erweitern. J. NAKAMURA von der Universität Kôchi, der auch zur Sendai-Schule gehört, hat in der Japanischen Palynologie Epoche gemacht durch seine vergleichenden Untersuchungen über die postglazialen Vegetations- und Klimawechsel. Er ist der einzige Palynologe in Südwest-Japan.

Die Schule von Kyôto hat sich aus dem ursprünglichen Zentrum, der Universität Kyôto in zwei Richtungen verzweigt. Die eine von Prof. T. YAMAZAKI (7–12) ist zur Kyôto Gemeinde-Universität gefloßen. Die andere hat sich unter der Leitung von Prof. S. MIKI, dem eifrigen Erforscher von makroskopischen Pflanzenresten, in der Stadt-Universität Osaka entwickelt. J. UENO (65–70) hat die Pollenmorphologie, Keimungsphysiologie und phylogenetischen Beziehungen des Pollencharakters studiert. M. TSUKADA (60–64) hat die Pollenanalysen in der Gebirgsregion von Mitteljapan gefördert. An der Universität Gunma ist einer von den Vorgängern S. HORI (31) in den palynologischen Untersuchungen Japans. Er trug zu den Pollenanalysen der Torfmoore von Mitteljapan ganz wesentlich bei. Aus den Bereichen der Geologie und Geographie haben sich viele Forscher für dieses Problem interessiert. Unter anderen hat sich M. SHIMAKURA an der Nara Universität für Wissenschaft und Kunst mit den Pollenanalyen des Tertiärs und Pleistozäns beschäftigt. N. HUZI (1, 2) an der Universität Kanazawa hat die Pollenflora aus dem Torfmoor des Berges Hakusan bearbeitet. Noch früher hat K. MIYAI Pollenanalysen von den Torfmooren der Insel Yaku und des Berges Kirisima gemacht. Zur

Zeit gibt es leider keinen Palynologen innerhalb der beiden Gegenden von Tyôgoku und Kyûsyû.

Im Großen können wir aus den bisherigen Untersuchungen der Palynologie in Japan zwei Forschungsgruppen erkennen. Die erste behandelt die rezenten Ablagerungen, hauptsächlich von postglazialem Torf, während die letzte sich auf die Pollenanalyse von tertiärer Braunkohle bezieht. Vom Pleistozän haben wir erst geringe Kenntnis. Diese Lücke wird durch die Studien von Prof. MIKI über makroskopische Pflanzenreste und von Prof. YAMAZAKI über Pollenanalysen von Südsachalin und Hokkaidô verringert.

I. DIE ERGEBNISSE DER UNTERSUCHUNGEN DER MAKROSKOPISCHEN PFLANZENRESTE

Um die verschiedenen Ergebnisse der bisherigen palynologischen Untersuchungen in Japan zusammenzufassen, wollen wir die Ergebnisse der Forschung über die makroskopischen Pflanzenreste vorausstellen.

MIKI hat Zapfen und Zapfenteile (10, 12, 15, 18, 21, 28) u. a. von Koniferen, Traubensamen, *Trapa*-Früchte u. a. hauptsächlich aus Ton gesammelt, und sie sorgfältig durchforscht. Es ist bekannt, wie er ein eigenes Forschungsgebiet über Pflanzenreste aufgebaut und besonders die lebende Fossilpflanze, *Metasequoia*, aus den Resten rationell rekonstruiert hat. Wir können aber auch sagen, daß er die pflanzensoziologische Untersuchung Japans bis auf das Neo-Tertiär zurückgehen ließ.

MIKI war nicht nur um die beschreibenden Untersuchungen bemüht, sondern hat auch ihre Ergebnisse in ein begriffliches System geordnet. Er unterteilt die tertiäre Waldflora Japans in die *Taxodiaceen*-Zeit und die *Pinaceen*-Zeit. Es gibt eine Gruppe von Arten in der Flora der *Taxodiaceen*-Zeit: *Glyptostrobus, Metasequoia, Sequoia, Cunninghamia* u. a. zusammen mit Laubbäumen, wie *Liquidambar* und *Paliurus*. Sie gediehen in Japan das ganze Miozän hindurch bis zum Pliozän. Dann verschwanden sie sehr rasch. Heute sind sie nur im Binnenland des Chinesischen Kontinents oder außerhalb des asiatischen Kontinentes erhalten geblieben.

Als charakteristische Flora der *Pinaceen*-Zeit, kann man folgende *Coniferen*-Arten angeben: *Pinus koraiensis, Picea bicolor, P. jezoensis* u. a. sowie Laubbäume wie *Fagus* und *Corylus*, die noch in den Japanischen Gebirgsgegenden sowie auch in Nordost-China existieren und als Reste aus derselben oder den anschließenden Lagern mit der Flora der *Taxodiaceen*-Zeit bis zu der Zeit ihres Verschwindens vorkommen.

MIKI untersuchte die ausgestorbenen Arten der verschiedenen *Koniferen*-Familien seit dem Tertiär durch Vergleich mit den heute noch lebenden Arten. Er ist zu dem folgenden Schluß gekommen: Die Lager, welch lebende Arten wie *Cryptomeria* und *Sciadopitys* einschließen, liegen abgetrennt mit einer Diskonformität von jenen, welche die aus dem heutigen Japan verschwundenen Arten wie *Cunninghamia, Glyptostrobus, Metasequoia, Sequoia* enthalten. Außerdem sind die beiden Fundorte voneinander in der Höhenlage entfernt; ein *Cryptomeria*-Lager liegt 20 m hoch über dem Meeresspiegel, während das *Metasequoia*-Lager 230 m ü. M. gefunden wird. Die Arten, die vom Miozän bis heute existieren, kann man in vier Gruppen einteilen: die erste, wie *Chamaecyparis pisifera, Picea bicolor* und *Picea maximowiczii*, die sich allmählich bis heute vermindert haben; die zweite, wozu *Chamaecyparis obtusa, Pinus densiflora, Torreya nucifera* gehören, hat sich dagegen allmählich vermehrt; die dritte, die *Picea jezoensis, Pinus koraiensis, Abies veitchii* und *Larix leptolepis* u. a. umfaßt, hat sich entweder nur in den Gebirgsgegenden Mitteljapans erhalten, oder nordwärts bis Hokkaidô zurückzogen; die letzte, wie *Podocarpus nagi*, hat sich während der Interglazial-Zeit ausgebreitet.

Als die wichtigste Ursache dieses Floren-Wechsels hat MIKI durch vergleichende Betrachtungen die Veränderung des Temperatur-Klimas bewertet, welche die Transgression und die Regression des Meerespiegels begleitete. Japan ist durch ein seichtes Meer, das gegen 200 m tief ist, von dem asiatischen Kontinent getrennt. Die Inseln waren mit dem Kontinent fast verbunden, wenn das Meer zurücktrat; dagegen, wenn das Meer vordrang, konnte das dadurch verursachte regenreiche Klima zusammen mit der hygrophilen Flora weiter in das Binnenland eindringen. Bei einer Regression würde sich das trockene Kontinentalklima umgekehrt meerwärts ausbreiten. Die eruptive Substanz des miozänen Vulkanismus hätte das angrenzende Meer ausgefüllt und die feuchten Tiefländer, wo *Glyptostrobus* u. a. gediehen, hätten sich weiter entwickelt. Aber später im Pliozän wäre das Meer bis zu einem niedrigeren Stande als dem heutigen zurückgeschritten. MIKI nimmt an, daß diese Regression das Ende der *Taxodiaceen*-Zeit entschieden hätte. Nach seiner Schätzung wäre die Temperatur in der pleistozänen Kältezeit 7.4°–2.0°C niedriger als in der rezenten, und *Pinus koraiensis* und die zugehörige Flora wären als Zeiger der kalten Zeit zu bewerten. Gewöhnlich begleitet eine Temperaturerniedrigung die Regression, aber zu dieser Zeit wäre der Meeresspiegel umgekehrt über die rezente Lage angestiegen. Man muß eine Pol-Verschiebung voraussetzen, um diesen Widerspruch zu beheben. Danach, in der interglazialen Epoche, gäbe es eine wärmere Zeit, in der *Podocarpus nagi* sich ausgebreitet hat. Die Reste von *Shiia*, einer Dominante des heutigen Klimaxwaldes im Südwest-Japan kommen hier mit *Quercus phillyraeoides*, einer vikariierende Art der europäischen *Quercus ilex* vor.

II. DIE PALYNOLOGISCHEN UNTERSUCHUNGEN IN JAPAN

Wie oben erwähnt, teilen sich die bisherigen palynologischen Beiträge in Japan in die Forschung über die tertiäre Braunkohle und diejenige im quartären Torf und Ton.

a. Pollenanalysen der tertiärer Braunkohle

Braunkohle kommt hauptsächlich in Nordost-Japan vor. Die Untersuchungen über die Pollenanalysen der Braunkohle der Sendai- und der Mogami-Gruppe sind sehr bemerkenswert, wozu M. SHIMADA (37–42), N. TAKAHASHI (38) und K. SOHMA (47, 49, 54, 58) von der Sendai Schule beigetragen haben. K. SOHMA und seine Mitarbeiter (51,55) haben auch Pollenanalysen von Braunkohle-Lagern gemacht, die im Tôkai- und Kinki-Gebiete vorkommen. Anderseits hat T. YAMAZAKI (72) auch die Mogami-Gruppe palynologisch untersucht und daraus folgendes geschlossen: Unter den zu dieser Gruppe gehörenden Formationen enthält noch das Simizu-Braunkohlelager die Flora der *Taxodiaceen*-Zeit, dagegen das darüber liegende Izumigawa-Lager diejenige der *Pinaceen*-Zeit. Das Ende der *Taxodiaceen*-Zeit von Miki wäre also zwischen diesen beiden Formationen.

Über die oben genannten Arbeiten hat Prof. Jimbô (5) eine ausgezeichnete Zusammenfassung gemacht. Die Sendai- und die Mogami-Gruppe haben die einander entsprechenden Lager bearbeitet. Darin sind Pollenfloren vorhanden, die der *Taxodiaceen*- bez. der *Pinaceen*-Zeit der makroskopischen Flora entsprechen. Die eine ist die aus dem heutigen Japan schon verschwundene Flora, mit *Sequoia, Metasequoia* und *Glyptostrobus*.[1]

Die andere enthält *Pinaceen* wie Kiefer und die Laubbäume. Besonders erzeugte die Mogami-Gruppe sehr reichlich *Alnus*-Pollen, was die Vorherrschaft von Sümpfen anzeigt.

b. Pollenanalyse der Quartär–Formationen

K. Sohma (46, 50, 51, 55) und M. Shimada (41) haben den quartären Torf aus verschiedenen Orten des Tokai-Gebietes palynologisch untersucht. Die Flora, die von *Fagus, Salix, Pinus* u. a. gebildet wird, zeigt ein kälteres Klima als das heutige an. M. Tsukada (64) hat den Torf des Frühpleistozäns aus dem Fluß-Gebiet von Toriigawa, Nagano-Präfektur palynologisch analysiert. Er hat daraus einen *Picea maximowiczii-Picea koyamai*-Wald, der von der heutigen Flora des anschließenden Waldes nicht unterscheidbar ist, festgestellt.

T. Yamayaki (71) hat die Pollenflora des Torfes aus Südsachalin und Hokkaidô mit dem Vermischungsanteile von *Picea jezoensis* und *Abies sachalinensis* mit der heutigen Waldflora verglichen. Nördlich der Linie, die Maguntan und Esutori in Südsachalin verbindet, übertrifft die Fichte die Tanne, aber südlich dieser Linie ist es umgekehrt. Die Ergebnisse der Pollenanalysen zeigen, daß diese Grenzlinie in einer Zeit des Pleistozäns südwärts bis zur Isikari-Talzone von Hokkaidô verschoben gewesen ist. Yamazaki hat auch das Vorkommen einer Lärche, *Larix gmelini*, die heute nur in Sachalin und auf den Kurilen wächst, aber in Hokkaido ganz fehlt, palynologisch im pleistozänen Torf von Hokkaidô festgestellt. Leider haben wir keinen entsprechenden Beweis aus dem Torf auf der Hauptinsel, weil der Torf hier weder so mächtig noch so üppig wie in Hokkaidô entwickelt ist.

Über den postglazialen Floren- und Klimawechsel hat J. Nakamura (1952) zuerst berichtet. Er machte eine Pollenanalyse vom Ozegahara-Moor, dem größen Torfmoor der Hauptinsel. Er hat die Ergebnisse mit denjenigen aus anderen Torfmooren in Honsyû, Sikoku und Kyûsyû verglichen. Er fand folgendes: Es gab eine kalte Zeit, d. h. R I, die unmittelbar der Eiszeit folgt. Damals dominierten die Koniferen, aber später in der R II-Epoche verbesserte sich das Klima, so daß die Buche und die sommergrüne Eiche in den Gebirgsgegenden und die immergrünen Eichenarten in den Ebenenländern die Koniferen übertrafen. Das Klima wurde seitdem wieder kälter. Also in der R III-Epoche bekamen die Koniferen

[1] Miki hat zunächst das Vorhandensein der *Glyptostrobus* bezweifelt, aber zuletzt gefunden, daß diese auch in Japan in kleiner Menge existiert habe.

ihr Übergewicht über die Laubbäume zurück. Es gab aber eine Übergangsperiode zwischen der R I und der R II, indem die Koniferen und die Laubbäume in den dazwischen liegenden Lagern einander übertrafen (R I–II-Zeit). Dieser Wechsel ist nicht nur in den verschiedenen Orten in Japan nachweisbar, sondern auch in Hawaii, Anglien und auch an der pazifischen Küste der Vereinigten Staaten entsprechend festgestellt worden. S. Hori (3) hat die Zeitdauer für die Bildung des Torfs im Yasimagaike-Moor, Yatugatake-Gebirge, mit mehr als 10000 Jahren angenommen. Er hat auch eine Zeiteinteilung der quartären Klimaänderung durch den Vergleich dieser Ergebnisse mit denjenigen des Oominenuma-Moors versucht. Es folgt daraus im Yasimagaike-Moor: Untere *Picea*-Zeit, Untere *Quercus*-Zeit, Obere *Picea*-Zeit, *Pinus*-Zeit, dagegen im Oominenuma-Moor: *Fagus-Ulmus*-Zeit, *Fagus-Quercus*-Zeit, Untere *Fagus*-Zeit, *Abies*-Zeit, Obere *Fagus*-Zeit, *Pinus*-Zeit. Es war kälter vor 10000 Jahren, aber es wurde wärmer vor 6000 Jahren, vor etwa 4000–3000 Jahren wurde es wieder kälter, und seitdem ist es wärmer geworden.

III. PFLANZENSOZIOLOGISCHE GESICHTSPUNKTE

Wenn man die heutige Vegetationsverteilung Japans betrachtet, kommt ein auffälliger Unterschied zwischen den Pflanzengesellschaften an der Seite des Japanischen Meeres und derjenigen des pazifischen Ozeans zutage.

Die ersten Gebiete will der Verfasser das Innere Japan, und die letzten das Äußere Japan nennen. Dies entspricht im Japanischen: Uranippon und Omotenippon.

Der Japanische Inselbogen ist eine peripherische Gebirgskette des asiatischen Kontinents. Diese Gebirgskette ist aber durch die Meere umschloßen und fast von Nord nach Süd gerichtet. Seine klimatische Eigentümlichkeit rührt von dieser geographischen Eigenschaft her. Wir kennen keine vergleichbaren Inselketten noch Gebirgsketten innerhalb der ganzen Nordhemisphäre. Die meisten peripherischen Gebirgsketten wie die Appalachen, das Felsengebirge in Nordamerika verlaufen an der Landseite. Das Klima Japans ist dadurch temperiert und regenreich. Der Einfluß des Monsuns ist besonders verstärkt, weil die Inselkette zwischen dem Kontinent und dem Ozean liegt. Die zentrale Gebirgskette der Inseln scheidet die Klimatypen sehr klar. Die Niederschlagsmenge übt nur einen beschränkten Einfluß auf die Vegetationsverteilung aus, denn das regenreiche Klima herrscht vor. Entscheidend wirkt aber die Temperatur, und die horizontalen sowie auch die vertikalen Zonierungen der Pflanzengesellschaften in Japan, obwohl sie hauptsächlich durch Temperatur bedingt werden, sind auch durch die oben erwähnten Klimatypen abgeändert. Ein schneereiches Klima herrscht im inneren und wintertrockenes Klima im äußeren Japan. Diese Gegenüberstellung der Klimatypen erklärt diejenige der Pflanzengesellschaften und die Beziehung zwischen beiden wird um so klarer, je höher die Lage der Vegetationsstufen ist.

Die Tiefland- und die Hügelstufe sind das Klimax-Gebiet des Immergrünen- Laubwaldes, der zum Verband des Shiion sieboldi gehört. In dieser Stufe kann man das Aucubeto-Cyclobalanopsidetum stenophyllae Y. Sasaki als charakteristich für das innere Japan, dagegen das Pittosporeto-Quercetum phillyraeoidetis Suz.-Tok. et Hatiya, das Rumohreto-Machiletum thunbergii Suz.-Tok. et Hatiya, das Daphniphylletum teysmanni Suz.-Tok. et Mori ausschließlich im äußeren Japan finden. Aber die Zonation innerhalb dieser Vegetationsstufe geht im großen Ganzen auf beiden Seiten der Inseln parallel. Das Aucubeto-Cyclobalanopsidetum enthält *Aucuba japonica* var. *borealis* als Zeiger des schneereichen Klimas: dagegen ist *Quercus phillyraeoides*, Dominante des Pittosporeto-Quercetum phillyraeoidetis, eine vikariierende Art der *Quercus ilex* im Mittelmeergebiete. In der submontanen Vegetationsstufe des Inneren Japan kommen lokal eigene Pflanzengesellschalten wie Rumohreto-Cryptomerietum Maeda, *Chamaecyparis dolabrata*-Wald u. a. vor, fehlen aber dort als eine vollkommene submontane Waldstufe. Im Äußeren Japan dagegen kann man Mischwälder wie Illicieto-Abietum firmae, Cariceto-Tsugetum sieboldii als zonale Pflanzengesellschaften der submontanen Waldstufe finden, wo die borealen Koniferen mit den Indo-Malayischen immergrünen Laubbäumen zusammenleben. Sie sind selten im Inneren Japan. Nach den palynologischen Ergebnissen traten sie in Japan schon im Anfange des Quartärs auf.

In der montanen Stufe sowie auch in der kalt-temperierten Region der horizontalen Zonation sind auch in Japan Buchenwälder vorherrschend. Aber diese sind in Japan dadurch eigenartig, weil die Buche mit immergrünem Unterwuchs vergesellschaftet ist. Dies ist eine Eigentümlichkeit des japanischen Buchenwaldes, des Fagion crenatae, gegenüber allen anderen Buchenwäldern des Nordhemisphäre. Das Fagion crenatae wird hauptsächlich aus zwei Assoziationen gebildet: die erste, Saseto-Fagetum crenatae im Inneren Japan: die zweite, Sasamorpheto-Fagetum crenatae im Äußeren Japan. Die zwei Assoziationen sind voneinander durch klare Kennarten und charakteristische Schicht-Struktur geschieden.

Wenn man in die subalpine Stufe aufsteigt, werden die Unterschiede noch deutlicher. Der boreale Koniferen-Wald ist auch in Japan vertreten durch das Abietion mariesii, den subalpinen Koniferen-Wald, aber dieser fehlt fast ganz im Inneren Japan. Hier reicht der Buchenwald unmittelbar bis zur Waldgrenze. Aber da entwickelt sich das Cariceto-Sasetum kurilensis zwischen der Waldgrenze und dem Vaccinieto-Pinetum pumilae, das der alpinen Stufe eigentümlich ist.

Der oben erwähnte Unterschied der Pflanzengesellschaften wird durch die Topographie und den Monsun verursacht. Diese Faktoren werden durch die historische Wirkung der Tektonik verstärkt, die besonders Südwest-Japan in einen äußeren und inneren Bogen teilt. Anderseits muß, wie die Ergebnisse der verschiedenen Forschungen an Pollen und makroskopischen Pflanzenresten zeigen, die beinahe von Nord nach Süd streichende Inselkette Wanderwege für die Pflanzen und die Pflanzengesellschaften ergeben, die durch die Klimawandlungen einmal nordwärts, ein andermal südwärts gerichtet waren. Es gab keine Barriere wie die Alpen und das Mittelmeer von Europa, sondern eher eine Wanderungsroute. Yamazaki hat schon gezeigt, daß die heutige Grenzlinie der Vorherrschaft von *Picea* gegen *Abies* in Süd-Sachalin einmal im Pleistozän südlich bis Mittel-Hokkaidô verschoben war. MIKI hat aus makroskopischen Pflanzenresten und J. NAKAMURA mit Hilfe der Pollenanalyse erklärt, daß sich die hauptsächlich auf Temperatur-Unterschiede begründete regelmäßige Zonation im Norden und im Süden, oben und unten alternativ gewandelt haben müssen. Steigen und Sinken des Meeresspiegels müssen Größe und Masse des Japanischen Meeres, das die Klimatypen und die Vegetationsverteilung so sehr beeinflußt, entscheiden. Wenn ein kaltes oder warmes Klima die Meeres-Regression begleitete, wandelte sich der Klimatypus des Inneren Japan ganz entsprechend: denn der Wintermonsun hatte in der Regressionsperiode ein trocknes Klima auf der Windseite der Insel anstatt des schneereichen Klimatyps der Transgressionsperiode, wie er das rezente verursacht. Wenn man auch die Polverschiebung voraussetzen mag, so würde sich nicht die relative Beziehung zwischen dem Kontinent und dem Ozean verändern, so lange die örtliche Beziehung zwischen Nord und Süd sowie auch zwischen Ost und West gegeneinander nicht umgekehrt wurden. Im Winter wehte der kalte Monsun immer vom Zentrum des Kontinents gegen den Japanischen Inselbogen hin. Als die Flora und die Vegetation des wärmeren Klimas nordwärts wanderten, müssen sie auf den Windseiten den Wintermonsun genoßen haben. Man kann ihre Relikte als immergrüne Zwergbambus-Arten und niederliegende Sträucher unter dem Buchenkronen-Dache finden.

Die eigene Flora des japanischen Buchenwaldes ist aber kein Relikt im engeren Sinne, das heute unverändert geblieben ist, sondern sie hat sich den neuen Lebensbedingungen des schneereichen Klimas angepaßt und ihren niederliegenden oder kriechenden Habitus erhalten. Folglich haben wir nun die Lebewelt Japans als einen Komplex, der aus den borealen Elementen der Koniferen- oder sommergrünen Wälder und denjenigen der Indomalayischen immergrünen Laubwälder vergesellschaftet ist.

Die Palynologie Japans hat einen Erfolg errungen, indem sie mit Hilfe der Erforschung makroskopischer Pflanzenreste das südliche Vordringen der borealen Koniferen festgestellt hat. Aber, wenn sie das Vordringen der südlichen Laubbäume nach Norden, besonders der immergrünen Bambus-Arten und der kriechenden Sträucher betrachten würde, könnte da nicht ein anderes ausgezeichtes Ergebnis erwartet werden?

Ich bin Herrn Professor TÜXEN an der Bundesanstalt für Vegetationskartierung, Stolzenau, für seine freundliche Hilfe im Korrigieren meines deutschen Manuskriptes, und Herrn Professor MIKI an der Stadt-Universität Osaka, der mir freundlicherweise das japanische Manuskript gelesen hat, zu Dank verpflichtet.

ZUSAMMENFASSUNG

Aus den Ergebnissen von Palynologie und der Erforschung makroskopischer Pflanzenreste wird klar, daß auch in Japan mehrmalige Meereserhebungen und Senkungen seit dem Tertiär vorgekommen sind. Bei jedem Wechsel muß das Japanische Meer, das zwischen dem Kontinent und dem Archipel liegt und so stark die Verteilung der klima-bedingten Pflanzengesellschaften durch Winter-Monsun entscheidet, die Wandlung von der nordischen und südlichen Flora verschieden beeinflußt haben.

SUMMARY

Palynology in Japan has started from two centres, Kyôto and Sendai, about 1930, when phytosociology made its first step in this country. The researches can roughly be divided into those of the tertiary brown coal and the analyses of the post-glacial peat deposits, and it is indispensable to combine the results of investigations of macroscopic plant remains with the achievement of pollen analyses.

From the remains of conifers, *Trapa* fruits and *Vitis* seeds etc., MIKI divided the Japanese Tertiary into the period of the *Taxodiaceae* and that of the *Pinaceae*. The end of the former is assumed to be caused by the commencement of the cooler climate, which dominated over Japan without regression (perhaps by pole-translocation of the earth). He also proved the transition of coniferous flora through diluvium, and the interglacial elements of warmer climate.

The climatic changes suggested by MIKI were also ascertained by the results of pollen analyses by JIMBÔ and SOHMA from tertiary brown coal.

By the pollen analyses of peat in Sachalin and Hokkaidô compared with the present mix-ratio of *Picea* against *Abies*, YAMAZAKI came to the conclusion that there existed a cooler period at one time in the diluvium, and *Larix gmelini*, which lacks now wholly in Hokkaidô was found there at that time.

NAKAMURA claims from his pollen analyses in Ozegahara Moor and peat bogs of Middle and West Japan, that three periods are detectable in the recent deposits and they are well comparable to the post-glacial worldwide climatic changes. HORI made the palynological researches of the thickest peat deposits fom Middle Japan and a rough estimate of their age.

The Japanese Archipelago is prominent of its dorsiventral feature in vegetational distribution. The arc is divided into the outer (pacific side) and the inner (the side of the Japan Sea) climatically as well as tectonically. In winter snowy climate lasts in the inner arc, while in the outer fine but windy weather is usual. Moreover the tectonic line of „Großmedianen" after RICHTHOFEN runs along the axis of the archipelago, splitting it into the inner and the outer halves. The higher a vertical state of the vegetational zone is, the more striking becomes the opposing relation of the plant-communities.

The Shiion sieboldi, the climax of the lowland and the hilly region, shows little difference between the snowy inner Japan and the windy outer Japan. The submontane coniferous forest makes in the outer arc an independent zone, but not in the inner. The montane beech forest of the alliance Fagion crenatae has two quite different associations corresponding to the two climatic types. The subalpine region of the Northeastern Japan Proper lacks in its proper climax forest of Abietion mariesii. The replaced community is the Sasion kurilensis, dwarf bamboo thicket.

The Japanese Archipelago with its main mountain chains lies nearly north to south along the eastern coast of the Eurasian Continent: there exists no barrier comparable to the Alps and the Mediterranean in Europe that have prevented the migration of the flora during the glacial periods.

One cannot deny, however, that the ascend and descend of the sealevel have accompanied the climatic changes. The Japan Sea must have been widened and narrowed in each change of climate.

The Japanese flora consists of two major elements, one from the boreal, circumpolar or Eurasian continental, the other of Indomalayan subtropical origin. Generally speaking ,the former is the conifers, and the latter is the broad-leaved evergıeens. They have migrated northward and southward since the tertiary time along the archipelago.

The Fagion crenatae has the peculiar character to have evergreen undergrowth below the deciduous canopy. The undergrowth flora is composed of dwarf bamboos, *Sasa* and *Sasamorpha* and dwarf prostrating broad-leaved evergreen shrubs. A set of dwarf varieties have developed in Japan, which are characteristic to the beech forest. They have their origical tall forms in the alliance Shiion sieboldi as subtrees, but adapted to the hibernation below snow cover, acquiring dwarf, creeping and sometimes radicant habit.

Japanese palynologists and investigators of macroscopic remains have more or less clarified the transition and migration of coniferous flora, but, if they tend their attention more to the pollens and macroscopic remains of these of the southern flora, their efforts will be rewarded by much more effects.

LITERATUR

1. FUJI, N.: Palynological study of quaternary deposit at the summit area of Hakusan volcano. The Palynological study of Cenozoic strata in Hokuriku region, Central Japan II. – Ecol. Studies of Hakusan Quasi-National Park. **61–74**. Pl. I–VI, 1960.
2. — Ibid. (japanisch).
3. HORI, S.: Pollen analytical studies on bogs of Central Japan, with special references to the climatic changes in the alluvial age. – Jap. J. Bot. **16** (1): 102–127. 1957.
4. ISHIZUKA, K.: A relict stand of Picea glehni Mast. on Mt. Hayachine, Iwate prefecture. – Ecol. Rev. **15** (3): 155-162. 1961.
5. JIMBÔ, T.: Die heutige palynologische Kenntnis von Ablagerungen der Vergangenheit in Japan. I. Zusammenfassende Darstellung über die Angaben, die Tertiären Ablagerungen betreffend. – Ecol. Rev. **14** (3): 329–341. Sendai 1958.
6. KATTÔ, J. and NAKAMURA, J.: Palynological studies of Cenozoic formation of Saida in Kagawa and of Mama in Kochi prefecture, Shikoku. – Bull. Soc. Plant Ecol. **3** (4): 162–166. Mar. 1954.
7. KONOE, R.: Preliminary study on the optimum temperature for the growth of Metasequoia and related genera. – J. Inst. Polytechn. Osaka City Univ. Japan. D–**11**: 100–108. Dec. 1960.
8. KORIBA, K. and MIKI, S.: Archeozostera, a new genus from upper cretaceous in Japan. – Palaeobotanist. **7** (2): 107–110. 1958.
9. MIKI, S.: Über Metasequoia. – 6. Sitzung vom Jap. Biol. Unterr. Osaka, (Japanisch). Sept. 1952.
10. — Taxodiaceae of Japan, with special reference to its remains. – J. Inst. Polytech. Osaka City Univ. **1**: 63–77. Oct. 1950.

11. — Trapa of Japan with special reference to its remains. – Ibid. Ser. D, **3**: 1–30. Dec. 1952.
12. — On Metasequoia, fossil and living (Japanisch). - Amat. Assoc. Miner. Jap. Kyôto 1953.
13. — On the systematic position of Hemitrapa and some other fossil Trapa. – Palaeobotanist **1**: 346–350.
14. — Über einige palaeobiologische Probleme aus den Ablagerungen im Kinki-Gebiete (Japanisch). – J. Biol. Soc. Osaka **7** (1): 5–8. 1954.
15. — The occurrence of the remains of Taiwania and Palaeotsuga (n. subg.) from Pliocene beds in Japan. – Proc. Jap. Acad. **30** (10): 975–981. 1954.
16. — Nut remains of Juglandaceae in Japan. – J. Inst. Polytechn. Osaka City Univ., Ser. D, **6**: 131–141, pl. I–IV. Oct. 1955.
17. — Über die fünf wichtigen Baumarten von Kiso vom Standpunkt der Paläobotanik (Japanisch). – Nagano For. Büro 1955.
18. — Remains of Pinus koraiensis S. et Z. and associated remains in Japan. - Bot. Mag. Tokyo **69** (820–821): 447–457. 1956.
19. — Seed remains of Vitaceae in Japan. – J. Inst. Polytech. Osaka City Univ. Ser D **7**: 247–271. 1956.
20. — Endocarp remains of Alangiaceae, Cornaceae, and Nyssaceae. Ibid. **7**: 275–295. 1956.
21. — Pinaceae of Japan, with special reference to its remains. Ibid. **8**: 221–272. pl. 1–10. Dec. 1957.
22. — K. Huzita and Kokawa, S: On the occurrence of many broad-leaved evergreen tree remains in the Pleistocene bed of Uegahara, Nishinomiya City, Japan. – Proc. Jap. Acad. **33** (1): 41-46. 1957.
23. — Gymnosperms in Japan, with special reference to the remains. – J. Inst. Polytech., Osaka City Univ., Ser. D, **9**: 125–152, pl. 1–3. Dec. 1958.
24. — Floral compositions in the remains of Gymnosperms and Gamopetalae from Japan. – Ibid. Ser. D, **10**: 89–93. 1959.
25. — Nymphaeaceae remains in Japan, with new fossil genus Eoeuryale. – Ibid., **11**: 63–78, pl. 1–5, Dec. 1960.
26. — Über die tertiären Pflanzenfossile aus Sasatu, Toyama Präf. Mem. Publ. Prof. Makiyama: 259–264, pl. I–II. July 1961.
27. Nakamura, J. and Kattô ,J.: Palynological studies of the Quaternary formations. On the alluvial formations near Kôchi and Sukumo. – Res. Rep. Kochi Univ. **2** (16): 1–5. Jun. 1953.
28. — Palynological studies of the Quaternary formations. 2. Coastal terrace deposits at Oono and Sawanohira, Kochi Prefecture Shikoku. – Bull. Soc. Plant Ecol. **3** (3): 108–111. Dec. 1953.
29. — and Ogi, S.: Palynological studies of Quaternary formations. (3) The moor of Ozegahara. – Jap. J. Ecol. **4** (1): 20–25. Apr. 1954.
30. — The size-frequency of Quercus pollen. – Res. Rep. Kochi Univ. **5** (21): 1–5. 1956.
31. — Pollenanalyses from two swamps of the Amami islands. – Rep. USA Marine Biol. Station **4** (4): 1–12, pl. I–II. May 1957.
32. — Pollenanalysis of Ozegahara moor. (1) Kamitasiro moor. – Bull. Soc. Plant Ecol. **1** (1): 36–39. 1951.
33. — and Nakayama, T.: Plant ecological researches on Nozikanoike moor, Sikoku. – Ibid. **1** (2): 88–94, 1951.
34. — Pollenanalysis of the brown coal from Anauti, Tosa. – Ibid. **1** (3): 132–133. 1951.
35. — A comparative study of Japanese pollen record. – Ibid. **2** (1): 18–29, 1952.
36. — and Kattô, J.: Palynological studies of the Cenozoic coal bearing formations. 1. The Shimane coal mine. – Ibid., **2** (4): 140–143.
37. Shimada, M.: Pollen Analyses on Lignites. 1. Three Pliocene Lignite Beds in the Environs of Sendai. – Sci. Rep. Tohoku Univ. Ser. 4. (Biol.) **19** (1): 47–50. 1951.
38. — and Takahashi, N.: Pollen Analyses of Lignites. II. Pliocene Lignites from the Neighbourhood of Shinjo. – Ibid. **19** (3): 270–273. 1952.

39. — Pollen Analyses on Lignites. III. Miocene Lignites in the Neighbourhood of Daijima, Oga Peninsula. – Ecol. Rev. **13** (4): 277–281. 1954.
40. —Pollen Analyses on Lignites. IV. Pliocene Lignites from Yamuke Formation of Mogami Group. – Ecol. Rev. **14** (1): 117–119. 1955.
41. — Pollen found in the Peat Deposit of the Pleistocene Mikatagahara Formation from Shizuoka Prefecture, Japan. – Ibid. **14** (2): 199–200. 1956.
42. — Pollen Analyses of Lignites. V. Pliocene Lignites from Sakegawa Formation of Magami Group. – Ibid. **14** (3): 256–266. 1957.
43. SOHMA, K.: Pollendiagramme der Torfablagerungen von Hachimantai im Vergleich mit denen von Hakkoda. – Ibid. **14** (1): 11–17. 1955.
44. — Pollenanalytische Untersuchungen der pliozänen Braunkohlen der Sendai-Gruppe. I. Übersichtliches. – Ibid. **14** (2): 121–132. 1956.
45. — Zur Pollenflora einer miozänen Braunkohle in Sendai. – Ibid. **14** (2): 133–136. 1956.
46. — Eine pollenanalytische Untersuchung von Braunkohle in der Provinz Mie, Mitteljapan. – Ibid. **15** (1): 9–12. 1956.
47 — Pollenanalytische Untersuchungen der pliozänen Braunkohlen der Sendai-Gruppe. II. Dainenji-Formation.– Ecol. Rev. **14** (3): 235–243. 1947.
48. — Zur Pollenflora der miozänen Braunkohle aus „Marutagawa", Sendai. – Ibid. **14** (3): 245–243. 1957.
49. — Pollenanalytische Untersuchungen der pleistozänen Torfablagerungen in der Umgebung von Sendai. – Ibid. **14** (3): 247–258. 1957.
50. Palynological Studies on Pleistocene Deposits in Japan. II. Coaly mud in the Neighbourhood of Kunô-zan, Shizuoka Prefecture. – Ibid. **14** (3): 257–258. 1957.
52. — Pollenanalytische Untersuchungen der Oberflächenproben des Berges Gassan. – Ibid. **14** (3): 251–253. 1957.
53. — Pollen Analysis of the Pliocene and Miocene Lignites from the Aizu Basin and from the Kitakami-River Area. – Ibid. **14** (3): 259–263. 1957.
54. — Pollenanalytische Untersuchungen der pliozänen Braunkohlen der Kitayama- und Kameoka-Formation. – Ibid. **14** (4): 273–288. 1958.
55. — Palynological Studies on a peaty Lignite and a Peat from the Environs of Nagoya. – Ibid. **14** (4): 289–290. 1958.
56. — Palynological Studies on Pleistocene peaty Lignites and a Pliocene Lignite from Aomori Prefecture. – Ecol. Rev. **14** (4): 291–300. 1958.
57. — and JIMBÔ, T.: Der Aschengehalt der Braunkohle in Beziehung zu ihrer Pollenflora. – Ibid: **15** (1): 1–4. 1959.
58. —, JIMBO, T., and SHIMADA, M.: Étude palynologique du lignite de la jeune partie de la groupe de Mogami. – Ibid. **15** (1): 5–7. 1959.
59. — and ISHIZUKA, K.: Pollen Analysis of Peat on a Sand Bar. – Sci. Rep. Tohoku Univ. 4. Ser. (Biol.) **26** (2): 107–107. 1960.
60. TSUKADA, M.: Pollen analytical studies of postglacial age in Japan. 1. Hyôtan-ike ponds on Shiga Heights, Nagano prefecture. – Journ. Inst. Polytechn., Osaka City Univ. Ser. D, **8**: 203–216. Dec. 1957.
61. — Untersuchungen über das Verhältnis zwischen dem Pollengehalt der Oberflächenproben und der Vegetation des Hochlands Shiga. – J. Inst. Polytechn., Osaka City Univ. Ser. D, **9**: 217–234. Dec. 1958.
62. — Pollen analytical studies of postglacial age in Japan. II. Northern region of Japan North-Alps. – Ibid. **9**: 235–249. Dec. 1958.
63. — Pollen analytical studies of postglacial age in Japan. III. Late-glacial plant-bearing deposit in montane zone in Central Japan. – Ibid. **10**: 65–73. Dec. 1959.
64. — Pollen analytical studies of postglacial age in Japan. IV. The Torii river area. (Five pollen diagrams of the Pleistocene.) – Ibid. **11**: 91–99. Dec. 1960.
65. UENO, J.: On Enkianthus. A classification of the genus Enkianthus based upon the characters of pollen grains and of crystals in the leaf. – Ibid. **1**: 55–62. Oct. 1950.

66. — Some palynological observation of Pinaceae. – Ibid. **9**: 163–177. Dec. 1958.
67. — Some palynological observations of Taxaceae, Cupressaceae, and Araucariaceae. – Ibid. **10**: 75–87. Dec. 1959.
68. — On the fine structure of the cell walls of some gymnosperm pollen. – Biol. J. Nara Women's Univ. **10**: 19–25. Jun. 1960.
69. — Studies on pollen grains of Gymnospermae concluding remarks to the relationships between Coniferae. – J. Inst. Polytechn., Osaka City Univ., Ser. D, **11**: 109–136. Dec. 1960.
70. — Palynological notes of Podocarpaceae. – Acta Phytotax. Geobot. **18** (7): 198–207. Dec. 1960.
71. YAMAZAKI, T.: Studies on the changes of the forests and the climate in southern Saghalien and Hokkaidô, based on pollen analysis. – Bull. Kyôto Univ. Forests. **21**: 1–79. Nov. 1951.
72. — Studies on the extinct period of Taxodiaceae in Japan. – Sci. Rep. Saikyô Univ. Agr. **8**: 1–9. 1959.

Frau MIDORI YOSHINO:

Prof. Dr. SAKAGUCHI von der Universität Tokio hat Untersuchungen über Pollenanalyse und Entwicklungsgeschichte der Torf-Moore in Zentral- und Nord-Japan gemacht. Seine Ergebnisse über Klimaänderungen im Holozän in Japan werden heute diskutiert.

In der ersten Zeit des Holozän war das Klima kühler als jetzt. Danach stieg die Temperatur. Als die Transgression ihr Maximum etwa 5000 v. Chr. erreichte, war das Klima wärmer und trockener als jetzt. Es gab dann eine plötzliche Änderung des Klimas gegen 1000 v. Chr. Die Temperatur ist gefallen und das Klima ist feuchter geworden. Dieser Abschnitt dauerte nicht lange. In der Zeit um Christi Geburt wurde es wieder trockener. Diese Wärmezeit entspricht dem klimatischen Optimum in Europa.

ÜBER DIE TORFMOORE RUMÄNIENS UND ÜBER DIE HERKUNFT IHRER FLORA

von

EMIL POP, Cluj (Rumänien)

Die Anzahl der bisher bekannten Torfmoore Rumäniens beträgt 440, mit einer Gesamtoberfläche von 7082 ha. Obgleich verhältnismäßig arm an Zahl und im allgemeinen wenig ausgedehnt, stellen sie jedoch ganz bemerkenswerte biotische Erscheinungen dar, angesichts ihrer Lage im Endgebiet der alpino-karpatischen Bergkette, einer Zone des Kontaktes und des Ineinanderdringens geographischer Provinzen: der feuchteren und temperierteren zentraleuropäischen, der entschieden kontinentalen osteuropäischen und der wärmeren südeuropäischen.

Die weitaus größte Mehrzahl der rumänischen Moore befindet sich im Inneren des Karpatenbogens. Von den übrigen liegen die meisten an den äußeren Gebirgshängen, nahe der Kämme. Aus diesen Gründen stellen sie Pflanzenformationen von zentraleuropäischem Typus dar, aber mit besonderen biogeographischen Eigentümlichkeiten. Sie können im allgemeinen aus dem ernährungsphysiologischen und floristischen Standpunkte in die drei auch für Zentraleuropa üblichen Hauptkategorien eingereiht werden: das eutrophe, oligotrophe und Übergangs-Moor.

I. DAS EUTROPHE MOOR

Innerhalb Rumäniens sind 15 Gebiete eutropher Moore stark verschiedenen Umfanges, verschiedener Höhe und edaphischer Bedingungen zu unterscheiden (Abb. 1 A). Deren gemeinsames Kennzeichen sind im allgemeinen Bodensenkungen mit Grundgewässern, die an Nährsalzen reich sind.

Die 173 eutrophen Moore, einschließlich den entwässerten, nehmen zusammen 5730 ha ein. Sie sind zwischen 100–1300 m Höhe verbreitet, vom Steppenbereich bis in die Fichten-Zone und nehmen verschiedene Senken ein, die durch Erosionen, tektonische Bewegungen oder Erdrutsche entstanden sind. Die größten und interessantesten von ihnen sind diejenigen, welche sich in den großen und relativ hohen tektonischen intrakarpatischen Senken bildeten: die Bîrsa-Senke mit einer durchschnittlichen Höhe von 500 m, am nördlichen Fuße des Bîrsa-Gebirges; die Ciuc-Senke im oberen Flußbett des Olt (640–700 m); die Giurgeu-Senke am Oberlauf des Mureş (710–820 m); die dreifache Drăgoiasa-Bilbor-Borsec-Senke (820–1020 m) zwischen dem Giurgeu- und Bistriţa-Gebirge der Ostkarpaten gelegen.

Diese Senken entstanden infolge der heftigen pliozänen vulkanischen

Ausbrüche, während denen sich die Harghita-Gebirgskette erhob, mehr oder weniger parallel zu dem alten kristallinischen Karpaten-Kamm. Die etwa 100 lebendigen eutrophen Moore aus diesen Senken, mit einer Gesamtoberfläche von 3000 ha, beherbergen eine reliktartige Flora, die nicht nur sehr artenreich ist, sondern vom biogeographischen Gesichts-

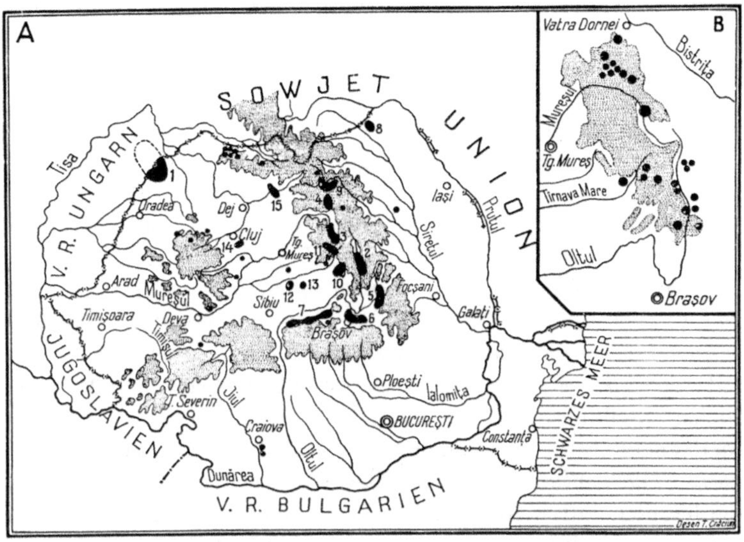

Abb. 1A. Die Gebiete Rumäniens mit eutrophen Mooren.

1. Crasna-Becken; 2. Ciuc-Becken; 3. Giurgeu-Becken; 4. Drăgoiasa-Bilbor-Borsec-Senke; 5. Tîrgu-Secuiesc Becken; 6. Bîrsa-Senke; 7. Olt-Becken in Siebenbürgen; 8. Dersca-Lozna-Au; 9. Dorna-Becken; 10. Harghita-Fuss; 11. Praid-Dealu-Plateau; 12. Rora (Rohrbach) im Agnita-Rayon; 13. Şaieş-Feld; 14. Sălicea-Moore; 15. Nimigea-Zagra-Moore. Nicht numeriert: abgesonderte Moore (Aus Pop 1960).

B. Die mineralisierten eutrophen Moore im Harghita-Gebiet.

punkt bedeutungsvoller als diejenige anderer bekannter eutropher Moore ist. Ich zitiere aus deren Flora: *Meesea hexasticha, Paludella squarrosa, Dryopteris cristata, Potamogeton alpinus, Sesleria coerulea, Calamagrostis canescens, C. neglecta, Carex appropinquata, C. buxbaumii, C. davalliana, C. dioica, C. diandra, C. elongata, Calla palustris, Tofieldia calyculata, Betula humilis* (mit *B. warnstorfii*), *Salix starkeana, S. pentandra* [1], *Stellaria longifolia, Drosera anglica, Saxifraga hirculus, Ribes rubrum, R. nigrum, R. alpinum, Spiraea salicifolia, Rubus suberectus* (*nessensis*), *Euonymus nana, Viola epipsila, Cnidium dubium, Angelica palustris, Lysimachia thyrsiflora, Primula farinosa, Armeria alpina* ssp. *barcensis, Swertia perennis, Polemonium coeruleum, Melampyrum saxosum, Pedicularis sceptrum carolinum, Adenophora liliifolia, Achillea impatiens, Ligularia sibirica* (fo. *araneosa*).

Abgesehen von einigen endemischen Taxonen, diese selbst von mikrothermem Typus (*Armeria alpina* ssp. *barcensis, Melampyrum saxosum*

[1] In den eutrophen Mooren aus der Valea Frumoasă (Sebeş-Gebirge, Südkarpaten) und in den eutrophen Abschnitten der Hochmoore aus dem Călimani-Gebirge (Ostkarpaten) vegetiert auch *Salix bicolor* (*S. phylicifolia*).

und *Ribes heteromorphum*), oder von einigen Arten aus temperierteren Gegenden (*Carex davalliana, Tofieldia calyculata, Euonymus nana, Adenophora liliifolia*), besteht die absolute Mehrheit der zitierten Arten aus arktisch-alpinen oder nördlich-zirkumpolaren Elementen, häufig massiv vegetierend in der eurosibirischen Arktis oder sogar in der amerikanischen. Aber außer dieser bemerkenswerten Erscheinung ist besonders hervorzuheben, daß die eutrophen Moore, mit denen ich mich hier beschäftige, Grenzen oder Kardinalpunkte von Arealen für verhältnismäßig viele von den angeführten Arten darstellen.

Einige von ihnen erreichen in den eutrophen Mooren Siebenbürgens die nach Süden am weitesten vorgeschobenen Vorposten ihres Weltareals, wie: *Meesea hexasticha, Paludella squarrosa, Dryopteris cristata* (wahrscheinlich), *Betula humilis, Salix starkeana, Stellaria longifolia, Viola epipsila, Pedicularis sceptrum carolinum, Achillea impatiens, Cnidium dubium* (wahrscheinlich), *Spiraea salicifolia.*

Die westlichsten Fundorte ihres Areals in den erwähnten Mooren besitzen: *Achillea impatiens* und *Euonymus nana.*

Calamagrostris neglecta nimmt in den intrakarpatischen Mooren ihre südlichste Stellung in Europa ein.

An der südlichen Grenzlinie ihres Areals stehen: *Carex dioica, Saxifraga hirculus, Polemonium coeruleum, Swertia perennis, Ligularia sibirica* [1]. Diese letztgenannten Arten haben keine südlicheren Fundorte auf den karpatischen Meridianen, verbreiten sich jedoch südlicher im Gebirge der Halbinseln Europas gegen Westen oder in den Bergen Asiens östlich der Karpaten.

Einige andere Arten, die in den angeführten Mooren verbreitet sind, werden nur von manchen sporadischen Erscheinungen übertroffen etwas südlicher der Karpaten, sei es noch in Rumänien oder in den Bergen der Balkanhalbinsel (*Sesleria coerulea* in Moorfundorten, *Calla palustris, Calamagrostis canescens, Carex elongata, C. appropinquata, C. diandra, Drosera anglica, Ribes nigrum, Rubus suberectus, Angelica palustris, Lysimachia thyrsiflora*).

Selbstverständlich sind alle erwähnten nördlichen Arten schon nach ihrem arealgeographischen Verhalten als Eiszeitrelikte anzusehen. Die Stratigraphie der Moore beweist, daß diese Pflanzen sich in situ von der Eiszeit bis jetzt erhalten konnten, und damit sind sie wahrhaftige Glazial-Relikte. Zahlreiche von den eutrophen Ablagerungsstätten Siebenbürgens und insbesondere manche aus den zitierten intramontanen Senken begannen sich während der Eiszeit zu schichten. Einige davon schlossen ihre Entwicklung noch im Präboreal ab, noch während der Kiefernzeit, oder etwas später während der Postglazialzeit. Die jetzigen Relikte konnten sich folglich auf demselben Raum von der Eiszeit bis jetzt ununterbrochen entwickeln.

Die eutrophen Moore, von welchen die Rede ist, haben demnach eine grundsätzliche phytogeographische Bedeutung, durch ihre Rolle, daß sie von der Eiszeit so viele und so ausdrückliche Eiszeitpflanzen erhalten

[1] Vielleicht auch *Primula farinosa*, die im Balkan von *Primula exigua* (*P. farinosa*, ssp. *daurica*) ersetzt wird.

haben, indem sie diese als Eiszeitrelikte bis heute konservierten, und indem sie sie teilweise auch auf neuere Moore übertrugen.

Diese Rolle wurde durch die verhältnismäßig hohe Lage der Moore und deren z.T. beträchtliche Ausdehnung und durch eine lokale Variante des Klimas, die kälter und ziemlich kontinental ist, erleichtert.

Dabei ist auf einen ganz eigenartigen begünstigenden Umstand hinzuweisen: das Vorhandensein zahlreicher eutropher Moore, die sich rings um die Mineralwasser-Quellen bildeten, welche gänzlich oder teilweise sowohl den Torf als auch die lebende Schicht des Moores tränken.

Durch die schon erwähnten pliozänen Ausbrüche wurde der alte kristallinische Grund auf zahlreichen sekundären Bruchlinien verschiedenartiger Länge und Richtung zerbrochen. Auf deren Trajekt entspringen unzählige CO_2-haltige und ziemlich kalte Mineral-Gewässer, die in ihrem Lauf verschiedene neuere Gesteine durchsickern und auflösen und dadurch einen sehr verschiedenen Chemismus aufweisen. Um die Quellen bilden sich gewöhnlich breite und lockere Limonit- oder Travertin-Kegel, und wenn das Abfließen der Mineralwässer verhindert ist, können sich Torfmoore von eutrophem Typus bilden. Von den 100 Mooren der Senken vom Inneren oder aus der Nähe der Harghita-Bergkette verdanken 23 ihr Dasein den Mineralwasser-Quellen (Abb. 1B). Diese beherbergen im allgemeinen die aufgezählten Eiszeitrelikte, aber es ist besonders erwähnungswert, daß eben einige Arten aus dem südlichen Extrem ihres Areals ausschließlich in Mineralwasser-Mooren vegetieren wie *Meesea hexasticha, Paludella squarrosa, Salix starkeana, Saxifraga hirculus,* oder andere, die augenscheinlich diese Komplexe bevorzugen, wie *Carex dioica, Betula humilis, Drosera anglica, Ligularia sibirica.*

Die Vegetation dieser bedeutsamen Relikte in den Mineralwasser-Mooren kann nicht einem ökologischen Vorzug zugeschrieben werden. Sie flüchteten in diesen ökologisch exzessiven Komplex, welcher sie in ihrem Wettbewerb mit den an das eutrophe Moor sowie auch dem allgemeinen Klima angepaßten Arten schützte. Durch die Anpassung der Relikte an die Mineralwasser-Quellen wurde der Vorgang der klimatischen Ausrottung dieser Eiszeitrelikte vermindert und verspätet.

Wir fügen noch hinzu, daß zur Blockierung einer so großen Anzahl torfbewohnender Eiszeitrelikte in den intrakarpatischen Senken auch das allgemeine Relief beitrug. Der hohe Kamm der Süd-Karpaten, gefolgt von der tief gesenkten Donau-Ebene, haben einer eventuellen Wanderung der besprochenen Relikte gegen den Balkan in der kälteren Periode der Nacheiszeit mächtige Hindernisse entgegengestellt.

II. DAS ÜBERGANGSMOOR

In zahlreichen Mooren vom eutrophen Typus, nachdem diese die Relief-Senken, in denen sie sich bildeten, ausfüllten, erschienen oligotrophe Sphagnetum-Augen mit *Eriophorum vaginatum* oder sogar *Vaccinium oxycoccos, Scheuchzeria palustris* und andere kennzeichnende Hochmoorpflanzen. Im Flachland ist diese Erscheinung ganz außergewöhnlich. Je mehr wir aber uns der charakteristischen Höhe und dem Klima des karpatischen Hochmoores nähern, d.h. beiläufig von 800 m an, um so häufiger erscheinen die *Sphagnum*-Inseln in den eutrophen Mooren und dadurch entwickeln sie sich zu Übergangs- oder sogar Hochmooren. Die Erscheinung ist besonders häufig im Falle jener eutrophen Moore, welche in den Gruben nach Erdrutschen der weiteren Gesteine im Hügel- und Bergland entstanden sind.[1] Aber diese Erscheinung ist ziemlich häufig auch in den höheren eutrophen Mooren, die unter der Mitwirkung der Mineralwasser-Quellen entstanden sind, in den moorigen Abschnitten, welche von dem Einfluß des Mineralwassers herkommen.[2]

Ausnahmsweise bemerkt man auch das Umgekehrte, wenn ein ausgebildetes Hochmoor sekundär von Mineral-Gewässern überschwemmt wird und teilweise in ein mehr oder weniger eutrophes Moor umgestaltet wird.[3]

Eine besondere Stellung unter den Übergangsmooren haben die zahlreichen sogenannten „bahne" (Flachmoore) des Dorna-Beckens aus den Ost-Karpaten, unserem Hauptgebiet der Hochmoore. Das sind Moore mit viel Wasser, mit noch dünnem Torf und häufigen *Sphagnum*-Komplexen, im allgemeinen den Laggs der dortigen Hochmoore sehr ähnlich. Ihre jetzige Vegetation ist noch gemischt, weist jedoch auf eine sichere Entwicklung zum Hochmoor hin.

Die verhältnismäßig neuzeitige Erscheinung der Entwicklung vieler eutropher Moore zu Hochmooren ist außer der edaphischen Ursache auch dem subatlantischen feuchteren und kälteren Klima aus der letzten Phase der Nacheiszeit zuzuschreiben. Ich beharre auf der stratigraphisch reichlich bewiesenen Tatsache, daß die Erscheinung eine bemerkenswerte Häufigkeit am Anfang der Nacheiszeit zeigt, als sich die alten S p h a g n e t e n zu entwickeln begannen. Beinahe jedes unserer Hochmoore, die aus dieser Periode stammen, begann mit einem Übergangsmoor über einem eutrophen Moor aus der *Pinus*-Zeit. Die Übergangsmoore der Gebiete, mit deren Mooren wir uns befassen, haben demnach zwei Perioden von mächtiger Bedeutung, die mit den zwei Hauptphasen aus der Entwicklungsgeschichte des Hochmoores übereinstimmen.

In diesem Kapitel der Übergangsmoore möchte ich die interessanten, noch unvollständig erforschten Moore aus den Süd-Karpaten, besonders aus den Hochgebirgen Retezat, Parîngu, Ţarcu und Gugu erwähnen. Sie befinden sich gewöhnlich in Gletscherkesseln, beiläufig zwischen 1700 und 2050 m Höhe, weit über dem karpatischen Niveau der Hochmoore. Sie sind ziemlich zahlreich und kommen im allgemeinen durch die meist unvollkommene Vertorfung der Seen in dieser Stufe zustande. Ihr Torf ist, mit einigen Ausnahmen, dünner und im allgemeinen jung-postglazial.

Ihre Vegetation entfaltet sich vorzugsweise auf einer S p h a g n e t u m-

[1] Zagra-Nimigea (Rayon Năsăud, 320–420 m), Şaieş (Rayon Agnita, 415 m), Băgău (Rayon Aiud, 440 m), Sălicea-Feleacu (Rayon Cluj, 700 m).

[2] Z. B. Harghitaliget (Rayon Odorhei, 786 m), Borsec (Rayon Topliţa, 880 m, heute durch Abbau vernichtet), Drăgoiasa (Rayon V. Dornei ,1020 m), Băile Harghita (Rayon Odorhei, 1300 m), Băile Büdös (Rayon Ciuc, Gemeinde Sîntimbru, 1150 m).

[3] Z. B. Dorna Cîndrenilor (Rayon Vatra Dornei, 850 m), Bálványos (Rayon Tg. Secuiesc, 940 m), z. T. auch Băile Büdös (Rayon Ciuc, Gemeinde Sîntimbru, 1150 m).

Unterlage zu welcher sich einige Hochmoorpflanzen gesellen: *Eriophorum vaginatum, Carex pauciflora, Vaccinium uliginosum,* aber es fehlen die ausdrucksvollsten von ihnen (*Vaccinium oxycoccos, Andromeda polifolia, Drosera* u.a.). Hingegen mischen sich hierzu so viele Arten der anmoorigen Stellen eutrophen Typus aus der subalpinen und alpinen Zone, daß ich bis zur Ergänzung ihres Studiums diese subalpinen Moore vorläufig als Zwischentypus, aber für eine über dem Wald gelegene Stufe spezifisch, ansehe.

III. DAS HOCHMOOR

In Rumänien sind 10 Gebiete oligotropher Moore zu unterscheiden, von denen das Dorna- und Harghita-Becken in den Ost-Karpaten die bedeutendsten sind (Abb. 2).

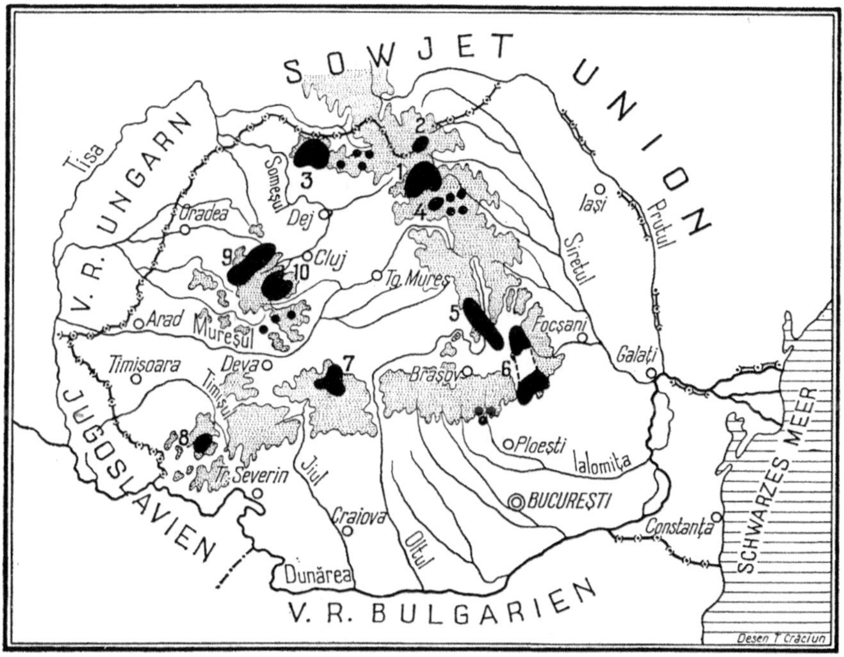

Abb. 2. Die Hochmoorgebiete Rumäniens.

1. Dorna-Becken; 2. Lucina; 3. Oaş-Maramureş-Gebiet; 4. Călimani-Gebirge; 5. Harghita-Gebirge; 6. Nemira-Cotul Buzăului; 7. Das obere Becken des Sebeş-Flusses; 8. Semenic-Gebirge; 9. Der obere Lauf des Someşul Cald-Flusses; 10. Der obere Lauf des Someşul Rece Flusses. (Aus Pop 1960).

(Abb. 1–2. Punktiert: Höhe über 800 m).

Die Anzahl dieser Hochmoore ist 267 und umfaßt eine Gesamtoberfläche von 1352 ha.

Sie sind an das Muttergestein (Eruptivgesteine, kristalline Schiefer, Sandsteine) und an ein Klima mit reichen Niederschlägen gebunden, welches in der oberen Buchen- und in der unteren Fichtenzone (ungefähr 800–1400 m), aber in dem Apuseni-(Bihar)-Gebirge zwischen 900 und 1700 m zur oberen Fichtenzone herrscht. [1]

[1] Die Niederschläge aus der typischen Hochmoor-Zone überschreiten 750 mm jährlich. Die übliche Menge ist 1100–1200 mm.

Die Mehrzahl unserer Hochmoore ist auf flachem Boden gelegen, sei es, daß sie sich unmittelbar auf dem Muttergestein bei Quellen bildeten, sei es, daß sie sich über einem reifen eutrophen Moor entwickelten, sei es schließlich, daß sie aus einer Versumpfung von Wäldern, meistens von Fichtenwäldern, stammen. Hangmoore entwickeln sich im Bereiche der Abhangsquellen.

Eine beträchtliche Anzahl von Hochmooren bilden sich durch das Anfüllen der oligotrophen Seen mit *Sphagnum*-Torf (14 der großen Hochmoore). Ich hebe diejenigen hervor, welche die Krater der erloschenen Vulkane einnehmen, eine Lokal-Varietät, die höchst interessant ist und sich im vulkanischen Oaş-Gutîi-Harghita-Gebirge befindet, welches sich infolge der schon erwähnten neogenen Ausbrüche erhob. Bisher wurden sechs Hochmoore in den erloschenen Kratern dieser Bergkette festgestellt. Der Typus dieser ist das bisher bestbekannte und besterforschte Hochmoor „Mohoş" aus der östlichen Haghita.[1]

Diese Krater-Hochmoore sind im allgemeinen sehr tief, (der Mohoş hat zum Beispiel eine 10,5 m dicke Torfschicht), und besitzen eine üppige Vegetation. Sie sind mit einem oder mehreren primären Seen mit ziemlich regelmäßigen Umrissen geschmückt, neben welchen auch kleine sekundäre Seen vorhanden sein können, die sich nach Erosionen oder Rissen in der Torfmasse bildeten.

Unsere Hochmoore gehören im allgemeinen dem kontinentalen Typus an im Sinne POTONIÉs und dem ombrogenen Typus im Sinne VON POSTS und GRANLUNDS. Die charakteristischesten unter ihnen, die ostkarpatischen, sind im allgemeinen mehr oder weniger von *Pinus silvestris* besiedelt, welche von anderen Hochmoor-Bäumen und -Sträuchern begleitet wird.

Es liegt nicht in meiner Absicht hier die Flora und Vegetation der Hochmoore, mit denen ich mich befasse, zu umreißen. Ich möchte jedoch hervorheben, daß sie, im Gegensatz zu den eutrophen Mooren, zum Teil auch algologisch und faunistisch erforscht wurden. Ich erwähne bloß, daß ihre Flora viele kennzeichnende Arten des zentraleuropäischen oder sogar des nordischen Hochmoors beherbergt, sowohl in den gewölbten Teilen als auch in den Laggs. Es fehlen jedoch einige ausgesprochen atlantische Arten (*Erica tetralix*, *Myrica*), baltische (*Chamaedaphne*), boreal-arktische (*Rubus chamaemorus*) u.s.w. *Ledum palustre* wurde im vorigen Jahrhundert angegeben, ohne daß sein genauer Wuchsort angeführt wurde; seither ist es aus der Flora des Landes verschwunden. Ich füge jedoch hinzu, daß im Gegensatz zu den weiter im Norden gelegenen manche unserer Hochmoore unter anderen *Bruckenthalia spiculifolia* in den *Sphagnum*-Polstern beherbergen, und in den Lagg-Abschnitten *Pedicularis limnogena* und *Swertia punctata*, Pflanzen die auch im Balkan-Kleinasien oder Balkan-Kaukasus vegetieren und aus den zentraleuropäischen und nordischen Hochmooren fehlen.

Ich möchte noch hervorheben, daß das ost- und südkarpatische Hochmoor das hauptsächlichste Refugium von *Pinus silvestris* darstellt, welche

[1] Umfaßt 80 ha bei 1050 m Höhe und ist ein gesetzlich geschütztes Naturdenkmal.

bis zu Beginn der Nacheiszeit unsere Wälder beherrschte, bis sie dann von den siegreichen Arten der Wälder neueren Typen verdrängt wurde.

Einige unserer Hochmoore (im ganzen 10) sind teilweise oder völlig mit *Pinus montana* bewachsen, manchmal in außergewöhnlich tiefen Lagen.[1]

Hier interessieren uns vor allem die charakteristischen arktischen und alpino-borealen Arten unserer Hochmoore, welche Glazialrelikte darstellen:

ALGEN: *Eunotia septentrionalis, E. parallela, Achnanthes kryophila, A. linearis, A. coarctata* var. *rhomboidea, Gomphocymbella ancyli, Frustulia rhomboides* var. *saxonica, Pinnularia petsamoënsis, P. streptoraphe, P. stomatophora, P. divergens, Neidium affine* var. *longipes, Cymbella heteropleura, Conochaete klerbahnii, Staurastrum simonyi, St. geminatum* u.s.w.

MOOSE: *Sphagnum wulfianum, Sph. balticum,* und in eutrophierten Abschnitten: *Helodium lanatum, Paludella squarrosa, Meesea triquetra.*

GEFÄSSPFLANZEN: *Lycopodium inundatum, Scheuchzeria palustris, Carex limosa, C. magellanica, C. pauciflora, C. loliacea, Rhynchospora alba, Betula nana, B. humilis* (am eutrophen Rand), *Empetrum nigrum,*[2] *Viola epipsila* (eutrophere Ränder), *Drosera rotundifolia, D. obovata, D. intermedia, Andromeda polifolia, Vaccinium oxycoccos* mit ssp. *microcarpum, Ledum palustre* (verschwunden), *Trientalis europaea* (bis jetzt in einem einzigen Hochmoor aus dem Nemira-Ciucgebirge).

In Laggs findet man auch charakteristische Relikte eutropher Moore: *Dryopteris cristata, Calamagrostis neglecta, Calla palustris, Salix bicolor, S. myrtilloides, Lysimachia thyrsiflora, Ligularia sibirica* f. *araneosa* u.a.

Diese Arten, sowie das Hochmoor selbst haben eine besondere phytogeographische Bedeutung. Im atlantisch-baltischen Klima steigt das Hochmoor bis zum Meeresufer hinab. Je mehr man sich von dieser Gegend ins Kontinent-Innere entfernt, desto häufiger findet man die Hochmoore im Gebirge. Gegen Südosten enden die typischen Hochmoore im Bogen der östlichen und südlichen Karpaten, eben in der Gegend, mit welcher ich mich befasse. Sie erscheinen erst wieder in großer Entfernung gegen Osten hin, im Kaukasus, gegen Süden findet man sie jedoch nicht mehr. In den manchmal ausgedehnten Sphagneten aus dem Ostbalkan fehlen unter anderen eben diejenigen Arten welche das diagnostische Kriterium des klimatischen oligotrophen Hochmoores darstellen: *Andromeda polifolia, Vaccinium oxycoccos, Carex pauciflora, Scheuchzeria palustris* und mitunter sogar *Eriophorum vaginatum.* Unsere Hochmoore stellen somit Grenzsteine gegen Süden dar, sogar als biogeographische Formationen. Es ist sodann natürlich, daß auch die Hauptarten des Hochmoores eben hier auf vorgeschobenen oder extremen Vorposten gegen Süden sich befinden.

In der Tat besetzen einige von ihnen die südlichsten Fundorte ihrer Weltgrenze in unseren Hochmooren: *Sphagnum wulfianum, Helodium lanatum, Betula nana, Vaccinium oxycoccos,*[3] *Ledum palustre.* Andere be-

1 Im Hochmoor Poiana Brazilor aus dem Ostgebirge erreicht *Pinus montana* seine niedrigste Lage in unserem Land (1000 m) inmitten der Buchenregion.

2 Erscheint sporadisch auch außerhalb der Hochmoore.

3 Der Fundort aus Italien ist, so viel ich weiß, nicht bestätigt.

finden sich an der Südgrenze ihres Areals oder vielleicht auf ihrem extremen südlichen Punkt: *Scheuchzeria palustris* (südlicher in den Alpen und Pyrenäen), *Carex pauciflora, Salix myrtilloides, Trientalis europaea* (südlicher in Savoyen?).

Ich füge hinzu, daß in unseren ostkarpatischen Hochmooren zahlreiche Tierarten, mit aktueller arktisch-borealer Verbreitung beobachtet wurden, zweifellos Eiszeitrelikte aus unserer Gegend (Protozoen, Rotatorien, Tardigraden, Arthropoden).

Die Herkunft der Reliktflora des Hochmoores ist nicht so einfach zu ergründen wie die der Flora des eutrophen Moores. Der eindeutige Charakter der Pflanzen und Tiere der Hochmoore als Eiszeitrelikte, scheint im Gegensatz zu dem Alter des Hochmoores selbst als ausschließlich nacheiszeitliche Formation zu stehen.

Alle palynologischen Nachforschungen, die bis jetzt an 26 pleistozänen Torfablagerungen (mit 36 Profilen) durchgeführt wurden, weisen konvergent darauf hin, daß unser glazialer und finiglazialer Torf eutroph ist, vorherrschend aus *Carices* und Laubmoosen gebildet, jedoch ohne oder nur sehr selten aus beigemengtem *Sphagnum*. Die Torfprofile vom letzten Interglazial zeigen ebenfalls deutlich, daß die spärlichen *Sphagnum*-Reste allmählich gegen den Höhepunkt der Eiszeit verschwinden. Die heutigen ökologischen und geographischen Forschungen zeigen hingegen, daß das Hochmoor eine Klimax-Formation des atlantischen Klimas darstellt, welches feucht und ohne Temperaturextreme ist. Aus den genügend zahlreichen palynologischen Beweisen kann man jedoch keine anderen Schlüsse ziehen, als daß unsere letzte Eiszeit kalt-kontinental und daher ungeeignet für die Bildung von Hochmoor war. Das Hochmoor ist somit kein Überbleibsel der Eiszeit in den besprochenen Gegenden, sondern eine neue nacheiszeitliche Formation. In diesem Umstand verböte uns die Logik die charakteristischen floristischen und sogar die absolut eigenen Komponenten des Hochmoors als eiszeitliche Relikte anzusehen, eine Ansicht, die arealgeographische und ökologische Beweise uns als sicher erscheinen lassen.

Eine aufmerksame Untersuchung in der heutigen borealarktischen Zone, besonders in den Gegenden mit mehr kontinentalem Anhauch, könnte uns zufriedenstellend aus der Klemme helfen. Wenigstens ich persönlich blieb von diesem Zustand überzeugt nach der aufschlußreichen XIII. I.P.E. durch Finnland und das nördliche Norwegen, während der ich besonders der subarktischen Vegetation und den kontinentalen Föhrenwäldern Aufmerksamkeit schenkte. Je weiter man aus dem temperierten Europa gegen Norden vordringt, desto mehr erweitert sich die ökologische und soziologische Amplitude unserer Hochmoorpflanzen. *Andromeda polifolia, Vaccinium oxycoccos, Carex pauciflora, Scheuchzeria palustris, Betula nana, Carex magellanica, Trientalis europaea,* wahrscheinlich auch *Ledum palustre,* das inzwischen verschwunden ist, sind bei uns ausschließlich Hochmoorarten; beinahe ausschließlich ist dies auch *Empetrum nigrum.*

Die alte und neue Literatur über die Moore und Wälder Finnlands, aber besonders die neuesten Arbeiten von Kalela, Ruuhijärvi, Havas,

LOANAMAA u.a. oder die „Flora of Troms Fylke" von BENUM, die uns überreicht wurden, sind in dieser Hinsicht eindeutig.

Umsomehr haben mich eigene Beobachtungen überzeugt, die es gestatteten, selbst in den unerwartetesten Extremen das ökologische Register der aufgezählten Arten festzustellen.

Andromeda z.B. sahen wir außerhalb von ausgesprochen oligotrophen Komplexen vegetieren: in gemischten Torfverbindungen oder sogar am Fuße eines Birkenstammes, vom moorigen Boden gelöst (Ahmovaara-Joki), in Gemeinschaft mit *Pedicularis sceptrum carolinum* und anderen Arten eutropher Moore (Poulanka-Aylö), in einem typisch eutrophen Komplex bei Kitinen, bei einem pH = 6, im eutrophen Grund in Naarasaapa, bei pH = 6,2, am Ufer des Kevosees, in Abwesenheit des *Sphagnum* in Finnland; auf den Dolomiten von Börselv, auf dünnen Böden der Gesteine von Honingsvåg, auf saurem Humus in Kwaenangenfellet, in Felssprüngen auf dem Berg Javreoaive in Norwegen etc.

Vaccinium oxycoccos vegetiert desgleichen häufig in Hochmoor-fremden Komplexen, unter anderen in den Übergangs-, oder sogar in eutrophen und sehr schwach sauren Mooren, wie die bereits erwähnten von Ahmovaara-Joki, Poulanka-Aylö, Naarasaapa, etc.

Scheuchzeria (seltener beobachtet) vegetiert in Naarasaapa, dann in Ahmovaara-Joki auf einem moorigen Grund, der nicht unter Hochmoore eingereiht werden kann.

Carex magellanica, in den Karpaten und, soviel ich weiß, auch in den Sudeten nur im Hochmoor anwesend, vegetiert in den erwähntenMooren auch in eutrophen und Übergangskomplexen.

Ledum palustre vegetiert außerhalb von oligotrophen Sphagneten in verschiedenen Pinetum-Fazies, auf dünnem Felsboden (Kaunispää!), zwischen den Felsmoosen (Ufer des Tanasees), am felsigen Ufer des Inari-Flusses etc.

Es wäre geradezu verwickelt, wollten wir die Verschiedenheit der arktischen und subarktischen Standorte von *Betula nana* und *Trientalis europaea* feststellen, welche zu den kostbarsten Relikten in den karpatischen Hochmooren gehören. *Betula nana* ist aus zwei Hochmooren der rumänischen Karpaten bekannt (Lucina, im „Obcinele Bucovinei"-Gebirge, 1200 m, und Lucs, im Harghita-Gebirge, 1079 m) und *Trientalis* aus einem einzigen Hochmoor (Kicsi Romlás, im Nemira-Ciuc-Gebirge, 940 m), wo es von Kiefern beschattet auf *Sphagnum*-Polstern wächst.

Außer in Wäldern, subarktischem Buschwerk, Mooren von verschiedensten Typen, vegetiert *Betula nana* im Norden auch an Felsen geklebt auf arktisch-alpinen Windflächen. *Trientalis* hingegen ist vielleicht am wenigsten einer beliebigen Formation treu, indem es in Nadel- und Laubwäldern (auch in der U.d.S.S.R.) in Mooren und auf Felsen, selbst auf kahlem Lehm (Ton) am Rande eines Birkenhains unweit von Inari in Lappland gesehen wurde.

Es ist nicht nötig über das Verhalten von *Empetrum nigrum* zu berichten.[1]

Weniger scheint *Carex pauciflora* den sauren Komplex verlassen zu

[1] In den Karpaten außerhalb des Hochmoores selten auffindbar.

wollen, obwohl auch sie in wenigstens mesotrophen Komplexen von den finnischen Moorforschern zitiert wird.

Da das Hochmoor vor dem Postglazial entschieden fehlte, bleibt uns keine andere logische Erklärungsmöglichkeit als die Herkunft seiner Flora in solchen (spät-) eiszeitlichen Formationen zu suchen, welche mehr oder weniger analog gewesen waren mit den erwähnten heutigen Formationen des Nordens, die keine Hochmoore darstellen, aber doch Hochmoorpflanzen beherbergen. Ich bin überzeugt, daß derartige Analogien in unserer glazialen und spätglazialen Vegetation existierten. Die palynologischen Nachforschungen erwiesen, daß während der letzten Eiszeit der Wald hier in Gestalt von Pineten fortdauerte, welche seltener auch andere Nadelhölzer zusammen mit einigen widerstandsfähigen Laubbäumen beherbergten. Diese reifen kontinentalen Pineten könnten nebst den arktisch-subarktischen Formationen aus dieser Zeit vielfache Standorte für die jetzigen Hochmoorpflanzen gewesen sein.

Ich betone jedoch entschieden, daß es sich um eine Analogie und nicht um eine Identität handelt, da die klimatischen und pedologischen Bedingungen sicherlich von denen der heutigen gegen Norden vorgedrungenen Pineten verschieden waren. Aber die Unterschiede könnten um so mehr für die von mir formulierte Auslegung sprechen.

Es ist bedauerlich, daß man in den erwähnten Gebieten nicht andere Vegetationstypen kennt, die zu jener Zeit mit den Pineten wechselten und um so mehr, daß wir keine Daten über anmoorige Stellen haben, welche sicherlich häufig waren. Man verfügt hingegen über verhältnismäßig viele Beweise über damalige eutrophe Moore. Die makroskopischen Pflanzenreste, teilweise selbst der Blütenstaub, sind ziemlich schlecht in ihrem Torf erhalten,[1] so daß man nicht genügend und unumstößliche Beweise für das Vorhandensein unserer Hochmoorpflanzen in ihrer Flora erbringen kann. Es wurde hingegen das pH aller pleistozänen Torfproben aus Rumänien untersucht.[2] Die Ergebnisse sind ziemlich mannigfaltig, aber es ergibt sich, daß damals saure oder sehr saure Ablagerungen vorherrschten. Besonders diese, dann die anmoorigen Stellen und die verschiedenen Pinetum-Fazies, waren sicherlich passende Standorte für die jetzigen Hochmoorpflanzen.

Am Anfang des Postglazials, als das Klima und der Boden dem Hochmoor günstig zu werden begannen, sind diese Arten mit breiterem ökologischen Register ins Hochmoor geflüchtet und haben sich dem neuen moorigen Komplex angepaßt. Dieser wurde eine Zufluchtstätte auch für *Pinus silvestris* selbst, die führende Art aus dem Glazial und Finiglazial, die aber vom neuen Klimaxkomplex entthront wurde.

Als Schlußfolgerung, stellt die jetzige Hochmoorflora einen im Postglazial spezialisierten ökologischen und sozialen Komplex dar, und

[1] Es wurden bis jetzt als makroskopische Reste bemerkt: *Hypnaceen*, außergewöhnlich auch *Sphagnum, Pinus silvestris, Carices, Betula nana, Alnus* sp., *Salix myrtilloides, S. lapponum, S. herbacea.*

[2] E. Pop – B. Diaconeasa, in „Probleme de biologie", Bukarest 1962. Es wurden 337 pleistozäne Moorproben untersucht, bei welchen das pH stark variiert von 0,95 (Mineralisierung!) bis 7,75. Ihre absolute Mehrzahl befindet sich aber in der sauren Skala.

stammt von einer relativ heterogenen Flora ab, die bis zum Anfang des Postglazials in verschiedenen Vegetationstypen aber insbesondere in den damaligen eutrophen Mooren und anmoorigen Stellen verstreut war. Alle diese Vegetationstypen waren von kontinentalen Kieferwäldern beherrscht.

Folglich können wir es als wahrscheinlich betrachten, daß die ziemlich verschiedenartigen aber nicht hochmoorigen Standorte, die heute in nordischen Gegenden Hochmoorpflanzen beherbergen, nicht sekundäre Unterkünfte dieser Arten darstellen, die aus dem jetzigen ombrogenen und oligotrophen Komplex gekommen sind. Im Gegenteil, stellen sie vermutlich reliktartige und scheinbar anachronische Standorte dar und sind mehr oder weniger vergleichbar mit denen, die zur Eiszeit die damals nicht einheitliche Flora der jetzigen Hochmoore unterbrachten.

Ich bin nicht sicher, daß meine bibliographische Untersuchung genügend gründlich ist, aber sie konnte mir bis jetzt keine positiven Daten hinsichtlich der eventuellen Existenz des Hochmoores als Pleistozän-Formation aus anderen Gebieten, besonders aus West- und Nord-Europa liefern. Eine mündliche Beratung mit Kollegen FIRBAS bekräftigte mir diesen Schluß. Der Bedingungskomplex der Umwelt war damals für das Hochmoor nicht begünstigend.

Deshalb bin ich der Meinung, daß es angezeigt wäre, das Problem des Alters des Hochmoores einem umfassenden und vergleichenden Studium zu unterziehen. Ich glaube insbesondere, daß die C^{14} Methode die geeignetste wäre um das genaue Alter der ersten Hochmoor-Torfschichten der verschiedenen eurasiatischen Regionen festzustellen. Diese Forschung wird den oder die Punkte der postglazialen Ersterscheinung des Hochmoores bestimmen können, sowie die Richtungen in denen das Hochmoor nach und nach vordrang. Hiemit könnte man erfahren ob die jetzige atlantische Heimat des Hochmoores gleichzeitig auch seine erste Heimat ist. Ich zweifle nicht, daß die Ergebnisse interessante paläoklimatische Bedeutung haben werden.

ZUSAMMENFASSUNG

Die Torfmoore Rumäniens (440 auf 7082 ha) haben eine besondere phytogeographische Bedeutung durch ihre Genesis als auch durch die massige Erhaltung der Eiszeitrelikte, von denen zahlreiche die Kardinalpunkte ihres Weltareals eben in diesen Torfmooren erreichen.

Unter den eutrophen Mooren werden in dieser Hinsicht diejenigen unterschieden, die sich in den weiten und hohen tektonischen intrakarpatischen Depressionen eiszeitlicher Herkunft bildeten. Hierher gehören die von Mineralquellen überschwemmten eutrophen Moore, deren exzessiver Chemismus die Vegetation einiger seltener Glazialrelikte begünstigte.

Die oligotrophen Torfmoore sind im allgemeinen von kontinentalem (POTONIÉ), ombrogenem Typus (VON POST – GRANLUND). Unter ihnen heben wir diejenigen hervor, die sich in erloschenen Kratern der ostkarpatischen Eruptiv-Zone bildeten.

Die Hochmoorflora setzt sich aus typischen Glazialrelikten zusammen, obwohl die stratigraphischen und paläoklimatischen Forschungen kategorisch das Auftreten dieses Moortypus im Postglazial beweisen. Diese scheinbar unverständliche Erscheinung kann durch das Vorhandensein von sauren, den heutigen arktischen-subarktischen Vermoorungen ähnlichen Standorten während der letzten Eiszeit erklärt werden, in denen floristische Elemente vegetierten, die sich im Postglazial dem ombrogenen Hochmoor anpassten.

SUMMARY

The peat bogs of Rumania (440 per 7082 ha) have a special phytogeographical significance both through their genesis and by their peculiarity to preserve the glacial relics, among them numerous reach here, in these bogs, the cardinal points of their world areas.

In this respect one can mark out the eutrophic peat bogs, which have developed in the large and high tectono-intracarpathical depressions of glacial origin. To these one can include the eutrophic peat bogs impregnated with mineral springs. Their special chemical compounds promoted the growth of some exceptional glacial relics.

The oligotrophic peat bogs are generally of continental type (Potonié), ombrogenous (von Post – Granlund). Among them we emphasize those which have developed within the extinguished crater of the east-carpathian eruptive zone.

The flora of these oligotrophic peat bogs consists of typical glacial relics, in spite of the fact that the stratigraphical and paleoclimatical researches undoubtedly proved the postglacial genesis of this type of bog. This phenomenon ambiguous to all appearences can be explained by the existence during the last ice age of some acid swamps, very similar to those actual arctic-subarctic marshes. In those swamps probably have grown the floristical elements, which in postglacial period have been specialized in ombrogenous peat bogs.

LITERATUR

Academia Republicii Populare Romîne. Institutul de geologie şi geografie – Academia de Stiinte a U.R.S.S. Institutul de geografie: Monografia geografică a Republicii Populare Romîne I. Geografia fizică. – Bucureşti. 1960.

Benum, P.: The Flora of Troms Fylke .– Tromsö 1958.

Ciobanu, I.: Cercetări polenanalitice în munţii Retezatului. Recherches d'analyse pollinique dans les monts du Retezat (Résumé). - Studia Universitatis Babeş-Bolyai, Ser. II, **2**. Biologia: 47–65. 1960.

Firbas, F.: Einige Bemerkungen über die Ernährung der Hochmoore. Veröffentlichungen des Geobot. Inst. Rübel in Zürich, **25**: 177–200. Bern 1952.

Firbas, F.: Waldgeschichte Mitteleuropas. I. – Jena 1949.

Havas, P.: Vegetation und Ökologie der ostfinnischen Hangmoore. – Ann. Bot. Soc. Zool. – Bot. Fennicae „Vanamo". **31** (2). Helsinki 1961.

Hultén, E.: Atlas över växternas utbredning i Norden. Atlas of the Distribution of Vascular Plants in NW-Europe. – Stockholm 1950.

Kalela, A.: Waldvegetationszonen Finnlands und ihre klimatischen Paralleltypen. – Archivum Soc. Zool. – Bot. Fennicae „Vanamo" **16**, Suppl.: 65–83. Helsinki 1961.

Kujala, V.: Über die Waldtypen der südlichen Hälfte Finnlands. – Archivum Soc. Zool. – Bot. Fennicae „Vanamo", **16**, Suppl.: 14–22. Helsinki 1961.

Lounamaa, I.: Untersuchungen über die eutrophen Moore des Tulemajärir-Gebietes im südwestlichen Ostkarelien, KaSSR. – Ann. Bot. Soc. Zool. – Bot. Fennicae „Vanamo" **32** (3). Helsinki 1961.

Péterfi, St.: Mlaştinile de turbă din R.P.R. ca mediu de trai al algelor. Les marais à tourbe de la R.P.R. comme milieu vital des algues. (Résumé). – Studia Universitatis Babeş-Bolyai, Cluj, Ser. II, 2. Biologia: 21–34. 1959.

Pop, E.: Mlaştinile de turbă din Republica Populară Română. Die Torfmoore aus der Rumänischen Volksrepublik (Zusammenfassung). – Bucureşti 1960. (Ausführliche Literatur).

Ruuhijärvi, R.: Über die regionale Einteilung der nordischen Moore. – Helsinki 1960.

ÜBER DIE ARTENZUSAMMENSETZUNG EINIGER NORDWESTDEUTSCHER TORFE

von

G. GROSSE-BRAUCKMANN, Bremen

Aus der Staatlichen Moor-Versuchsstation in Bremen; Direktor: Prof. Dr. W. BADEN.

Großrestuntersuchungen haben ihre Bedeutung nicht allein als Ergänzung zu Pollenanalysen und als Grundlage für Aussagen über die Entwicklung der Moore, sondern sie sind ganz allgemein die wichtigste Voraussetzung einer (geologischen und bodenkundlichen) Ansprache und Kennzeichnung der Torfe (GROSSE-BRAUCKMANN 1962a) – gleichgültig, ob bei der Beschäftigung mit diesen sonst chemische oder physikalische, kulturtechnische oder „torftechnische" Fragen im Vordergrund stehen. Daher wird an der Moor-Versuchsstation der Artenzusammensetzung der Torfe seit langem große Aufmerksamkeit geschenkt (vgl. z.B. WEBER 1908).

Unter dem Gesichtspunkt, die Basis für die „botanische Typologie" der Torfe weiter zu verbreitern, standen auch die Untersuchungen, über deren Ergebnisse hier berichtet werden soll. Es kam diesen Untersuchungen sehr zustatten, daß für sie innerhalb relativ kurzer Zeit eine recht große Zahl (fast 400) meist recht ungestört entnommener Proben aus vollständigen Profilen eines geologisch und geographisch ziemlich einheitlichen Gebietes zur Verfügung stand: Die Proben stammten sämtlich aus dem Marschen-Randgebiet zwischen Niederweser und Niederelbe; die Mehrzahl aus 16 Profilen von Randmooren der Geeste-Niederung (östlich von Bremerhaven), weitere aus 7 Profilen von Elbe-Randmooren bei Hamburg und einige aus 2 Profilen an der unteren Oste (Abb. 1). Die Pro-

Abb. 1. Das Untersuchungsgebiet und die Lage der untersuchten Profile in ihm. Schwarz: Marsch; senkrecht schraffiert: geringmächtige mineralische Auflagen über Torfen. I–VII und A–J, 1–2, a–b und v–z: die untersuchten Profile der Geeste-, Oste- und Elbeniederung.

file waren z.T. mehr als 5 m, teilweise sogar über 10 m mächtig; einige wiesen Kleidecken oder eingeschaltete Schichten von Marschablagerungen in größerer oder geringerer Mächtigkeit auf, alle dürften während der größten Zeit ihrer Bildung unter mittelbarem oder unmittelbarem Einfluß der Meerestransgression gestanden haben.

Von den meist lückenlos entnommenen Profilen wurden geringmächtige Teilproben von immer gleichem Volumen (etwa 50 cm^3), aus Abständen von meist 1–3 dm stammend, mit KOH aufbereitet und nach Schlämmen auf ihren Gehalt an Geweberesten sowie Früchten und Samen untersucht. Dabei fanden sich nahezu 100 verschiedene Pflanzenreste, die bis zur Gattung, Sektion oder Art bestimmbar waren und insgesamt zu etwa 80 Sippen gehörten. 21 von diesen Sippen waren als häufig (in mehr als 10% der Proben), 32 als selten (in 1% der Proben oder weniger) zu bezeichnen. 30 waren Moose [1] (8 von diesen *Sphagnen*), 50 waren Gefäßpflanzen; von diesen wurden 30 ausschließlich oder fast ausschließlich als Früchte oder Samen gefunden, die übrigen 20 kamen als Gewebereste vor (etwa zur Hälfte ausschließlich, zur Hälfte neben Früchten und Samen).

Wesentlicher als eine derartige Aufgliederung ist die Frage, wie sich die gefundenen Sippen auf die wichtigsten torfbildenden Pflanzengesellschaften verteilen. Eine solche Aufteilung nach dem Schwerpunkt des

Tab. 1. Die in den untersuchten Torfproben angetroffenen Arten und ihre Gesamt-Stetigkeiten (%)

	Arten der Hochmoorbulten-Vegetation (*Oxycocco-Sphagnetea-Ges.*)
28	Calluna vulgaris
23	Eriophorum vaginatum
16	Sphagnum papillosum
12	Aulacomnium palustre
12	Polytrichum strictum
9	Erica tetralix
8	Sphagnum magellanicum
8	Andromeda polifolia
8	Vaccinium oxycoccus
4	Scirpus caespitosus
2	Sphagnum imbricatum
1	Dicranum bergeri
	Arten der Kiefern- und Birkenbrücher (*Vaccinietea uliginosi-Ges.*)
27	Betula alba
12	Pinus (silvestris)
	Arten der Erlenbrücher (*Alnion-Gesellschaften*)
23	Dryopteris (thelypteris)
12	Alnus (glutinosa)
4	Salix (aurita, cinerea)
	Arten der Großseggen-Rieder (*Magnocaricion-Ges.*)
19	Cladium mariscus
9	Eleocharis palustris
7	Calliergon giganteum
4	Carex inflata
3	Lycopus europaeus
1	Carex pseudocyperus
1	Cicuta virosa
	Arten der echten Röhrichte (*Phragmition-Ges.*)
3	Scirpus lacustris
1	Oenanthe aquatica
+	Rumex hydrolapathum
+	Ranunculus lingua
	Sonstige Phragmitetalia-Arten
44	Phragmites communis
1	Equisetum fluviatile
+	Alisma plantago-aquatica
+	Iris pseudacorus
	Arten der Braunseggensümpfe (*Caricetalia fuscae-Ges.*)
4	Hydrocotyle vulgaris
3	Ranunculus flammula

[1] Herr Dr. F. KOPPE, Bielefeld, war so freundlich, mir zahlreiche Moosreste aus den hier behandelten Proben zu bestimmen oder zu revidieren (vornehmlich *Drepanocladus*- und *Calliergon*-Arten); dafür möchte ich ihm auch hier noch einmal recht herzlich danken.

Arten d. Hochmoorschlenken u. Schwingrasen (*Scheuchzerietalia-Ges.*)

16 Rhynchospora alba
8 Carex limosa
5 Meesea triquetra
5 Sphagnum sect. Subsecunda
4 Scheuchzeria palustris
3 Drepanocladus fluitans
1 Cinclidium stygium
1 Carex lasiocarpa
1 Drepanocladus vernicosus
1 Rhynchospora fusca

Sonstige Arten der Kleinseggensümpfe (*Scheuchzerio - Caricetea fuscae-Ges.*)

28 Menyanthes trifoliata
18 Camptothecium nitens
14 Sphagnum teres
6 Eriophorum angustifolium
5 Calliergon stramineum
4 Paludella squarrosa
1 Dicranum bonjeani
1 Drepanocladus intermedius
1 Bryum ventricosum
1 Comarum palustre
1 Scorpidium scorpioides

Arten aus anderen Ges. oder ohne festen Gesellschaftsanschluß

32 Sphagnum palustre
23 Myrica gale
18 Lychnis flos-cuculi
7 Molinia coerulea
6 Acrocladium cuspidatum
2 Potentilla erecta
1 Thuidium blandowii
1 Empetrum nigrum
1 Eupatorium cannabinum
1 Bidens cernuus
1 Drepanocladus sendtneri
1 Drepanocladus exannulatus
1 Pohlia nutans
1 Potamogeton spec.
1 Thuidium philiberti
1 Calliergon cordifolium
\+ Stachys palustris
\+ Nymphaea alba
\+ Filipendula ulmaria
\+ Thalictrum flavum

nicht bis zur Art bestimmbare Sippen

36 Carex spec.
24 Sphagnum sect. Cuspidata
12 Sphagnum sect. Acutifolia
2 Rumex spec.
2 Rubus spec.

Vorkommens in torfbildenden Pflanzengesellschaften (entsprechend TÜXEN 1937, 1955a u.b, OBERDORFER 1957) bringt Tab. 1, aus der zugleich die Werte der Gesamtstetigkeiten, bezogen auf die sämtlichen 398 untersuchten und floristisch definierbaren Proben, hervorgehen. Als besonders zahlreich erweisen sich dabei Vertreter von Scheuchzerio–Caricetea fuscae- (insbesondere Scheuchzerietalia-) Gesellschaften sowie von Phragmitetalia– (insbesondere Magnocaricion-) Gesellschaften. Auch Oxycocco–Sphagnetea–Arten sind sehr zahlreich, nicht dagegen die Arten der Bruchwald-Gesellschaften. Diese Unterschiede im Artenreichtum sind zweifellos einerseits durch die sehr ungleichen Erhaltungsbedingungen der Pflanzenreste am Standort der verschiedenen torfbildenden Pflanzengesellschaften bedingt, zum andern durch den mehr zufälligen und doch auch wieder charakteristischen Reichtum der einzelnen Pflanzengesellschaften an erhaltungsfähigen und zugleich auch bestimmbaren Pflanzenresten. Eine nicht geringe Artenzahl schließlich hat den Schwerpunkt ihres Auftretens in nicht eigentlich torfbildenden Gesellschaften (Molinietalia–, Nardo–Callunetea–, Potamion–, Bidention–Gesellschaften) oder muß (teilweise wegen unzureichender Bestimmungsmöglichkeiten) als gesellschaftsvag bezeichnet werden.

Angesichts der Mannigfaltigkeit der pflanzensoziologischen Einheiten, zu denen die in den Torfen angetroffenen Großreste gehören, ist es von Interesse, eine Art pflanzensoziologische Gliederung von Torfproben an Hand ihres Inhalts an Pflanzenresten zu versuchen. Das Ergebnis eines solchen Versuches, der an einer geeignet erscheinenden Probenauswahl vorgenommen wurde, bringt Tab. 2; sie zeigt eine befriedigende Gliede-

Tabelle 2: An "rezente" Vegetationseinheiten angelehnte pflanzensoziologische Gliederung einer Auswahl von Torfproben

		Hochmoor-torfe				(Kiefern-) Birkenbruch-torfe						(Weiden-) Erlenbruch-torfe					Röhricht- und Großseggen-torfe					Kleinseggen-torfe				
	Profil	VII	III	H	B	IV	VII	H	G	G	F	VI	II	IV	F	F	II	G	C	B	F	VII	VII	G	A	VII
	Nr.d.Probe im Profil	3	14	3	10	10	14	9	19	5	22	25	33	23	24	9	29	17	10	15	18	21	29	6	4	6
	mittl.Tiefe u.Oberfl.	4	42	9	35	27	31	24	46	11	59	61	107	68	64	19	95	41	17	46	44	51	74	14	9	11
	Zersetzungsgrad	5	8	9	5	6	7	9	6	5	7	9	9	8	6	5	9	7	5	5	8	6	6	5	4	4
	Aschengehalt	9	4	4	7	4	5	6	17	7	26		15	66	14	21	29	17	14	11	30	14	10	9	1	8
	Zahl der Taxa	10	7	6	5	8	6	2	9	7	5	3	2	4	4	6	6	5	4	5	12	10	3	7	10	9
Arten der Hochmoor-bulten-Vegetation	Eriophorum vaginatum	+	5	5	5	.	.	.	.	.	.	.	.	.	.	.	.	.	.	.	.	.	.	.	4	.
	Calluna vulgaris	+	2	.	2	.	.	.	.	.	.	.	.	.	.	.	.	.	.	.	.	.	.	.	h	.
	Vaccinium oxycoccus	+	+	.	1	.	.	.	.	.	.	.	.	.	.	.	.	.	.	.	.	.	.	.	+	.
	Andromeda polifolia	+	.	s	.	.	.	.	.	.	.	.	.	.	.	.	.	.	.	.	.	.	.	.	.	+
	Aulacomnium palustre	+	2	.	.	.	.	.	.	.	.	.	.	.	.	.	.	.	.	.	.	.	.	.	+	.
	Polytrichum strictum	.	2	.	.	2	.	.	.	.	.	.	.	+	.	.	.	.	.	.	.	.	.	.	.	.
	Sphagnum papillosum	3	.	2	.	.	.	.	.	.	.	.	.	.	.	.	.	.	.	.	.	.	.	.	.	.
	Dicranum bergeri	+	.	.	.	.	.	.	.	.	.	.	.	.	.	.	.	.	.	.	.	.	.	.	.	.
	Sphagnum magellanicum	.	.	2	.	.	.	.	.	.	.	.	.	.	.	.	.	.	.	.	.	.	.	.	.	.
	Erica tetralix	.	.	+	.	.	.	.	.	.	.	.	.	.	.	.	.	.	.	.	.	.	.	.	.	.
	Scirpus caespitosus	.	.	.	1	.	.	.	.	.	.	.	.	.	.	.	.	.	.	.	.	.	.	.	.	.
Arten der Ki-u.Birbrücher	Betula alba s.l.	.	.	.	.	3	5	5	1	1	3	.	.	s	.	.	.	s	.	.	s	.	s	.	.	.
	Pinus (silvestris)	.	.	.	.	2	4	2	.	.	.	.	.	.	.	.	.	.	.	.	.	.	.	.	.	.
Arten der Erlenbrücher	Alnus (glutinosa)	.	.	.	.	.	.	.	.	.	.	5	5	2	m	.	.	.	.	.	.	.	.	.	.	.
	Dryopteris spec.	.	.	.	.	.	.	.	+	.	2	.	.	.	.	+	.	.	.	1	.	+	.	.	.	.
	Salix spec.	.	.	.	.	.	.	.	.	.	.	.	.	.	3	2	.	.	.	.	.	.	.	.	.	.
Arten der Groß-seggen-rieder	Cladium mariscus	.	.	.	.	.	.	.	.	.	.	.	.	.	.	.	5	4	2	.	.	.	.	.	.	.
	Eleocharis palustris s.l.	.	.	.	.	m	.	.	.	.	.	.	.	.	.	.	.	.	.	.	H	.	.	.	.	.
	Lycopus europaeus	.	.	.	.	.	.	.	.	.	.	.	.	.	s	.	.	.	.	.	s	.	.	.	.	.
	Calliergon giganteum	.	.	.	.	.	.	.	1	.	.	.	.	.	2	.	.	.	.	.	.	.	.	.	.	.
	Carex inflata	.	.	.	.	.	.	.	.	.	.	.	.	.	.	.	.	.	.	.	.	.	H	.	.	.
Art.d.echt. Röhrichte	Scirpus cf.lacustris	.	.	.	.	.	.	.	.	.	.	.	.	.	.	.	m	.	.	.	s	.	.	.	.	.
Phragmite-talia-Art.	Phragmites communis	.	.	.	.	.	.	.	.	.	.	.	1	4	.	2	.	.	3	3	4	.	.	.	.	.
	Iris pseudacorus	.	.	.	.	.	.	.	.	.	.	.	.	.	.	.	.	.	.	.	s	.	.	.	.	.
Caricion fusc.-Art.	Hydrocotyle vulgaris	.	.	.	.	.	.	.	.	.	.	.	.	.	.	.	.	.	.	.	s	.	.	.	.	.
Arten der Hochmoor-schlenken u.Schwing-rasen	Carex limosa	.	.	.	.	.	.	.	2	.	.	.	.	.	.	.	.	.	.	.	.	3	.	1	+	3
	Rhynchospora alba	h	m	H	.	.	.	.	.	.	.	.	.	.	.	.	.	.	.	.	.	.	.	.	.	s
	Scheuchzeria palustris	.	.	.	.	.	2	.	.	.	.	.	.	.	.	.	.	.	.	.	.	.	.	.	.	2
	Sphagnum sect.Subsecunda	.	.	.	.	.	.	.	.	.	.	.	.	.	.	.	.	.	.	.	.	.	.	.	.	5
	Meesea triquetra	.	.	.	.	.	.	.	.	.	.	.	.	.	.	.	.	.	.	.	.	3	.	.	.	.
Sonstige Arten der Klein-seggen-sümpfe	Menyanthes trifoliata	.	.	.	.	s	2	.	2	1	1	.	.	.	.	.	.	m	.	.	.	s	4	1	.	.
	Sphagnum teres	.	.	.	.	.	.	.	1	+	.	.	.	.	.	.	.	.	.	.	.	+	.	.	+	.
	Scorpidium scorpioides	.	.	.	.	.	.	.	.	.	.	.	.	.	.	.	.	.	.	.	.	.	.	5	.	1
	Paludella squarrosa	.	.	.	.	.	.	.	.	.	.	+	.	.	.	.	.	.	.	.	.	+	.	.	.	.
	Camptothecium nitens	.	.	.	.	.	.	.	.	.	.	.	.	.	.	.	+	.	.	.	.	.	.	.	+	.
	Calliergon stramineum	.	.	.	.	.	.	.	.	1	.	.	.	.	.	.	.	.	.	.	.	.	.	.	+	.
	Comarum palustre	.	.	.	.	.	.	.	.	3	.	.	.	.	.	.	.	.	.	.	.	.	.	.	.	.
	Eriophorum angustifolium	2	.	.	.	.	.	.	.	.	.	.	.	.	.	.	.	.	.	.	.	.	.	.	.	.
Arten aus and.Ges. oder ohne festen Ges.-anschluß	Sphagnum palustre	.	.	.	.	3	.	.	.	.	.	.	.	.	.	.	+	.	1	1	1	.	.	.	5	2
	Lychnis flos-cuculi	.	.	.	.	.	.	.	H	.	.	.	.	.	.	m	.	s	.	h	H	h	.	.	.	.
	Myrica gale	.	.	.	.	2	.	.	.	.	.	.	.	.	.	2	.	.	.	.	.	.	.	2	.	+
	Thuidium blandowii	.	.	.	.	.	2	.	.	.	.	.	.	.	.	.	.	.	.	.	.	.	.	.	.	.
	Drepanocladus exannul.	.	.	.	.	.	.	.	.	.	.	.	.	.	.	.	.	.	.	.	1	.	.	.	.	.
	Molinia coerulea	.	.	.	.	.	.	.	.	.	.	.	.	.	.	.	.	.	1	.	.	.	.	.	.	.
	Potentilla erecta	.	.	.	.	.	.	.	.	.	.	.	.	.	.	.	.	.	.	.	.	.	.	s	.	.
Nicht bis zur Art bestimm-bare Taxa	Sphagnum sect.Cuspidata	5	.	.	2	1	.	.	+	.	+	.	.	.	.	.	.	.	.	1	1	.	.	+	2	.
	Calliergon spec.	.	.	.	.	.	.	.	.	.	1	.	.	.	.	.	+	1	.	.	1	5	.	.	.	.
	Sphagnum sect.Acutifolia	.	2	.	.	.	3	.	.	.	.	.	.	.	.	.	.	.	.	.	.	.	.	.	.	.
	Drepanocladus spec.	.	.	.	.	.	.	.	.	3	.	.	.	.	.	.	.	.	.	.	.	.	.	.	.	.
	Carex spec.	.	.	.	.	.	.	.	s	m	.	.	.	.	.	s	s	.	.	.	.	m	.	m	.	s
	Rumex spec.	.	.	.	.	.	.	.	.	.	.	.	.	.	.	.	.	.	.	.	.	s	.	.	.	.
Anteile insgesamt (%)	Holz	.	.	.	.	21	75	60	1	2	10	70	95	5	10	10	.	.	.	.	.	.	.	3	.	.
	Kräuterwurzeln	.	.	5	10	40	v	20	85	55	75	30	4	70	15	80	20	69	75	87	45	5	65	35	5	.
	weitere Kräuterreste	5	85	85	85	12	10	20	10	30	13	.	1	25	70	10	80	30	22	11	45	25	35	12	35	20
	Moose	95	15	10	5	27	15	.	4	23	2	v	.	v	5	.	v	1	3	2	10	70	.	50	60	80
	davon Sphagnen	95	5	10	5	23	10	.	2	v	v	.	.	.	.	.	v	.	3	2	5	v	.	v	60	79

rung in mehrere, den Artengruppen entsprechende Torftypen.[1] Bei genauerer Betrachtung der Tabelle zeigt sich jedoch, daß es sowohl mit der Treue wie mit der Stetigkeit der „Charakterarten" nicht gerade günstig steht. Das beruht einmal auf der breiten ökologischen und soziologischen Amplitude einiger besonders gut erhaltungsfähiger Arten (*Phragmites, Menyanthes, Dryopteris*), zum andern auf der relativ geringen Zahl überhaupt erhaltungsfähiger „Charakterarten", die übrigens auch in einer vielfach sehr geringen Artenzahl (bzw. Sippenzahl) je Probe ihren Ausdruck findet. Ein auffälliges Übergreifen der „Charakterarten" in andere

[1] In den Tabellen 2–7 geben die Zahlen und Zeichen bei den aufgeführten Arten und sonstigen Sippen die Mengen der in den Proben gefundenen Reste an:

Früchte und Samen (bei *Calluna* auch Blüten), sofern keine weiteren Reste derselben Sippen vorkamen:

s = 1 — 2 Stück m = 3 — 5 Stück h = 6 — 14 Stück H = 15 Stück und mehr	in der gesamten Probe (etwa 50 cm^3) enthalten

Gewebereste (Holz, Rinde, Rhizome, Blätter, Stengel usw.):

+ = Gewebereste in geringer Anzahl, zugleich weit unter 1% des Schlämmrückstandes ausmachend, Früchte und Samen fehlend oder zugleich höchstens zu 5 Stück in der gesamten Probe.

1 = wie vor, aber Früchte und Samen zu mindestens 6 Stück; oder Gewebereste in größerer Anzahl, wenn auch

weniger als 1%, oder Gewebereste in beliebiger Anzahl und 1 — 3% 2 = Gewebereste 4 — 9% 3 = Gewebereste 10 — 24% 4 = Gewebereste 25 — 49% 5 = Gewebereste 50 oder mehr Prozent	des Schlämmrückstandes ausmachend, Früchte und Samen vorhanden oder fehlend

Unter „Anteile insgesamt" sind die geschätzten Mengenanteile am gesamten Schlämmrückstand angegeben, auch solche, die, weil nicht näher bestimmbar, nicht mit unter einer bestimmten Art oder sonstigen Sippe des Hauptteiles der jeweiligen Tabelle aufgeführt sind; „v" bedeutet: mit weniger als 1% vertreten.

Zum Tabellenkopf: Profil: Die Lage der Profile geht aus Abb. 1 hervor, in der die gleichen Symbole verwendet sind. Mittlere Tiefe: Tiefe der Probenmitte, Werte auf volle Dezimeter auf- oder abgerundet; Mächtigkeit der im Gelände entnommenen Proben meist 25 cm (zur Großrestuntersuchung hiervon durchweg ein kleinerer Ausschnitt gewählt).

Aschengehalt: % der Trockensubstanz; Untersuchungsergebnisse aus dem wissenschaftlichen Laboratorium der chemischen Abteilung der Moor-Versuchsstation; Werte auf volle Prozente auf- oder abgerundet. Zahl der Sippen: Früchte und sonstige Gewebereste derselben Sippe niemals mehrfach gerechnet.

Zu den aufgeführten Sippen: *Pinus* und *Alnus* sind holzanatomisch nur bis zur Gattung bestimmbar; im Gebiet kommen jedoch nur die beiden aufgeführten Arten im Frage. *Betula alba* steht für die holzanatomisch nicht unterscheidbaren Arten *B. pubescens* und *B. pendula* (im allgemeinen dürfte *B. pubescens* vorgelegen haben). Bei *Scirpus* cf. *lacustris* war eine sichere Trennung von *Sc. tabernaemontani* nicht möglich, ebenso bei *Sphagnum* cf. *palustre* gegenüber *Sph. centrale*. Ein Teil der *Drepanocladus*- und *Calliergon*-Reste war wegen unvollständiger Erhaltung nicht bis zur Art bestimmbar.

Einheiten wird natürlich teilweise auch durch enge genetische Zusammenhänge bedingt.

Eine so weitgehende Aufgliederung der Arten nach ihrer soziologischen Zugehörigkeit hat daher ihre unzweifelhaften Nachteile; deswegen wird in den nun folgenden Tabellen eine vereinfachte Artengliederung, nämlich nach den ungefähren Nährstoffansprüchen, angewandt werden. Dabei wurden als „Eutraphente" im wesentlichen die Phragmitetalia- und Alnetalia-Arten zusammengefaßt, als „Hochmoorpflanzen" neben den Oxycocco-Sphagnetea-Arten auch die in ombrogenen Mooren häufigen Scheuchzerio-Caricetea fuscae-Arten und als „Mesotraphente" im wesentlichen schließlich die übrigen Scheuchzerio-Caricetea fuscae-Arten. Im einzelnen ergeben sich die Gruppierungen aus Tab. 3–8.

In den Tabellen 3–7 soll versucht werden, eine Gliederung der untersuchten Torfproben nach rein floristischen Kriterien vorzunehmen und auf Grund der ausgeschiedenen Typen dann Aussagen über die einstigen torfbildenden Pflanzengesellschaften zu machen. Da es unmöglich wäre, die Ergebnisse sämtlicher untersuchten Proben in extenso wiederzugeben, andererseits aber Extenso-Tabellen als Belege erwünscht schienen, wurde nur eine Probenauswahl zu den beigegebenen Tabellen verarbeitet. Nicht verwendet wurden einerseits eine Anzahl Proben (insgesamt 141), die in einem anderen Zusammenhang veröffentlicht werden (GROSSE-BRAUCKMANN 1962 b), zum andern besonders jene Proben, die durch auffällig heterogene, untypische Zusammensetzung deutlich als Gemische anzusprechen waren oder die durch extrem geringe Artenzahl besonders stark fragmentarisch erschienen, schließlich solche, die ihrer Artenzusammen-

Tabelle 3: Gehölzfreie Torfproben ohne nennenswertes Vorkommen von Hochmoorpflanzen

	Cladium-Phragmites-Typ																																				Menyanthes-Typ								
	Cladium-Form						reine Phragmites-Form										Menyanthes-Cladium-Form						Menyanthes-Phragmites-Form																						
Profil	F	G	C	C	D	a	E	D	C	E	D	w	E	E	A	C	a	a	b	b	G	C	C	D	b	F	E	J	a	C	a	B	B	C	F	z	B	A	A	D	v	A	B	z	A
Nr.d.Probe im Profil	19	16	9	25	26	8	7	25	21	18	15	8	14	15	20	17	7	9	10	11	17	24	22	11	7	4	3	1	11	23	12	23	22	6	2	2	17	7	8	6	2	9	24	9	3
mittl.Tiefe u.Oberfl.	46	39	14	59	79	27	23	74	49	71	44	11	44	55	57	34	24	28	36	39	41	56	52	32	19	7	11	1	40	53	42	82	80	11	4	2	62	18	21	17	2	24	83	10	8
Zersetzungsgrad	5	7	5	6	8	6	6	8	7	5	5	7	7	4	8	5	7	8	8	8	7	5	4	5	8	7	5	6	4	6	7	2	3	3	8	4	4	4	5	7	6	4	5	6	4
Aschengehalt	21	9	18	15	17	10	9	54	54	38	36	13	74	25	16	16	11	12	11	11	17	31	15	38	10	47	17	25	15	38	31	11	13	11	65	8	15	7	7	72	23	8		4	1
Zahl d.vertretenen Sippen	4	2	3	2	2	1	4	7	5	3	3	2	2	2	1	1	6	5	5	5	5	6	7	9	6	6	4	8	3	3	3	5	6	6	5	9	6	14	11	6	8	12	8	6	8
kennzeichnende und differenzierende Arten																																													
Phragmites communis	3	.	3	2	2	.	3	3	5	3	3	3	3	3	3	3	2	+	2	1	.	2	1	4	1	3	3	+	2	2	2	+	1	2	3	1	.	.	.	.	.	.	.	.	.
Cladium mariscus	m	3	1	4	3	3	.	.	.	.	.	.	.	.	.	.	1	3	+	s	4	+	.	.	.	.	.	.	.	.	.	.	.	.	.	.	.	.	.	.	.	.	.	.	.
(Mesotraphente)																																													
Menyanthes trifoliata	.	.	.	.	.	.	.	.	.	.	.	.	.	.	.	.	s	H	H	h	m	.	.	.	2	.	.	m	3	.	3	2	2	.	s	3	.	.	2	s	3	+	3	2	3
Sphagnum teres	.	.	.	.	.	.	.	.	.	.	.	.	.	.	.	.	.	.	.	.	.	3	4	.	.	.	.	.	.	1	.	.	.	2	.	.	3	.	+	.	.	2	2	.	4
Carex limosa	.	.	.	.	.	.	.	.	.	.	.	.	.	.	.	.	.	.	.	.	.	.	.	.	.	.	.	.	.	.	.	.	.	.	.	3	.	2	.	.	.	3	.	3	+
Potentilla erecta	.	.	.	.	.	.	.	.	.	.	.	.	.	.	.	.	.	.	.	.	.	.	.	h	.	.	s	s	.	.	.	.	.	.	.	.	.	.	.	.	.	.	.	.	.
Carex inflata	.	.	.	.	.	.	.	.	.	.	.	.	.	.	.	.	.	.	.	.	.	.	.	.	.	.	.	h	.	.	.	.	.	.	.	.	.	.	.	.	H	.	.	.	.
Hydrocotyle vulgaris	.	.	.	.	.	.	.	.	.	.	.	.	.	.	.	.	.	.	.	.	.	.	.	.	.	s	.	.	.	.	.	.	.	.	s	.	.	.	.	.	.	.	.	.	.
Carex lasiocarpa	.	.	.	.	.	.	.	.	.	.	.	.	.	.	.	.	.	.	.	.	.	.	.	.	.	.	.	.	.	.	.	.	s	s	.	.	.	.	.	.	.	.	.	.	.
Hochmoorpflanzen																																													
Eriophorum angustifolium	.	.	.	.	.	.	.	.	.	.	.	.	.	.	.	.	.	.	.	.	.	.	.	.	.	.	.	.	.	.	.	.	.	.	.	.	.	.	.	.	.	.	.	+	3
Vaccinium oxycoccus	.	.	.	.	.	.	.	.	.	.	.	.	.	.	.	.	.	.	.	.	.	.	.	.	.	.	.	.	.	.	.	.	.	.	.	.	.	+	.	.	.	+	.	.	.
Aulacomnium palustre	.	.	.	.	.	.	.	.	.	.	.	.	.	.	.	.	.	.	.	.	.	+	.	.	.	.	.	.	.	.	.	.	.	+	.	.	.	.	.	.	.	.	.	.	.
Eutraphente																																													
Dryopteris spec.	2	2	.	.	.	.	+	+	+	+	.	.	.	.	.	.	2	.	2	1	.	1	5	+	1	.	.	.	.	.	.	.	.	.	.	.	3	+	3	.	.	.	.	.	.
Lychnis flos-cuculi	.	.	.	.	.	.	h	h	.	.	.	.	.	.	.	.	s	.	.	.	s	.	.	h	s	s	.	.	.	.	.	.	.	.	.	.	m	m	h	.	.	.	s	.	.
Eleocharis palustris s.l.	m	.	.	.	.	.	.	.	.	.	.	.	.	.	.	.	.	s	.	.	.	.	.	.	.	s	s	h	.	.	.	.	.	.	.	.	.	.	.	h	.	.	.	.	.
Lycopus europaeus	.	.	.	.	.	.	.	s	.	.	s	.	.	.	.	.	.	.	.	.	.	.	s	.	.	.	.	.	.	.	.	.	.	.	.	.	.	.	.	.	.	.	.	.	.
Scirpus cf.lacustris	.	.	.	.	.	.	.	.	H	H	.	.	.	.	.	.	.	.	.	.	.	.	m	.	.	.	.	.	.	.	.	.	.	.	.	.	.	.	.	.	.	.	.	.	.
Oenanthe aquatica	.	.	.	.	.	.	.	.	.	.	.	.	.	.	.	.	.	.	.	.	.	.	s	.	.	.	.	.	.	.	.	.	.	.	.	.	.	.	.	.	s	.	.	.	.
Sonstige																																													
Sphagnum palustre	.	.	1	.	.	.	.	.	+	.	.	1	.	.	.	.	.	.	.	.	.	4	.	.	.	.	.	.	.	.	.	.	.	5	.	.	+	+	1	.	.	.	.	.	2
Camptothecium nitens	.	.	.	.	.	.	.	.	.	.	.	.	.	.	.	.	.	.	.	.	.	.	.	.	.	.	.	.	.	.	.	5	+	.	.	4	+	+	.	.	.	2	+	.	3
Meesea triquetra	.	.	.	.	.	.	.	.	.	.	.	.	.	.	.	.	.	.	.	.	.	.	.	.	.	.	.	.	.	.	.	.	.	.	.	4	.	2	5	.	.	4	.	4	.
Calliergon giganteum	.	.	.	.	.	.	.	.	.	.	.	.	.	.	.	.	.	.	.	.	.	.	.	.	.	.	.	4	.	.	.	+	.	.	.	.	.	3	+	.	.	3	.	.	.
Calliergon spec.	.	.	.	.	.	.	.	.	.	.	.	.	.	.	.	.	.	+	.	+	1	.	.	+	.	.	.	.	.	.	.	.	.	.	.	.	.	.	.	.	.	.	2	.	.
Drepanocladus spec.	.	.	.	.	.	.	.	+	.	.	.	.	.	.	.	.	.	.	.	.	.	.	.	.	.	.	.	.	.	.	.	.	2	.	.	.	.	1	+	.	2	.	.	.	.
Sph.sect.Cuspidata	.	.	.	.	.	.	.	.	.	.	+	.	.	.	.	.	.	.	.	.	.	.	.	.	.	.	.	.	.	.	.	.	.	.	.	+	.	2	1	.	.	.	.	.	2
Drepanocladus vernicosus	.	.	.	.	.	.	.	.	.	.	.	.	.	.	.	.	.	.	.	.	.	.	.	.	.	.	.	2	.	.	.	.	.	.	.	.	.	.	.	.	.	2	.	.	.
Carex spec.	.	.	.	.	.	.	m	.	.	.	.	.	.	.	.	.	s	.	m	.	.	.	.	h	s	h	m	s	s	h	m	.	m	.	s	m	.	s	.	H	4	s	H	.	.
Betula alba s.l.	.	.	.	.	.	.	.	.	.	.	.	.	.	.	.	.	.	.	.	.	s	.	.	.	h	.	.	.	.	.	.	s	.	.	.	m	s	.	s	.	.	s	s	h	.
cf.Stellaria spec.	.	.	.	.	.	.	.	.	.	.	.	.	.	.	.	.	.	.	.	.	.	.	.	s	.	.	.	.	.	.	.	.	.	s	.	.	.	m	.	.	.	.	s	.	.
Rumex spec.	.	.	.	.	.	.	.	.	.	.	.	.	s	.	.	.	.	.	.	.	.	.	.	.	.	.	.	.	.	.	.	.	.	.	.	.	.	m	s	.	.	.	.	.	.
Anteile insgesamt (%)																																													
Holz *)	.	.	.	.	.	.	.	.	.	.	.	.	.	.	v	.	.	.	.	.	.	.	.	.	.	.	.	v	.	.	v	.	.	.	.	v	5	.	.	.	5	.	.	.	.
Kräuterwurzeln	80	85	85	70	80	80	88	90	50	90	90	75	90	85	60	90	90	85	90	95	69	35	v	70	85	90	80	.	80	80	85	20	80	5	80	10	30	10	5	100	35	10	55	15	5
weitere Kräuterreste	20	15	15	30	20	20	12	10	50	10	10	23	10	15	40	10	10	15	10	5	30	15	63	30	15	10	20	60	20	18	15	20	15	5	20	30	55	10	15	.	40	20	35	10	35
Moose	.	.	v	.	.	.	.	v	v	.	v	2	.	.	.	.	.	v	.	v	1	50	37	v	.	.	.	40	.	2	.	60	5	90	.	60	10	80	80	.	20	70	10	75	60
davon Sphagnen	.	.	v	.	.	.	.	.	v	.	v	2	.	.	.	.	.	.	.	.	.	50	35	.	.	.	.	.	.	2	.	.	.	90	.	.	10	4	5	.	.	5	5	.	60

Außerdem je einmal: in Probe D/25: Eupatorium cannabinum s , Stachys palustris s ; in C/21: Atriplex cf.hastata h ; in E/15: Alnus glutinosa s ; in C/22: Brachythecium mildeanum 1 ; in D/11: Cirsium spec. s , Rumex cf.hydrolapathum s ; in F/4: Ranunculus flammula H ; in F/2: Thalictrum flavum s ; in z/2: Sph.sect.Acutifolia + ; in A/7: Paludella squarrosa 5 ; in D/6: Rhynchospora fusca m , Ranunculus cf.repens s , Ranunculus sceleratus s ; in v/2: Cinclidium stygium + , Acrocladium cuspidatum 3; in A/9: Drepanocladus exannulatus 2 ; in B/24: Carex cf.paniculata H ; in z/9: Drepanocladus intermedius 5 ; in A/3: Calliergon stramineum 3 .

*) in B/17 und v/2 dünne, nicht näher bestimmbare Zweige (allochthon?); bei den übrigen vier Vorkommen geringfügige Reste von nicht näher bestimmbarem Periderm.

setzung nach nichts wesentlich Neues über die ausgewählten Proben hinaus brachten (zusammen 81 Proben).

Tab. 3 enthält Proben ohne Gehölzreste und ohne ausgesprochene Hochmoorpflanzen, also „Riedtorfe", wenn man mit „Ried" gehölzfreie Pflanzengesellschaften reicherer Standorte bezeichnet. Die Gliederung innerhalb der Tabelle wurde nach dem Vorhandensein oder Fehlen von *Phragmites*, von *Cladium* und von der „Mesotraphenten"-Gruppe vorgenommen. Die *Phragmites*- und *Cladium*-freien Proben („*Menyanthes*-Typ"), die z.T. reichlich Moose enthalten, lassen sich zwanglos auf Scheuchzerio–Caricetea fuscae–Gesellschaften beziehen, einige Vorkommen von *Carex limosa* deuten auf das Scheuchzerietum palustris (Caricetum limosae). Demgegenüber scheinen die Proben mit *Phragmites* oder *Cladium* („*Cladium-Phragmites*-Typ") auf Röhrichte und Magnocaricion–Gesellschaften hinzuweisen. Tatsächlich dürften die „Mutter-Pflanzengesellschaften" der zur „*Cladium*-Form" oder zur „reinen *Phragmites*-Form" gestellten Proben solchen Gesellschaften weitgehend entsprochen haben, mögen diese auch – wegen der geringen Artenzahl der Proben – kaum näher zu definieren sein. Anders verhält es sich mit den an mesotraphenten Arten reichen Proben, der „*Menyanthes-Cladium*-Form" und der „*Menyanthes-Phragmites*-Form": Sie nehmen eine Zwischenstellung zwischen der *Menyanthes*-Form einerseits und der *Cladium*- und reinen *Phragmites*-Form andererseits ein und kön-

Tabelle 4: Torfproben vom Alnus-Typ

	Röhricht-Form									reine Form									Betula-Form				
Profil	a	E	D	a	J	J	J	F	G	a	G	G	a	F	J	J	H	C	w	w	A	II	III
Nr.d.Probe im Profil	6	16	29	3	5	4	6	25	23	5	3	2	4	24	9	8	10	35	10	9	19	32	16
mittl.Tiefe u.Oberfl.	18	58	87	6	11	9	14	66	59	13	6	4	9	64	18	19	26	109	15	13	54	104	47
Zersetzungsgrad	7	6	8	8	6	6	7	8	8	8	7	8	8	6	8	9	9	9	6	5	6	9	7
Aschengehalt	11	16		15	14	9	45	11	37	11	15	35	13	14	75	75	12	65	24	14	17	15	13
Zahl d.vertretenen Sippen	10	5	6	7	6	5	4	3	2	10	8	5	4	4	3	3	2	1	4	4	5	3	2
kennzeichnende und differenzierende Arten																							
Alnus glutinosa	5	m	1	5	3	2	3	1	5	5	4	1	5	m	5	5	5	5	1	2	2	5	3
Salix spec.	.	2	.	.	.	.	.	.	.	.	.	.	.	3	.	.	.	.	.	.	.	.	.
Phragmites communis	2	2	2	2	2	2	2	3	2	.	.	.	.	.	.	.	.	.	3	2	3	.	.
Cladium mariscus	m	s	.	.	.	.	.	.	.	.	.	.	.	.	.	.	.	.	.	.	.	.	.
Betula alba s.l.(Holzreste)	.	.	.	.	.	.	.	.	.	.	.	.	.	.	.	.	.	.	1	2	2	+	5
Mesotraphente																							
Menyanthes trifoliata	s	.	.	s	.	.	.	.	.	m	.	.	.	.	.	.	.	.	.	.	.	.	.
Myrica gale	s	.	.	.	.	.	.	.	.	.	s	.	.	.	.	.	.	.	.	.	.	.	.
Hydrocotyle vulgaris	.	.	.	.	.	.	.	.	.	.	s	s	.	.	.	.	.	.	.	.	.	.	.
Eutraphente																							
Dryopteris spec.	3	+	3	.	.	.	.	.	.	+	.	.	.	.	.	1	.	.	.	.	.	.	.
Lychnis flos-cuculi	h	.	.	s	.	.	.	.	.	h	.	.	s	.	.	.	.	.	.	.	.	.	.
Lycopus europaeus	.	.	s	.	.	.	.	.	.	.	.	.	.	s	.	.	.	.	.	.	.	.	.
Carex pseudocyperus	.	.	.	s	.	.	.	.	.	.	.	.	s	.	.	.	.	.	.	.	.	.	.
Equisetum fluviatile	.	.	.	1	.	.	.	.	.	+	.	.	.	.	.	.	.	.	.	.	.	.	.
Eleocharis palustris s.l.	.	.	.	.	.	.	.	.	.	.	s	s	.	.	.	.	.	.	.	.	.	.	.
Sonstige																							
Calliergon spec.	.	.	.	.	2	+	+	.	.	1	.	.	.	.	.	.	.	.	.	.	.	.	.
Sphagnum palustre	.	.	.	.	1	.	.	.	.	.	.	.	.	.	.	.	.	.	1	1	.	.	.
Camptothecium nitens	1	.	.	.	.	.	.	.	.	.	.	.	.	.	.	.	.	.	.	.	1	.	.
Calliergon giganteum	1	.	.	.	.	.	.	.	.	.	.	.	.	2	.	.	.	.	.	.	.	.	.
Acrocladium cuspidatum	.	.	.	.	.	.	.	.	.	.	+	.	.	.	+	.	.	.	.	.	.	.	.
Carex spec.	.	.	m	s	.	s	.	s	.	s	H	H	s	.	s	.	.	.	.	.	.	s	.
Betula alba s.l.(Früchte)	m	.	m	.	m	.	.	.	.	h	.	.	.	.	.	.	s	.	.	m	.	.	m
Rubus spec.	.	.	.	.	m	m	s	.	.	.	.	.	.	.	.	.	.	.	.	.	.	.	.
Ranunculus flammula	.	.	.	.	.	.	.	.	.	s	m	h	.	.	.	.	.	.	.	.	.	.	.
Anteile insgesamt (%)																							
Holz	50	5	v	60	20	5	15	3	90	50	30	1	90	10	50	50	70	80	4	8	12	100	95
Kräuterwurzeln	30	90	40	30	65	90	80	60	5	10	70	98	10	15	50	50	30	.	85	85	75	.	3
weitere Kräuterreste	15	5	60	10	5	5	5	37	5	40	.	.	.	70	.	.	.	20	10	5	10	.	2
Moose	5	.	.	.	10	v	v	.	.	v	v	1	.	5	v	.	.	v	1	2	3	.	.
davon Sphagnen	.	.	.	.	2	.	.	.	.	.	.	.	.	.	.	.	.	.	1	2	2	.	.

Außerdem je einmal: in Probe a/5: Comarum palustre s ; in G/3: Bidens cf.cernuus m ; in J/8: Thuidium philiberti + ; in A/19: Sphagnum teres 1 .

nen nur als Durchdringungen gedeutet werden. Besonders deutlich wird dieser Übergangs-Charakter bei der *Menyanthes-Phragmites*-Form, wo ein Teil der Proben noch eutraphente Arten enthält, die dann aber mit steigender Artenzahl der Mesotraphenten schließlich verschwinden, wobei zugleich der Moosanteil im ganzen größer wird – und schließlich findet sich hier sogar eine Probe mit *Carex limosa*.

In Tab. 4 sind alle Proben mit Erlenresten zusammengestellt (außer solchen mit nur 1 oder 2 Früchten; „*Alnus*-Typ"). Die Ausbildungsformen unterscheiden sich durch das Vorkommen oder Fehlen von Birkenholz und von *Phragmites* oder *Cladium*. Die „*Betula*-Form" erscheint im ganzen als die ärmere Ausbildung. In der „Röhricht-Form" läßt sich ein Stadium des Überganges von Phragmitetalia-Gesellschaften zum Erlenbruch vermuten; auffällig ist jedoch, daß auch in der „reinen" Aus-

Tabelle 5: Torfproben vom Pinus-Betula-Typ

	röhrichtreiche Betula-Form											
Profil	E	w	F	v	v	x	b	b	G	G	x	A
Nr.d.Probe im Profil	17	7	17	9	8	6	3	12	18	21	5	15
mittl.Tiefe u.Oberfl.	61	9	41	13	11	7	8	44	44	53	5	42
Zersetzungsgrad	6	6	8	4	5	5	7	7	8	5	5	8
Aschengehalt	22	11	13	12	11	10	11	13	14	17	8	11
Zahl d.vertretenen Sippen	4	8	8	5	4	5	8	8	7	5	6	10
kennzeichnende und differenzierende Arten												
Betula alba s.l.(Holzreste)	+	3	2	1	1	4	3	3	2	3	5	1
Pinus silvestris	.	.	.	.	.	.	.	.	.	.	.	.
Phragmites communis	2	3	3	2	.	4	.	.	.	3	3	.
Cladium mariscus	3	2	.	1	1	.	s	+	3	.	.	+
(Hochmoorpflanzen)												
Polytrichum strictum	.	.	.	.	.	+	.	.	.	.	1	.
Calluna vulgaris	.	.	.	.	.	.	.	.	.	.	.	.
Aulacomnium palustre	.	.	.	.	.	.	.	.	.	.	.	1
Eriophorum angustifolium	.	.	.	.	.	.	.	.	.	.	.	.
Eriophorum vaginatum	.	.	.	.	.	.	.	.	.	.	.	.
Sphagnum papillosum	.	.	.	.	.	.	.	.	.	.	.	.
Sphagnum magellanicum	.	.	.	.	.	.	.	.	.	.	.	.
Scheuchzeria palustris	.	.	.	.	.	.	.	.	.	.	.	.
Mesotraphente												
Menyanthes trifoliata	.	.	.	+	1	.	2	m	2	h	3	+
Sphagnum teres	.	.	3	.	.	.	.	.	+	.	.	3
Myrica gale	.	.	.	.	.	.	s	2	.	.	.	.
Carex limosa	.	.	.	.	.	.	.	.	.	.	.	.
Carex inflata	.	.	.	.	.	.	.	.	.	.	.	.
Sph.sect.Subsecunda	.	.	.	.	.	.	.	.	.	+	.	.
Eutraphente												
Dryopteris spec.	3	.	3	.	.	+	2	1	+	.	.	3
Lychnis flos-cuculi	.	.	m	.	.	.	s	m	m	.	.	m
Bidens cf.cernuus	.	.	.	.	.	.	.	.	.	.	.	.
Sonstige												
Camptothecium nitens	.	2	.	.	.	.	.	.	.	.	.	2
Sphagnum palustre	.	3	1	5	5	.	.	.	.	.	+	3
Sph.sect.Cuspidata	.	.	.	.	.	.	.	.	.	.	.	3
Meesea triquetra	.	.	.	.	.	.	.	.	.	.	.	.
Calliergon giganteum	.	.	.	.	.	.	4	.	.	.	.	.
Drepanocladus spec.	.	.	.	.	.	.	.	.	.	.	.	.
Sph.sect.Acutifolia	.	.	.	.	.	.	.	.	.	.	.	.
Paludella squarrosa	.	+	.	.	.	.	.	.	.	.	.	.
Calliergon spec.	.	.	.	.	.	.	.	2	+	.	.	.
Acrocladium cuspidatum	.	+	1	.	.	.	.	.	.	.	.	.
Cinclidium stygium	.	.	.	.	.	.	.	.	.	.	.	.
Drepanocladus sendtneri	.	.	.	.	.	.	.	.	.	.	.	.
Betula alba s.l.(Früchte)	s	h	s	.	.	H	m	.	s	.	h	s
Carex spec.	.	.	s	.	.	s	m	.	.	s	s	.
Rumex spec.	.	.	.	.	.	.	.	.	.	.	.	.
cf.Stellaria spec.	.	s	.	.	.	.	.	s	.	.	.	.
Molinia coerulea	.	.	.	.	.	.	.	.	.	.	.	.
Anteile insgesamt (%)												
Holz	v	15	5	2	1	40	10	23	5	10	55	2
Kräuterwurzeln	55	30	40	20	10	30	55	70	70	80	15	25
weitere Kräuterreste	45	30	40	8	4	30	10	2	25	10	30	15
Moose	.	25	15	70	85	v	25	5	v	v	v	58
davon Sphagnen	.	20	12	70	85	.	.	.	v	v	v	50

	röhrichtreiche Pinus-Form											röhrichtreiche Calluna-Form				
Profil	G	b	y	v	A	A	w	v	G	y	y	VII	IV	v	A	I
Nr.d.Probe im Profil	15	6	6	12	14	12	4	11	14	5	3	26	12	7	18	12
mittl.Tiefe u.Oberfl.	36	15	6	21	39	33	4	17	34	5	3	64	34	10	51	36
Zersetzungsgrad	7	7	8	8	7	5	8	5	8	8	8	8	7	5	6	7
Aschengehalt	9	10	14	21	10	10	10	12	8	9	20	11	6	10	16	2
Zahl d.vertretenen Sippen	7	5	5	3	9	11	9	5	8	8	7	8	10	8	7	11
kennzeichnende und differenzierende Arten																
Betula alba s.l.(Holzreste)	.	4	4	.	.	3	2	3	3	5	4	2	.	+	+	1
Pinus silvestris	3	4	4	2	3	+	2	1	3	3	4	.	1	.	.	3
Phragmites communis	3	.	3	2	.	.	1	1	1	2	.	+	.	.	3	2
Cladium mariscus	3	2	.	.	1	1	3	.	.	s	3	.	h	3	.	.
(Hochmoorpflanzen)																
Polytrichum strictum	.	.	.	.	.	.	.	.	.	+	+	.	1	.	1	3
Calluna vulgaris	.	.	.	.	.	.	.	.	.	.	.	.	1	.	1	+
Aulacomnium palustre	.	.	.	.	.	.	.	.	.	.	.	.	.	.	.	1
Eriophorum angustifolium	.	.	.	.	.	.	.	.	.	.	.	.	.	.	.	.
Eriophorum vaginatum	.	.	.	.	.	.	.	.	.	.	.	.	.	.	.	3
Sphagnum papillosum	.	.	.	.	.	.	.	.	.	.	.	1	.	2	.	2
Sphagnum magellanicum	.	.	.	.	.	.	.	.	.	.	.	.	.	2	.	2
Scheuchzeria palustris	.	.	.	.	.	.	.	.	.	.	.	.	.	.	.	.
Mesotraphente																
Menyanthes trifoliata	.	.	.	.	2	.	1	.	m	s	3	.	1	+	.	.
Sphagnum teres	.	.	.	.	.	.	.	.	.	.	.	.	.	.	2	.
Myrica gale	.	.	.	.	.	3	.	.	3	.	.	.	.	.	.	.
Carex limosa	.	.	.	.	.	.	.	.	.	.	.	.	.	.	.	.
Carex inflata	.	.	.	.	.	.	.	.	.	.	.	.	.	.	.	.
Sph.sect.Subsecunda	.	.	.	.	.	.	.	.	.	.	.	.	.	.	.	.
Eutraphente																
Dryopteris spec.	2	1	.	.	2	+	.	.	2	.	.	1	.	.	.	.
Lychnis flos-cuculi	s	.	.	.	s	.	.	.	h	.	.	.	m	.	.	.
Bidens cf.cernuus	.	.	.	.	.	.	.	.	.	.	.	.	.	.	.	.
Sonstige																
Camptothecium nitens	.	.	+	.	3	1	3	+	.	+	.	.	.	3	.	.
Sphagnum palustre	.	+	+	2	4	4	1	4	.	1	+	.	.	4	2	.
Sph.sect.Cuspidata	.	.	.	.	4	1	.	.	.	.	.	.	1	.	.	2
Meesea triquetra	.	.	.	.	.	1	.	.	.	.	.	.	.	.	.	.
Calliergon giganteum	.	.	.	.	.	.	.	.	.	.	.	+	.	.	.	.
Drepanocladus spec.	.	.	.	.	.	1	.	.	.	.	.	+	.	.	.	.
Sph.sect.Acutifolia	.	.	.	.	.	1	.	.	.	.	+	.	5	.	3	.
Paludella squarrosa	.	.	.	.	.	.	+	.	.	.	.	.	.	.	.	.
Calliergon spec.	.	.	.	.	.	.	.	.	.	.	.	.	.	.	.	.
Acrocladium cuspidatum	.	.	.	.	.	.	.	.	.	.	.	.	.	.	.	.
Cinclidium stygium	.	.	.	.	.	.	.	.	.	.	.	.	.	.	.	.
Drepanocladus sendtneri	.	.	.	.	.	.	.	.	.	.	.	.	.	.	.	.
Betula alba s.l.(Früchte)	h	m	.	.	h	.	m	h	h	.	h	.	m	.	s	.
Carex spec.	s	.	.	.	.	.	.	.	s	.	.	.	m	.	.	.
Rumex spec.	.	.	.	.	.	.	s	.	.	.	.	.	.	.	.	.
cf.Stellaria spec.	.	.	.	.	.	.	.	.	.	.	.	.	.	.	.	.
Molinia coerulea	.	.	.	.	.	.	.	.	.	.	.	.	.	.	.	.
Anteile insgesamt (%)																
Holz	10	63	80	5	10	20	10	22	30	80	85	4	4	v	v	3
Kräuterwurzeln	50	30	10	80	8	28	65	35	62	10	5	95	22	20	60	15
weitere Kräuterreste	40	7	10	10	12	2	15	8	8	10	5	v	2	20	17	45
Moose	.	v	v	5	70	50	10	35	.	v	5	1	72	60	23	37
davon Sphagnen	.	v	v	4	60	45	v	35	.	v	4	1	71	50	20	15

	röhrichtfreie Betula-Form										
Profil	B	F	v	B	G	B	B	z	G	A	z
Nr.d.Probe im Profil	18	21	3	19	13	16	25	6	4	10	7
mittl.Tiefe u.Oberfl.	66	56	3	70	31	57	86	7	9	27	8
Zersetzungsgrad	4	7	5	5	8	5	2	5	8	4	3
Aschengehalt	17	18	19	17	8	18	66	5	10	8	5
Zahl d.vertretenen Sippen	4	4	14	6	4	8	6	9	12	13	8
kennzeichnende und differenzierende Arten											
Betula alba s.l.(Holzreste)	2	2	+	1	4	+	2	1	3	1	+
Pinus silvestris	.	.	.	.	.	.	.	.	.	.	.
Phragmites communis	.	.	.	.	.	.	.	.	.	.	.
Cladium mariscus	.	.	.	.	.	.	.	.	.	.	.
(Hochmoorpflanzen)											
Polytrichum strictum	.	.	.	.	.	.	.	.	+	.	.
Calluna vulgaris	.	.	.	.	.	.	.	.	.	.	.
Aulacomnium palustre	.	.	.	.	.	.	.	.	.	+	.
Eriophorum angustifolium	.	.	.	.	.	.	.	1	.	.	1
Eriophorum vaginatum	.	.	.	.	.	.	.	.	.	.	.
Sphagnum papillosum	.	.	.	.	.	.	.	.	.	.	.
Sphagnum magellanicum	.	.	.	.	.	.	.	.	.	.	.
Scheuchzeria palustris	.	.	.	.	.	.	.	.	.	.	3
Mesotraphente											
Menyanthes trifoliata	.	2	4	s	3	s	2	1	m	1	1
Sphagnum teres	3	.	+	2	.	1	2	+	+	2	.
Myrica gale	.	.	.	.	3	.	.	.	s	s	.
Carex limosa	.	.	.	.	.	.	.	1	.	2	2
Carex inflata	.	.	m	.	.	s	h	.	.	.	.
Sph.sect.Subsecunda	.	.	.	.	.	.	.	.	.	.	.
Eutraphente											
Dryopteris spec.	.	5	.	.	.	1	.	.	.	1	.
Lychnis flos-cuculi	.	.	.	.	.	.	.	.	s	.	.
Bidens cf.cernuus	.	.	m	.	.	.	.	.	s	.	.
Sonstige											
Camptothecium nitens	3	.	+	3	.	+	5	4	2	3	3
Sphagnum palustre	.	.	.	.	.	.	.	.	.	.	.
Sph.sect.Cuspidata	.	+	.	.	.	.	.	.	.	1	.
Meesea triquetra	.	.	.	.	.	.	.	4	.	5	4
Calliergon giganteum	.	.	+	.	.	.	2	.	.	2	.
Drepanocladus spec.	.	.	1	.	.	.	.	1	.	2	3
Sph.sect.Acutifolia	.	.	.	.	.	.	.	.	.	.	.
Paludella squarrosa	3	.	.	.	.	+	.	.	.	.	.
Calliergon spec.	.	.	.	+	.	.	.	.	.	.	.
Acrocladium cuspidatum	.	.	3	.	.	.	.	.	.	.	.
Cinclidium stygium	.	.	1	.	.	.	.	.	.	.	.
Drepanocladus sendtneri	.	.	.	.	.	.	.	.	.	.	.
Betula alba s.l.(Früchte)	.	H	.	.	.	m	h	.	.	.	m
Carex spec.	.	.	h	.	s	s	.	s	s	s	.
Rumex spec.	.	.	s	.	.	.	.	.	.	.	.
cf.Stellaria spec.	.	.	.	.	.	.	.	.	.	.	.
Molinia coerulea	.	.	.	.	.	.	.	.	.	.	.
Anteile insgesamt (%)											
Holz	5	5	v	1	45	v	5	1	25	2	v
Kräuterwurzeln	55	15	40	34	35	4	15	25	70	5	30
weitere Kräuterreste	.	80	40	10	20	94	5	12	.	10	10
Moose	40	v	20	55	.	2	80	62	5	83	60
davon Sphagnen	15	v	v	5	.	2	5	v	v	8	.

	röhr.-freie Pinus-Form								röhr.-freie Calluna-Form						
Profil	w	A	x	z	b	G	x	A	H	v	H	z	x	A	G
Nr.d.Probe im Profil	3	17	2	5	5	12	3	13	8	4	7	8	4	11	11
mittl.Tiefe u.Oberfl.	3	48	2	6	13	29	3	36	21	4	19	9	4	30	26
Zersetzungsgrad	9	6	9	6	8	8	7	7	9	7	8	5	5	3	8
Aschengehalt	18	17	27	5	10	7	17	11	5	11	5	4	8	8	8
Zahl d.vertretenen Sippen	3	3	5	8	10	6	7	11	4	7	3	10	9	10	9
kennzeichnende und differenzierende Arten															
Betula alba s.l.(Holzreste)	1	.	1	+	.	3	3	1	3	4	+	+	3	1	.
Pinus silvestris	3	3	4	2	5	4	4	1	2	.	.	+	4	+	3
Phragmites communis	.	.	.	.	.	.	.	.	.	.	.	.	.	.	.
Cladium mariscus	.	.	.	.	.	.	.	.	.	.	.	.	.	.	.
(Hochmoorpflanzen)															
Polytrichum strictum	.	3	.	.	.	.	1	.	.	.	.	.	3	3	2
Calluna vulgaris	.	.	.	.	.	.	+	.	.	3	1	+	.	s	m
Aulacomnium palustre	.	.	.	.	.	.	.	1	.	.	.	.	+	1	1
Eriophorum angustifolium	.	.	.	.	.	.	.	.	.	.	.	+	+	.	.
Eriophorum vaginatum	.	.	.	.	.	.	.	.	3	.	5	.	.	.	.
Sphagnum papillosum	.	.	.	.	.	.	.	.	.	.	.	.	.	.	.
Sphagnum magellanicum	.	.	.	.	.	.	.	.	.	.	.	.	.	.	.
Scheuchzeria palustris	.	.	.	.	.	2	.	.	.	.	.	.	.	.	.
Mesotraphente															
Menyanthes trifoliata	.	.	3	1	2	.	.	3	.	3	.	2	.	1	.
Sphagnum teres	.	.	.	.	.	2	.	3	.	.	.	.	.	.	.
Myrica gale	.	.	.	.	s	.	.	.	.	.	.	.	.	.	3
Carex limosa	.	.	.	1	.	.	.	.	.	.	.	+	.	1	.
Carex inflata	.	.	.	.	.	.	.	.	.	.	.	.	.	.	.
Sph.sect.Subsecunda	.	.	.	.	.	.	.	.	.	.	.	.	.	.	3
Eutraphente															
Dryopteris spec.	.	.	.	.	2	.	.	1	.	.	.	.	.	+	.
Lychnis flos-cuculi	.	.	.	.	h	s	.	s	.	.	.	.	.	.	.
Bidens cf.cernuus	.	.	.	.	.	.	.	.	.	.	.	.	.	.	.
Sonstige															
Camptothecium nitens	.	.		4	+	.	.	3	.	+	.	2	+	.	2
Sphagnum palustre	3	5	2	.	.	.	2	.	.	.	.	.	1	.	5
Sph.sect.Cuspidata	.	.	.	.	.	.	.	2	.	.	.	.	.	.	.
Meesea triquetra	.	.	.	4	2	.	.	1	.	.	.	5	.	.	.
Calliergon giganteum	.	.	.	.	3	.	.	.	.	.	.	.	.	+	.
Drepanocladus spec.	.	.	.	.	.	.	.	.	.	.	.	.	.	.	.
Sph.sect.Acutifolia	.	.	.	.	.	.	.	.	.	.	.	.	2	5	.
Paludella squarrosa	.	.	.	.	.	.	.	4	.	.	.	.	.	.	.
Calliergon spec.	.	.	.	.	.	.	.	.	.	+	.	.	.	.	.
Acrocladium cuspidatum	.	.	.	.	.	.	.	.	.	.	.	.	.	.	.
Cinclidium stygium	.	.	.	.	.	.	.	.	.	+	.	.	.	.	.
Drepanocladus sendtneri	.	.	.	2		.	.	.	.	.	.	4	.	.	.
Betula alba s.l.(Früchte)	.	.	.	s	m	h	.	m	m	.	.	h	m	s	.
Carex spec.	.	.	.	s	s	.	s	.	.	s	.	s	.	.	.
Rumex spec.	.	.	.	.	.	.	.	.	.	.	.	.	.	.	.
cf.Stellaria spec.	.	.	.	.	.	s	.	.	.	.	.	.	.	.	.
Molinia coerulea	.	.	.	.	.	.	1	.	3	.	.	.	.	.	.
Anteile insgesamt (%)															
Holz	20	20	40	5	55	45	65	4	25	30	v	v	50	1	20
Kräuterwurzeln	50	20	15	15	20	35	20	11	40	40	.	15	20	.	.
weitere Kräuterreste	10	.	40	10	10	15	10	11	35	30	100	5	5	2	5
Moose	20	60	5	70	15	5	5	74	.	v	.	80	25	97	75
davon Sphagnen	20	50	5	.	.	5	5	14	.	.	.	.	5	85	65

Außerdem je einmal: in Probe VII/26: Eupatorium cannabinum s ; in v/7: Calliergon stramineum 1 ; in I/12: Vaccinium oxycoccus + ; in v/3: Eleocharis palustris s.l. h , Oenanthe aquatica s ; in B/19: Drepanocladus intermedius 4 ; in G/4: Hydrocotyle vulgaris s , Ranunculus flammula s , Quercus spec. 2 ; in x/2: Empetrum nigrum m ; in x/4: Thuidium blandowii + ; in G/11: Andromeda polifolia s bildungsform Arten wie *Equisetum fluviatile, Eleocharis, Lychnis, Ranunculus flammula* und selten auch *Menyanthes* vorkommen, die mit der Vorstellung eines geschlossenen Erlenbruchwaldes schlecht vereinbar sind. *Myrica* und *Salix* mögen Komponenten eines gebüschreichen Stadiums repräsentieren, auf das noch zurückzukommen ist. Die große Artenarmut der Mehrzahl der Proben steht im Einklang mit ihrer meist starken Zersetzung.

Tab. 5 enthält die Proben mit Kiefer und die noch verbliebenen Proben mit Birkenholz („*Pinus-Betula*-Typ"). Sie ist gegliedert in eine Gruppe mit Röhricht-Arten und eine ohne solche. In beiden Fällen ergab sich eine weitere Gliederung in eine Ausbildung, in der in reicherem Maße Hochmoorpflanzen vorkamen („*Calluna*-Formen") und in je zwei Formen ohne solche. Die eine davon umfaßt alle Proben ohne Kiefer („reine Formen"), die andere ist durch Anwesenheit der Kiefer – meist mit Birke zusammen – gekennzeichnet („*Pinus*-Formen"). Auf das gleichzeitige Vorkommen von Hochmoorpflanzen und teilweise ausgesprochen hochmoorfremden Arten, besonders in der röhrichtreichen *Calluna*-Form, wird an Hand von Tab. 6 noch einmal zurückzukommen sein. In den röhrichtreichen Ausbildungsformen wird man, wie in Tab. 4, Übergangsstadien von oder zu Phragmitetalia-Gesellschaften vermuten. In den röhrichtfreien Formen kommen jedoch ebenfalls zahlreiche Arten vor, die nicht recht zu der Vorstellung von geschlossenen Birken- und Kiefernbruchwäldern passen wollen (*Menyanthes, Eriophorum angustifolium, Carex limosa, Scheuchzeria,* auch *Myrica*), eine Erscheinung, die bereits in Tab. 4 eine Parallele hatte. Hieraus läßt sich nur folgern, daß es sich auch für die röhrichtfreien Proben bei der torfbildenden Vegetation in der Mehrzahl der Fälle um Übergangsstadien gehandelt haben muß, die hier durch enge Beziehungen zu Kleinseggengesellschaften gekennzeichnet waren. Man wird hier vielleicht an Gesellschaften oder Stadien denken können, wie sie etwa im Randwald der Hochmoore oder in seiner Übergangszone zum Lagg vorkommen können.

Bei der Häufigkeit von Übergangsstadien in den holzreichen Proben, deren Muttervegetation man sich also als lockere Baumbestände, vielleicht auch nur als Gebüsche vorstellen muß, ergibt sich zwangsläufig die Frage, welches denn nun diejenigen Proben sind, die auf eigentliche Bruchwaldgesellschaften als „Mutter-Pflanzengesellschaften" zurückgehen. Solche Proben lassen sich nun in dem untersuchten Material überhaupt nicht mit Sicherheit nachweisen. Gleichgültig, wie es mit solchen „eigentlichen" Bruchwaldtorfen steht – sicher ist jedenfalls, daß die Baumarten im Untersuchungsgebiet wenigstens teilweise nur gebüschartige Bestände oder lockere Gehölzgruppen gebildet haben und daß diese dort also innerhalb der Gesamtvegetation eine wesentliche Rolle gespielt haben. Die hydrologischen Wirkungen der Meerestransgression mit ihren periodisch oder episodisch wiederkehrenden Zeiten der Überflutung oder des Rückstaues und dem in stetigem, zeitweilig ziemlich raschem Ansteigen begriffenen mittleren Grundwasserstand mögen hierfür und für das Zurücktreten (oder Fehlen?) eigentlicher, geschlossener Bruchwälder eine Hauptursache dargestellt haben.

Die Tab. 6 enthält Proben, in denen immer eine, im allgemeinen mehre-

Tabelle 6: Baumfreie Torfproben mit anspruchsvolleren Arten n e b e n Hochmoorpflanzen

	Proben vom minerotrophen Ericaceen – Eriophorum – Typ												Proben vom Mischtyp										
	reine Form							Myrica-Form					reine Röhricht-Form					Myrica-Röhricht-Form					
Profil	VII	H	A	IV	VIII	IV	V	C	VI	G	VI	VII	B	IV	C	1	IV	B	C	D	A	1	VII
Nr.d.Probe im Profil	2	6	4	15	11	3	12	11	8	10	11	7	14	18	13	8	17	13	2	14	5	4	4
mittl.Tiefe u.Oberfl.	3	16	9	42	24	7	29	20	16	24	24	14	43	51	23	23	47	42	5	39	12	11	6
Zersetzungsgrad	4	8	4	4	8	5	8	5	6	8	9	7	7	5	5	9	8	7	4	4	5	6	6
Aschengehalt	9	5	1	4	5	5	5	15	9	7	8	6	8	5	9	7	4	60	10	10	8	3	6
Zahl d.vertretenen Sippen	4	7	10	12	8	11	10	3	12	7	8	7	7	8	6	5	10	12	6	7	9	7	11
Hochmoorpflanzen																							
Eriophorum vaginatum	3	5	4	.	5	4	5	.	3	3	4	5	5	.	+	+	4	3	1	5	.	2	.
Calluna vulgaris	.	1	h	.	3	+	2	m	+	1	1	.	.	+	+	1	1	+	3	s	2	.	+
Rhynchospora alba	s	h	.	h	.	s	h	.	.	.	h	m	.	.	.	.	.	.	.	.	.	.	s
Aulacomnium palustre	.	+	+	.	1	+	1	.	.	.	.	+	.	3	.	.	.	.	.	.	+	.	.
Vaccinium oxycoccus	.	.	+	+	.	+	1	.	.	.	.	.	.	.	.	.	1	.	.	.	.	.	+
Sphagnum papillosum	.	.	.	.	1	3	1	.	.	.	.	3	.	.	.	.	.	.	.	.	.	.	3
Polytrichum strictum	.	.	.	.	1	.	+	.	.	1	.	.	.	3	2	.	.	.	.	.	.	.	.
Erica tetralix	.	.	.	.	.	.	.	+	.	.	+	.	.	.	.	1	.	.	.	.	.	.	+
Andromeda polifolia	.	.	.	+	.	.	3	.	s	.	.	s	.	.	.	.	.	.	.	.	.	.	.
Sphagnum magellanicum	5	.	.	+	.	.	.	.	.	.	.	.	.	.	.	.	.	.	.	.	.	2	.
Scheuchzeria palustris	.	.	.	4	.	+	.	.	.	.	.	.	.	.	.	.	1	.	.	.	.	.	.
differenzierende Arten																							
Phragmites communis	.	.	.	.	.	.	.	.	.	.	.	.	.	2	1	1	1	1	1	1	.	2	.
Cladium mariscus	.	.	.	.	.	.	.	.	.	.	.	.	s	.	.	.	.	1	.	.	s	.	3
Myrica gale	.	.	.	.	.	.	.	3	3	1	1	3	.	.	.	.	.	1	3	m	1	3	3
weitere Meso- u.Eutraphente																							
Calliergon stramineum	.	.	+	3	.	.	.	.	.	.	.	.	.	2	.	.	3	.	.	.	3	.	.
Sph.sect.Subsecunda	.	.	.	.	2	.	.	.	1	.	.	.	.	.	.	.	.	.	.	.	.	.	+
Carex limosa	.	.	+	+	.	.	.	.	3	.	.	.	.	.	.	.	.	.	.	.	.	.	.
Lychnis flos-cuculi	.	.	.	.	.	.	.	.	h	.	.	.	m	.	.	.	.	s	.	.	.	.	.
Menyanthes trifoliata	.	.	.	2	.	.	.	.	s	.	.	.	.	.	.	.	.	.	.	.	.	.	.
Sonstige																							
Sphagnum palustre	4	1	5	.	2	4	+	.	2	3	3	2	1	.	5	1	.	4	.	2	3	2	2
Sph.sect.Cuspidata	.	.	2	3	.	1	.	.	.	2	.	.	1	4	.	.	3	1	.	1	3	.	3
Camptothecium nitens	.	.	+	2	.	.	.	.	.	.	.	.	.	4	.	.	1	1	.	.	.	.	.
Sph.sect.Acutifolia	.	.	.	.	.	.	.	.	.	4	.	.	.	+	.	.	1	.	+	.	.	1	.
Calliergon spec.	.	.	.	.	.	+	.	.	.	.	+	.	.	.	.	.	.	1	.	.	.	.	.
Drepanocladus spec.	.	+	.	.	.	.	.	.	+	.	.	.	.	.	.	.	.	.	.	.	.	.	.
Drepanocladus intermedius	.	.	.	.	.	.	2	.	.	.	.	.	.	.	.	.	.	+	.	.	.	.	.
Molinia coerulea	.	.	.	.	.	.	.	.	2	.	.	.	3	.	3	.	.	.	.	3	3	5	4
Carex spec.	.	.	.	s	.	.	.	.	.	.	.	.	s	.	.	.	.	s	.	.	.	.	.
Betula alba s.l.	.	s	.	m	.	.	.	.	.	.	.	.	.	.	.	.	s	.	.	.	.	.	.
Anteile insgesamt (%)																							
Holz	.	.	.	.	.	.	.	10	5	1	2	10	.	.	.	.	.	.	10	.	1	15	10
Kräuterwurzeln	.	.	5	15	.	6	v	21	60	30	35	.	12	5	2	30	.	50	10	28	20	13	.
weitere Kräuterreste	15	97	30	40	80	37	90	69	25	22	51	75	85	5	92	70	65	20	80	62	24	60	60
Moose	85	3	65	45	20	57	10	v	10	47	12	15	3	90	6	v	35	30	v	10	55	12	30
davon Sphagnen	85	3	45	20	15	57	2	v	10	44	12	15	3	35	5	v	23	27	v	10	35	12	30

Außerdem je einmal: in Probe A/4: Sphagnum teres + ; in VII/11: Sphagnum imbricatum 1 ; in IV/3: Eriophorum angustifolium 1 ; in VI/8: Dryopteris spec. + ; in VI/11: Scirpus caespitosus 2 ; in C/2: Pohlia nutans + ; in A/5: Calliergon cordifolium 2 .

re Hochmoorarten vorkamen, daneben aber zugleich Arten, die in einem normalen ombrogenen Hochmoor unseres Gebietes weder auf den Bulten noch in den Schlenken aufzutreten pflegen: also mehr oder weniger minerotrophe Arten. Teilweise handelt es sich hier um *Phragmites* oder *Cladium*, ferner kommt – allein oder neben den Röhrichtpflanzen – *Myrica* vor, und schließlich kann die minerotrophe Komponente auch allein durch einige mesotraphente Arten und durch minerotrophe Moose vertreten sein. Durch diese Artenzusammensetzung ergeben sich enge Beziehungen zu den beiden *Calluna*-Formen des *Pinus-Betula*-Typs, die sich auch der Tabelle 6 zwanglos hätten einfügen lassen.

Die beiden Röhrichtformen sind zweifellos das Produkt einer Vermischung von Elementen verschiedenartiger Pflanzengesellschaften. Bei dieser Vermischung dürfte ein Wachstum der verschiedenen Komponenten in verschiedenen Boden-„Stockwerken" eine Hauptrolle gespielt haben, ein solches dürfte durch die Standortsbedingungen im Bereich der Meerestransgression stark begünstigt worden sein. So interessant derartige Ergebnisse vom Ökologischen und allgemein Vegetationskundlichen her sind, so unergiebig sind solche Proben pflanzensoziologisch, da sie eben nur als heterogene Gemenge aufgefaßt werden können (daher als „Misch-Typ" bezeichnet).

Anders steht es mit den als „*Ericaceen-Eriophorum*-Typ" bezeichneten Proben. Auch sie zeigen zwar nach ihrer Artenzusammensetzung Merkmale von soziologischen Gemischen, aber die Komponenten dieser Mischung, Kleinseggen-Gesellschaften und Hochmoorbulten-Gesellschaften, stehen einander ökologisch und genetisch doch relativ nahe. Die Proben waren meist außerordentlich moosreich; es spricht manches dafür, daß die Mutter-Pflanzengesellschaften engräumig mosaikartig gegliedert waren und daß ihr Standort von elektrolytarmen Wässern schwach überrieselt oder durchsickert wurde. Im einzelnen kann hier auf diese Fragen nicht weiter eingegangen werden (vgl. hierzu GROSSE-BRAUCKMANN 1962 b).

Auffällig ist das häufige Vorkommen von *Myrica* unter den Proben sowohl des *Ericaceen-Eriophorum*-Typs als auch des Misch-Typs, einer Art, deren Holzreste in Torfen bisher nur selten angetroffen wurden. Sie war schon in den Tabellen 4 und 5 mit vertreten; der Schwerpunkt ihres – im Untersuchungsgebiet auffällig häufigen – Auftretens sind aber offenbar Gesellschaften ohne Baumarten. Dabei kommt sie nicht nur mit Hochmoorpflanzen zusammen vor sondern auch ohne deren Anwesenheit, also in Torfen, die sonst den Proben des *Menyanthes*- und des *Cladium-Phragmites*-Typs entsprechen („*Myrica*-Typ" in Tab. 7). Soziologisch und ökologisch nahe gestanden haben diesen *Myrica*-Gebüschen offenbar Weidengebüsche (vielfach mit beigemischter *Myrica*); von der Zusammensetzung der zugehörigen Torfe vermittelt die Tab. 7 ebenfalls ein

Tabelle 7: Baumfreie Torfproben mit Salix und mit Myrica

	Salix-Typ								Myrica-Typ: Cladium-Form							Myrica-Typ: Phragmites-Form							Myrica-Typ: Menyanthes-Form								
Profil	E	F	G	F	G	F	C	F	E	E	2	B	B	B	E	D	F	F	E	F	E	D	G	B	G	F	B	B	G	F	G
Nr.d.Probe im Profil	9	9	22	7	1	8	27	5	10	6	4	2	3	5	1	12	11	10	8	6	2	13	9	7	8	13	9	6	7	15	6
mittl.Tiefe u.Oberfl.	29	19	55	14	1	17	63	9	31	20	11	9	12	23	2	34	24	22	26	11	5	37	21	26	19	30	32	25	16	36	14
Zersetzungsgrad	9	5	5	5	7	6	8	9	9	5	9	5	3	3	6	5	6	5	3	6	6	5	6	3	6	8	4	5	6	6	5
Aschengehalt	55	21	15	29	40	25	64	31	73	12	6	9	16	7	31	32	12	15	15	18	42	20	8	8	8	17	8	8	8	7	9
Zahl d.vertretenen Sippen	17	6	7	7	4	5	6	5	4	3	4	6	5	8	6	8	7	5	5	8	6	4	8	6	7	11	3	5	7	5	7
kennzeichnende und differenzierende Arten																															
Salix spec.	+	2	3	+	3	4	2	+	.	.	.	.	.	.	.	.	.	.	.	.	.	.	.	.	.	.	.	.	.	.	.
Myrica gale	s	2	.	.	s	s	.	.	s	1	2	3	+	2	4	s	3	2	s	s	+	4	2	+	2	3	2	3	3	4	2
Phragmites communis	.	2	3	3	.	2	.	2	2	2	.	3	3	1	2	4	2	2	3	3	3	3	.	.	.	.	.	.	.	.	.
Cladium mariscus	s	.	.	.	.	.	2	.	s	+	2	s	+	1	h	.	.	.	.	.	.	.	.	.	.	.	.	.	.	.	.
Mesotraphente (u.Hmo-pfl.)																															
Menyanthes trifoliata	.	.	3	.	.	.	.	.	.	.	.	.	.	+	.	.	.	.	.	s	.	.	s	.	s	m	.	.	s	.	1
Carex limosa	.	.	.	.	.	.	.	.	.	.	.	.	.	.	.	.	.	.	.	.	.	.	.	+	.	1	.	3	+	2	1
Drepanocladus fluitans	.	.	.	1	.	.	.	.	.	.	.	.	.	.	+	.	.	.	2	+	.	.	.	.	.	.	.	.	.	3	.
Sph.sect.Subsecunda	.	.	.	.	.	.	.	.	.	.	.	.	.	+	.	.	.	.	.	.	.	.	3	.	4	.	.	.	4	.	.
Calliergon stramineum	+	.	.	.	.	.	.	.	.	.	.	.	.	.	.	.	1	1	.	.	.	.	.	.	.	.	.	.	.	.	.
Rhynchospora alba	.	.	.	.	.	.	.	.	.	.	h	.	.	.	.	.	.	.	.	.	.	.	.	.	.	s	.	.	.	s	.
Hydrocotyle vulgaris	m	.	.	.	.	.	.	.	.	.	.	.	s	.	s	.	.	.	.	.	.	.	.	.	.	.	.	.	.	.	.
Potentilla erecta	h	.	.	.	.	.	.	.	.	.	.	.	.	.	.	.	.	.	.	.	.	.	.	.	.	.	.	.	.	.	s
Eutraphente																															
Dryopteris spec.	1	+	.	+	.	.	5	.	.	.	.	.	.	.	.	.	1	+	.	.	.	1	+	.	1	.	.	.	.	.	.
Lychnis flos-cuculi	h	m	.	.	.	.	.	.	.	.	.	.	.	.	.	m	s	.	.	s	.	s	m	m	.	m	.	.	.	.	.
Eleocharis palustris s.l.	.	.	.	s	.	.	.	h	.	.	.	.	.	.	.	m	m	s	m	h	.	.	.	.	.	.	.	.	.	.	.
Scirpus cf.lacustris	m	.	.	.	.	.	.	.	.	.	.	.	.	.	.	m	.	.	H	.	s	.	.	.	.	.	.	.	.	.	.
Sonstige																															
Sph.sect.Cuspidata	+	.	.	.	.	.	.	.	.	.	.	.	.	1	.	.	.	.	.	.	.	.	.	4	.	1	1	2	.	4	+
Calliergon spec.	.	.	+	.	.	.	.	.	.	.	.	.	.	.	.	.	.	.	.	.	.	.	3	2	.	2	.	1	.	.	.
Acrocladium cuspidatum	.	.	.	1	.	.	.	3	.	.	.	.	.	.	.	.	.	.	.	.	2	.	.	.	.	1	.	.	.	.	.
Sphagnum palustre	1	.	.	.	.	.	3	.	.	.	.	.	.	.	.	.	.	.	.	.	.	.	.	.	.	2	.	.	.	.	.
Scorpidium scorpioides	.	.	.	.	.	.	.	.	.	.	.	.	.	1	.	.	.	.	.	.	.	.	.	.	.	.	.	.	3	.	5
Drepanocladus spec.	.	.	.	.	.	.	.	.	.	.	.	.	.	.	.	.	.	.	.	2	+	.	.	.	.	3	.	.	.	.	.
Calliergon giganteum	.	.	.	.	.	.	.	.	.	.	.	.	.	.	.	.	.	.	.	.	.	.	.	.	3	.	.	.	3	.	.
Carex spec.	h	s	h	s	m	m	h	m	s	.	.	h	h	s	h	h	m	.	.	h	m	.	s	h	s	h	m	2	s	.	m
Ranunculus flammula	s	.	.	.	m	.	.	.	.	.	.	s	.	.	.	.	.	.	.	.	.	.	.	.	.	.	.	.	.	.	.
Molinia coerulea	.	.	.	.	.	.	.	.	.	.	3	.	.	.	.	.	.	.	.	.	.	.	.	.	.	1	.	.	.	.	.
Anteile insgesamt (%)																															
Holz	v	10	5	v	10	30	5	v	.	1	4	10	v	3	v	.	5	1	.	.	.	v	5	.	5	20	2	15	5	10	3
Kräuterwurzeln	80	80	60	75	90	65	5	80	95	95	70	65	90	77	65	70	75	90	80	85	85	55	60	35	30	55	75	58	20	25	35
weitere Kräuterreste	16	10	35	20	.	5	75	10	5	4	26	25	10	15	35	28	18	8	15	10	10	45	3	20	10	5	20	20	10	20	12
Moose	4	.	v	5	.	v	15	10	.	.	.	v	.	5	v	2	2	1	5	5	5	v	32	45	55	20	3	7	65	45	50
davon Sphagnen	4	.	.	.	.	.	15	.	.	.	.	.	.	2	.	.	.	.	.	.	.	v	17	40	30	5	3	5	35	25	v

Außerdem je einmal: in Probe E/9: Sphagnum teres 1, Lycopus europaeus m, Calliergon cordifolium +, cf.Stellaria spec. s; in G/22: Carex pseudocyperus s, Alnus glutinosa s; in F/8: Cinclidium stygium +; in C/27: Betula alba s.l. s; in B/2: cf.Campylium spec. +; in D/12: Drepanocladus aduncus 1, Scirpus maritimus s; in G/9: Comarum palustre s; in G/8: Bryum ventricosum 1.

Bild, das übrigens recht gut zu den neuerdings von PASSARGE (1961) entwickelten Vorstellungen von den norddeutschen Grauweiden-Gebüschen paßt.

Die sämtlichen unterschiedenen Typen sind noch einmal mit den Stetigkeitsklassen der wichtigsten Arten in der Tabelle 8 zusammengestellt; das Bild dieser Tabelle würde sich im wesentlichen kaum ändern, wenn die Stetigkeiten auf Grund sämtlicher 398 untersuchten Proben statt nur auf Grund der Probenauswahl der Tabellen 3 bis 7 berechnet worden wären.

Anhangsweise seien noch einige „Präsenz-Gemeinschafts-Koeffizienten" (ELLENBERG 1956) als Beispiele für eine weitere Auswertungsmöglichkeit wiedergegeben. Diese Koeffizienten liefern bekanntlich ein objektives Maß für die Bindung zweier Arten aneinander, sofern die Auswahl der zu ihrer Berechnung verwendeten „Aufnahmen" frei von subjektiven Momenten vorgenommen wurde. Da die untersuchten Proben ziemlich schematisch in mehr oder weniger gleichen Abständen aus den Profilen entnommen worden waren, ist diese Bedingung im wesentlichen erfüllt, sofern sämtliche Proben Berücksichtigung finden (ein leicht subjektives Moment liegt dann nur noch in der Auswahl der untersuchten Profile). Die auf diese Weise an Hand aller Proben der untersuchten 25 Profile berechneten Koeffizienten zwischen allen häufigeren Arten einerseits und *Cladium* und *Myrica* andererseits gibt die Tab. 9 wieder. Bei der Beurteilung der Zahlenwerte, die im Vergleich mit Berechnungen auf der Grundlage (rezenter) Vegetationsaufnahmen sämtlich sehr nie-

Tabelle 8: Stetigkeit der wichtigsten Arten in den unterschiedenen Torf-Ausbildungsformen unter Berücksichtigung der für die Tabellen 3-7 ausgewählten Proben

Typ	Alnus-Typ			Pinus-Betula-Typ						Sal.-Typ	Myrica-Typ			Clad.-Phr.-Typ				Men.-Typ	Misch-Typ		Er.-Er.-Typ	
Tabelle	4			5						7				3					6			
				röhrichtfrei			röhrichtreich															
Form	Röhr.	rein	Bet.	Bet.	Pin.	Call.	Bet.	Pin.	Call.		Cld.	Phr.	Men.	Cld.	Phr. rein	Men.-Cld.	Men.-Phr.		reine Röhr.	Myr.-Röhr.	rein	Myr.
mittl. Zahl d.Taxa	5,3	4,4	3,6	8,0	6,6	7,4	6,5	7,7	8,8	7,1	5,1	6,1	6,6	2,3	3,0	5,3	5,7	8,8	7,2	8,7	8,8	7,4
Zahl d.untersucht. Proben	9	9	5	11	8	7	12	11	5	8	7	7	9	6	10	6	14	9	5	6	7	5
kennzeichnende und differenzierende Arten																						
Alnus glutinosa	V	V	V	.	.	.	.	.	.	I	.	.	.	.	I	.	.	.	.	.	.	.
Betula alba s.l.(Holzreste)	.	.	V	V	IV	V	V	IV	IV	.	.	.	.	.	.	.	.	.	.	.	.	.
Pinus silvestris	.	.	.	.	V	IV	.	V	II	.	.	.	.	.	.	.	.	.	.	.	.	.
Salix spec	I	I	.	.	.	.	.	.	.	V	.	.	.	.	.	.	.	.	.	.	.	.
Myrica gale	I	I	.	II	I	I	I	I	.	III	V	V	V	.	.	.	.	.	.	V	.	V
Phragmites communis	V	.	III	.	.	.	III	IV	III	IV	V	V	.	IV	V	V	V	.	IV	IV	.	.
Cladium mariscus	II	.	.	.	.	.	IV	IV	II	II	V	.	.	V	.	V	.	.	I	III	.	.
Hochmoorpflanzen																						
Calluna vulgaris	.	.	.	.	I	IV	.	.	III	.	.	.	.	.	.	.	.	.	IV	V	IV	IV
Eriophorum vaginatum	.	.	.	.	.	II	.	.	I	.	.	.	.	.	.	.	.	.	IV	IV	V	IV
Polytrichum strictum	.	.	.	I	II	III	I	I	III	.	.	.	.	.	.	.	.	.	II	.	II	I
Aulacomnium palustre	.	.	.	I	I	III	I	.	I	.	.	.	.	.	.	I	I	.	I	I	IV	I
Rhynchospora alba	.	.	.	.	.	.	.	.	.	.	I	.	II	.	.	.	.	.	.	I	IV	II
Vaccinium oxycoccus	.	.	.	.	.	.	.	.	I	.	.	.	.	.	.	.	.	II	I	I	III	.
Sphagnum papillosum	.	.	.	.	.	.	.	.	III	.	.	.	.	.	.	.	.	.	.	I	III	I
Eriophorum angustifolium	.	.	.	I	.	II	.	.	.	.	.	.	.	.	.	.	.	II	.	.	I	.
Scheuchzeria palustris	.	.	.	I	I	.	.	.	.	.	.	.	.	.	.	.	.	.	I	.	II	.
Andromeda polifolia	.	.	.	.	.	I	.	.	.	.	.	.	.	.	.	.	.	.	.	.	II	II
Sphagnum magellanicum	.	.	.	.	.	.	.	.	II	.	.	.	.	.	.	.	.	.	.	I	II	.
Erica teralix	.	.	.	.	.	.	.	.	.	.	.	.	.	.	.	.	.	.	I	I	.	II
Scirpus caespitosus	.	.	.	.	.	.	.	.	.	.	.	.	.	.	.	.	.	.	.	.	.	I
Sphagnum imbricatum	.	.	.	.	.	.	.	.	.	.	.	.	.	.	.	.	.	.	.	.	I	.
Mesotraphente																						
Menyanthes trifoliata	II	I	.	V	III	III	IV	III	II	I	I	I	III	.	.	V	III	IV	.	.	I	I
Sphagnum teres	.	.	I	IV	II	.	II	.	I	I	.	.	.	.	.	I	I	III	.	.	I	.
Carex limosa	.	.	.	II	I	II	.	.	.	.	.	.	IV	.	.	.	I	III	.	.	II	I
Calliergon stramineum	.	.	.	.	.	.	.	.	I	I	.	II	.	.	.	.	.	I	II	I	II	.
Sphagnum sect.Subsecunda	.	.	.	.	.	I	I	.	.	.	I	.	II	.	.	.	.	.	.	I	I	I
Hydrocotyle vulgaris	.	II	.	I	.	.	.	.	.	I	II	.	.	.	.	.	I	.	.	.	.	.
Potentilla erecta	.	.	.	.	.	.	.	.	.	I	.	.	I	.	.	.	II	.	.	.	.	.
Carex inflata	.	.	.	II	.	.	.	.	.	.	.	.	.	.	.	.	I	I	.	.	.	.
Drepanocladus fluitans	.	.	.	.	.	.	.	.	.	I	I	II	I	.	.	.	.	.	.	.	.	.
Eutraphente																						
Dryopteris spec.	II	II	.	II	II	I	III	III	I	III	.	III	II	II	II	IV	II	II	.	.	.	I
Lychnis flos-cuculi	II	II	.	I	II	.	III	II	I	II	.	III	II	.	I	II	II	III	I	I	.	I
Eleocharis palustris s.l.	.	II	.	I	.	.	.	.	.	II	.	IV	.	I	.	I	II	I	.	.	.	.
Scirpus cf.lacustris	.	.	.	.	.	.	.	.	.	I	.	III	.	.	I	.	I	.	.	.	.	.
Lycopus europaeus	I	I	.	.	.	.	.	.	.	I	.	.	.	.	I	.	I	.	.	.	.	.
Bidens cf.cernuus	.	I	.	I	.	.	.	.	.	.	.	.	.	.	.	.	.	.	.	.	.	.
Oenanthe aquatica	.	.	.	I	.	.	.	.	.	.	.	.	.	.	.	.	I	I	.	.	.	.
Carex pseudocyperus	I	I	.	.	.	.	.	.	.	I	.	.	.	.	.	.	.	.	.	.	.	.
Sonstige																						
Sphagnum palustre	I	.	II	.	III	II	III	V	II	II	.	.	I	I	I	I	I	III	III	V	V	IV
Camptothecium nitens	I	.	I	V	II	III	I	III	I	.	.	.	.	.	.	.	II	III	II	.	II	.
Sph.sect.Cuspidata	.	.	.	I	I	.	I	I	II	I	I	.	IV	.	I	.	I	II	III	IV	III	I
Calliergon giganteum	I	I	.	II	I	I	I	.	I	.	.	.	II	.	.	.	I	II	.	.	.	.
Meesea triquetra	.	.	.	II	II	I	.	I	.	.	.	.	.	.	.	.	I	III	.	.	.	.
Sph.sect.Acutifolia	.	.	.	.	.	II	.	I	II	.	.	.	.	.	.	.	I	.	II	II	.	I
Acrocladium cuspidatum	.	II	.	I	.	.	I	.	.	II	.	I	I	.	.	.	.	I	.	.	.	.
Paludella squarrosa	.	.	.	I	I	.	I	I	.	.	.	.	.	.	.	.	.	I	.	.	.	.
Cinclidium stygium	.	.	.	I	.	I	.	.	.	I	.	.	.	.	.	.	.	I	.	.	.	.
Drepanocladus intermedius	.	.	.	I	.	.	.	.	.	.	.	.	.	.	.	.	.	I	.	I	I	.
Scorpidium scorpioides	.	.	.	.	.	.	.	.	.	.	I	.	II	.	.	.	.	.	.	.	.	.
Carex spec.	III	III	I	III	II	II	III	I	I	V	IV	III	V	.	I	II	IV	III	I	I	I	.
Molinia coerulea	.	.	.	.	I	I	.	.	.	.	I	.	I	.	.	.	.	.	II	IV	.	I
Ranunculus flammula	.	II	.	I	.	.	.	.	.	II	I	.	.	.	.	.	I	.	.	.	.	.
Rumex spec.	.	.	.	I	.	.	.	.	.	.	.	.	.	.	I	.	.	II	.	.	.	.
Rubus spec.	II	.	.	.	.	.	.	.	.	.	.	.	.	.	.	.	.	.	.	.	.	.

Tabelle 9. Spezifische Präsenz-Gemeinschaftskoeffizienten von *Myrica gale* und *Cladium mariscus* mit den häufigeren Arten (Ges.-Stetigkeit 5% oder mehr) sämtlicher untersuchter Proben des Marschenrandgebietes zwischen Weser und Elbe,

berechnet in % als $\frac{Pc}{Pa + Pc + Pb}$

(Pa = Zahl der Proben mit der betreffenden Art allein
Pb = Zahl der Proben mit *Myrica* bzw. *Cladium* allein
Pc = Zahl der Proben mit *Myrica* bzw. *Cladium* neben der betreffenden Art)

100	Cladium mariscus	100	Myrica gale
35	Phragmites communis	22	Lychnis flos-cuculi
23	Sphagnum palustre	21	Sphagnum palustre
21	Dryopteris spec.	20	Molinia coerulea
17	Myrica gale	19	Calluna vulgaris
16	Lychnis flos-cuculi	17	Cladium mariscus
		17	Menyanthes trifoliata
14	Betula alba s.l.	16	Phragmites communis
13	Camptothecium nitens	16	Dryopteris spec.
12	Pinus silvestris		
11	Menyanthes trifoliata	14	Sph. sect. Subsecunda
11	Molinia coerulea	14	Eriophorum vaginatum
10	Sph. sect. Cuspidata	13	Eleocharis palustris s.l.
9	Eleocharis palustris s.l.	13	Rhynchospora alba
8	Sph. sect. Acutifolia	13	Carex limosa
7	Calliergon stramineum	10	Sph. sect. Cuspidata
		9	Aulacomnium palustre
5	Calluna vulgaris	8	Acrocladium cuspidatum
5	Calliergon giganteum	8	Sphagnum papillosum
5	Sphagnum teres	8	Calliergon giganteum
4	Aulacomnium palustre	8	Andromeda polifolia
4	Sph. sect. Subsecunda	7	Erica tetralix
4	Acrocladium cuspidatum	7	Camptothecium nitens
3	Polytrichum strictum	6	Sphagnum teres
3	Sphagnum papillosum	6	Polytrichum strictum
3	Sphagnum magellanicum	6	Pinus silvestris
3	Alnus glutinosa	6	Betula alba s.l.
2	Eriophorum vaginatum	6	Calliergon stramineum
2	Rhynchospora alba		
2	Meesea triquetra	4	Sphagnum magellanicum
1	Vaccinium oxycoccus	4	Meesea triquetra
1	Erica tetralix	4	Sph. sect. Acutifolia
0	Andromeda polifolia	2	Alnus glutinosa
0	Eriophorum angustifolium	2	Vaccinium oxycoccus
0	Carex limosa	0	Eriophorum angustifolium

drig erscheinen, sind die geringe Artenzahl der meisten Torfproben sowie die geringe Stetigkeit der Arten in Betracht zu ziehen. Man erkennt aus den beiden Listen – wie nicht anders zu erwarten – die Verschiedenwertigkeit der beiden untersuchten Arten, die ihren Ausdruck in sehr verschiedenen Zahlenwerten beispielsweise für *Molinia, Calluna* und *Eriophorum vaginatum* findet. Auf die weitere Diskussion der (teilweise unerwarteten) Werte muß hier verzichtet werden.

Die vorliegende Arbeit geht davon aus, daß die Ergebnisse von Großrestuntersuchungen an Torfen als „subrezente" Entsprechungen zu pflanzensoziologischen Aufnahmen der rezenten Vegetation aufgefaßt werden können; sie ist ein Versuch, derartige Ergebnisse mit pflanzensoziologischen Methoden und unter pflanzensoziologischen Gesichtspunkten auszuwerten.

Es lagen Untersuchungsergebnisse von fast 400 Torfproben vor, die sämtlich aus dem küstennahen Gebiet Nordwestdeutschlands zwischen Weser und Elbe stammten, und zwar aus Mooren vom Grenzgebiet zwischen „Marsch" und „Geest", wo die Moorbildung unter teilweise starker Beeinflussung durch die postglaziale Meerestransgression vor sich gegangen ist. In allen Torfen zusammen wurden die Großreste von 81 Sippen (darunter 70 Arten) festgestellt.

Die untersuchten Proben ließen sich 23 floristisch definierten Typen zuordnen, 22 davon – die eigentlichen Hochmoortorfe blieben in der vorliegende Arbeit unberücksichtigt – werden in den Tabellen durch 166 ausgewählte Einzel-Befunde belegt.

Unter den 22 rein induktiv ausgeschiedenen Torftypen gab es gute Entsprechungen für diejenigen Vegetationseinheiten, die innerhalb unserer heutigen Vegetation als die torfbildenden Einheiten gelten und die den Ordnungen Phragmitetalia, Caricetalia fuscae und Scheuchzerietalia sowie den Erlen-, Birken- und Kiefernbruchwäldern zugeordnet werden müssen. Eine Zuordnung zu niedrigeren soziologisch systematischen Einheiten war dabei allerdings nicht immer möglich. Es fanden sich außerdem Torfe, die aus *Salix*- und *Myrica*-Gebüschen hervorgegangen sein müssen.

Nicht selten waren aber auch Torfe, die auf Gemische verschiedenartiger Vegetationseinheiten hindeuteten, wobei diese sich dann besonders durch ihre Nährstoffansprüche unterschieden. So traten die rein ombrotrophen Arten der Oxycocco–Sphagnetea zusammen mit minerotrophen Arten der Scheuchzerio–Caricetea fuscae, ja selbst der Phragmitetalia auf. Derartige Durchdringungen, die übrigens nicht auf die gehölzfreien Typen beschränkt waren, deuten auf eine engräumige standörtliche Differenzierung der ursprünglichen torfbildenden Pflanzengesellschaften hin: sowohl in der Vertikalen („Stockwerk"-Aufbau) wie – wahrscheinlich – auch in der Horizontalen (mosaikartiger Aufbau). An jenen Torftypen, die Gehölzgesellschaften entsprachen, fiel außerdem der hohe Anteil lichtliebender Arten auf, der darauf hinweist, daß die Bäume hier offenbar sehr lückige Bestände, unter Umständen auch nur lichte Gebüsche gebildet haben.

Die angewandte pflanzensoziologische Arbeitsweise liefert nach allem nicht nur eine Möglichkeit, zu einer botanischen Torfsystematik zu gelangen, sondern sie führt auch zu einer differenzierteren Kenntnis der früheren torfbildenden Vegetation und ihres Standorts.

SUMMARY

Samples of peat, each one about 50 cm^3, have been submitted to qualitative and quantatative analysis of their identifiable macrofossil plant remains (tissue fragments, seeds, fruits). It is then assumed that the analysis of each peat sample may be considered equivalent to the relevé made by the phytosociologist on present-day vegetation. An attempt is made to analyse these results with the aid of the techniques of the phytosociologist and from his point of view.

Analyses of almost 400 samples were available, all of them from the coastal area of N.W. Germany lying between the Rivers Weser and Elbe (Fig. 1). The bogs from which they were taken occur in the district where *Marsch* (marine Holocene) and *Geest* (Pleistocene) meet. Bog formation in this district has been under strong periodic influence from post-glacial transgression of the North Sea.

In all, 81 taxa were identified in the samples, 70 of them to species.

The samples investigated fall into 23 types, defined on a floristic basis. In the tables, 22 of these are represented by 166 selected samples. (Strictly ombrotrophic peats are not considered in this analysis).

A satisfactory correspondance was found between these 22 types, arrived at by purely inductive methods, and present-day vegetation units generally considered to be peat forming. These fall within the orders Phragmitetalia, Caricetalia fuscae and Scheuchzerietalia or have the character of Alder, Birch or Pine carr. It was not always possible to assign a sample to lower vegetation units. Some of the peat samples seem to have arisen also from *Salix* or *Myrica* scrub.

Some of the peat samples indicated that they had arisen from a mixture of different vegetation types, which differed especially in their nutritional requirements. Thus, purely ombrotrophic species of the Oxycocco–Sphagnetea occurred in the same sample as species of the Scheuchzerio–Caricetea fuscae and even of the Phragmitetalia. Such overlapping, which, incidentally, was not confined to samples free from wood remains, indicates a small-scale habitat differentiation of the original peatforming communities, both in the vertical („storied pattern") and also, probably, in the horizontal direction („mosaic pattern").

The remarkable number of light plants indentified in the peat which originated in woody communities would indicate that the trees were in a very open canopy and at times formed quite open scrub.

The application of phytosociological methods has made possible not only the working out of a botanical classification of peat types but has also contributed towards a more exact knowledge of former peatforming vegetation and of its habitat.

LITERATUR

Ellenberg, H.: Grundlagen der Vegetationsgliederung. I. Aufgaben und Methoden der Vegetationskunde (Einführung in die Phytologie **4**, von H. Walter). – 136 pp. Stuttgart 1956.

Grosse-Brauckmann, G.: Torfe und torfbildende Pflanzengesellschaften.

(Zur Ansprache der Torfe an Hand ihrer Pflanzenreste.) – Zeitschr. f. Kulturtechnik **3**: 205–225. Berlin u. Hamburg 1962 a.
— Moorstratigraphische Untersuchungen im Niederwesergebiet. (Über Moorbildungen am Geestrand und ihre Torfe.) – Veröff. Geobot. Inst. Rübel Zürich **37** (Festschrift FRANZ FIRBAS): 100–119. Bern u. Stuttgart 1962 b.
OBERDORFER, E.: Süddeutsche Pflanzengesellschaften. – Pflanzensoziologie **10**. XXVII, 564 pp. Jena 1957.
PASSARGE, H.: Zur soziologischen Geliederung der Salix cinerea-Gebüsche Norddeutschlands. – Vegetatio **10**: 209–228. Den Haag 1961.
TÜXEN, R.: Die Pflanzengesellschaften Nordwestdeutschlands. – Mitt. flor. -soz. ArbGemeinsch. Niedersachsen **3**: 1–170. Hannover 1937.
— Das System der nordwestdeutschen Pflanzengesellschaften. – Mitt. flor. -soz. ArbGemeinsch. N.F. **5**: 155–176. Stolzenau/Weser 1955a.
— Botanischer Garten Bremen. Wegweiser durch die pflanzen-soziologisch-systematische Abteilung. – 119 pp. Bremen 1955 b.
WEBER, C. A.: Die wichtigsten Humus- und Torfarten und ihre Beteiligung an dem Aufbau norddeutscher Moore. – Festschr. z. Feier d. 25 jähr. Bestehens d. Ver. z. Förd. d. Moorkultur im Deutschen Reich: 80–101. Berlin 1908.

Nachtrag bei der Drucklegung: Die oben mitgeteilten Untersuchungsergebnisse wurden in teilweise etwas veränderter Fassung inzwischen auch an anderer Stelle veröffentlicht: Vegetatio **11**, 325–341; 1963. Aus dieser Veröffentlichung wurde auch die hier wiedergegebene Zusammenfassung und ihre Übertragung ins Englische (freundlicherweise angefertigt durch Doz. Pater J. J. MOORE, Dublin) übernommen. Die Untersuchungen wurden durch eine Sachbeihilfe der Deutschen Forschungsgemeinschaft gefördert.

G. SCHWERDTFEGER:

1. Ist eine Unterscheidung möglich bei *Phragmites*, das unmittelbar in den Schichten bestanden hat, von *Phragmites*, das von oben her eingedrungen sein kann? Wir wissen ja, daß durch die Inkulturnahme in den Gräben sehr viel *Phragmites* wächst, das mit den unterirdischen Trieben oft sehr weit nach den Seiten in die Tiefe hineingeht.
2. Ist eine Unterscheidung der Torfe möglich, die am Ort entstanden sind von denjenigen, die in der Horizontalen verfrachtet sind? Die Ereignisse bei der Sturmflut am 17. Februar haben deutlich gezeigt, daß schon in wenigen Tagen die Verfrachtung auf verhältnismäßig große Strecken und in sehr unterschiedlichen Formen möglich ist. Das Material kann aufgearbeitet sein, es kann aber auch in Zimmergröße in geschlossenen Blöcken verfrachtet werden. Wenn diese Einwirkung Jahre und noch länger andauert in den Transgressions-Abschnitten, könnte ich mir doch denken, daß die Verfrachtung im ganz großen Umfange vor sich geht.
3. Eine praktische Frage: Ist es möglich in diesen Torfen irgendwie eine Parallele zu schädlichen Stoffen festzustellen? Wir haben ja verschiedene schädliche Stoffe, die bei der Inkulturnahme erheblich stören.

R. TÜXEN:

Es gibt zwei Deutungsmöglichkeiten für die Mischgesellschaften, die ja eine große Rolle spielen. Entweder sind es wirkliche Gemische, Transitionen, Übergänge, oder aber es besteht ein kleinflächiges Mosaik. Wir haben bei uns noch einige vergleichbare lebende Moore; ich möchte an zwei erinnern: Das eine ist das Steinhuder Meer zwischen Stolzenau und Hannover, wo wir genau die Arten und die Gesellschafts-Kombinationen einschließlich *Myrica* und *Cladium mariscus* finden, die wir eben gesehen haben. Das andere ist der Maujahn, ein wunderbares fast im Naturzustand erhaltenes kleines Moor, das ein paar Hundert Meter lang und nicht ganz 100 m breit ist, worin alle die Gesellschaften (nur ohne *Myrica* und *Cladium*, denn es liegt an der Elbe im subkontinentalen Gebiet) vorkommen, die uns Herr GROSSE-BRAUCKMANN gezeigt hat.

Nun gibt es aber zwischen seinen Proben und den lebenden Pflanzengesellschaften einen Unterschied. Er hat in einer gewissen kleinen Fläche des Bohrkerns die paar Pflanzen untersuchen müssen, die dort zwangsläufig erfaßt wurden. Wenn der Soziologe ins Gelände geht, so sucht er sich eine Fläche von Zimmer-Größe oder mehr und schreibt dort die Gesellschaften auf, die er im Gelände sieht. Und wenn er eine sehr feine Analyse eines Gebietes macht, so wird er auch alle diese sogenannten Mischtypen finden, also Assoziationen, Varianten, Subvarianten einerseits, statisch betrachtet, oder als Phasen und Stadien in der Entwicklung. Wenn wir dies alles zusammenfassen, so können wir doch kaum einen Unterschied zwischen den von Herrn GROSSE-BRAUCKMANN gefundenen Gesellschaften und den heute vorhandenen finden; wenn wir eben die verschiedenen Methoden und vor allem das Klein-Mosaik infolge der sehr starken progressiven aber ebenso starken durch die Küstensenkung oder dem Meeresanstieg eingetretenen regressiven Sukzessionen bedenken. Und so finde ich eine wunderbare Bestätigung unserer soziologischen Auffassung in Ihren historischen Untersuchungen und zugleich, was wir ja in diesen Tagen anstreben, eine Ergänzung unserer Kenntnis der aktuellen Vegetation in der Vergangenheit, erreicht durch die Sicht der Palaeontologie.

H. SUKOPP:

Welche Mengen sind jeweils für eine solche Probe aufbereitet worden? Der wichtigste Punkt, auf den ich eingehen wollte, ist eigentlich eben von Herrn Prof. TÜXEN schon erschöpfend dargestellt worden. Ich würde sagen, daß aus dem brandenburgischen Gebiet eine Menge dieser Kombinationen, mit Ausnahme von *Myrica*, uns durchaus geläufig sind und als Klein-Mosaik vorkommen und nicht nur etwa in irgend einem Transgressionsbereich, sondern daß sie gerade eben bei stärkerem Wechsel in der Hydrologie oder auch in der normalen Moorentwicklung durchaus häufig sind.

Zu den vermißten Birkenbrüchern: darin müßte denn doch ein höherer Anteil an *Vaccinien* sein, und darum möchte ich aus dem Material, soweit ich das übersehen konnte, doch annehmen, daß sicher keine echten Birken-Brücher darin sind.

A. APINIS:

Die vorgelegte botanische Analyse der Torfarten auf einer phytosoziologischen Grundlage ist für das Studium der Sukzessionsvorgänge der

Pflanzengesellschaften der Torfmoore von ausschlaggebender Bedeutung. Die Schwierigkeiten in der phytosoziologischen Interpretation der sogenannten Mischproben des Torfes beruht wahrscheinlich auf mosaikartigen Vergesellschaftungen ökologisch stark verschiedener Pflanzengesellschaften insbesondere nach Meliorationsmaßnahmen, die schnelle Sukzessionen in Gang setzt, wie ich das bei *Cladium mariscus*- und *Phragmites communis*-Beständen in Lettland und auch an *Myrica gale*-Beständen in Schleswig-Holstein beobachten konnte. Dabei entstehen Mosaiken, worauf schon Herr Prof. TÜXEN hingewiesen hat, wo auf kleinstem Raum Hochmoorpflanzen wie *Vaccinium oxycoccus* mit *Sphagnum medium* und *rubellum*, *Polytrichum strictum*, *Dicranum bergeri* zusammen zu finden sind, während in einem kleinen Tümpel wenige Zentimeter tiefer, *Cladium*, *Scorpidium scorpioides* usw. wachsen.

Wenn man diese Torfschichten untersucht, bekommt man eine sehr starke Mischung von verschiedenen ökologischen Typen und Gesellschaften.

J. J. MOORE:

Ich möchte Herrn GROSSE-BRAUCKMANN gratulieren zu seiner sehr schönen Arbeit. Wenn er diese Gesellschaften sehen möchte, so soll er nach Irland kommen! Sehr viel habe ich in meiner Phantasie aus dieser Tabelle gesehen.

Zwei technische Fragen: 1. Wieviel von diesen Mischproben haben Sie ausgelassen, und zwar in der Tabelle und in der statistischen Auswertung?

2. Jemand hat gefragt, wie groß waren die Proben? Ich möchte fragen, wie mächtig waren die Proben?

K. FAEGRI:

Ich möchte Herrn GROSSE-BRAUCKMANN auch sehr gratulieren. Aber ich bin hierher gekommen, um gegen die Äußerung von Dr. APINIS zu protestieren. Es geht nämlich nicht an, den Namen RUTGER SERNANDER zu vergessen. Er hat diese Sachen schon vor einem halben Jahrhundert sehr schön gemacht. Man kann nicht sagen, es sei das erste Mal. Es ist heute verfeinert worden, natürlich. Aber dies ist die alte palaeo-physiognomische Schule, die bei dem Geologen-Kongreß im Jahre 1911 schon sehr siegreich in der quartär-geologischen Diskussion bestand. Das möchte ich gesagt haben.

F. FIRBAS:

Es hat sich eingebürgert, allmählich bei allen palaeobotanischen Untersuchungen in der Nacheiszeit immer mehr von Palynologie zu reden. Was Herr Dr. GROSSE-BRAUCKMANN an Resten untersucht hat, in den Kombinationen, das sind fast alles Makro-Reste. Das Wort Palynologie ist geprägt worden, um einen summarischen Begriff für Staub, für den Staubinhalt der Atmosphäre zu haben und paßt also eigentlich nicht hierher. Ich glaube, es würde mit der Zeit eine ziemliche Verwirrung entstehen, wenn das immer so weiter angewendet würde. Deswegen wollte ich diese Bemerkung machen.

H. ZOLLER:

Ich wollte nur schnell noch etwas sagen zu den schönen Untersuchungen von Herrn GROSSE-BRAUCKMANN, und zwar wegen des Birken-Bruchwaldes. Der Birkenbruchwald braucht ja nicht unbedingt *Vaccinium uliginosum* enthalten. Ich hatte in Skandinavien Gelegenheit auf große Strecken solche Birken-Bruchwälder zu sehen, die eigentlich genau diese Zusammensetzung haben wie die Proben von Herrn Dr. GROSSE-BRAUCKMANN.

Die Vegetation dieser Birkenbruchmoore entbehrt oft weitgehend aller bruchartigen Züge und ist in den nährstoffreicheren Gebieten Skandinaviens verbreitet, während sie in Mitteleuropa rezent meist reliktisch und oft nur fragmentarisch vorkommt und zudem, wie etwa im Schweizer Jura, in ständigem Rückgang begriffen ist. In der Bodenschicht finden sich unter einem mehr oder weniger lockeren, oft auch fehlenden Birkenüberwuchs als besonders charakteristische Arten, die folgenden, auch in den betreffenden Fossilproben ziemlich häufig gefundenen Moose: *Camptothecium nitens, Sphagnum warnstorfii, Paludella squarrosa, Cinclidum stygium, Helodium lanatum, Meesea triquetra, Calliergon giganteum* u.a. Das haben ja KOTILAINEN 1927, 1944, 1951, RUUHIJÄRVI 1960 u.a. schon beschrieben. Ich glaube, daß Sie dort Anhaltspunkte finden und daß es sicher für Sie sehr interessant wäre, Ihre fossilen Aufnahmen mit den rezenten aus Lappland von KOTILAINEN und seinen Schülern zu vergleichen.

R. TÜXEN:

Die eben genannten birkenreichen Brücher, die kein Betuletum pubescentis sind, wachsen bei uns genau so. BODEUX hat sie schon bei uns in Nordwestdeutschland und im übrigen Mitteleuropa beschrieben. Es handelt sich um eine birkenreiche Subassoziation des Alnetum glutinosae „betuletosum" oder molinietosum.

G. GROSSE-BRAUCKMANN:

Die Menge an Torf, die für jede Probe untersucht wurde, wurde in allen Untersuchungen konstant gehalten, und zwar auf rund 50 cm^3. Dies ergibt im allgemeinen auch bei den schwächer zersetzten Torfen einen Schlämm-Rückstand, den man noch einigermaßen durchsehen kann, wenn auch teilweise schon mit beträchtlichen Zeitaufwand.

Die Frage von Pater MOORE nach der Mächtigkeit, aus der diese 50 Kubikzentimeter stammen, läßt sich nicht ganz so einfach und so eindeutig beantworten, weil die Proben im Grunde gar nicht zu der hier benutzten Fragestellung entnommen worden waren. Wir haben diese Proben an der Moor-Versuchsstation zu untersuchen gehabt mit bestimmter praktischer Fragestellung, meistens die Sackung betreffend. Die Proben wurden dazu von einem Bohrunternehmer im Gelände entnommen und kamen als große, senkrecht ausgestanzte Zylinder-Stechproben ins Labor. Und dann habe ich aus den Proben, die jeweils etwa 20–25 cm mächtig waren, eine mir geeignet erscheinende, d.h. homogene Schicht herausgenommen, die in ihrer Mächtigkeit im allgemeinen nicht über 5 cm lag. Dabei war mir von vornherein klar, daß diese 5 cm natürlich eine beträchtliche Zeitspanne repräsentieren können.

Ich komme dabei nun gleich zu einer grundsätzlichen Ergänzung, die ich gern noch gemacht hätte: Die Untersuchungen hatten in erster Linie das Ziel, die Torf-Klassifizierung, d.h. die petrographische Torfansprache auf eine etwas breitere und natürlich auf eine induktive Basis zu stellen. Die Torf-Typen, die Torf-Einheiten, mit denen im allgemeinen in den Sparten gearbeitet wird, die mit Quartär-Geologie wenig zu tun haben, sind meistens von Typen abgeleitet, die ja eigentlich erst nur in der Theorie bestehen. Da gibt es das Röhricht, das die Verlandung einleitet, den Großseggen-Bestand und den reinen Erlen-, Birken- und Kiefern-Bruchwald. Damit sind die Typen bereits erschöpft. Mir lag besonders daran, einmal das vielfältige Spektrum dieser Typen auszubreiten, das sich überhaupt bei solchen rein induktiven Untersuchungen ergibt.

Die Frage, wie es mit dem Vorkommen von *Phragmites* steht, ob es sich um sekundär eingedrungene *Phragmites*-Reste handeln kann, läßt sich insofern eindeutig beantworten, als nur ein kleiner Teil der Proben die Stengelreste von *Phragmites* als ein Sukzessionsrelikt enthielt. Stengelreste kann man sehr gut als solche erkennen. Die Mehrzahl dagegen, auch von den gemischten Proben, enthielt ausgesprochene Schilf-Rhizome, die sicherlich nicht von oben hineingedrungen, sondern die allmählich aus einem tieferen Stockwerk hochgewachsen sind. Wenn wir ein *Sphagnum*-Polster haben und darunter wächst bei ansteigendem Grundwasserstand Schilf, dann wächst das *Sphagnum*-Polster mit, und auch das Schilf wächst mit. Jetzt haben wir es plötzlich hier im *Sphagnum rubellum*. So kommen derartig gemischte Torfe zustande. Das hängt wieder eng mit der Frage der mosaikartigen Ausbildung dieser Torfe zusammen. Wenn man in die Tiefe geht, geht das Mosaik eben auch in die dritte Dimension hinein. Es ist also zwangsläufig, daß bei diesen Proben auch heterogene Gemische aus nicht zusammengehörenden Mikro-Vegetationseinheiten vertreten waren.

Die Parallele zu schädlichen Stoffen oder zu allgemeinen chemischen Eigenschaften der Torfe kann ich leider nicht geben. Wir haben zwar einige chemische Untersuchungen an derartigen Torfen durchgeführt, aber das Ergebnis war ganz anders als erwartet, und deshalb möchte ich darüber noch nichts aussagen.

Die Frage der Birken-Brücher, die mich brennend interessiert, gipfelt für mich in der Frage: Ist diejenige Vegetationseinheit, die man als Betuletum pubescentis, charakterisiert durch *Betula* und *Vaccinium uliginosum*, sich vorstellen kann, überhaupt eine torfbildende, oder ist es vielleicht nicht nur eine auf Torf stockende Vegetationseinheit? Diese Frage kann ich nicht recht beantworten mangels ausreichender Kenntnis der rezenten Vegetation. (R. Tüxen: Sogar Torf zehrend). Ja, richtig. Insofern wäre der Begriff „Birken-Bruch" mit großer Vorsicht zu bewerten; wenn wir, wie Herr Prof. Zoller sagte, alle jene lichten Birkenbestände des Nordens mit zu den Birken-Brüchen zählen, dann waren sicherlich Birken-Bruch-Torfe dabei. Denken wir aber an das Betuletum pubescentis, dann ist es mir sehr fraglich, und ich muß zusätzlich noch bemerken, daß *Vaccinium uliginosum* mir bisher weder als Samen noch als Holz, noch als Blattreste irgend einmal im Torf begegnet ist. In dem Untersuchungsgebiet war es auch nicht zu erwarten, weil es außerhalb des natürlichen Verbreitungsgebietes liegt. Aber auch in seinem Verbreitungsgebiet ist es mir bisher noch nie begegnet, obwohl ich immer sehr danach gesucht habe.

Von den gemischten Proben, die aus der Tabelle, in der die gemischten Proben in extenso dargestellt waren, ausgelassen wurden, könnte ich noch etwa 15–20 Proben zeigen. Ich habe auch eine Tabelle da, in der sie zusammengestellt sind, die Interessenten gerne einsehen können.

Zu der Bemerkung von Herrn Prof. ZOLLER wäre noch zu sagen, daß es sich hier ausschließlich um Makro-Reste handelt. Es sind keinerlei Pollenfunde berücksichtigt. Es sind nicht einmal Pollenanalysen von Profilen gemacht worden, so wünschenswert das auch gewesen wäre, nun die Gliederung auch noch nach postglazialen Vegetationsabschnitten vorzunehmen. Dazu reichten die Möglichkeiten angesichts der andersartigen Fragestellung leider nicht. Vielleicht kann das noch einmal nachgeholt werden.

Zur Frage des Vorkommens von *Cladium* kann ich sagen, daß auch in Nordwestdeutschland Gesellschaften, wie sie Herr Prof. APINIS angemerkt hat, vorkommen: eng mosaikartig gemischte Bestände von *Cladium* einerseits und streng oligotrophen Moosen und Hochmoor-Begleitern andererseits. Die Verhältnisse, wie sie für *Cladium* von Süd-Deutschland bekannt sind, wo es geradezu als eine kalkfolgende Art gilt, treffen für unser Gebiet durchaus nicht zu.

F. FIRBAS:

Die Erscheinungen, daß *Phragmites*-Rhizome in einen darunterliegenden anderen Torf hineinwachsen, ist sehr aufregend und interessant. C. A. WEBER hat für die Torfe, die auf diese Weise entstehen, das Wort „Verdrängungstorf" geprägt. Das scheint mir für die deutsche Sprache sehr geeignet.

DIE RHIZOPODENANALYSE DER MOORE UND IHRE ANWENDUNGSMÖGLICHKEIT

von

TH. GROSPIETSCH, Plön

Jedem Pollenanalytiker sind bei der Durchsicht der Proben schon die kleinen, braunen Tönnchen von etwa 50 μ Größe aufgefallen, die mehr oder weniger häufig in den *Sphagnum*-Torfen anzutreffen sind. Von dem einen oder anderen werden sie in der Spalte „übrige Mikrofossilien" notiert, von vielen aber unbeachtet gelassen. Da diese Mikrofossilien nicht botanischer Herkunft sind, kommt ihnen anscheinend nur eine geringe Bedeutung zu. Es erscheint mir aber wichtig, auf diese tierischen Mikrofossilien aufmerksam zu machen und ich begrüße es aufrichtig, auf einer Arbeitstagung, welche die Palynologie zum Thema hat, einige kurze Darlegungen zum Thema der sog. „Rhizopodenanalyse" machen zu können.

Die Tiergruppe der beschalten Amoeben hat eine weltweite Verbreitung. Sehr viele Arten sind Kosmopoliten, andere dagegen treten nur auf der Süd-Hemisphäre oder im eurasischen Raum auf. Ihre ökologischen Ansprüche sind sehr unterschiedlich; die meisten Vertreter der Gattung *Difflugia* z.B. sind in Gewässern verschiedenster Art zu finden. Andere Gattungen sind dagegen vorwiegend Moosbewohner, manche sogar haben sich auf die bodenbewohnende Lebensweise spezialisiert. Aber gerade in Sphagnum-Rasen, wie wir ihn bei der Moorbildung finden, kommt eine relativ hohe Zahl von Arten in sehr großer Quantität vor. Hier scheinen diese typischen sphagnicolen Rhizopoden-Arten ein Optimum an Lebensbedingungen vorzufinden, wobei man allerdings bis heute noch nicht genau weiß, welches die entscheidenden Faktoren für dieses häufige Vorkommen sind.

Die in den Torfmoos-Rasen in enormer Frequenz zu beobachtenden Thekamöben haben eine sehr unterschiedliche ökologische Valenz. Manche sphagnophile oder sphagnobionte Arten (z.B. *Amphitrema wrightianum*) treten an den feuchtesten Stellen, also in den untergetauchten Sphagnen der Schlenken besonders zahlreich auf und verschwinden, sobald der Biotop trockener wird. Andererseits finden sich in den trockenen Sphagnen der verschiedenen Bulte moorfremde oder tyrphoxene Arten, wie z.B. *Trigonopyxis arcula* und *Bullinularia indica*, die sonst im nassen Moor niemals vorkommen (Abb. 1). Die Zusammensetzung der Biozoenose deckt sich also mit dem Feuchtigkeitsgrad des jeweiligen Biotops. Da die Schalen der testaceen Rhizopoden aus einem sehr widerstandsfähigen Material aufgebaut sind, bleiben sie nach dem Absterben der Zellen erhalten, und zwar an der Stelle, wo sich früher die lebenden Organismen aufgehalten haben. Aus der früheren Biozoenose wird dann eine Nekrozoenose, die die gleiche Artenzusammensetzung aufweist.

Auf dieser Tatsache baut die Rhizopodenanalyse auf. Durch das gleichzeitige Weiterwachsen des Sphagnum-Rasens wird eine Nekrozoenose über der anderen gebildet. Wenn nun die Torfmoose im Laufe der Zeit vertorfen, werden in diesen Schichten auch die Schalen der früher an dieser Stelle lebenden Rhizopoden konserviert.

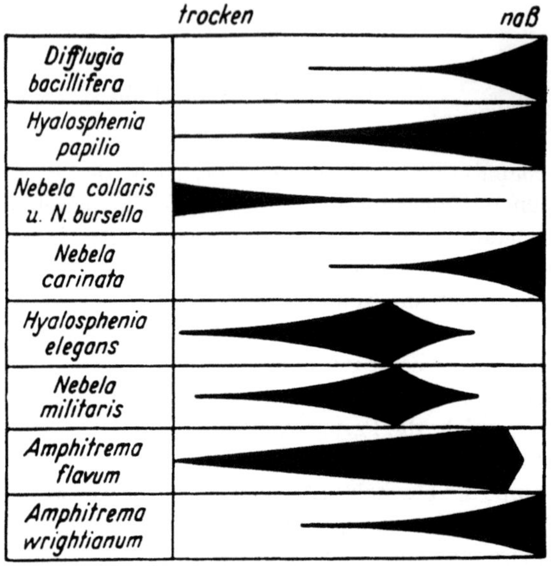

Abb. 1. Ökologische Ansprüche einzelner Rhizopoden-Arten.

Daraus ergibt sich der prinzipielle Unterschied zwischen Pollenanalyse und Rhizopodenanalyse: Während bei der ersteren die Pollen der in der Umgebung des Moores stehenden Bäume und Sträucher gezählt werden und damit Schlüsse auf die Vegetationsgeschichte des benachbarten Raumes gestatten, werden bei der Rhizopodenanalyse die Thekamöben in der Schicht erfaßt, in der sie früher auch gelebt haben. Dadurch lassen sich nähere Angaben über die Feuchtigkeit bei der Bildung der jeweiligen Torfschichten machen. Beide Methoden ergänzen sich also in ausgezeichneter Weise.

Über die Technik der Methode ist an verschiedenen anderen Stellen schon berichtet worden, so daß es sich in diesem Rahmen erübrigt, näher darauf einzugehen. Betont muß jedoch noch einmal werden, daß die Schalen gegenüber den in der Pollenanalyse üblichen chemischen Aufbereitungsmethoden nicht resistent sind. Selbst bei Verwendung von Kalilauge muß damit gerechnet werden, daß einzelne Arten wegen der empfindlicheren Kittsubstanz mehr oder weniger zerstört werden, so daß bei diesem Verfahren eine qualitative Auslese erfolgt, die naturgemäß das Ergebnis der Untersuchung beeinträchtigen muß. Es sei daher dringend vor der Anwendung von Chemikalien gewarnt.

Aus der Vielzahl der untersuchten Profile sollen nur einige wenige Beispiele demonstriert werden, die besonders augenfällig die Ergebnisse zeigen. Zu den vielen Fragen der Moorkunde gehört auch heute noch das sog. Grenzhorizontproblem. In vielen Hochmooren Nordwestdeutschlands kann man bekanntlich eine mehr oder weniger deutliche Trennung von verschiedenartigen Torfschichten beobachten, die sich rein äußerlich durch Farbe und Struktur unterscheiden: Der untere Schwarztorf ist dunkelbraun und stark zersetzt, der darüberliegende Weißtorf dagegen nur gering humifiziert und hell. Der Kontakt zwischen beiden Torfarten ist meist ziemlich scharf abgegrenzt und besonders deutlich, weil die obersten Schichten des Schwarztorfes besonders stark verwittert erscheinen. Schon C. A. WEBER beobachtete dieses Phänomen und bezeichnete diesen Kontakt als Grenzhorizont. Er war jedoch der Meinung, daß solche Verwitterungserscheinungen auf einer langen Austrocknung beruhen, in der das Moorwachstum ganz zum Stillstand kam. In dieser Periode, für die er etwa 1000 Jahre annahm, soll der Torf von oben her nachträglich verwittert sein, bis später nach klimatischer Veränderung die gleichen Torfbildner den Weißtorf aufbauten. Später zeigte sich, daß diese Theorie unhaltbar war, denn die kolorimetrischen Untersuchungen wiesen auf einen mehr fließenden Hergang in der Moorentwicklung hin.

Man unterscheidet daher heute im Wachstum trockenere und feuchtere

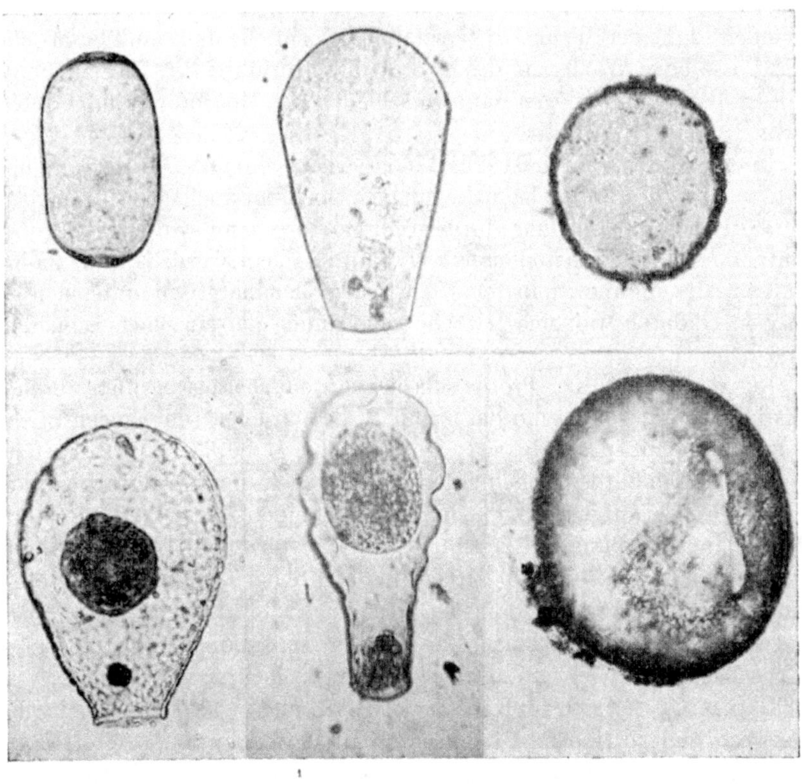

Abb. 2. Einige der wichtigsten Rhizopodenarten der Moore.

Obere Reihe von links nach rechts:
Amphitrema flavum, Hyalosphenia papilio, Amphitrema wrightianum
untere Reihe von links nach rechts:
Nebela collaris, Hyalosphenia elegans, Bullinularia indica

Phasen, die oft gleichzeitig mit einem Wechsel der Torfbildner gekoppelt sind. Bei der Analyse der jüngeren Torfe fand man, daß diese Torfbildner auch in ihrer ostwestlichen Verbreitung wechseln. So sind es im mehr kontinental getönten östlichen Niedersachsen vor allem Sphagnen der *acutifolia*-Gruppen, während im Küstengebiet *Sphagnum papillosum* und *Sphagnum imbricatum* vorherrschen. Die absolute Grenze der Hochmoorbildung liegt bei einem jährlichen Niederschlag von etwa 700 mm. Je näher ein Moor an dieser Grenze liegt, desto stärker muß sich auch eine geringfügige Änderung des Klimas bemerkbar machen, während in ozeanisch getönten Gebieten die gleiche Schwankung keine Änderung im Moorwachstum verursacht. So ist es auch nicht verwunderlich, daß besonders deutliche Kontakte vor allem im östlichen Niedersachsen auftreten, in den Mittelgebirgen aber fast vollständig fehlen.

Eines der interessantesten Moore im Osten Niedersachsens ist das Große Moor bei Gifhorn, das eine Sonderstellung einnimmt, weil dort sogar zwei solcher Kontakte vorhanden sind. Als erster erkannte dies POTONIÉ im Jahre 1909 und brachte eine lebhafte Diskussion ins Rollen. Während WEBER den unteren Kontakt lediglich als Brandlage aufgefaßt sehen wollte, zeigte sich bei späteren Untersuchungen von OVERBECK und SELLE, daß es sich bei oberem Kontakt um den eigentlichen Grenzhorizont handelt, daß aber die untere Zersetzungsschicht ebenfalls auf klimatische Einflüsse beim Wachstum des Moores zurückzuführen ist. Erst als Folge dieser Verheidung mögen dann verschiedentlich Moorbrände aufgetreten sein.

In den letzten Jahren ist dieses Moor erneut von OVERBECK genau untersucht worden und es lag nahe, im gleichen Moor auch eine rhizopodenanalytische Untersuchung durchzuführen. Insgesamt wurden 12 Profile entnommen, wobei besonderer Wert darauf gelegt wurde, Profile zu erhalten, die in unmittelbarer Nähe der pollenanalytisch untersuchten liegen. Dadurch war eine zeitliche Einordnung der einzelnen Schichten möglich.

Aus der Vielzahl der Profile soll hier nur eins herausgegriffen werden. Es handelt sich dabei um das Profil B, das an einer sehr langen Stichwand entnommen wurde. Das Moor hat hier eine Tiefe von ungefähr 3 Metern. Die untersten Schichten aus Birken-Kiefern-Waldtorf wurden nicht berücksichtigt (Abb. 3). Betrachtet man den Kurvenverlauf, so fallen mehrere Maxima und Minima der hydrosphagnobionten Arten auf. Das erste Maximum liegt in der zweiten Hälfte der Zone VIII, das zweite am Ende der Zone IX und das letzte in der Nachwärmezeit. Dieses zeigt jedoch mehrere Oszillationen, die beweisen, daß die Feuchtigkeit in der Zone XI und XII sehr unterschiedlich gewesen sein muß.

Dagegen finden sich am Ende der Zone VII und in der Zone X deutliche Austrocknungsperioden. Etwas unterhalb des Schwarz-Weißtorf-Kontaktes, der hier bei ca. 110 cm liegt, ist ein allmähliches Auftreten der feuchtigkeitsliebenden Arten zu verzeichnen. Daß dieser Übergang in anderen Gebieten anders aussehen kann und vor allem durch den relativ weiten Probenabstand schematisiert wird, ist eine Frage, auf die später noch eingegangen werden soll.

Wie fein die Rhizopoden auf relativ kurzfristige Veränderungen rea-

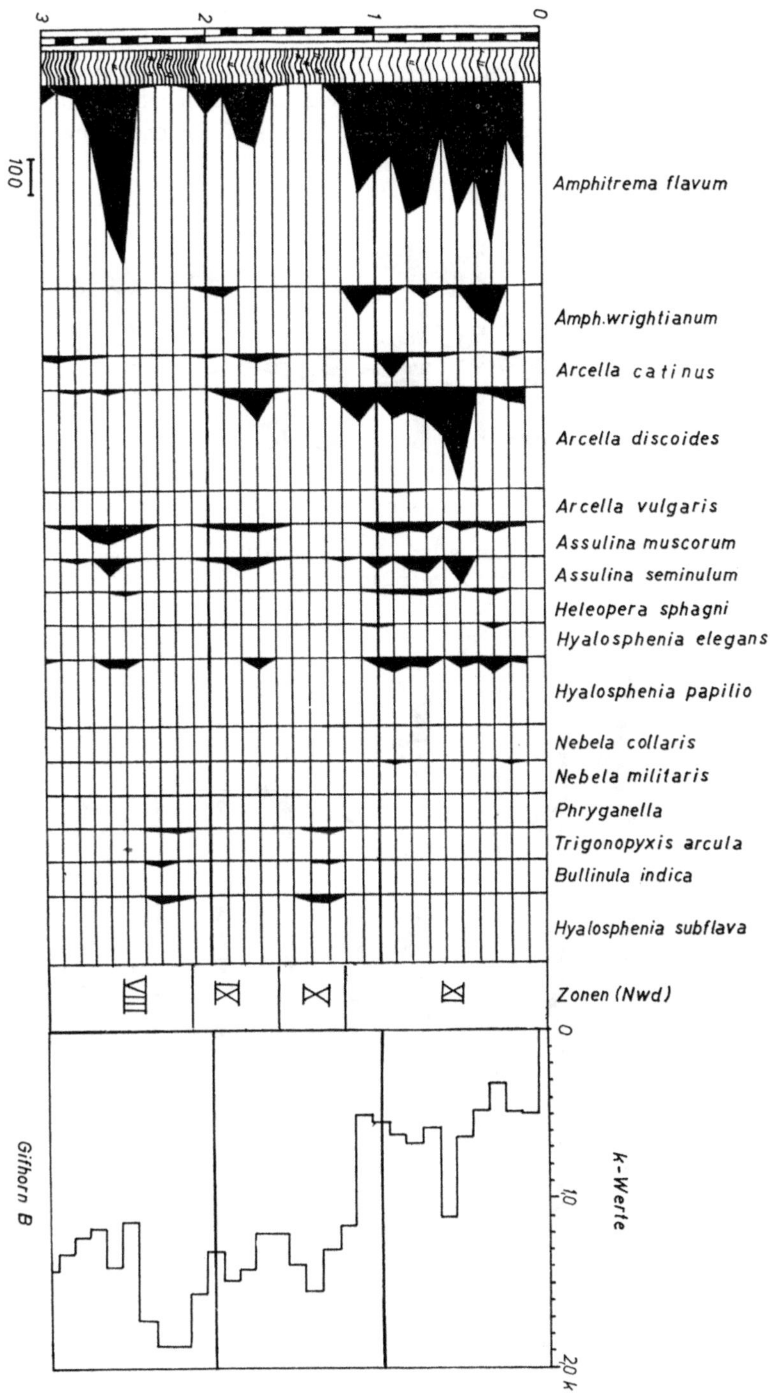

Abb. 3. Rhizopodendiagramm Gifhorn Profil B.

Oben die Tiefe, unten pollenanalytische Zoneneinteilung (nach SELLE) und Kurve der kolorimetrisch ermittelten k-Werte.

gieren, zeigt sich an einer Stelle des Profils. Bei etwa 60 cm zieht sich ein schmales dunkleres Band entlang. In der Höhe dieser etwas stärker zersetzten Schicht fällt die *Amphitremen*-Kurve plötzlich ab, um aber wenige Zentimeter darüber wieder steil anzusteigen. Wahrscheinlich liegt an dieser Stelle der aus Schweden bekannte Kontakt, der nach GRANLUND als RY I bezeichnet wird.

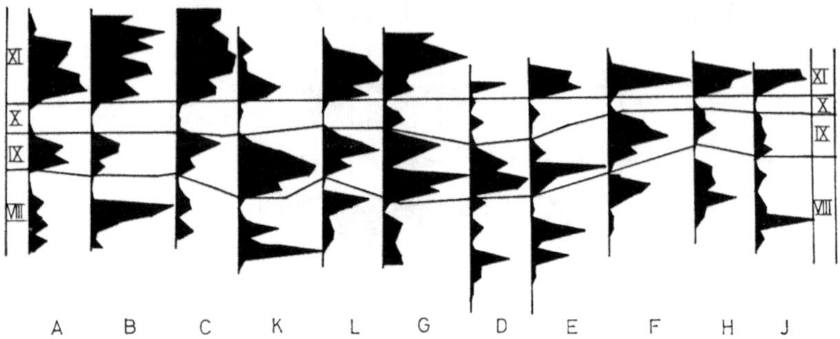

Abb. 4. Vergleichsdiagramm aller *Amphitrema-flavum*-Kurven im Gifhorner Moor.

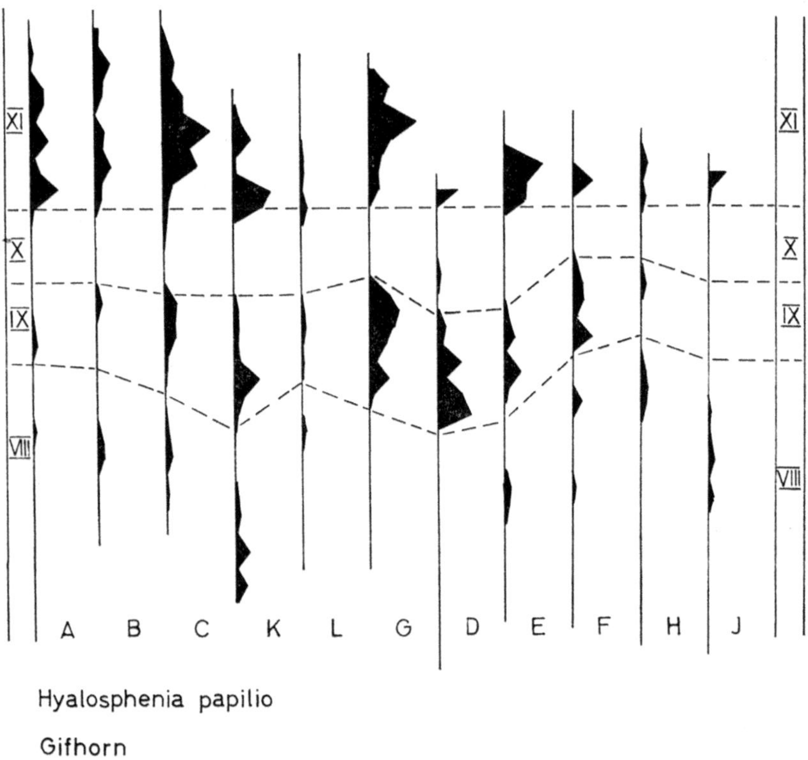

Abb. 5. Vergleichsdiagramm aller *Hyalosphenia papilio*-Kurven im Gifhorner Moor.

In zwei Vergleichsdiagrammen (Abb. 4 und 5) wurden die *Amphitrema flavum*- und *Hyalosphenia papilio*-Kurven aller Profile zusammengefaßt und die jeweiligen Zonengrenzen durch Linien verbunden. Dabei zeigt sich, daß eine Konnektierung aller Profile ohne weiteres möglich ist. Die Maxima und Minima in den verschiedenen Epochen treten überall hervor, wenn auch die Tiefenlage durch ungleichmäßige Sackung voneinander abweicht.

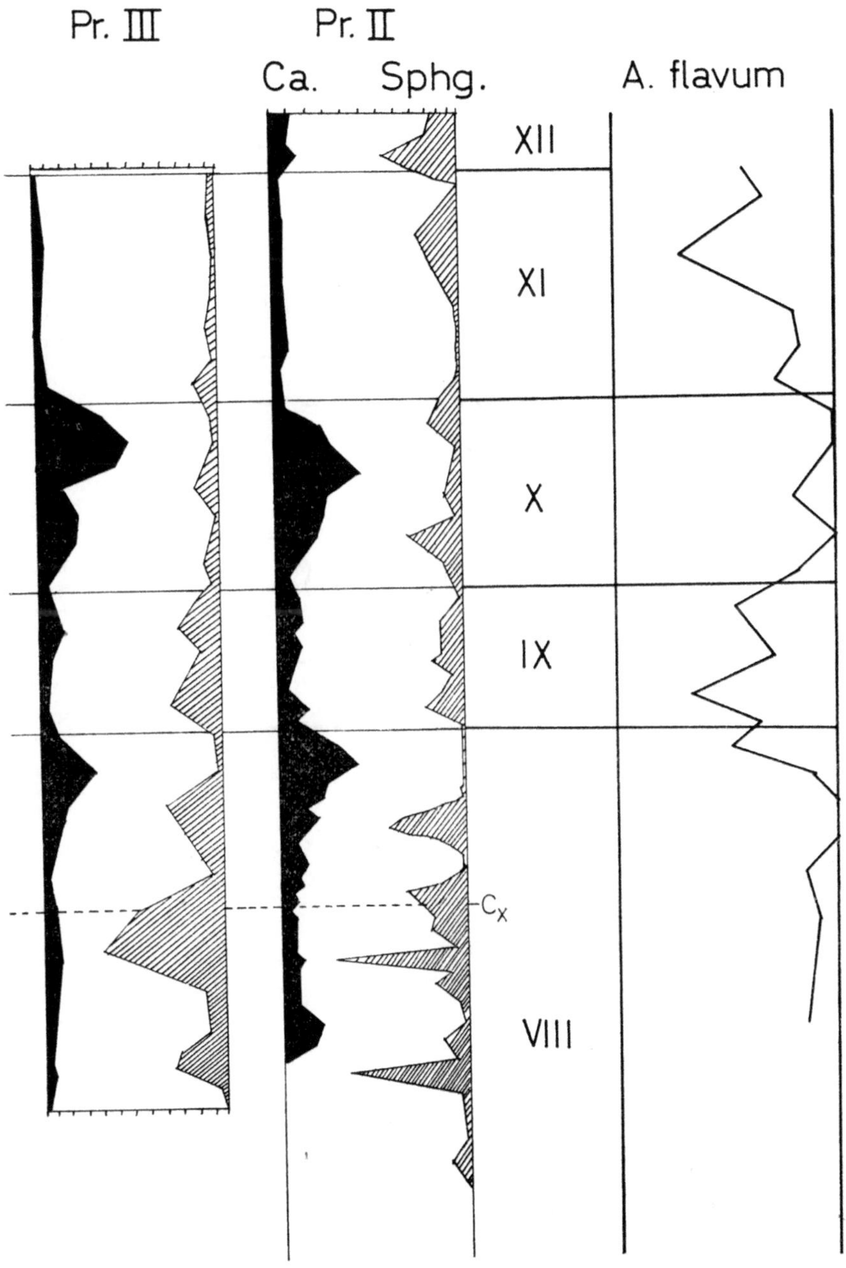

Abb. 6. Vergleichsdiagramm der *Calluna*-Pollen, *Sphagnum*-Sporen (nach OVERBECK) und der *Amphitrema flavum*-Durchschnittskurve.

Zeichnet man ein Durchschnittsdiagramm dieser Kurven (Abb. 6) und vergleicht es mit denen der *Ericaceen*-Pollen und der *Sphagnum*-Sporen, so zeigt sich, daß die Kurven von *Calluna* und *Amphitrema flavum* vikariieren, während die Kurve der *Sphagnum*-Sporen gelegentlich Übereinstimmungen zeigt. Diese Diskrepanz ist vor allem durch die unterschied-

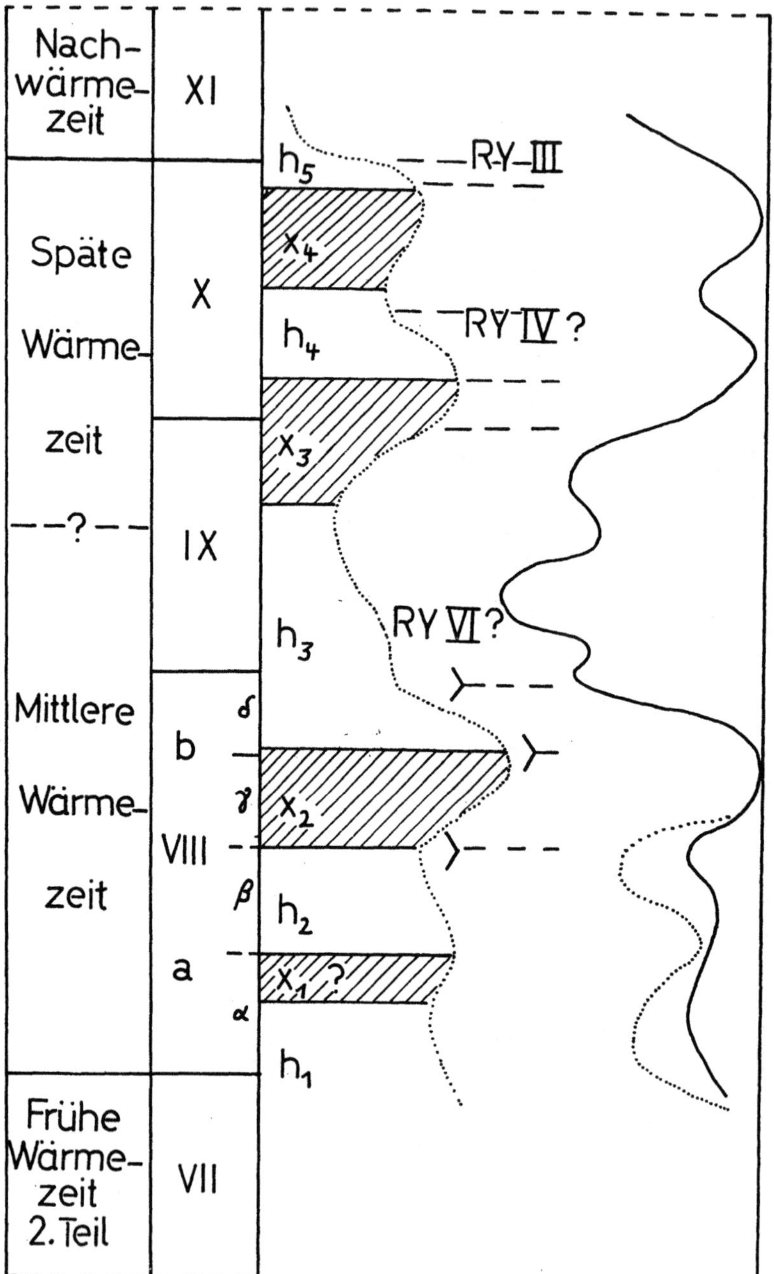

Abb. 7. Vergleichsdiagramm der hygroklinen und xeroklinen Phasen (nach Overbeck) und der *Amphitrema flavum*-Durchschnittskurve.

liche Sporenproduktion der einzelnen *Sphagnum*-Arten zu erklären.

Schließlich noch ein Vergleich mit der von Overbeck entworfenen Klimaentwicklung. Aufgrund der Humifizierungskurven und der pflanzlichen Zusammensetzung des Torfes hat er ein Schema entworfen, das die Perioden relativ feuchterer und trockenerer Vegetationsverhältnisse

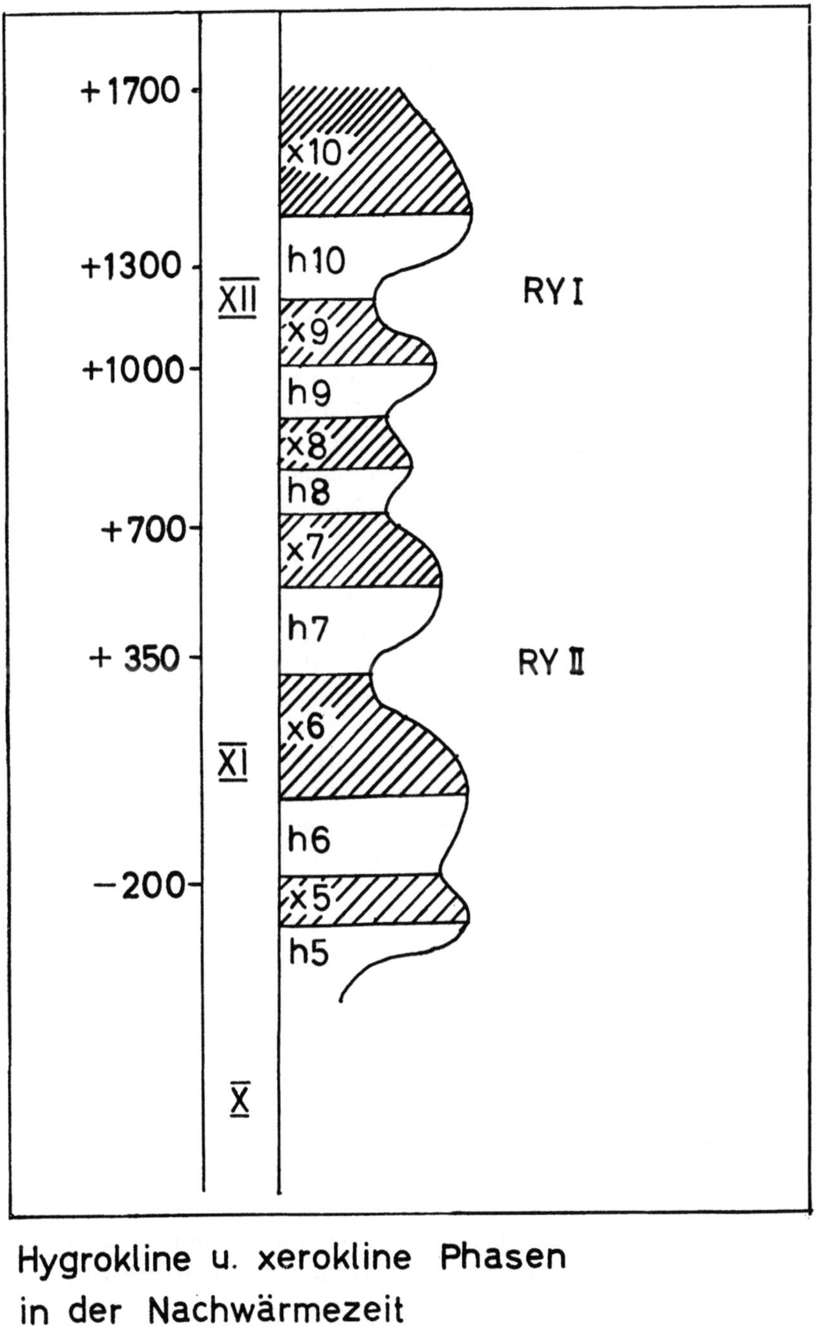

Abb. 8. Die hydroklinen und xeroklinen Phasen in der Nachwärmezeit (konstruiert nach den Rhizopoden-Kurven im Gifhorner Moor).

zeigt. Diese wurden als hygrokline und xerokline Phasen bezeichnet und in ihrer Reihenfolge numeriert (Abb. 7). Im Gesamtverlauf ist eine weitgehende Übereinstimmung festzustellen, vor allem in den Zonen VIII und X. In der Zone IX dagegen nimmt OVERBECK eine lange hygrokline Phase an. Demgegenüber zeigt der Kurvenverlauf der Rhizopoden mehrfache Oszillationen an.

Diese Kurve wurde von OVERBECK nur für die mittlere und späte Wärmezeit aufgestellt. Wenn man alle Profile auswertet und in der gleichen Weise zusammenfaßt, kann man auch eine Kurve der hygroklinen und xeroklinen Phasen in der Nachwärmezeit konstruieren. Ein erster Versuch dieser Art ist in Abb. 8 festgehalten. Daraus erkennt man deutlich, daß die Zahl der Feuchtigkeitsschwankungen in der Nachwärmezeit häufiger gewesen sein muß, als man dies bisher annahm.

Im vorliegenden Beispiele von Gifhorn ist der Übergang am Schwarz-Weißtorf-Kontakt verhältnismäßig schroff, wenn man die *Amphitremen*-Kurve betrachtet. Aber auch hier zeigt sich schon in der obersten Schicht des Schwarztorfes eine deutliche Zunahme der feuchtigkeitsliebenden Arten, die sich später im Weißtorf rapide steigert. Diese Tatsache spricht dafür, daß eine Zunahme der Feuchtigkeit schon viel früher eingesetzt haben muß als dies landläufig angenommen wird.

Zur Klärung dieser Frage wurden im westlichen Niedersachsen vor allem im Emsland und Holland Untersuchungen angestellt. Dabei kam es mir vor allem auf Rhizopoden-Kurven im engsten Bereich des Schwarz-Weißtorf-Kontaktes an. Leider ist es aus zeitlichen Gründen nicht möglich, ein ganzes Profil in engem Probenabstand zu untersuchen. Im vorliegenden Falle wurde aber mit einem Probenabstand von nur 1 cm gearbeitet, um die feinsten Schwankungen deutlich zu machen, was bei dem üblichen Abstand von 5 oder 10 cm nicht möglich ist. Überraschenderweise zeigt sich dabei, daß in den obersten Schichten des Schwarztorfes fast immer eine relativ hohe Zahl von sphagnophilen Arten vorkommt. Das Ergebnis von zwei solchen Profilen ist in Abb. 9 zu sehen.

Um das Rätsel des Schwarz-Weißtorf-Kontaktes endgültig zu lösen, müssen natürlich noch mehr Profile aus den verschiedensten Gegenden untersucht werden.

Aber auch in Gebieten, in denen ein solcher Kontakt weder mit dem Auge sichtbar ist noch kolorimetrisch nachgewiesen werden kann, zeigt das Rhizopodenprofil deutliche Schwankungen. Leider steht für viele Bohrungen noch die pollenanalytische Untersuchung aus, so daß für den süddeutschen Raum noch keine Datierung gegeben werden kann. Fest steht aber, daß es auch dort erhebliche Schwankungen in der Feuchtigkeit gegeben hat, wenn auch andere Faktoren das Moorwachstum beeinflußt haben. Nach den bisherigen Ausführungen läßt sich die Anwendungsmöglichkeit der Rhizopodenanalyse wie folgt zusammenfassen:

1. Die Rhizopodenanalyse läßt sich überall dort durchführen, wo es sich um Sphagnumtorfe handelt. In Niederungsmoortorfen fehlen die charakteristischen Arten und die Erhaltung der übrigen Arten ist so schlecht, daß eine Auswertung nicht erfolgen kann.
2. Die Rhizopodenanalyse zeigt relativ genau die Feuchtigkeit zur Zeit

der Bildung der jeweiligen Torfschichten an und gestattet Schlüsse auf die damalige Klimaentwicklung.

3. Bei der Durchführung der Rhizopodenanalyse müssen möglichst mehrere Profile des gleichen Moores bearbeitet werden. Randprofile sind meist weniger geeignet als solche von der Hochfläche, da in den

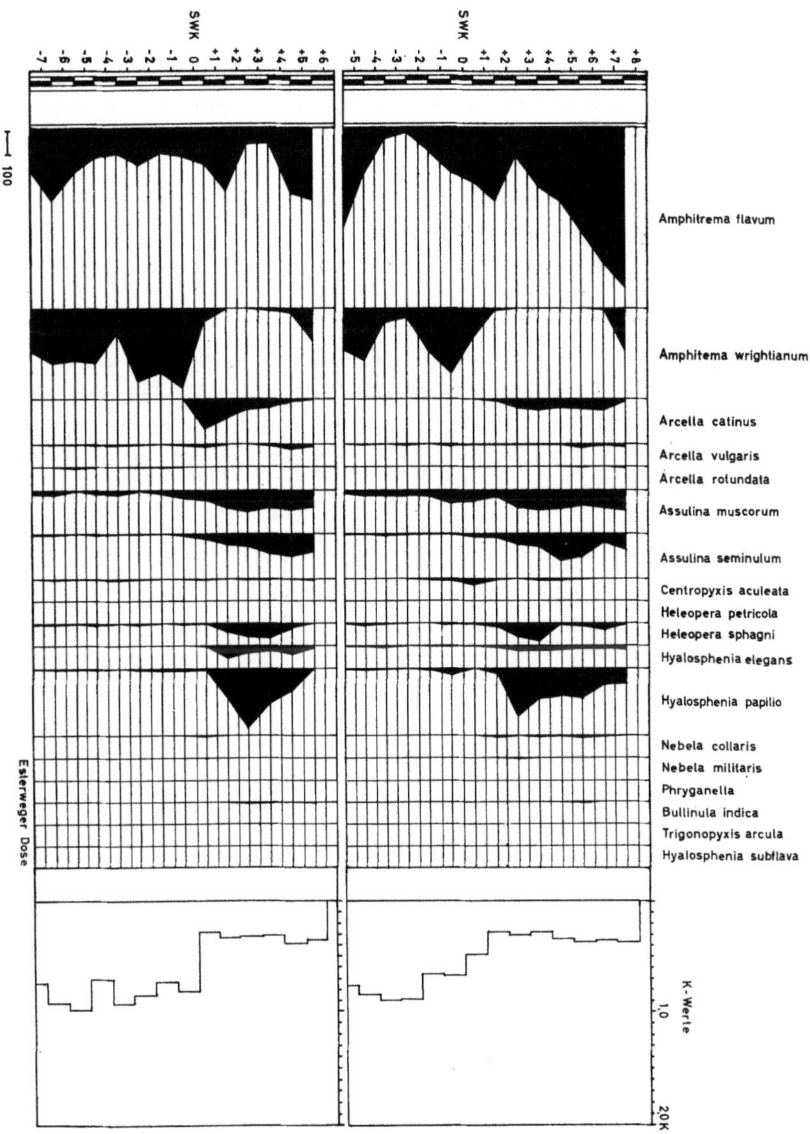

Abb. 9. Rhizopodendiagramm aus der Höhe des Schwarz-Weißtorf-Kontaktes in der Esterweger Dose. Der Probenabstand beträgt hier nur 1 cm.

Randgebieten die tyrphoxenen Arten unverhältnismäßig stark hervortreten.

4. Die Rhizopodenanalyse kann nur selten vom Palynologen durchgeführt werden, da eine genaue Formenkenntnis vorausgesetzt werden

muß. Außerdem ist die Aufbereitung eine andere. Mit Chemikalien aufbereitete Proben weisen fast immer Fehlerquellen auf.

Daraus ergibt sich die Bitte an alle Palynologen, eine enge Zusammenarbeit anzustreben und mir grubenfrische Proben des von ihnen bearbeiteten Materials zur Verfügung zu stellen.

ZUSAMMENFASSUNG

Die auf der unterschiedlichen ökologischen Valenz der verschiedenen Rhizopoden-Arten und ihrer Konservierung an Ort und Stelle beruhende Rhizopodenanalyse wird erläutert. In Diagrammen wird ein Vergleich zwischen Rhizopodenhäufigkeit, Pollenkurven und den früher veröffentlichten Klimakurven vorgenommen. Darüber hinaus werden diese auch für die Nachwärmezeit rekonstruiert.

SUMMARY

The analysis of Rhizopods, which is basing on the different ecological characters and the conservation at the same place is explained. The curves of rhizopods are compared in diagrams with those of the *Calluna*-pollen and the earlier published climatic changes. Beyond them they are also constructed for the sub-atlantic period.

ETUDE PALYNOLOGIQUE DE TOURBIÈRES EXIGUES ET DE SOLS SABLEUX DANS UNE OPTIQUE PHYTOSOCIOLOGIQUE[1]

par

MICHEL COÛTEAUX, Louvain

INTRODUCTION

L'étude palynologique des tourbières donne d'excellents résultats stratigraphiques: il est à présent relativement facile de déterminer l'âge d'une tourbe grâce aux fréquences des pollens des différentes essences; la méthode est au point et si quelques cas difficiles se présentent encore, de telles exceptions deviennent de plus en plus rares.

Lorsqu'on cherche à reconstituer l'histoire réelle des forêts d'une région, on se heurte à des difficultés plus grandes: que signifie par exemple un spectre pollinique où les fréquences du hêtre, du chêne et du pin sont identiques: sommes-nous en présence d'une forêt mélangée composée de trois essences ou bien avons-nous au contraire trois forêts monotypiques? Un tel problème est négligé par le palynologue stratigraphe: il est primordial pour l'écologiste.

Quand une tourbière contient du pollen de bouleau s'agit-il de bouleaux d'un Betuletum pubescentis installé sur la tourbière même, ou s'agit-il de bouleaux d'un Querceto-Betuletum installé sur versants? Certains auteurs, lorsqu'ils sont confrontés à de tels cas, résolvent le problème en décidant (JANSSENS 1959 et 1960 p. ex.) que certaines espèces croissent exclusivement sur la tourbière (*Alnus*, *Salix* et Cypéracées) et les excluent de leurs calculs afin de mettre en évidence la courbe des autres espèces. Une telle opération est dangereuse car elle part d'une décision „à priori": rien ne prouve que l'espèce hygrophile qui domine ne profite pas de conditions climatiques exceptionnellement humides, favorisant une plus grande extension de plantes actuellement limitées aux fonds de vallées.

Le spectre pollinique d'une vaste tourbière boisée reflète l'image de la forêt qui recouvre le marais. Si la tourbière est déboisée, les pollens de toutes les forêts des alentours se déposent en un mélange plus ou moins bien homogénéisé par le vent: l'homogénéisation de la pluie pollinique favorise l'apparition des repères stratigraphiques. Mais pour nous, qui désirons des indications d'ordre écologique, nous négligerons donc l'étude des grandes étendues de tourbe ou tout au moins de leur partie centrale.

Une tourbière exiguë recevra d'autant mieux la pluie pollinique des

[1] Recherches subventionnées par le Centre National d'Ecologie Générale; Laboratoire de Palynologie et de Phytosociologie, Université de Louvain, Belgique.

alentours immédiats que sa superficie est restreinte. A la limite, les lentilles de tourbe réduites à quelques mètres ou moins sont le milieu de conservation idéal. Dans certains cas, la forêt colonisant le substrat tourbeux sera réduite à quelques arbres seulement et la cîme des arbres de la forêt installée sur le substrat sec va recouvrir entièrement la tourbe. De tel cas existent et malgré qu'ils intéressent au plus haut point les phytosociologues, ils sont presque toujours négligés par les palynologues.

Nous avons entrepris une étude phytosociologique des forêts du Bas-Luxembourg belge. Cette région est caractérisée par une diversité lithologique influençant fortement la composition forestière: les sols portent des chênaies à charme ou des hêtraies selon qu'ils sont de texture argileuse ou arénacée. Les séries pédologiques vont depuis les sols carbonatés jusqu'aux podzols. Une carte partielle qui illustre cette complexité a déjà été publiée (COÛTEAUX 1962 a).

Sur les terrains marneux existent ça et là des dépressions circulaires gorgées d'eau, d'un diamètre de 5 à 20 m: ce sont les „mardelles" considérées par les géographes comme des poches de dissolution des carbonates, de nature plus ou moins kartziques. Les archéologues anciens estimaient avoir affaire à des fonds de cabane. On y trouve parfois de la tourbe et plus la mardelle est étroite plus elle nous intéresse: l'une de ces cavités nous a permis de retracer l'histoire de la chênaie à charme à aspérule liée aux sols bruns dérivés des marnes (COÛTEAUX 1962 b).

Dans le même ordre d'idée, nous avons étudié de la tourbe édifiée dans le fossé d'un fortin attribué à l'époque romaine. Le fossé, large de deux mètres, a permis de reconstituer une page de l'histoire de la hêtraie colonisant les sols sableux au nord d'Arlon (fortin du Altschlass à Bonnert).

On sait depuis quelques temps (G. DIMBLEBY 1955 sec) que les sols sableux enregistrent par infiltration l'histoire forestière locale. A. MUNAUT (1959), E. DRICOT (1961) en Belgique et A. HAVINGA (1957) en Hollande viennent tout récemment d'en publier des applications intéressantes. Le problème de la validité des diagrammes d'infiltration a été discuté par A. MUNAUT (1959) qui a clairement prouvé le bien fondé de la méthode. Mais on ne savait pas encore jusqu'à quel point il n'y avait pas une certaine déformation des courbes et seule une comparaison directe devait répondre à la question. Nous présentons ici quatre profils successifs allant d'un plateau sableux sec à un fond humide tourbeux.

D'après les recherches de J. HEIM (1960) sur la représentation pollinique des essences forestières, il faut s'attendre à ce que les diagrammes d'infiltration enregistrent une histoire forestière exclusivement locale. On en voit donc toute l'utilité pour le phytosociologue qui va pouvoir établir des schèmes dynamiques réels.

Certains auteurs comme SELLE (1940) ont critiqué les spectres d'infiltration parce qu'ils ne donnaient pas la même image que les tourbières. L'argumentation doit être retournée: si un diagramme de percolation dans le sable donnait la même image de la végétation qu'un diagramme de tourbière, la méthode serait à rejetter car il est évident que la végétation d'un sol sec est différente de celle d'un sol hydromorphe. Une telle argumentation a déjà été développée par F. FLORSCHÜTZ (1941).

Nous allons donc étudier des profils successifs de façon à enregistrer une séquence forêt de sol sec – forêt hygrophile et nous verrons comment les courbes polliniques se synchronisent.

Dans la première partie de cet exposé, nous montrerons deux exemples d'histoire forestière enregistrée dans des tourbières exiguës: la mardelle du Buchelbusch et le fossé du fortin du Altschlass à Bonnert; dans la deuxième partie, nous comparerons des profils de sable et de tourbe à Heinsch.

IÈRE PARTIE: ETUDE DE DEUX TOURBIÈRES EXIGUËS

I. Bonnert. Buchelbusch

Dans la mardelle du Buchelbusch à Bonnert, nous avons prélevé des échantillons de tourbe dont l'analyse pollinique reconstitue l'histoire de la forêt installée sur les marnes du Sinémurien, actuellement colonisées par une chênaie à charme neutrophile à aspérule.

A la hêtraie de l'époque romaine succède une forêt mélangée, dominée tantôt par *Fagus*, tantôt par *Quercus*. *Salix* et *Corylus* y jouent un rôle subordonné et *Carpinus* se présente en courbe continue quoique très faible.

Ces analyses nous suggèrent que depuis l'époque romaine, la forêt est caractérisée par une proportion sensiblement égale de chêne et de hêtre, l'un et l'autre se disputant la dominance. Ceci était prévisible comme antécédent d'un Querceto–Carpinetum asperuletosum. Toutefois, si les proportions respectives de *Quercus* et de *Corylus* s'intègrent aisément dans les conceptions phytosociologiques classiques, il n'en est pas de même pour *Carpinus* dont la courbe est si faible qu'il est impossible d'admettre qu'il ait jamais fait partie de la futaie. Les données actuelles sur la représentation de cette essence le prouvent clairement (HEIM 1960, MULLENDERS 1962).

Il appert donc que le vocable „Querceto–Carpinetum" est mal choisi tout au moins dans le cas de la sous-association à aspérule. Il en serait de même pour l'expression Carpineto–Fagetum (LEBRUN e.a. 1949; VANDEN BERGHEN et COÛTEAUX 1955). Il y a là un petit problème de nomenclature à repenser.

Les pourcentages atteints par *Carpinus* sont plus élevés lorsque l'ensemble de la végétation témoigne d'un défrichement intensif du site: *Carpinus* est donc une essence anthropophile caractéristique.

Signalons encore qu'après ce déboisement, la forêt secondaire est une chênaie assez pure, ce que nous interprétons comme une conséquence d'une remontée de la nappe phréatique. Dès qu'un nouvel équilibre est atteint, la forêt à *Fagus* et *Quercus* se reforme avec sa typique alternance soit de hêtre, soit de chêne.

II. Bonnert. Altschlass.

Le diagramme du Altschlass prend tout son intérêt lorsqu'on le compare à ceux de la mardelle du Buchelbusch. Il reconstitue l'histoire forestière d'une hêtraie à myrtille installée sur substrat arénacé, en l'occurence un petit cône de déjection détritique au pied de la cuesta des sables et des grès hettangiens et sinémuriens.

L'analyse pollinique montre une dominance constante de *Fagus* depuis la hêtraie de l'époque romaine. La courbe de *Carpinus* est discontinue. Le pourcentage atteint par les pollens de toutes les autres essences est négligeable, seul *Quercus* montre une progression lente depuis 10 jusque 20%, de l'époque romaine à nos jours.

IIÈME PARTIE: COMPARAISON DES DIAGRAMMES DE PERCOLATION AVEC DES DIAGRAMMES DE TOURBIERES: LE CAS DU BEYNERT A HEINSCH

I. Description du site.

Le massif forestier du Beynert est situé entre Heinsch et Metzert. Une tourbière occupe la tête du vallon du ruisseau de Heinsch. Le sable de Metzert et le grès sableux de Florenville (Hettangien et Sinémurien) donnent naissance à des sols sableux recouverts de nos jours d'une hêtraie. Des plantations de résineux (*Picea excelsa* et *Pinus silvestris*) recouvrent la tourbière et quelques placeaux approchés.

Deux types de hêtraies existent dans le Beynert: une hêtraie à Luzula luzuloïdes que nous rattachons au Fagetum arenicola Reichling 1951 et une hêtraie à myrtille que nous rattachons au Querceto–Fagetum Reichling 1951. Il y a de bonnes raisons de croire que le Fagetum et/ou le Querceto–Fagetum occupaient jadis les emplacements actuellement enrésinés.

Les quatre sondages décrits sont de haut en bas:

profil III: Podzol ferrique situé à 210 m de distance de la tourbière, 16 m plus haut. Pineraie artificielle.

profil II : Sol brun lessivé sur reste détritique de paléosol, situé à 120 m du bord de la tourbière, 11 m plus haut. Pineraie.

profil IV : Sol hydromorphe en bordure de la tourbière, 1 m plus haut que celle-ci. Humus brut, tourbe et alluvions minérales recouvrant un sol sableux. Petite clairière au milieu d'une pessière avec deux grands pins sylvestres.

profil V : analyse des 30 premiers cm de tourbe à 10 m du bord de la tourbière. Pessière pure.

Le prélèvement d'échantillons de surface (mousses) selon la méthode de J. Heim (1960) permet de tracer un transect actuel qui montre la dominance respective du pollen de *Pinus* et de *Picea* dans la pineraie et la pessière.

On remarque – ceci est en conformité avec les recherches de Heim (1960) en Ardennes – que le pourcentage atteint par l'épicéa reste faible, ce qui peut s'expliquer tant par l'exiguïté du peuplement que par une inadaption de cette essence aux régions de faibles altitudes.

Parmi les essences dominées, soulignons l'allure de la courbe de *Carpinus*: sur sol humide on peut observer des pourcentages assez élevés sans pour autant que l'espèce existe à proximité immédiate sur sol sec; ceci est important car l'étude sociologique de la région utilisait, entre autre, la rareté de *Carpinus* comme critère de définition de la hêtraie comparativement aux chênaies à charme ou *Carpinus* joue un rôle physionomique important. Le transect souligne donc une première difficulté à laquelle s'expose le palynologue se limitant à l'étude de la pluie pollinique des tourbières.

II. Etude des diagrammes polliniques

1°. Beynert III: l'histoire forestière enregistrée par infiltration dans le sable se résume en cinq phases:

a. faible dominance de *Fagus* sur *Corylus* et *Quercus*; proportion faible mais sensible de *Alnus* et *Carpinus*.
b. extension du chêne et du hêtre, recul du taillis et des hygrophiles.
c. optimum de *Fagus* et démarage de la courbe de *Pinus*.
d. croisement des courbes de *Pinus* et *Fagus*, recul de *Quercus*.
e. dominance de *Pinus* et état actuel.

2°. Beynert II: Comme en Beynert III, nous retrouvons de la base au sommet successivement les 5 mêmes phases. Soulignons quelques variations.

phase 1: Le pourcentage de *Fagus* est plus faible et sa courbe recule jusqu'à celle de *Corylus*. *Quercus* et *Corylus* occupent la même position. *Alnus* et *Betula* doublent leurs pourcentages au point de dépasser *Quercus*.

phase 2: après sa chute, *Corylus* accuse une deuxième pointe (13 cm) qui n'était pas aussi visible en Beynert III (32 cm).

phase 3: La dominançe de *Fagus* sur *Quercus* est plus forte.

phase 4: la proportion de *Quercus* est moins forte.

phase 5: idem.

Commentons quelques détails particuliers. La courbe de *Carpinus* est différente de la précédente car elle accuse son maximum à 18 cm soit lors de la deuxième pointe de *Corylus*, tandis qu'en Beynert III, le maximum était noté pendant la première pointe de *Corylus*. *Tilia* accuse une poussée de 8,5% à 27 cm qui n'était pas décelée sur le plateau; au même moment, *Ulmus* atteint 3%. Il semble donc que la pluie pollinique de ces trois essences soit fort locale puisqu'il n'y a pas de parallélisme entre leurs courbes d'un diagramme à l'autre, contrairement à celles de toutes les autres essences.

3°. Beynert IV: Une fois de plus nous retrouvons de la base au sommet les mêmes phases de végétation que nous venons d'énumérer deux fois déjà. Soulignons les différences locales:

phase 1: Le hêtre ne domine plus car ses pourcentages – de même que ceux du chêne – ont fortement diminué. *Corylus* domine. L'importance de *Alnus* et de *Betula* augmente encore. *Salix* apparaît en courbe continue, quoique faible. La pointe de *Tilia* de Beynert II est décelée ici et atteint 17%.

phase 2: dominance de *Betula* qui a donc son optimum écologique en bordure de tourbière.

4°. Beynert V:

phase 1: la phase est dominée par *Alnus* puis *Betula*, suivis de *Fagus*. Le pourcentage de *Salix* est élevé. *Corylus* voisine avec *Quercus*. La courbe de *Fraxinus* est continue.

Nous assistons donc à l'augmentation progressive de l'influence de

Alnus et de *Betula* depuis le sommet de la côte jusqu'à la tourbière: la proportion des essences hygrophiles s'accentue dans ce diagramme. Il n'en est pas de même pour *Corylus* dont le pourcentage tombe sous 10%.

phase 2: les hygrophiles jouent un rôle beaucoup plus important; la deuxième pointe de *Corylus* est nette. Il n'y a plus de pointe de *Tilia*.

phase 3: si *Fagus* domine, il n'est pas très éloigné de *Quercus*. L'importance des hygrophiles décroit.

Dans ce diagramme, *Carpinus* n'accuse aucun maximum net, ce qui confirme l'irrégularité de la courbe de cette essence.

Est-il possible de dater le début de l'évolution forestière considérée? Dans un autre diagramme (Beynert I) nous trouvons le F 1 (200 PCN) à 75 cm de profondeur et la phase 1 à 45 cm. La limite subboréal-subatlantique (croisement *Fagus-Quercus*: 800 ACN) y est notée à 114 cm. Si le rapport entre l'épaisseur du dépot et sa durée reste proportionnel, le diagramme Beynert V débuterait vers l'an 1000.

III. Synchronisation des diagrammes.

Les courbes des essences forestières témoignent d'une évolution tout à fait comparable dans les quatre profils. Ceci nous permet de délimiter aisément dans chaque diagramme les 5 même phases évolutives.

IV. Renseignements écologiques que l'on peut tirer des diagrammes.

La position relative du hêtre par rapport au chêne se déforme dans la tourbière sans doute parce que du chêne croit sur sol humide. Ceci est important: il ne sert à rien d'exclure des essences supposées locales comme par exemple *Alnus*, car il n'est jamais possible d'exclure du total TOUT ce qui croît sur la tourbe. Une telle pratique aboutit à déformer entièrement le spectre forestier. Toute exclusion est donc condamnable. Etudions la position relative hêtre/chêne; il appert que ce rapport est en moyenne de 60% sur tourbe tandis qu'il atteint 80% sur sable: il ne sert à rien donc d'exclure toutes les autres essences pour modifier ce phénomène que l'écologie explique aisément.

Que pouvons nous retirer de la comparaison des courbes des essences hygrophiles dans chaque diagramme? Considérons par exemple *Alnus*: l'arbre atteint ses pourcentages maximum sur sol humide tourbeux. Pendant les phases 1 et 2, la courbe d'*Alnus* s'efface progressivement de la tourbière au podzol ferrique. De ceci, on conclut qu'il n'y avait alors d'aulne qu'on fond de la vallée et que le pollen a été transporté par le vent depuis l'aulnaie jusqu'à la forêt de plateau. D'où la diminution régulière des pourcentages enregistrés.

Il y a une corrélation positive de 80% entre les courbes IV et V, ce qui vérifie l'exactitude de la synchronisation et suppose une pluie pollinique très régulière.

Les fluctuations sensibles de la courbe V sont toutefois atténuées par le transport (voir différences entre II et III) et par le mode de percolation (voir différences entre IV et II).

La courbe III serait ainsi parallèle à une courbe V „moyenne" qui estomperait les fortes fluctuations. Nous nous trouvons donc en face d'un „effet d'infiltration".

Le cas de *Salix* est curieux: courbe quasi continue mais faible en IV, présence beaucoup plus forte en V. Sur sol sec, on ne note que trois points isolés. Le déplacement du pollen de *Salix* est donc minime.

En conclusion, le pourcentage des essences forestières hygrophiles est le plus élevé sur sol humide. Ces especes compliquent l'interprétation écologique des forêts de sol sec à partir des diagrammes de tourbières.

D'autre part, les similitudes autant que les différences notées d'un diagramme à l'autre sont tellement logiques qu'il est impossible de nier la valeur des diagrammes d'infiltration dans le sable.

V. Conclusions.

La comparaison détaillée de ces diagrammes présente un grand intéret théorique en prouvant le bien fondé de l'étude des profils de sable.

Mises à part les tourbières très exiguës, seuls les sols sableux enregistrent une histoire forestiere locale. Le phytosociologue ne pourrait s'en passer pour contrôler l'ancienneté et le mode d'évolution des associations décrites sur la base d'une étude statique actuelle: les hypothèses de dynamique sociologique y trouveront une nouvelle source d'inspiration permettant d'éviter beaucoup d'erreurs.

La similitude des courbes dans tous les profils ne peut s'expliquer autrement que par l'infiltration du pollen dans les sols sableux. Il n'est pas question ici d'admettre une sédimentation par le vent car on ne pourrait concevoir que tant le plateau que le versant et que la base du versant soient affectés par l'apport éolien alors que la tourbe s'édifie normalement dans la vallée sans être enfouie sous le sable. D'autre part, le profil II ne peut être éolisé car détritique. Enfin l'enfouissement du pollen sous des sédiments apportés par le vent serait en contradiction grossière avec la génèse pédologique du profil III.

Nous n'avons trouvé aucune déformation grâve qui fut imputable au mode d'infiltration sinon ce que nous avons appelé „l'effet d'infiltration" qui ne gêne en rien l'étude des peuplements forestiers anciens.

Plusieurs problèmes de paléo-représentation ont été soulevés: rappelons la dispersion très localisée du pollen de *Carpinus, Tilia, Ulmus, Salix, Cyperacées* et *Calluna*. L'écologie variable et sans doute l'entomophilie de plusieurs des taxa considérés, expliquent ce que certains attribuent trop légèrement à des phénomenes de „destruction différentielle".

BIBLIOGRAPHIE

COUTEAUX, M: Les groupements végétaux forestiers des environs de Tontelange. – Bull. Soc. Roy. Bot. Belg. **94**. Bruxelles 1962 a.

— Etude palynologique de la tourbière du Buchelbusch à Bonnert et de la tourbière du Heideknapp à Tontelange. – Bull. Soc. Roy. Bot. Belg. **94**, Bruxelles 1962 b.

DIMBLEBY, G.: The importance of historical checks in interpreting the effect of vegetation upon soil development. – Int. Union For. Res. Org. 12th Congress. Oxford Sect. **21**. 1956.

— Pollen analysis of terrestrial soils. – The new Phytologist **56**, 1957.

DIMBLEBY, G. & GILL, J.: The occurence of podzols under decidious woodland in the New Forest. – Forestry **28**. 1955.

Dricot, E.: Analyse pollinique d'un profil de sable à Averbode (Campine belge). – Agricultura **9**. Louvain 1961.
Florschütz, F.: Resultaten van microbotanisch onderzoek van het complex loodzand-oerzand en van daaronder en daarboven gelegen afzettingen. – Groningen 1941.
Havinga, A.: Pollen analysis of fossil vegetation profils (in the excavation at Velsen). – Ver. Kon. Ned. Geol. Mynb. Gen. Geol. serie **17**. Gravenhingen 1957.
Heim, J.: Recherches sur les relations entre la végétation actuelle et le spectre pollinique récent dans les Ardennes belges. – Thèse Inst. Agr. Louvain 1960. (manuscrit).
Janssen, C.: Alnus as a disturbing Factor in Pollen Diagrams. – Act. Bot. Neerl. **8**. 1959.
Janssen, C.: On the late-glacial and post-glacial vegetation of South Limburg (Netherlands). – Proefschrift, Amsterdam 1960.
Lebrun, J. et coll.: Les associations végétales de Belgique. – Bull. Soc. Roy. Bot. Belg. **82**. Bruxelles 1949.
Mullenders, W.: Les relations entre la végétation et les spectres polliniques en forêt du Mont Dieu (Département des Ardennes). – Bull. Soc. Roy. Bot. Belg. **94**. Bruxelles 1962.
Munaut, A.: Première contribution à l'étude palynologique des sols forestiers du district Picardo-Brabançon. – Bull. Soc. Roy. For. Belg. **66**. Bruxelles 1959.
Reichling, L.: Les forêts du grès de Luxembourg. Bull. Soc. Roy. Bot. Belg. **83**, Bruxelles 1951.
Selle, W.: Die Pollenanalyse von Ortstein-Bleichsandschichten. – Beih. Bot. Cbl. B, **60**. Dresden 1940.
Vanden Berghen, C. et Couteaux, M.: Note sur la végétation forestiere du district lorrain. – Bull. Soc. Roy. Bot. Belg. **87**. Bruxelles 1955.

A. S. Havinga:

Darf man in manchen Fällen unregelmäßige Vorkommen von *Liguliflorae* und *Calluna*-Pollen willkürlicher Überrepresentation zuschreiben wie in Flugsand?

M. Couteaux:

Certaines courbes polliniques peuvent présenter un maximun qui ne se retrouve pas au niveau correspondant dans un diagramme proche, pour des raisons écologiques et non de conservation differentielle.

A. Šercelj:

Est-ce-qu'il existe des preuves de pénétration du pollen aussi dans les couches d'un âge supérieur? Dans ce cas y a-t-il quelques expériences pour l'interprétation des profils plus profonds?

M. Couteaux:

Si l'on analyse une ancienne surface enfouie sous du sable, il ne faut jamais perdre de vue que la présence du pollen peut s'expliquer partiellement par une infiltration postérieure.

L'ANALYSE POLLINIQUE D'UN SOL SABLEUX COMPARÉ À L'ANALYSE D'UNE TOURBIÈRE À BRAINE-LE-CHATEAU (BRABANT/BELGIQUE)

par

A. V. MUNAUT, Louvain

L'étude d'une comparaison diagramme de tourbe, diagramme de sable, pour deux profils situés à proche distance l'un de l'autre (50 mètres) nous donne certaines indications concernant la valeur du diagramme de sable et nous suggère quelques hypothèses concernant la présence de pollen dans le sol.

Le diagramme de sable reflète assez fidèlement trois des phases de végétation qui apparaissent dans la tourbière:

1: phase à dominance d'*Alnus* et de *Fagus*;

2: phase où *Quercus* et *Betula* jouent un rôle important, tandis que *Fagus* reste effacé;

3: phase d'apparition des espèces plantées (non indigènes dans la région) *Pinus* et *Castanea*.

Les comparaisons des pourcentages atteints par diverses espèces indiquent une abondance plus grande d'*Alnus*, *Salix*, *Equisetum* et des Fougères monolètes dans la tourbe, de *Betula*, *Corylus*, *Carpinus*, *Calluna* et *Pteris* dans le sable. Ces variations de pourcentages peuvent être interprétées en tenant compte des différences écologiques importantes existant entre une tourbière et un sol sableux et en se référant à l'importance de la végétation locale dans la composition des spectres de surface (HEIM 1962).

Ces différences, loin de retirer toute valeur au diagramme de sable, en soulignent au contraire l'importance. Il complète heureusement l'étude, parfois trop stratigraphique des tourbières, en nous donnant des indications sur l'évolution de la végétation dans un autre type de milieu. Ces indications sont indispensables pour une interprétation phytosociologique des diagrammes polliniques. De plus, dans le cas présent, on peut formuler diverses hypothèses:

1) il s'agirait d'une infiltration et non d'une sédimentation éolienne, exclue dans la région considérée (sols établis sur sable tertiaire en affleurements isolés, au milieu de limons);

2) cette infiltration serait extrêmement lente (*Pinus* introduit dans la région vers le XVIII siècle, n'a pas dépassé 10 cm);

3) elle se ferait indépendamment de la dimension du grain. (*Pinus* et *Castanea* de dimension très différente sont limités aux horizons supérieurs);

4) les différences de pourcentages atteints par diverses espèces dans le

sable et dans la tourbe, ne proviendraient pas d'une corrosion différentielle, mais bien de l'influence de la végétation locale.

Des études en cours permettent de préciser les limites de ces hypothèses particulièrement dans le cas des régions où les remaniements éoliens sont intenses.

SUMMARY

The pollen diagram of a sandy soil has been compared with the diagram of a peat layer fifty metres farther away.

The comparison between the principal pollen curves shows great similitudes but the percentages of hygrophilous species are the highest in the bog, the acidiphilous and xerophilous in the sandy soil.

These differences are the result of ecological differences between bog and sandy soil, and are very important for the phytosociological interpretation of pollen diagrams.

In connection with this example, it is possible to express an opinion about the presence of pollen in soil, the rapidity of infiltration, the corrosion etc. These hypotheses will be precised in future research.

BIBLIOGRAPHIE

HEIM, J.: Recherches sur les relations entre la végétation actuelle et le spectre pollinique recent dans les Ardennes Belges. – Bull. Soc. Roy. Bot Belg.. **96**: 1–92. Bruxelles 1962.

A. S. HAVINGA:

Sind die untersuchten Profile vielleicht feucht oder lehmig? Das könnte die Konservierung des *Quercus*-Pollen begünstigt haben.

A. MUNAUT:

La présence de hauts pourcentages de *Quercus* ne semple pas résulter des conditions spéciales d'humidité ou de la teneur en argile du profil étudié. Il s'agit d'un sable ayant subi une légère podzolisation humoferrique, bien draîné, ne présentant pas de traces de gleyfication, La granulométrie indique $\pm$ 10 % d'argile.

EINE PALYNOLOGISCHE UNTERSUCHUNG VON BODENPROFILEN IN FLUGDECKSAND

von

A. J. HAVINGA, Wageningen

Von BEYERINCK ist 1930 die Möglichkeit palynologischer Untersuchung von Podsolprofilen in sandigen Böden gezeigt worden. Obwohl seitdem derartige Untersuchungen ziemlich häufig ausgeführt worden sind, ist bis jetzt nicht gut untersucht worden, auf welche Weise ein Pollenprofil im Sande entstanden sein kann, und wie ein Diagramm eines derartigen Pollenprofils ausgelegt werden muß.

Das Ziel der Untersuchung war unter anderem, zu versuchen hier mehr Klarheit zu schaffen. Aus den Analysen-Resultaten einer großen Zahl von Podsolprofilen, welche in Flug-Decksand entwickelt waren, hat sich gezeigt, daß Pollen im wesentlichen durch vier verschiedene Prozesse in den Boden gelangt sein kann. Diese sind: 1. gleichzeitige Sedimentation von Sand und Pollen, 2. Polleneinspülung, 3. Mischung von Pollen mit dem Boden infolge biologischer Aktivität, 4. willkürliche Überrepräsentation.

Dem dritten Prozeß muß im allgemeinen die größte Bedeutung beigelegt werden. Dieser Prozeß ist tätig gewesen für die Dauer des Vorkommens des homogenen braunen Waldbodenprofils, welche Bodenformation der Podsolierung vorangegangen ist. Das Podsolprofil kann in sehr verschiedenen Perioden des Holozäns entstanden sein. Als ein wichtiger Beweis für die Mischungstheorie gilt, daß die Maximaltiefe wo bei der Untersuchung noch Pollen unter der Bodenoberfläche gefunden wurden, ungefähr dieselbe war wie diejenige, wo der ungeschichtete in dem unterliegenden, geschichteten Flug-Decksand überging. Die Länge des Pollenprofils ist unabhängig von der Anwesenheit des B-Horizontes im podsolierten Boden. Nach der Entstehung dieses verdichteten Horizontes ist hauptsächlich noch Einspülung von Pollen in den A-Horizont erfolgt. Gleichzeitige Sedimentation von Sand und Pollen hat bei den meisten Profilen wenig oder nicht stattgefunden. Die willkürliche Überrepräsentation beruht auf noch unbekannten Ursachen. Infolge dieses Prozesses können manche Kräuter in der fossilen Pollenflora, im Verhältnis zu deren Anteil in der Vegetation viel zu stark vertreten sein. Wahrscheinlich müssen hohe *Calluna*- und *Filicinae*-Werte manchmal z. T. in dieser Weise ausgelegt werden.

Die Zusammensetzung des Pollens im Boden kann stark beeinflußt sein durch selektive Korrosion. Dadurch ist *Quercus* in den Diagrammen ziemlich trockener sandiger Böden öfter stark unterrepräsentiert. In dieser Weise können Spektren, die tatsächlich einen Eichenwald mit *Calluna*-

Unterwuchs darstellen, öfter den Charakter von Pollenspektren einer offenen Heide-Vegetation erhalten haben. Im Baumpollen-Anteil derartiger Spektren dominiert *Alnus* meistens, wie das auch der Fall ist in postborealen Torfspektren regionalen Charakters. Unter nassen Bodenverhältnissen ist der *Quercus*-Pollen aber gut konserviert.

Sehr häufig ist der Baumpollen-Anteil von Sand-Spektren stark lokal beeinflußt. Dadurch ist es manchmal unmöglich anzugeben, aus welcher holozänen Periode der Pollen stammt.

Pollenanalyse von Bodenprofilen kann ein wichtiges Mittel sein bei dem Studium der Vegetationen unter denen die Bodenentwicklung erfolgt ist. Für Altersbestimmungen von Sandschichten ist die Methode nur selten geeignet.

ZUSAMMENFASSUNG

Es wurde eine Pollenanalytische Untersuchung mehrerer meist podsolierter sandiger Böden durchgeführt, deren Ergebnisse zur Fassung der Entstehungsweisen von Pollenprofilen in derartigen Böden führten.[1]

SUMMARY

A pollen analytical studie of several sandy soils, the major part of which was podsolized, afforded a clear insight into the different processes which may give rise to a pollen profile in a sandy soil.[1]

R. TÜXEN:

Ich möchte gern auf etwas hinweisen, was wir seit vielen Jahren im Sande gesehen haben. Man findet oft eine alte *Pinus*- oder *Betula*-Wurzel, die weit hinunterreicht. Wenn man diese Wurzel, die ganz intakt zu sein scheint, vorsichtig wegnimmt, dann sieht man, daß sie hohl ist. Die Wurzeln können wie ein Daumen oder noch dicker sein. Wenn man sie abbricht, dann ist nur noch die Borke vorhanden. Das Holz ist völlig verwest, und ein Sandstrom fällt aus der Wurzel herunter. Sie ist ganz und gar mit Sand gefüllt und überall, wo die Wurzel im Boden hinkommt, dort kommt auch der Sand von oben herunter. Das ist einer der Wege, auf dem mit dem Sand zweifellos auch die Pollen in die Tiefe kommen.[2]

[1] Der interessierte Leser wird verwiesen auf die folgenden Schriften desselben Autors:

HAVINGA, A. J.: Een palynologisch onderzoek van in dekzand ontwikkelde bodem profielen. – Diss. Wageningen 1962.

HAVINGA, A. J.: A palynological investigation of soil profiles developed in cover sand. – Med. Landbouwhogeschool, Wageningen, Nederland **63**: 1. (Abstr. of diss.) 1963.

[2] Vgl. HAVINGA 1962, p. 63; HAVINGA 1963, p. 20–21.

WEICHSELZEITLICHE BODENBILDUNGEN IN SCHLESWIG-HOLSTEIN

von

Alfred Dücker, Kiel

In den letzten Jahren wurden in Schleswig-Holstein eine ganze Reihe von fossilen Bodenbildungen aufgefunden (vgl. Abb. 1), die in ehemaligen Senken und Toteislöchern auf saalezeitlichen (i. w. S.) Sanderabsätzen während der Weichselvereisung entstanden.

Die meisten Vorkommen dieser fossilen Böden wurden im westholsteinischen Geestgebiet angetroffen. Die wichtigsten der bisher bekannt gewordenen Fundpunkte sind Albersdorf, Ostrohe und Odderade, deren Profilgestaltung an Hand einiger Lackprofile und Bilder besprochen werden soll.

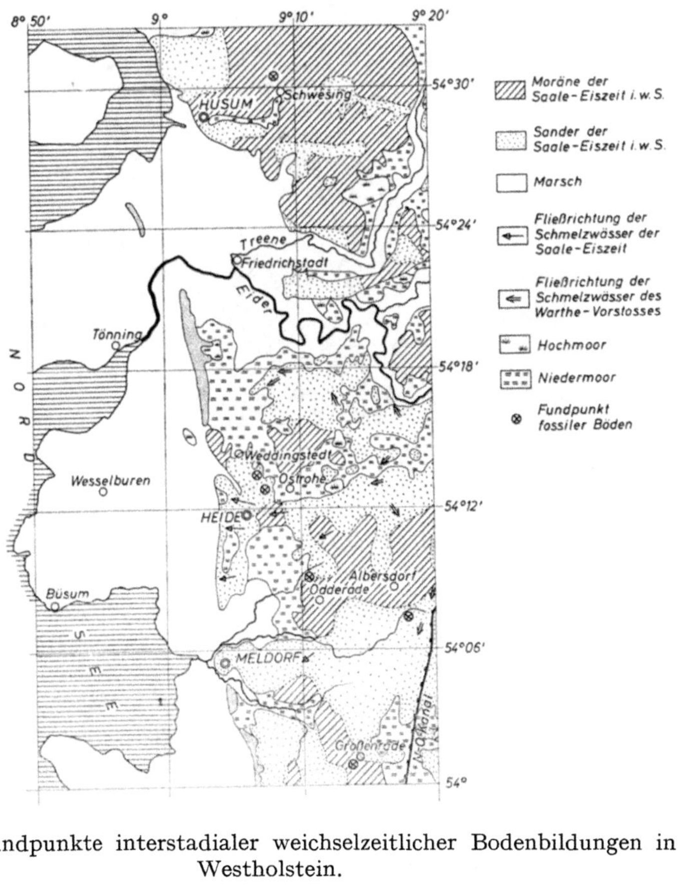

Abb. 1. Fundpunkte interstadialer weichselzeitlicher Bodenbildungen in Westholstein.

In Albersdorf liegen in einer talartigen Senke mehrere Bodenhorizonte übereinander. Typologisch handelt es sich dabei zumeist um Eisenpodsole bzw. um podsolierte Parabraunerden. Der älteste Boden ist ein mehr oder weniger gekappter, dunkelbraun gefärbter Eisen-Humuspodsol (Albersdorf I, vgl. Abb. 2). Das Substrat, auf dem er zur Ausbildung gelangte,

Abb. 2. Die interstadialen weichselzeitlichen Böden Albersdorf I, II und III in ihrer natürlichen Lagerung zueinander.

ist eine kiesig-steinige Fließerde, die in ihren tieferen Schichten von dunkelrostbraunen Bändern als Folgewirkung der Bodenbildung durchzogen ist. Überlagert wird dieser älteste Boden von einer schwach steinigen Fließerde; auf ihr entstand ein zweiter Boden, der typologisch als hellrostfarbener Eisenpodsol mit einem hellgrauweißen, 10–30 cm mächtigen Bleichsandhorizont ausgebildet ist. Dieser Boden Albersdorf II unterlag nach seiner Entstehung periglazialen Vorgängen, die zu kryoturbaten Schichtenstörungen Veranlassung gaben (Verbrodelungen und Eiskeilbildungen). Überlagert wird das periglazial gestörte Bodenprofil Albersdorf II zunächst von einem Humushorizont, der zeigt, daß die Senke als klimatisch begünstigter Standort von einer Tundrenvegetation, wahrscheinlich *Empetrum*, besiedelt war. Die Frostwirkungen kamen vorübergehend zum Stillstand und eine später einsetzende intensive Windwirkung war die Veranlassung dazu, daß der Tundrenboden von Flugdecksanden überschüttet wurde. Dazu gesellten sich in den kurzen sommerlichen Auftauzeiten durch Schneeschmelzwässer eingespülte niveofluviatile Sedimente. Auf diesem Flugdecksand kam es erneut zu einer Bodenbildung, die typologisch mit ihren A_1-, A_2- und A_3-Horizonten als leicht podsolierte Parabraunerde anzusprechen ist. Ihre Mächtigkeit beträgt etwa 50–60 cm. Ein erneuter Kälterückschlag löste wiederum frostdynamische Vorgänge aus. Der Boden selbst unterlag der Kryoturbation und Eiskeilbildung und später der Überlagerung mit Flugdecksanden. An den Vorkommen von gebleichten Sandschlieren und humusstreifigen Sanden mit zahlreichen Holzkohleflittern ist zu erkennen, daß während dieser Zeit die Vegetation in ständigem Kampf mit der äolischen Akkumulation und Kryoturbation stand, die eine mächtigere Bodenprofilausbildung nicht mehr zuließen. Zudem zeigen einzelne Eiskeilhorizonte, daß das Klima weiterhin kalt und trocken war. Abgeschlossen wird die gesamte Profilfolge in Albersdorf von einer bis zu 1,50 m mächtigen, steinig-kiesigen Fließerde, die in mehreren Schüben über die Senke hinwegging. Heftiger Wind sorgte dafür, daß der Feinkornanteil dieser Fließerde ausgeblasen und ihre Mächtigkeit reduziert wurde, wie die im Hangenden anzutreffende windkanterführende Steinsohle erkennen läßt.

Das Profil von Albersdorf läßt erkennen, daß es während der Weichsel-Kaltzeit mindestens drei, wenn nicht sogar vier wärmere Interstadialphasen gegeben haben muß, in der die Böden Albersdorf I, II und III (IV?) zur Ausbildung gelangten. Einen ungefähren stratigraphischen Anhaltspunkt lassen die beiden Humushorizonte in dem Profil erwarten.

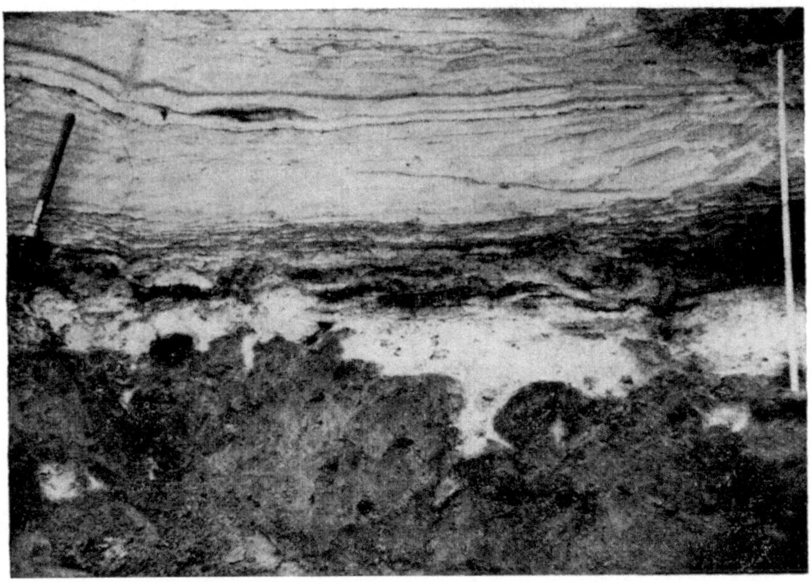

Abb. 3. Profilgestaltung des Bodens Ostrohe I mit Humusschichten im Flugdecksand.

Radiocarbonmessungen, die in Groningen durchgeführt wurden, ergaben folgendes Alter: GRO 2646 = 46 350 ± 1000 Jahre und GRO 2647 = 44 760 ± 800 Jahre vor heute.

Der zweite Fundpunkt Ostrohe liegt nordöstlich der Stadt Heide. In einem Toteisloch, das in warthezeitlichen Sanderabsätzen zur Ausbildung gekommen war, sind mehrere Bodenhorizonte übereinander erhalten geblieben. Der älteste liegende Boden (Ostrohe I) ist ein typischer 60–70 cm mächtiger Eisenpodsol mit einem 20–30 cm starken, fast schneeweißen Bleichsandhorizont (Abb. 3). Sein B-Horizont zeigt charakteristische Wurzeltaschen, die von einer leuchtend rostbraunen Eisenschwarte umrahmt werden, wobei die Taschen mit Bleichsand erfüllt sind. Ebenso wie in Albersdorf ist auch das Substrat, auf dem der Boden zur Ausbildung gelangte, eine bis zu 1,50 m mächtige, steinige Fließerde. Die den Bleichsand abdeckende Humusschicht besitzt eine fluidale Struktur, die darauf hinweist, daß sie nur noch ein allochthoner Rest des ursprünglichen A_h-Horizontes ist. Wir dürfen hierin die Folgewirkung eines periglazialen Klimas sehen, das sich nach der Bildung des Bodens ausbreitete. In dieser Phase des Ostroher Profils kam es zur Ablagerung fein- bis mittelkörniger, teilweise schluffiger Flugdecksande (Flottsande). Eingelagerte, bis zu 3 cm starke Humusschichten zeigen, daß sich gelegentlich, in Ruhepausen während der äolischen Akkumulation, eine mehr oder weniger kümmerliche Tundrenvegetation in der etwas klimabegünstigteren Toteisform bemerkbar machte. Auf den hangenden, schluffigen Feinsanden (Flottsanden) kam es zur Enstehung eines staunassen, vergleyten Eisenpodsols (Ostrohe II), was an einer fahlgrau gebleichten Färbung deutlich erkennbar wird. Durch die später einsetzende Kryoturbation ist er in seiner Profilausbildung erheblich gestört und durch solifluidale Vorgänge verwürgt und verflossen. Überlagert wird der Boden Ostrohe II von einer steinig-lehmigen Fließerde, die während einer kälteren Phase die

Abb. 4. Allerödzeitlicher Humushorizont in seiner typischen Ausbildung Fundort Horstmühle nördl. Elmshorn.

Toteisform von Ostrohe weiterhin auffüllte. Auf ihr kam es während eines klimatisch wärmeren Abschnittes erneut zu einer Bodenbildung (Ostrohe III). Seine typische rostbraune Färbung weist ihn in seinem Illuvialhorizont bodentypologisch als Eisenpodsol oder rostfarbener Waldboden aus. Nach seiner Entstehung führten Frostvorgänge zur Bildung von mächtigen Eiskeilen und Deflationserscheinungen zur Vernichtung der A-Horizonte, die schließlich zur Bildung einer windkanterführenden Steinsohle führten. In der nachfolgenden Schlußphase der Sedimentation in dem Toteisloch herrschte wiederum die äolische Akkumulation vor, die nur noch einmal durch eine kurzfristige Bodenbildungszeit (Ostrohe IV) unterbrochen wurde. Dieser jüngere Boden zeigt in seiner Profilgestaltung alle jene Merkmale, die für die terrestrische Fazies der interstadialen Allerödzeit so überaus kennzeichnend sind (vgl. Abb. 4) und wie sie von A. DÜCKER und G. L. MAARLEVELD (1958) aus Schleswig-Holstein, Nordwestdeutschland und Holland beschrieben worden sind.

Zusammenfassend läßt sich also für das Ostroher Profil sagen, daß die periglaziale Sedimentation in der ehemaligen Hohlform durch mehrere wärmere Phasen unterbrochen war und in denen es jeweils zu mehr oder weniger mächtigen Bodenbildungen kam. Einen Anhaltspunkt über die absolute Zeit ihrer Bildung ergeben Radiocarbonmessungen, die gleichfalls in Groningen durchgeführt wurden. Hiernach sind die in den Flugdecksanden eingelagerten Humushorizonte nach Mitteilung von DE VRIES mit einem Alter von 32 200 $\pm$ 600 Jahren vor heute (GRO 1551) belegt.

Ein dritter Fundpunkt weichselzeitlicher Bodenhorizonte konnte etwa 10 km westlich von Albersdorf bei Odderade im Bereich des Geestabfalls zur Mielebucht ermittelt werden, wo die aus saalezeitlichem Geschiebelehm (i. w. S.) bestehende Grundmoränenebene mehr oder weniger steil abfällt. In einer Sandgrube ist hier ein weichselzeitlicher Schichtenkomplex, der vier Bodenhorizonte übereinander aufweist, aufgeschlossen. Der in der Höhe der Grubensohle anstehende Geschiebelehm fällt mehr oder weniger steil zur Niederung ab; er wird von einem bis zu 3 m mächtigen, feinsandigen bis grobschluffigen Sandpaket, das von einer steinigen Fließerdeschicht abgeschlossen wird, überlagert. Alle Schichten mit den eingelagerten Hangböden tauchen unter das holozäne Randmoor der Mieleniederung ab (Abb. 5). Die Sande nehmen dabei, wie durchgeführte Bohrungen zeigen, an Mächtigkeit (z. T. bis zu 10 m) zu, und die Bodenhorizonte gehen dabei allmählich in limnisch-telmatische Bildungen über.

Der älteste aufgeschlossene Boden (Odderade I) ist als Pseudogley im Hangenden des in Höhe der Grubensohle anstehenden Geschiebelehms entwickelt. Sein Ausbildungsgrad läßt auf eine intensive, langandauernde Verwitterung schließen, so daß man annehmen darf, in ihm die tieferen Reste eines ehemals mächtiger gewesenen Eem-Bodens zu sehen. In seinem Hangenden ist eine bis zu 50 cm mächtige Fließerdeschicht zu beobachten, die als Bleichsand mit eingelagerten Flasern und Fahnen von Humusschichten ausgebildet ist. Dieser Bodenhorizont Odderade II muß daher als allochthones Bodenresiduum angesprochen werden, als Folgewirkung einer nachfolgenden periglazialen Phase. In dieser Zeit kam es zu einer mehr oder weniger feinkörnigen Flugdecksand-Akkumulation, auf der es in einer Ruhepause nach einer Verbesserung des Klimas zur Bildung eines Eisenpodsols (Odderade III) kam, der an seinem fast schneeweißen A_2-Horizont deutlich an der Grubenwand zu verfolgen ist (vgl. Abb. 5). Nach einem erneuten Klimarückschlag setzte die Flugdecksand-Akkumulation wieder ein, begleitet von der Bildung von Eiskeilen. In einer wärmeren Phase kehrte die Vegetation nochmals zurück und verursachte die Entstehung eines weiteren Eisenpodsols (Odderade IV) mit

Abb. 5. Zur Mielebucht abfallende interstadiale weichselzeitliche Böden Odderade III und IV.

einem mächtigen weißgrauen Bleichsandhorizont (vgl. Abb. 5). Ähnlich wie in Albersdorf wurde auch dieser Bodenhorizont nach einer Kryoturbationsperiode eingedeckt und überlagert von einer steinigen Fließerde während einer intensiven periglazialen Phase. Während dieser Zeit setzt ebenfalls eine intensive Deflationswirkung des Windes ein, die infolge der Ausblasung des Feinkornanteils zu einer Mächtigkeitsreduzierung der Fließerde und zur Entstehung einer windkanterführenden Steinsohle führte.

Das Profil von Odderade zeigt, daß es während der Weichsel-Kaltzeit mindestens drei gemäßigt-warme Interstadialphasen gegeben haben muß, in der es zur Bildung der Bodenhorizonte II, III und IV kam. Ihre Verwitterungsintensität ist nur gering. Die Sesquioxyde im Bleichsand unterscheiden sich, ähnlich wie in Albersdorf und Ostrohe, fast kaum von denen des Illuvialhorizontes, so daß alle Eisenpodsole nur mäßig entwickelt sind, wie man es auch von einer Interstadialphase erwarten darf.

Absolute Zeitwerte für die einzelnen Bodenhorizonte in Odderade können noch nicht angegeben werden. Es ist aber zu erwarten, daß die eingeleiteten palynologischen Untersuchungen und Radiocarbonmessungen darüber in Kürze etwas aussagen werden, zumal die Lagerungsverhältnisse eindeutig gezeigt haben, daß jeder terrestrische Bodenhorizont in entsprechende limnisch-telmatische Bildungen übergeht.

Weitere Fundpunkte fossiler weichselzeitlicher Bodenbildungen wurden in Weddingstedt, Schwesing, Ahrenshöft, Klintum bei Leck und Großenrade/Burg i. Dithm. beobachtet. Ihre Profilgestaltung ist nicht so klar wie in den drei behandelten Profilen, so daß sie sich nicht ohne nähere Untersuchungen (Radiocarbonmessungen) in den Ablauf der Weichsel-Kaltzeit einordnen lassen. Aus diesem Grunde sollen sie hier auch im einzelnen nicht weiter behandelt werden.

ZUSAMMENFASSUNG

Auf saalezeitlichen Sanden (i. w. S.) entstanden weichselzeitliche durch Radiocarbonmessungen in ihrer Zeitstellung einigermaßen gesicherte Bodenhorizonte, die für Schleswig-Holstein eine detaillierte Gliederung der Weichsel-Kaltzeit zulassen.

Die ältesten beobachteten Bodenhorizonte (Albersdorf I und II, Odderade II und III und Ostrohe I) entstanden nach einer kräftigen Solifluktionsperiode auf einer Fließerde weit vor 50000 Jahren v. Chr. Geb. Sie sind den in der Literatur als Rödebek- bzw. Amersfort- und Brørup-Interstadialen gleichzusetzen. In ihrer limnisch-telmatischen Fazies wurden sie in Schleswig-Holstein aus Loopstedt/Schleswig (E. Kolumbe 1953), Harksheide (R. Hallik 1953) und Bahrenfeld (R. Hallik und K. Kubitzki 1962) bekannt. Für Loopstedt ermittelte Hl. de Vries (1958) ein Alter weit vor 53000 J. vor heute. Nach einer Zeitspanne der Eiskeilbildung mit nachfolgender äolischer und niveofluviatiler Akkumulation der älteren Flugdecksande setzte in einer bislang in der Literatur nicht beschriebenen Interstadialphase eine erneute Bodenbildung ein (Albersdorf III und Odderade IV), die in ihrer Zeitstellung etwa mit den Radiocarbonmessungen der Albersdorfer Humushorizonte mit 46 350 ± 100 (GRO 2646) und 44 760 ± 800 (GRO 2647) Jahren vor heute belegt sind. Mit dieser Interstadialphase endete die Altweichselzeit.

Mit intensiver äolischer Akkumulation, begleitet von Eiskeilbildungen und Kryoturbationen, folgte die Mittelweichselzeit. Zu diesem Zeitpunkt war Schleswig-Holstein in seinem östlichen Teil erstmalig von Eis bedeckt. Ein nach 32 200 ± 600 (GRO 1551) Jahren vor heute entstandener Bodenhorizont (Ostrohe II und III) läßt eine Teilung in einen älteren (Brandenburger/Frankfurter Stadium) und einen jüngeren Abschnitt (Pommersches Stadium) der Mittelweichsel wahrscheinlich werden. Aus Geesthacht wurden limnisch-telmatische Absätze aus dieser Stadialphase bekannt, für die Hl. de Vries (1958) einen Zeitwert von 26 600 ± 300 J. vor heute (GRO 1515) ermittelte. Eine intensive Solifluktionsperiode mit mächtigen Fließerden und einer abschließenden äolischen Deflation und Korrasion führte zur Entstehung einer windkanterführenden Steinsohle. Mit ihr war das Ende der Mittelweichselzeit erreicht.

Intensive äolische Akkumulationen, die zur Bildung der jüngeren Flugdecksande führten, begleitet von Eiskeilbildungen und Kryoturbationen, beherrschten die nachfolgende Jungweichselzeit. Zweimal kam es dabei in dem Bölling- und dem Alleröd-Interstadial nochmals zu schwachen Bodenbildungsprozessen, die, wie A. Dücker und G. L. Maarleveld (1957) zeigten, in den Flugdecksanden Hollands, Nordwestdeutschlands und Schleswig-Holsteins weit verbreitet sind. Aus Geesthacht ermittelte Hl. de Vries (1958) für die Allerödphase einen Zeitwert von 10 150 ± 80 J. vor heute (GRO 1507). Auch für Rissen konnte H. Schwabedissen (1957) eine Altersangabe von 9 500 ± 180 J. vor heute (H-75/68) machen.[1]

SUMMARY

By C-14 methods approximately dated soil-formations of the Vistula epoch located on fluvio-glacial deposits of the Saale-glaciation show that the Vistula epoch in Schleswig-Holstein was passing through a long initial phase, called the Old-Vistula. The latter is characterized by a continual change between periglacial phenomena and a constantly advancing vegetation.

The oldest observed soil-formation of the Old-Vistula epoch which follows an intensive period of solifluction developed long before 50 000 years B.C. on creeping soil (Albersdorf I and II, Odderade II and III and Ostrohe I). All these soils have to be correlated with the Roedebek- or Amersfort- and the Brörup-interstadial. Peat layers of this time were found in Schleswig-Holstein at Loopstedt (Kolumbe 1953), Harksheide (R. Hallik 1953) and Bahrenfeld (R. Hallik and K. Kubitzki 1962).

After a period of formation of ice wedges succeeded by aeolian accumulation a new epoch of soil-formation started which ended about 44 700 ± 800 years B.C. (Albersdorf III and Odderade IV). This interstadial phase was unknown up to date in literature.

Now the Middle Vistula glaciation began, which is distinguished by intensive aeolian accumulation (middle cover sand), cryoturbation and frost cracks. The eastern parts of Schleswig-Holstein were covered with ice during this time. A layer of soil (Ostrohe II and III) developed after 32000 years B.C. It seems to justify a division into an older (Brandenburger-Frankfurter stage) and a younger phase (Pommerian stage). This is also supported by the dating, which de Vries (1958) published of Geesthacht (GRO 1515 26 600 ± 300 years B.C.). After a period of an intensive solifluction the Middle Vistula ended with an aeolian deflation and corrasion, which created wind-facetted stone layers.

Similar to the Old-Vistula the final Young-Vistula epoch is characte-

[1] In dem vorliegenden Kurzreferat sind nur die im Jahre 1962 bekannt gewesenen Untersuchungsergebnisse wiedergegeben. Zur Zeit der Drucklegung dieser Zeilen wurden weitere Fundpunkte, insbesondere solche, die im weichselstadialen Glazialgebiet liegen, bekannt. Auch die palynologischen Untersuchungen von Odderade sind zum Abschluß gebracht und haben gezeigt, daß das Vorkommen von Odderade IV zu einem Interstadial gehört, das sich von dem Rödebek- und dem Brørup-Interstadial klar abtrennen läßt und vegetationskundlich ein neues Interstadial wiedergibt, das bislang in der Literatur unbekannt war. Vom Verfasser ist es als Nordhastedt-Interstadial bezeichnet worden. Einzelheiten dieser Untersuchungen können in der im Druck befindlichen Rust-Festschrift (Fundamenta) in den Aufsätzen von Dücker, Dücker & Hummel und Averdieck nachgelesen werden.

rized by aeolian accumulation (younger cover sand) accompanied by frost cracks and cryoturbation and at least two inserted interstadial phases (Bölling and Alleröd).

LITERATUR

Averdieck, F.-R.: Die Vegetationsentwicklung des Eem-Interglazials und der Frühwürm-Interstadiale von Odderade (Holstein). – Rust-Festschrift (Fundamenta). 1965.

Dücker, A.: C^{14}-Datings on soil of the Weichsel-glaciation in Schleswig-Holstein. – Abstr. of pap. VI INQUA-Congr.: 205–206. 1961.

— Interstadiale Bodenbildungen als stratigraphische Zeitmarken im Ablauf der Weichsel-Kaltzeit in Schleswig-Holstein. – Rust-Festschrift (Fundamenta). 1965.

— & Hummel, P.: Die fossilen Böden von Odderade/Dithmarschen, ein Beitrag zur Stratigraphie der Weichsel-Kaltzeit. – Rust-Festschrift (Fundamenta). 1965.

— & Maarleveld, G. L.: Hoch- und spätglaziale äolische Sande in Nordwestdeutschland und in den Niederlanden. – Geol. Jb. **73**: 215–234. 1957.

Hallik, R.: Über eine Verlandungsfolge weichselinterstadialen Alters in Harksheide bei Hamburg. – Eiszeitalter und Gegenwart **6**: 116–124. 1955.

— & Kubitzki, K.: Über die Vegetationsentwicklung des Weichselinterstadials aus Hamburg-Bahrenfeld. – Eiszeitalter und Gegenwart **12**: 92–98 1962.

Kolumbe, E.: Über interglaziale und interstadiale Bildungen von Loopstedt am Haddebyer Noor bei Schleswig. – Eiszeitalter und Gegenwart **6**: 39–40. 1955.

Schwabedissen, H: Das Alter der Federmesser-Zivilisation auf Grund neuer naturwissenschaftlicher Untersuchungen. – Eiszeitalter und Gegenwart **8**, 200–209. 1957.

Vries, Hl. de: Radiocarbon dates for upper Eem and Würminterstadial samples. – Eiszeitalter und Gegenwart **9**: 10–17. 1958.

W. H. Zagwijn:

Das erste Profil, das Sie gezeigt haben, hat mich sehr an Amersfort erinnert. Ich möchte fragen, aus welchem Material sind die C_{14}-Daten, die Daten von 46044 gewonnen? Wenn das Humus wäre und wir nahezu in den Bereich von 50000 kommen, dann wird die Sache ganz gefährlich. Wenn das Profil, wie Sie es gezeigt haben, eine Ähnlichkeit mit Amersfort hat, wäre das unterstes Eem. Das darüber Liegende könnte man zum Amersfort-Interstadial stellen. Dann kommt die Solifluktion. Dann kommt wieder ein Boden, der könnte ganz gut ein Brörup sein. Das haben wir in Amersfort nicht als ein Heide-Podsol. Aber daß es darüber auch noch Schwankungen gegeben hat, das kann gut sein.

Ich glaube, die Frage wird diese sein: Waren die eventuellen Interstadiale – daher meine Frage nach dem Datum - nach 50000 (also Mittel-Würm)-bewaldet oder nicht? Wir haben in Holland, das wird alles noch veröffentlicht werden müssen, Anzeichen für Schwankungen, aber nicht für Wiederbewaldung.

A. Šercelj:

Wenn palynologische Untersuchungen von den Profilen bestehen, möchte ich sehr gern wissen, was für eine Vegetation ist im Göttweiger- oder Paudorfer Interstadial gefunden worden?

I. S. ZONNEVELD:

Ich möchte Herrn Dr. DÜCKER fragen, ob die negative Pollenbestimmung in dem einen Profil eine Pollenanalyse in Mineralböden war.

A. DÜCKER:

Das Material ist von Herrn DE VRIES untersucht worden. Es war ein sandiger Humus. DE VRIES hat die Proben z.T. selbst entnommen und die humusreichsten Partien ausgesucht. Es kamen gelegentlich in dem Albersdorf I-Horizont Proben vor, die 20 bis 25% reinen Humus hatten.

Die Pollen wurden in der Alleröd-Schicht gefunden in einer sandigen Gyttja. Die weiteren Pollen in den tieferliegenden Schichten waren abgerollt und ganz vereinzelt, so daß man mit ihnen nichts anfangen konnte.

PFLANZENSOZIOLOGISCHE DEUTUNG INTERGLAZIALER BODENPROFILE

von

REINHOLD TÜXEN

Herrn DÜCKER habe ich herzlich zu danken für die wiederholten Führungen an seine Profile und die Diskussionen darüber. Mein Dank gilt auch Frau MILBRADT, die mir wie immer, auch hier bei jedem Wetter im Gelände bei der Herstellung der Lackabzüge geholfen hat.

Herr KLINGE geht bei der Besprechnung seiner El Salvador-Böden davon aus, daß Bodenprofil und Pflanzengesellschaft eine Einheit höheren Grades sei. Wir haben ganz und gar dieselbe Auffassung. An den wunderbaren Profilen von Herrn DÜCKER sahen wir eben die eine Seite dieser Geo-Biozönose. Uns erregt dabei, daß wir nicht wissen, welches die Vegetation dieser farbigen und mit einem reichen Linien-Netz ausgebildeten Böden war. Es sind Bodenprofile, deren Vegetation heute nicht mehr in unserem Gebiet vorhanden ist, so wie auch diese Bodenprofile fossil geworden sind.

Ich zeige zunächst Profile[1] von Pflanzengesellschaften, die wir genau kennen. Dies ist das Profil des Querco-Betuletum mit seinem A-Horizont, mit dem darunter liegenden feingebänderten B-Horizont, mit den weißen Wurzelbahnen der alten Eichen, die hier über das „Himbeerflecken-Stadium" – Sie erinnern sich wohl aus unserer Sammlung – entstanden sind und sich als weiße Bahnen erhalten haben, und in denen sich die Bänder später neu gebildet haben. Dieses Profil ist oberflächlich etwas verändert durch eine Ersatzgesellschaft, einen Festuca ovina-Rasen, der hier eine „Pseudo-Schwarzerde" erzeugt hat.

Wo die Bänder des B-Horizontes dicker sind, zwei Finger dick etwa, wächst darauf – das wissen wir aus Koinzidenz-Beobachtungen in unserem Gebiet mit fast absoluter Sicherheit – ein Fago-Quercetum.

Wenn diese beiden Wald-Gesellschaften, Querco-Betuletum und Fago-Quercetum, degradiert werden, bildet sich eine Calluna-Heide. Die Profile dieser Ersatzgesellschaft, die aus den Eichenwäldern hervorgegangen ist, sind überaus charakteristisch durch ihren gebleichten 20–30 cm mächtigen A-Horizont (A_1, A_2 und etwas A_0), den Bleichsand, mit dem darunter liegenden Humus- und Eisen-Ortstein (B_h, B_s), mit den großen Zapfen anstelle der alten Baum-Wurzeln, d.h. jenen alten weißen Wurzel-Röhren, die durch Heide-Humus an den Rändern verhärtet und schwarz gefärbt wurden, und den alten braunen Bändern oder Bänken des Querco-Betuletum oder des Fago-Quercetum, auf deren

[1] Die Profile wurden als Lack-Abzüge aus meiner Sammlung demonstriert.

obersten die schwarzen Humus-Bänder der Heide abgelagert wurden. Hier sind also gewissermaßen zwei Aufnahmen auf einem Film. Diese Stelle, wo der Heide-Humus, der an einem alten Baum-Zapfen, oder in wolkigen Girlanden, an Schicht-Fugen, Verwerfungsspalten und ähnlichen Sickerbahnen hinunter geflossen ist, sich auf die alten braunen Bänder des Querco-Betuletum oder des Fago-Quercetum abgesetzt hat, nennen wir die „Doppelbänder". Wir betrachten sie als einen Beweis für die (anthropogene) Umwandlumg der natürlichen Quercion robori-petraeae-Waldgesellschaften in Calluna-Heide.

Im Gegensatz zu den Humus-Eisenpodsolen der Calluna-Heide, die der Mensch erzeugt hat, liegt unter der natürlichen Erica-Heide, dem Ericetum tetralicis ein Humus-Gley-Podsol, den das ansteigende sauerstoffreie schwefelwasserstoffhaltige Grundwasser erzeugt hat, das die Eichen, die dort ehemals standen, ertrinken ließ. Auf der alten Oberfläche konnte sich Torf entwickeln, der *Erica tetralix* trug, die ihrerseits den Oberboden bleichte, darunter einen B_h erzeugte, unter dem die Fulvo-Säuren aus dem Grundwasser abgesetzt wurden, die den Unterboden nach seiner Austrocknung außerordentlich verhärteten. In diesem Ortstein ist kein Eisen enthalten. Nach dem Glühen wird der Sand ganz weiß.

Ein anderes bei uns sehr verbreitetes, aber fossiles Profil liegt meist unter Flugsand begraben. Seine Oberfläche ist durch einen hellgrauen Humus-Horizont kenntlich, der sehr viel *Pinus*-Kohle enthält. Das ist ein typisches Alleröd-Profil. In der Literatur findet man in Beschreibungen dieser Profile die Angabe, es seien viele fingerartige Spuren darin. Diese stammen wahrscheinlich von Käfern her, die sich nach dem Ausschlüpfen als Imago an das Tageslicht empor arbeiteten. Ihre mit fremden Material schalig erfüllten überall gleich dicken Röhren sind scharf begrenzt. Diese Käfer, deren Larven unter der Oberfläche als Nutznießer des Waldbrandes in einer nitrophilen Biozonöse von den Wurzeln von *Epilobium angustifolium, Senecio silvaticus* und ähnlichen Arten lebten, waren vollkommen umgeben von Boden. Sie konnten sich nur langsam aus ihrem Puppenbett befreien und häuften dabei in ihren Röhren den über sich entfernten Boden in Schalen unter sich an. Das ist eines der besten Argumente für Käfer als Urheber dieser Erscheinung, die so ungemein typisch gerade für diesen Horizont ist.[1]

Darunter fehlt eine ehemalige Bodenbildung fast ganz, wenn man von leichten Pseudogley-Bildungen mit schwacher Oxydation absehen will, zumal deren Alter nicht ganz eindeutig zu bestimmen ist.

Hier können wir also nach dem Aktualitätsprinzip nicht mehr sicher sagen, wie dieser Pinus-Wald, der hier während der Alleröd-Periode stand, ausgesehen haben mag. In Finnland sahen wir jedoch während der IPE 1961 auf jungen Åsern ähnliche Profile (ohne die Brandwirkung) unter Kiefernwald auf kalkreichen Böden ohne nennenswerte Bodenbildung.

Unsere Profile in Nordwestdeutschland, die sich heute noch bilden, sind entweder gebänderte, wie Querco-Betuletum, oder gebankte

[1] Vgl. TÜXEN, R.: Die Schrift des Bodens. – Angewandte Pflanzensoziologie **14**. Stolzenau/Weser 1957.

Braunerden, wie Fago-Quercetum, oder sie sind Humus-Eisen-Podsole oder Humus-Gley-Podsole, wie die anthropogenen oder natürlichen Heideprofile. Das fossile (postglaziale) Pinetum der Alleröd-Zeit hat ein nur wenig differenziertes Profil.

Um Interstadial- und wohl auch gewisse Interglazial-Profile, die zeitlich den Eiszeiten naheliegen, zu verstehen, müssen wir in den Norden Europas gehen. Diese Profile im Norden haben einen A_0-Horizont, darunter einen ausgeprägten Bleichsand, A_1 und A_2, unter dem ein leuchtender Eisen-Ortstein liegt, der ganz auffällig von unserem schwarzen oder braunen Heide-Ortstein verschieden ist. Darauf wächst ein Piceetum mit *Calamagrostis*, *Melica nutans*, *Vaccinium vitis-idaea*, *Vaccinium myrtillus*, *Sorbus aucuparia* und vielen anderen Phanerogamen und zahlreichen Moosen. In Kisavaran-Urwald in Finnland lieferte dieses Profil eine neue Überraschung. Unter dem A_1 und A_2 beginnt der Eisen-Ortstein mit einzelnen Wurzel-Kanälen, ähnlich wie bei uns im Heide-Profil. Darunter erkennt man feine Bänder, also einen B-Horizont, der gebändert ist!

Bei einer früheren Finnland-Reise habe ich nahe Helsinki mit den Herren KALELA, KUJALA und SÖYRINKI ein ähnliches Profil studieren können, allerdings nur ganz flüchtig. Darauf stand auch ein Piceetum. Sein Boden enthält unter dem A_1 einen ausgeprägten A_2-Horizont und einen Eisen-Ortstein, der in eine tief nach unten reichende vielleicht etwas lessivierte Braunerde übergeht. Darunter sind Bänder entwickelt wie im Piceetum-Profil von Kisavaran. Leider liegen auf diesem Gebiet noch keine pollenanalytischen und waldgeschichtlichen Untersuchungen vor, die mit dem pedologischen Befund kombiniert wären. Als Arbeitshypothese möchte ich aber sagen, daß, bevor die Fichte sich hier ausbreitete in einer etwas wärmeren Zeit ein Eichen-Mischwald hier herrschte, und daß dieser Eichen-Mischwald, etwa so wie die Sukzessionen von Herrn ANDERSEN es zeigten, vom Piceetum abgelöst, und daß sein Braunerde-Profil unter der starken bodenbildenden Wirkung eben des Fichtenwaldes sekundär in ein gebändertes Eisen-Podsol-Profil verwandelt wurde.

Wir hätten dieselbe Sukzession, die wir im Pollen-Bilde so deutlich erkannten, hier im Bodenprofil. Die Braunerde ist das alte Profil des Eichen-Mischwaldes. Wir haben ihn als Querco-Ulmetum beschrieben, das im südlichen Finnland wie in S-Schweden entwickelt ist. Er wurde später in das Piceetum, den heutigen Klimax-Wald, verwandelt, dessen Bleichsand und Eisen-Ortstein und dessen braune Bänder nun deutlich in der fossil gewordenen Braunerde zu erkennen sind.

Wenn man nun weiter nach Norden geht und damit – bildlich gesprochen – in der Nacheiszeit weiter zurück kommt, findet man auf den trockenen Böden das Pinetum, d.h. den borealen Kiefern-Wald. Darin wächst neben lichter Kiefer etwas *Betula tortuosa* und darunter breitet sich dichter, geschlossener Unterwuchs von *Vaccinien*, von *Linnaea borealis*, von *Empetrum nigrum* und *Empetrum hermaphroditum*, zahlreichen Moosen und einer großen Zahl von Flechten aus, die manchmal das Bild so beherrschen können, als wenn es geschneit hätte. Das Bodenprofil ist hier sehr deutlich entwickelt, im Gegensatz zu jenen fossilen Pionier-

Kiefern-Wäldern der Alleröd-Zeit und auf den kalkreichen Böden im Süden Finnlands. Die Böden des nordfinnischen Pinetum sind ganz kalkarm. Es ist ein Paraklimax, wenn man will. Man findet einen A_0, A_1 und A_2 und darunter einen ähnlichen Eisen-Ortstein, jedoch anscheinend schwächer entwickelt als beim Piceetum.

Noch etwas weiter zurück in der Zeitrechnung und noch weiter nach Norden schließt in Lappland ein von Menschen unberührter Betula tortuosa–Wald an. Auch sein Profil hat wieder einen Bleichsand und darunter einen Eisen-Ortstein. Im dem Wald wächst viel *Empetrum hermaphroditum* neben Moosen und Flechten. Er geht ganz allmählich in eine Empetrum–Heide über, die sich dann im Norden fortsetzt ohne Bäume. Auch darunter ist das Profil wieder ähnlich: ein mächtiger A_0, ein Bleichsand, nicht so stark entwickelt wie weiter im Süden, und darunter ein Eisen-Ortstein und unter diesem, schwach angedeutet, ebenfalls Bänder in dem noch bis oben völlig geschichteten Sande.

Diese (in Farbbildern gezeigten) Eisenpodsole unter Piceetum, unter Pinetum und unter Betula tortuosa–Wald und schließlich unter der Empetrum–Heide, erinnern stark an die Profile, die Herr Dücker demonstriert hat. In den Lack-Abzügen aus Holstein erkennt man die alte Oberfläche, den A- und den B-Horizont des Eisen-Podsols. Diese Profile dürften also zu der Gruppe der vorhin genannten Wald- und Heide-Gesellschaften gehören.

SUMMARY

The correlation between woodland and heath communities and their corresponding soil profiles was demonstrated with the aid of coloured slides of profiles from Finland and Lappland and of lacquer-film profiles collected from North-West Germany. This evidence suggested that the interstadial profiles from Schleswig-Holstein described by Dr. Dücker had developed beneath a conifer or birch wood or else beneath *Empetrum* heath.

PALÄOPEDOLOGIE IM DIENSTE DER ÖKOLOGIE

Ein Beispiel aus El Salvador, Zentralamerika.[1]

von

HANS KLINGE, Plön

Aus der Hydrobiologischen Anstalt der Max-Planck-Gesellschaft, Plön/Holstein. Geschäftsführ. Direktor: Prof. Dr. HARALD SIOLI.

In den tropischen Gebieten der Erde ist die Erforschung der Vorzeit noch wenig fortgeschritten, ja in manchen Ländern hat die Erkundung des heutigen Naturbestandes erst vor kurzem begonnen. Zu diesen Ländern gehört auch El Salvador, wo ich bodenkundliche Untersuchungen durchführte, die in Zusammenarbeit mit dem Landesgeologen F. DURR zu einer paläopedologischen Studie ausgebaut werden konnten.

Den hier zu berichtenden Ergebnissen seien drei Punkte vorausgeschickt:

1. El Salvador ist ein vulkanreiches Land und besitzt viele verschüttete Böden, von denen wir diejenigen in Nähe der Landeshauptstadt unter Mitarbeit des Archäologen W. HABERLAND untersucht haben.
2. El Salvador ist orographisch reich gegliedert: hinter einer Küstenebene folgen das Küstengebirge, weiter die jüngere und die ältere Vulkankette und schließlich – nach Honduras zu – das mit Teilen des Küstengebirges gleich alte Grenzgebirge. In den verschiedenen Höhenstufen dieser Erhebungen sind unterschiedliche ökologische Gegebenheiten vorhanden, die sich u.a. in der Zonierung der Vegetation, in den Böden und in deren Humusgehalten spiegeln.
3. Die folgenden Ausführungen befassen sich mit den Verhältnissen in der jüngeren Vulkankette, die in der Braunlehmzone liegt, während fast alle übrigen Landesteile der Rotlehmzone angehören. – Die Bodenformen können hier nicht behandelt werden.[2]

Die Höhenstufen der jüngeren Vulkankette sind:

Seehöhe in m	Bodenformen	Pflanzenformationen (z. T. mit Angabe kennzeichnender Arten)	Anmerkungen
> 2300	Rohboden, Ranker	Páramo (Ericaceen-Gebüsch mit *Gaultheria odorata*, *Myrica mexicana*, *Pennisetum setosum*)	
2300–2150	brauner Ranker	Agavenbusch (*Agave* spec.)	nur auf S-Seite
2300–1850	gebleichter Braunlehm	Nebelwald (*Quercus* spec. u.v.a.m.)	meist nur auf N-Seite

[1] Herrn Dr. Hans Utermöhl zum 65. Geburtstag gewidmet.

[2] Einige Beispiele wurden im Referat als Farblichtbilder vorgeführt.

2150–1750	erdiger Braunlehm	Buschwald	
1750– 200	tirsoider Braunlehm	früher Eichen-Kiefern-Wald (*Quercus* spec., *Pinus oocarpa*), heute Kaffeeplantagen	
	tirsoider Pseudogley	heute Weide- u. Ackerland, Kaffeeplantagen	nur um San Salvador
200– 0	Tirs	Savanne (*Curatella americana*)	

In der Stufe der tirsoiden Braunlehme (200 bis 1750 m NN) haben DURR und ich die Abfolge der fossilen Böden im Normalprofil der Schichten von San Salvador festgehalten, in dem folgende Bodenformen (von oben nach unten) vorkommen: rezenter tirsoider Pseudogley, fossiler tirsoider Pseudogley, 1. fossiler tirsoider Braunlehm, 2. fossiler tirsoider Braunlehm, 3. fossiler tirsoider, rubefizierter Braunlehm, fossiler tirsoider Guazapa-Rotlehm, fossiler tirsoider Cumbre-Rotlehm. Je nach lokalen Gegebenheiten ist diese Abfolge vollständig oder nur teilweise anzutreffen; die einzelnen Glieder können also auch die heutige Bodendecke mitaufbauen (vgl. Bodenkarte).

In der folgenden Tabelle sind rezent vorkommende Bodenformen El Salvadors mit ihren Pflanzenformationen den fossilen pedologischen Äquivalenten gegenübergestellt:

rezent		fossil	
Boden	Pflanzenformation (Nutzung)	Boden	Alter
1. Rohboden	Strandvegetation	o	—
	Páramo	o	—
2. Ranker	Strandvegetation	o	—
	Páramo	o	—
3. tirsoider Pseudogley	Eichen-Kiefern-Wald (Acker, Weide)	+	holozän
4. Tirs	Kalebassen-Savanne (Weide)	o	—
5. tirsoider Braunlehm (1)	Eichen-Kiefern-Wald (Kaffeeplantagen)	+ (2)	pleistozän
6. rubefizierter tirsoider Braunlehm	anthropogene? Gras- und Busch-Gesellschaft	+	pleistozän (älter als 5.)
7. gebleichter Braunlehm	Nebelwald	+	holozän?
8. tirsoider Guazapa-Rotlehm	Eichen-Kiefern-Wald (Kaffeeplantagen, Acker, Weide)	+	tertiär
9. tirsoider Cumbre-Rotlehm	Eichen-Kiefern-Wald (Acker, Weide)	+	tertiär

Da Boden und Vegetation eine ökologische Einheit darstellen (vgl. Tessera H. JENNY's, SCHWABE und KLINGE 1960), muß die Folgerung gezogen werden, daß auf fossilen Böden eines bestimmten Typus zumindest einer Landschaft die auf den rezenten Vorkommen desselben Typus stockenden Pflanzenformationen gestanden haben, sofern dies nicht durch andere Indizien ausgeschlossen werden kann (z.B. bei späterer Einwanderung der oder einiger Arten der Formationen). „Von Nordamerika her war mindestens seit dem Tertiär eine ständige Einwanderungsmöglichkeit bis Guatemala gegeben ..... Andererseits konnten bis Costa Rica die Verbindungen von den südamerikanischen Anden her seit dem Tertiär aufrechterhalten werden ...." (LAUER, 1959). Das floristische Bild in El Salvador wird sich demnach im jüngsten Abschnitt der Erdgeschichte bis heute nicht prinzipiell verändert haben. Kennen wir die Temperatur- und Niederschlagsgänge der rezenten Standorte, ihre Verdunstung, ihre Drainage usw., kurzum kennen wir die ökologisch bedeutenden Daten solcher rezenten Standorte, so können sie auf die fossilen übertragen werden und dienen somit der Rekonstruktion der Ökologie vorzeitlicher Lebensräume.

Für die Befunde in El Salvador darf daher für die fossilen tirsoiden Braunlehme aus dem Pleistozän und Holozän ein Eichen-Kiefern-Wald angenommen werden, der – nach Maßgabe unserer Kenntnisse über das heutige Klima – unter dem Regime einer etwa halbjährigen Trockenzeit und einer entsprechend langen Regenzeit mit jährlichen Niederschlagsmengen um 2000 mm bei Jahres-Mitteltemperaturen von etwa 21° C gestanden hat. Der älteste der fossilen Braunlehme des Pleistozäns ist nun nicht nur tirsoid (was dem wechselfeuchten Tropenklima seiner Höhenlage entspricht), sondern auch rubefiziert, d.h. er läßt Übergänge vom Typus Braunlehm zum Typus Rotlehm erkennen. Der folgende jüngste fossile Boden aus dem Tertiär ist der geringmächtige tirsoide Guazapa-Rotlehm, unter dem der außerordentlich mächtige, tertiäre, tirsoide Cumbre-Rotlehm folgt. Aus dieser Abfolge von mächtigem Cumbre-Rotlehm, geringmächtigem Guazapa-Rotlehm, tirsoidem, rubefizierten Braunlehm und tirsoiden Braunlehmen ist eine stetige Klimaänderung abzuleiten, die von einem mehr trockenen und heißen wechselfeuchten tertiären Klima mit Rotlehmbildung zum gegenwärtigen wechselfeuchten Braunlehmklima führte, wobei der geringmächtige Guazapa-Rotlehm und der rubefizierte tirsoide Braunlehm auf einander folgende Übergangsstadien in der Abnahme der Rubefizierung anzeigen. Die vom Tertiär bis heute durchlaufenden tirsoiden Humusformen und auch das Vorkommen von rezenter Rubefizierung in bevorzugten Standorten lassen erkennen, daß in El Salvador seit dem Tertiär sich lediglich ein allmählicher Klimawandel, nicht aber ein brüsker Klimaumschwung vollzogen hat.

Die Ergebnisse meines verehrten Lehrers Prof. WALTER KUBIENA bei bodengeographischen Studien in Afrika stützen meine Ausführungen, insofern sie gezeigt haben, daß die Rubefizierung ein Vorgang betont wechselfeuchter Klimate ist, in denen die trockenen und heißen Jahreszeiten „Einfluß auf die Bildung neuer, wasserarmer Mineralien nehmen (vor allem Zunahme des Gehaltes an Hämatit, der besonderen Einfluß auf die Farbbildung nimmt)", während die Tirsifizierung „eine für wechselfeuchte Klimate typische, ... zumeist tiefkrumige Humusbildung schwer durchlässiger Böden" ist, „die in den Feuchtzeiten gyttja- bis anmoorähnliche .... Beschaffenheit zeigen", in denen also der das

Bodenbild prägende Einfluß der Feuchtzeiten den der Trockenzeiten überwiegt.

ZUSAMMENFASSUNG

Auf Grund paläopedologischer Untersuchungen, die in Zusammenarbeit mit Geologen und Archäologen, aber auch anderen Naturwissenschaftlern 1958/59 in El Salvador/Zentralamerika ausgeführt und von der Deutschen Forschungsgemeinschaft unterstützt wurden, wird – gestützt auf pflanzengeographische, geologische, geographische, archäologische und bodenkundliche Studien – der Versuch einer Rekonstruktion vorzeitlicher Standortsbedingungen und der ihnen gemäßen Pflanzenformationen unternommen.

SUMMARY

El Salvador the natural resources of which are well known is a country rich in both volcanoes and soils buried by volcanic deposits. Some "soil types" (Great Soil Groups) of the recent soil cover are also known as fossil (= buried) formations of the Tertiary, Pleistocene and Holocene as well. The knowledge of the actual environmental conditions under which the recent soils are developing permits the reconstruction of those under which the fossil soils developed.

LITERATUR

Durr, F. und Klinge, H.: Beitrage zur Stratigraphie und zur Paläopedologie des mittleren El Salvadors. – N. Jb. Geol. Paläontol., Mh. **3**: 111–132. 1960.

Gierloff-Emden, H. G.: Erhebungen und Beiträge zu den physikalisch-geographischen Grundlagen von El Salvador. – Mitt. Geograph. Ges. Hamburg **53**: 7–140. Hamburg 1958.

— Die Küste von El Salvador. – Acta Humboldtiana, Ser. Geograph. et Etnograph. **2**. 1959.

Klinge, H.: Beitrage zur Kenntnis tropischer Böden. I. – Z. Pflanzenernähr., Düng., Bodenkunde **89**: 102–114. 1960.

— Beiträge zur Kenntnis tropischer Böden. II. – Z. Pflanzenernähr., Düng., Bodenkunde **89**: 211–216. 1960.

— Beiträge zur Kenntnis tropischer Böden. III. – Z. Pflanzenernähr., Düng., Bodenkunde **90**: 70–82. 1960.

— Ergebnisse bodenkundlicher Standortserkundungen in El Salvador, Zentralamerika. – Mitt. Bundesforschungsanstalt Forst- u. Holzwirtsch. Reinbek **47**. 1960.

— Die Böden El Salvadors, Zentralamerika. – N. Jb. Geol. Paläontol., Mh. **9**: 404–414. 1960.

Bemerkungen zur Bodenkarte von El Salvador, Zentralamerika. – N. Jb. Geol. Paläontol., Abh. **113**: 47–54. 1961.

— Beiträge zur Kenntnis tropischer Böden. IV. – Z. Pflanzenernähr., Düng., Bodenkunde **97**: 40–51. 1962.

Kubiena, W. L.: Bestimmungsbuch und Systematik der Böden Europas. – Stuttgart 1953.

— Die Bedeutung des Begriffes „Humusform" für die Bodenkunde und Humusforschung. – Z. Pflanzenernähr., Düng., Bodenkunde **69**: 3–7. 1955.

— Neue Beiträge zur Kenntnis des planetarischen und hypsometrischen

Formenwandels der Böden Afrikas. – Stuttgarter Geograph. Studien **69**: 50–64. 1957.
LAUER, W.: Vegetation, Landnutzung und Agrarpotential in El Salvador (Zentralamerika). – Schr. Geograph. Inst. Kiel **16**. 1956.
— Klimatische und pflanzengeographische Grundzüge Zentralamerikas. – Erdkunde **13** (4): 344–354. 1959.
LÖTSCHERT, W.: Vegetation und Standortsklima in El Salvador. – Botan. Stud. **10**. 1959.
SCHWABE, G. H. u. KLINGE, H.: Gewässer und Boden als Forschungsgegenstand. – Anal. Edafol. Fisiol. Veg. Madrid **19**: 519–568. 1960.
WEBER, H.: Die Páramos von Costa Rica und ihre pflanzengeographische Verkettung mit den Hochanden Südamerikas. – Akad. Wiss. Lit., Abh. math.-naturwiss. Kl. Mainz **3**. 1958.
WEYL, R.: Die Geologie Mittelamerikas. – Berlin 1961.

DER PALYNOLOGISCHE NACHWEIS DES ACKERBAUS IN SEKUNDÄREN FICHTENFORSTEN (MASTIGOBRYETO–PICEETUM)

Beispiele aus dem Schweizer Mittelland.

von

H. ZOLLER, Basel

Die Hauptmasse der Wälder auf der hügeligen Hochebene zwischen Boden- und Genfersee gehört dem Klimax des Fagion–Verbandes an. Nur die günstigen Teile liegen im Bereich des Fraxino–Carpinion. Über weite Strecken wurden die Laubwälder seit dem Mittelalter in sekundäre Nadelholzbestände umgewandelt, wobei es sich oft um sehr junge Aufforstungen auf ehemaligem Ackerland handelt, was sich mancherorts eindeutig durch archivalische Untersuchungen belegen läßt.

Unabgeklärt blieb bisher die historische Entwicklung des Mastigobryeto–Piceetum, einer Fichten-Weißtannen-Gesellschaft, die sich durch großflächige Torfmoosdecken und gehäuftes Auftreten des Peitschenmooses auszeichnet. Ihre soziologische Struktur zeigt eine überraschende Ähnlichkeit mit gewissen Assoziationen des montan-subalpinen Vaccinio–Piceion–Verbandes. Namentlich auf rißeiszeitlicher Unterlage vermag sich das Mastigobryeto–Piceetum im aargauischen und bernischen Mittelland, besonders in der Umgebung von Zofingen und Langental in nur 450–600 m Meereshöhe stellenweise optimal zu entfalten.

Da außerhalb der Würmvergletscherung Moor- und Seeablagerungen im Schweizer Mittelland nahezu völlig fehlen, mußten die pollenanalytischen Untersuchungen an Bodenprofilen durchgeführt werden. Sie ergaben besonders an den von Torfmoosdecken bis zu 20 cm Dicke überlagerten Grabstellen im Mastigobryeto-Piceetum eine so klar gegliederte Abfolge des Pollenniederschlages, daß an der Brauchbarkeit der Methode in Waldböden bei kritischer Anwendung und unter günstigen Umständen nicht zu zweifeln ist.

Die pollenanalytischen Untersuchungen beweisen eindeutig, daß die Vegetation an den Standorten des rezenten Mastigobryeto–Piceetum noch in der frühen Nachwärmezeit völlig von den jetzigen Verhältnissen abgewichen ist. Vor dem Beginn der Kultureinflüsse herrschte im Oberwuchs die Buche vor, der häufig die Weißtanne als spontaner Baum beigemischt war. In der Bodenschicht dominierten Farne und Cyperaceen. Die Standorte des Mastigobryeto–Piceetum gehören demnach ohne Zweifel zum Bereich des Fagion–Verbandes.

Für die noch unbeeinflußte Vegetation unmittelbar vor dem Einsetzen anthropogener Umwandlungen möchte der Verfasser den Begriff der vorkulturzeitlichen natürlichen Vegetation einführen, im Gegensatz zur potentiellen und realen natürlichen Vegetation.

In den untersuchten Fällen läßt sich im Mittelalter an den Standorten des Mastigobryeto–Piceetum eine sehr ausgeprägte Ackerbau- und Weideperiode nachweisen. Sie ist gekennzeichnet durch den Rückgang von *Fagus* und *Abies* und eine Zunahme von *Quercus* und *Carpinus*. Pollen insektenblütiger Unkräuter und Kulturpflanzen (*Fagopyrum, Centaurea cyanus*) machen Getreidebau in der unmittelbaren Umgebung der Grabstellen wahrscheinlich. Intensiver Weidgang auf den abgelegenen Hochflächen ist durch hohe Maxima von *Plantago lanceolata* und des *Plantago major/media*-Typ angedeutet. Stellenweise erscheint zu Beginn dieser Phase im Gefolge der Rodungen *Lycopodium clavatum* in großer Menge und ebenso charakteristisch ist die Ausbreitung von *Calluna* und der *Vaccinium*-Arten.

Erst am Abschluß der Periode intensiverer Kultur breiten sich *Picea* und *Pinus* neben *Abies* stärker aus und erst in dieser subrezenten Zeit beginnen sich die Torfmoosdecken auszubilden. Wie alle übrigen Fichtenforste erweist sich im Schweizer Mittelland auch das Mastigobryeto–Piceetum trotz seiner Vaccinio–Piceion-Verbandscharakterarten als stark umgewandelte und erst in den letzten Jahrhunderten entstandene Sekundär-Vegetation. Dabei haben als natürliche Faktoren die relative Nährstoffarmut auf der geologisch alten, rißeiszeitlichen Unterlage, der große Gehalt an feinen Kornfraktionen und die damit verbundene extreme Verschlämmungsbereitschaft und Staunässe der Böden die Degradation nach einer Übernutzung durch Ackerbau und Beweidung sicher stark begünstigt.

SUMMARY

The historical development of Mastigobryeto–Piceetum in the Swiss tableland was explored by pollenanalysis of several profils in acid soils. Before anthropogenous influence *Fagus silvatica* and *Abies alba* dominated on the stations of Mastigobryeto–Piceetum. The recent *Sphagnum* layers on these habitats, belonging originally to the Fagion, arose only during the last centuries after a long period of agriculture or pasture. Like all other artificial *Picea*-woods of the Swiss tableland the Mastigobryeto–Piceetum in spite of the characteristic species of Vaccinio–Piceion, growing in this association, is caused by human action.

K. Faegri:

Die Verbreitungsökologie der *Lycopodium*-Sporen ist offenbar von derjenigen der Pollen-Körner sehr verschieden, so daß diese konzentrierten Vorkommen von *Lycopodium* entstehen. *Lycopodium* darf man nicht in irgendeine Summe einschließen, sondern muß es, wie Herr Zoller das gemacht hat, außerhalb der Summe berechnen. Das ist eine Erfahrung, die ich gern den palynologischen Kollegen mitteilen möchte.

Mehrere von uns haben ja nicht so direkt mit Pollenanalysen von Mineralböden gearbeitet und sind darum jetzt etwas verworren, weil die Herren aus den Niederlanden alles Mögliche bewiesen und gegen-bewiesen haben. Mineralboden ist ja kein palynologisch einheitlicher Begriff und jedes Diagramm muß in seiner Weise gedeutet werden. Sind die Pollen mit dem Regenwasser herabgerieselt oder aber haben die Regenwürmer durch ihre Tätigkeit, ihre Umwühlung die Pollenkörner heruntergebracht? Das bewirkt ja auch, daß die älteren Pollenkörner wahrscheinlich weiter nach unten gebracht worden sind als die jüngeren. Ich glaube nicht, daß diese Deutung richtig ist. In diesem Falle ist dies aber so eine Fehlerquelle, die auch berücksichtigt werden müßte.

H. ZOLLER:

Obwohl die *Lycopodium*-Sporen kaum über größere Strecken verweht werden, so ist ihr massenhaftes Auftreten zu Beginn des Abschnittes mit maximaler Kultur keineswegs nur auf eine zufällige und rein lokale Verbreitung zurückzuführen. Ähnliche Gipfel finden sich in südalpinen Profilen ebenfalls dort, wo sich im Diagramm die Einflüsse der mittelalterlichen Rodungsperiode bemerkbar machen. Entsprechende Maxima hat Dr. H. MAYER in den Nordalpen festgestellt.

DIE BEDEUTUNG DER PFLANZENSOZIOLOGIE FÜR DIE AUFKLÄRUNG DER ARCHÄOLOGISCHEN BODENFUNDE

von

J. Deichmüller

Die „Wissenschaft des Spatens" findet im allgemeinen den Gegenstand ihrer Forschung im Erdboden. Dies gilt besonders auch in Mitteleuropa, wo der Vorzeitmensch für seine Wohn- und Sakralbauten vor allem organisches und daher leicht vergängliches Material verwendete. Dabei handelt es sich meist um Holz, das oberirdisch im Laufe der Jahrtausende bei den vorherrschend ungünstigen Witterungsverhältnissen völlig vergangen ist. Dieser Baustoff hat sich jedoch, soweit er in den Boden eingebaut oder von Erde bedeckt ist, vielfach in Resten oder wenigstens als Verfärbung erhalten. Oft ist er auch nur noch an der veränderten Bodenstruktur spurenhaft zu erkennen. Um diese möglichst eindeutig sichtbar zu machen, muß der Archäologe die Fundstelle durch glatte horizontale und vertikale Bodenschnitte erschließen. Dabei kommt es auf genaue Einzelbeobachtungen der Bodenverfärbungen oder sonstigen Veränderungen des gewachsenen Bodens an.

Alle etwa im Boden erhaltenen Hinterlassenschaften des prähistorischen Menschen, wie z.B. Stein- oder Metallgeräte, Tongefäße oder Schmuck (Bernstein oder Glas) müssen in ihrer genauen Lage in Beziehung gebracht werden zu den durch den Menschen neugebildeten „Kulturschichten" und den natürlich gewachsenen Bodenschichten. Die stratigraphische Situation ist von wesentlicher Bedeutung für die Beurteilung des Alters und der Kulturzugehörigkeit der Fundgegenstände. Da oftmals Strukturveränderungen des Bodens sowohl durch den Menschen als auch durch die Natur entstehen, muß der Ausgräber eine gute Beobachtungsgabe und entsprechende bodenkundliche Kenntnisse besitzen.

Für die Aufklärung archäologischer Befunde im Boden ist aber noch eine andere natürliche Bodenveränderung von ausschlaggebender Bedeutung: Die Pflanzensoziologie hat die vielseitige Wirkung der Pflanzenwelt auf den gewachsenen Boden erforscht. Während aller archäologischer Kulturperioden haben die verschiedensten Pflanzengesellschaften, bedingt durch Bodenart und Klima, den Boden mehr oder weniger tief beeinflußt. Das Wurzelwerk jeder einzelnen Pflanze hat dazu beigetragen, im Boden physikalische und chemische Spuren zu hinterlassen, die, archäologisch falsch gedeutet, oftmals schon zu schweren Fehlschlüssen führten. Ein Beispiel möge dies zeigen.

Die Podsolierung norddeutscher Sandböden läßt mit Sicherheit dort, wo der Ortstein bankartig ausgebildet ist, auf eine Calluna-Heide schließen, auch wenn diese durch veränderte Bedingungen heute nicht mehr vorhanden ist. Findet man also bei einer Ausgrabung, z.B. unter einem bronzezeitlichen Hügelgrab, den typischen Heide-Ortstein, so darf der Archäologe daraus schließen, daß bereits zur Zeit der Entstehung der Grabanlage oder vielleicht sogar noch früher an dieser Stelle *Calluna vulgaris* wuchs. Nach heutigem Wissen kann eine solche Pflanzendecke nur durch Viehverbiß der jungen Baumsämlinge, d.h. hervorgerufen durch Haustierhaltung (Schafe, Rinder, Pferde) des Vorzeitmenschen entstanden sein. Weil dadurch der Wald nicht wieder aufkommen konnte, breitete sich die Heide weiter aus. Damit ist ein I ndiz für eine sehr bedeutende Erkenntnis über die Weideviehhaltung in der Vorzeit gewonnen. Daß z.B. das Hausschaf schon während der Bronzezeit in Norddeutschland gehalten wurde, ist allerdings auch von Knochenfunden aus Mooren bekannt.

Das Vorkommen von Heide-Ortstein unter dem Hügelgrab sagt dem Archäologen aber noch mehr. Die ungestörte, also nicht durchbrochene Ortsteinschicht im gewachsenen Boden weist darauf hin, daß darunter keine Grabgrube oder sonstige menschliche Bodenveränderungen mehr zu erwarten sind. Weiterhin ermöglicht z.B. ein durch chemische Einflüsse korrodiertes Ortsteinband wichtige Rückschlüsse auf menschliche Tätigkeit, und zwar ist durch eine Laboratoriumsuntersuchung der Bundesanstalt für Vegetationskartierung Stolzenau/Weser (KLAUSING u. TÜXEN) ermittelt worden, daß Ortstein durch Holzasche und Wasser zersetzt wird. Im Boden entsteht aus Holzasche („Pottasche") in Verbindung mit Regenwasser Kalilauge. Holzasche und Holzkohlestücke finden sich mitunter auch auf der alten Oberfläche des gewachsenen Bodens unter der eigentlichen Hügelaufschüttung. Vor Anlage des Grabhügels muß also ein Feuer auf der Erdoberfläche abgebrannt worden sein. Diese Feststellung kann auch dort getroffen werden, wo nur der Ortstein korrodiert ist, sich aber keine Reste von Holzasche oder Holzkohle mehr im Boden finden, nachdem die zersetzende Wirkung von Kalilauge auf den Ortstein erkannt worden ist. Pflanzensoziologische und chemische Veränderungen der Bodenstruktur ermöglichen also dem Archäologen in diesem Falle wesentliche Rückschlüsse auf Handlungen des prähistorischen Menschen bei Totenzeremonien. Ob es sich nun im Einzelfalle um „kultische Reinigungsfeuer" auf der heiligen Begräbnisstätte oder etwa um ein Scheiterhaufenfeuer handelt, bleibt der Deutung des Ausgräbers den jeweiligen Umständen entsprechend überlassen.

Schließlich sei noch ein weiteres Beispiel herangezogen: Lange Zeit glaubten die Archäologen, daß die bronzezeitlichen Menschen vor der Beisetzung eines Verstorbenen die alte Oberfläche des Hügelplatzes bis auf den Ortstein abgetragen und darauf weißen Sand gestreut hätten. Erst danach sei der Grabhügel über dem im weißen Sand beigesetzten Baumsarg errichtet worden. Das Vorkommen von sehr hellem, fast weißlichem Sand über dem Ortstein findet aber seine Erklärung ebenfalls darin, daß sich im Boden Kalilauge gebildet hat. Diese hat nämlich nicht nur dort, wo sie wirksam wurde, den festen Ortstein mehr oder weniger zersetzt, sondern auch den darüber liegenden natürlichen Bleichsand noch heller ausgebleicht. Der Humus ist dabei vollständig aufgelöst worden. Der aufmerksame Beobachter erkennt meist auch noch über der Bleichsandzone den dünnen Humusstreifen der alten Oberfläche des gewachsenen Bodens. Der Boden selbst ist also nicht durch den Menschen bewegt worden, er hat lediglich indirekt durch Einwirkung von Vegetation und Mensch sein Aussehen geändert.

In letzter Zeit haben immer mehr Archäologen die Bedeutung der Pflanzensoziologie, besonders in bodenkundlicher Hinsicht für die Aufklärung ihrer Grabungsbefunde erkannt. Sie haben sich eingehend damit befaßt und konnten unter Anwendung der neuen Erkenntnisse ihre Forschungsergebnisse wesentlich vervollständigen.

SUMMARY

The remains of prehistoric man are often detectable only as a result of slight colour changes of the soil. These may be exposed by cleaning vertical or horizontal surfaces.

A clear distinction should be made between soil formations which have arisen naturally and those which have been caused by man's activities, such as layering and other alterations. A change in the structure of the soil may also be brought about by the vegetation growing on it. In the course of all the archeological cultural epochs, plants have influenced the soil structure in accordance with the soil type and the climate. The archeologist should be acquainted with these soil changes conditioned by the vegetation, so as to avoid drawing false conclusions.

An example:

The presence of hardpan (Ortstein) in North-West German sandy soils permits one to conclude that heath (*Calluna*) is growing on the surface. When an archeologist finds such B horizons beneath a Bronze Age tumulus, he must conclude that at the time of the building of the tomb heath vegetation was already present. From this he may conclude, *inter alia*, to the presence of domesticated flocks (sheep).

Podzolisation processes follow the paths of old trees roots. If one is not conscious of this process, the colour changes thus arising in the soil may easily be confused with post marks. Since the hard pan of heath soils is dissolved by caustic potash (which arises from a combination of rainwater and wood ashes), one may detect signs of breakdown of the heath hard pan wherever wood ashes have lain after a fire. Therefore, wherever a corroded B horizon is found in conjunction with human remains, one may conclude to the use of fire – even when no other evidence is available.

The importance of phytosociology for the interpretation of archeological finds is recognised and utilised in modern investigations. Already a number of important results have been achieved.

LITERATUR

KLAUSING, O. u. TÜXEN, R.: Die Zerstörung des Ortsteins durch Brand. – Die Kunde. N.F. 9(1/2). Hannover 1958.

R. TÜXEN

versucht ein von Dr. DEICHMÜLLER gezeigtes Profil deutlich zu machen: Wir haben eine alte Oberfläche, auf der Bestattungen vorgenommen wurden. Auf dieser Oberfläche stand eine Calluna-Heide, deren Bleichsand zu sehen ist. Unter diesem Bleichsand gab es einen Ortstein, der auch hier ganz eben angedeutet ist, hier aber deutlicher wird. Wir haben sozusagen drei verschiedene Stadien der Veränderung im alten Profil, das unter der ehemaligen Oberfläche liegt: Hier ganz verwischt und nur schwer kenntlich, dann deutlicher kenntlich und dann sehr deutlich differenziert. Was bedeutet das? Hier ist ein am Ende des Neolithikum angelegter Grabhügel, der auf der Heide lag. Darüber liegt ein zweiter viel jüngerer bronzezeitlicher Grabhügel. Aber bevor dieser Hügel angelegt wurde, machte man ein Feuer auf der Heide, dessen Asche den Ortstein völlig zerstörte durch den Regen, der von oben herunter kam. Dann wurde aber der Hügel aufgehäuft. Er bewuchs mit Heide, die auch hier Orterde, d.h. ein Initialstadium des Ortsteins bildete. Auf diesem Hügel, der am Rande in die alte Heide überging, wurde ein zweites Feuer gemacht. Es zerstörte nicht nur den Ortstein über dem alten Grabe, sondern es zerstörte auch den Ortstein darin. Auf diesem Brandplatz wurde nun der bronzezeitliche Hügel aufgehäuft, der sich an die unveränderte Heide, die schon vor dem ersten Hügel bestand, anschloß. Diese Heide besiedelte wieder den bronzezeitlichen Hügel. Und der alte Ortstein, der nie verbrannt worden war, setzte sich hier fort. Dies ist eines der eindrucksvollsten Beispiele, die wir kennen für die Brandwirkung, die hier wiederholt wurde. Die Deutung dieser Brände ist gerade an diesem Grab in Buxtehude recht deutlich geworden, und ich bin Herrn DEICHMÜLLER besonders dankbar, daß er uns damals dorthin rief!

In einem zweiten Profil liegt unter der alten Oberfläche einer Heide Kohle in einem merkwürdigen Trichter. Wir kennen etwas nö von Rotenburg an der Wümme in einer großen Sandgrube ein halbes Dutzend solcher Trichter, die voller Eichen-Kohle sind, und deren Entstehung ganz unbekannt ist. Diese Trichter müssen älter sein als die Heide. Denn sie sind vor dem Dasein der Heide angelegt und gefüllt worden. Ortstein wurde nicht dabei gestört. Er war noch gar nicht da. Dann ist die Oberfläche wieder zugedeckt worden. Darauf wuchs später eine Calluna-Heide, und die machte durchgehend, nachdem die Kohle längst in dem Loche war, einen A_1-Horizont, einen Bleichsand (A_2-Horizont) und machte einen Ortstein, der sich hier um diese vom Menschen gemachten Grube wie um einen alten Wurzelzapfen herumlegt. Die Grube ist also älter als die Heide, d.h. sehr alt. Denn diese Heide hier ist ja schon vor der Bronzezeit dagewesen, diese Grube muß wesentlich älter sein. Nie findet man leider außer Kohle in diesen Gruben irgendwelche Artefakte.

Alle unsere Beobachtungen haben mit solchen Problemen begonnen. Immer wieder haben wir sie verglichen. Ganz besonders waren die Lackabzüge unserer Sammlung [1] dazu günstig, indem wir sie nebeneinander studieren und vergleichen, sie Vielen zeigen konnten, Anregungen gebend und empfangend, bis, um ein Zitat zu brauchen:

„eines abends ward das werk lebendig".

[1] Es würde an der Zeit sein, die sehr umfangreiche Sammlung der Lackabzüge, die nach der Verlegung der ehemaligen Bundesanstalt für Vegetationskartierung von Stolzenau nach Bad Godesberg in einem Depot in Oldenburg stehen, wieder dem Studium öffentlich zugänglich zu machen.

K. FAEGRI:

Weist auf die Möglichkeit hin, durch C^{14} die Holzkohlen in den vor der Verheidung ausgegrabenen Gruben zu datieren.

J. DEICHMÜLLER:

Da 5 g Kohle genügen für C^{14}-Bestimmungen, könnte eine solche Datierung durchgeführt werden. Proben sind entnommen worden.

J. TÜXEN:

Ich habe vor einigen Jahren einmal auf Anregung von Herrn Dr. GENRICH eine Untersuchung gemacht zu der Frage, ob sich in den Gesellschaften der Ackerunkräuter das Alter der Äcker einerseits und das Vorhandensein oder Nichtvorhandensein von Siedlungen ausprägt. Diese Untersuchungen gingen so vor sich, daß wir zunächst bekannte Fundplätze auf ihren Unkrautbewuchs geprüft haben: also einerseits bekannte wüste Siedlungen jeden Alters, mittelalterliche Wüstungen und andere, und zwar im Nachbardorf Leese auf der anderen Seite der Weser. Außerdem studierten wir die Ackerunkraut-Gesellschaften verschieden alter Äcker, die wir zunächst grob so datiert haben, daß wir sie in drei Gruppen teilten: ganz junge Äcker, die auf den neuesten Meßtischblatt-Ausgaben bereits als Äcker eingezeichnet waren, in den älteren aber noch Heide oder gar Wald tragen, dann eine zweite Gruppe von Äckern, die auf Grund alter Flurkarten sich als neuzeitliche Rodungen und Kämpe, wie man hier sagt, ausgewiesen haben, oder noch ältere, auch zum Teil auf Grund von Flurkarten, besser und sicherer datierbar, aber nach dem Vorkommen von sogenannten Plaggenböden, also sehr mächtigen A-Horizonten, in denen auch zum Teil Scherben gefunden wurden.

Wir fanden in all diesen vier Typen, also den ganz jungen, den älteren und den ganz alten Äckern mit den Plaggenböden und in den Siedlungen vier verschiedene Ausbildungen der dort in Leese herrschenden Unkrautgesellschaft. Wir haben das in vielen Fällen bestätigen können, so daß wir dann auch in der Lage waren, umgekehrt aus dem Vorkommen dieser speziellen Ausbildungen der Unkrautgesellschaften auf diese vier Typen, ja auf das Vorkommen der ganz alten, oder der sehr jungen Äcker oder der Siedlungen schließen zu können. Schließlich haben wir versucht, noch genauer zu datieren und kamen etwa zu folgenden Ergebnissen: In den Siedlungen konnten wir gar nicht datieren. Es zeigte sich nur das Vorkommen einer Siedlung, gleichgültig, ob sie mittelalterlich oder eisenzeitlich war, oder gar nur ein mittelalterlicher Scheunenplatz, wie sie in der Feldmark hier oft vorgekommen sind und nicht zu unterscheiden waren von echten Siedlungen. Wohl aber gelang das recht gut in den Äckern. Wir konnten mit Unkrautgesellschaften unterscheiden: Äcker bis 50 Jahre alt, 50 bis rund 1000 Jahre alt – das ist etwas verschieden, je nach Untereinheiten dieser Ackerunkrautgesellschaften – und schließlich die allerältesten, älter als 1000 n. Chr. und im Maximum etwa zurückreichend bis in die späte Bronzezeit.

Abschließend darf ich vielleicht sagen, daß dieses von mir untersuchte Beispiel in Leese wahrscheinlich das erste und letzte dieser Art bleiben wird, weil in den letzten Jahren der Untersuchungen sich schon deutlich zeigte, daß durch die zunehmende Bekämpfung der Unkräuter die Äcker ganz allgemein so uniform wurden, daß man diese verschiedenen Ausbildungen der Unkrautgesellschaften dort nicht mehr unterscheiden kann. Es sei denn, wir finden noch eine Gemarkung, die von diesen Segnungen der Kultur bisher verschont geblieben ist.

A. J. HAVINGA:

Wir haben in Holland verschiedene Podsol-Profile mit einem A_2 und einem B-Horizont, die nicht unter Heide entstanden sein können. Denn sie sind überlagert worden vom Torf, der mindestens atlantisches oder subboreales Alter hat. So ist man gezwungen anzunehmen, daß zu dieser Zeit die große Heide noch nicht entstanden war. Ich habe das auch pollenanalytisch untersucht. In dieser Zeit war *Calluna* noch gar nicht oder wenig vorhanden. Ein charakteristisches Merkmal dieser alten Ortsteinprofile ist in manchen Fällen, daß der A_2-Horizont ziemlich weiß ist. Er hat also keine violettartig graue Farbe. Nun haben wir gesehen, daß unter den alten Grab-Hügeln eine ähnliche Farbe vorkommt. Diese steinzeitlichen Hügel sind im Anfang des Subboreals entstanden. Man kann daher denken, daß zu dieser Zeit die Heide noch nicht von Einfluß gewesen ist bei der Entstehung dieser Podsol-Profile, sondern es besteht die Möglichkeit, daß der ziemlich weiße A_2-Horizont auf eine Waldvegetation deutet, unter der das Podsol-Profil entstanden ist.

Es gibt vielleicht noch ein anderes Argument für diese Auffassung: Die Hügel hatten über dem Podsol-Profil eine Struktur, die nicht aus Heide-Plaggen entstanden ist. Wenn in der Zeit der Hügel-Erbauung schon Heide dagewesen wäre, sollte man erwarten, daß die Hügel Plaggen enthalten würden. Aber das haben wir nicht gesehen.

J. DEICHMÜLLER:

Auf Grund unserer archäologischen Funde sind uns Heideplaggen-Hügel nur bekannt aus der Bronzezeit, nicht aus der Steinzeit.

R. TÜXEN:

Wir kennen ganz einwandfreie Calluna-Heide-Profile aus dem Neolithikum. Ich könnte die Profile als Lackabzüge vorzeigen. Aber dieser Hügel, den wir eben im Bilde gesehen haben, unterscheidet sich tatsächlich in seinem Podsol-Bild ganz wesentlich von diesen echten Calluna-Heide-Böden. Vor allem ist der B-Horizont eigentümlich rötlich. Wir können auch einen solchen Lackabzug zeigen. Er macht von allen mir bekannten Podsol-Profilen unter Grabhügeln eine Ausnahme, weil der B-Horizont eigentümlich rötlich-braun gefärbt ist. Auch die feinen Bänder, die darin liegen, machen eine solche Ausnahme. Wir haben bisher leider versäumt, ihn chemisch zu untersuchen. Es wäre also möglich, daß es sich hier um Eisen-Podsol handelt und nicht um Humus-Podsol. Wenn das ein Eisenpodsol ist, halte ich es ganz und gar für wahrscheinlich, daß es ein Waldprofil war. Die finnischen Eisen-Podsole unter dem Piceetum und unter dem Pinetum und unter dem Betula tortuosa-Wald sind alles Eisen-Podsole. Ich habe diesen Hügel, von dem wir vorhin gesprochen haben, immer ein wenig mit Unbehagen demonstriert, weil er mir nicht ganz klar war. Die Beobachtung von Dr. HAVINGA führt uns ein ganzes Stück weiter. Herzlichen Dank!

ZUR BESIEDLUNGSGESCHICHTE DES WESERGEBIETES ZWISCHEN MINDEN UND BREMEN IM ERSTEN NACHCHRISTLICHEN JAHRTAUSEND[1]

von

A. GENRICH, Hannover

Noch vor nicht allzulanger Zeit hat man das mittlere Wesergebiet zwischen Minden und Bremen für siedlungsleer oder wenigstens schwach besiedelt gehalten. Durch neuere Untersuchungen, vor allem durch Grabungen im Gelände hat sich jedoch herausgestellt, daß dieser Eindruck fälschlicherweise dadurch hervorgerufen wurde, daß verschiedene Bodenfunde in ihrem Alter oder ihrer Bedeutung falsch eingeschätzt wurden. Durch die neueren Grabungen ist der Forschung ein reiches Quellenmaterial an Metallfunden und Scherben von Tongefäßen zur Verfügung gestellt worden, das jetzt auch die Auswertung der vielen vorhandenen früher falsch eingeschätzten Bodenfunde ermöglicht. Ganz kurz gesagt stellt sich dabei jetzt folgendes heraus: Die Siedlungen der älteren vorrömischen Eisenzeit befinden sich zum großen Teil auf den sandigen Böden. Dort finden sich die früheisenzeitlichen Hügelgräber, dort liegen auch die Siedlungen. Bereits in der Zeit vor Christi Geburt werden jedoch einzelne Siedlungen in die Weserniederung verlagert. So ist zum Beispiel bei Wellie, Kreis Nienburg, ein früheisenzeitliches Haus, offenbar eine Dauersiedlung, unmittelbar auf dem alten Auelehm angelegt worden. Das ist jedoch bislang ein Ausnahmefall. Weitere Siedlungen und auch die dazu gehörigen Friedhöfe liegen im ersten Jahrtausend auf der Weser-Terrasse. Dabei ist es auffällig, daß die Friedhöfe immer noch auf verhältnismäßig armem Boden angelegt sind, soweit dieser zur Verfügung stand. Wahrscheinlich hatte dies den Sinn, daß die fruchtbareren Böden für die Landwirtschaft zur Verfügung bleiben sollten. Die Siedlungen selbst liegen in der Nähe anlehmigen Bodens, der offenbar für den Ackerbau in dieser Zeit am geeignetsten war.

Leider besitzen wir vorläufig noch keine ausgedehnten Siedlungsgrabungen. Zur Frage der Kontinuität der Besiedlung sind wir deshalb auf die dazugehörigen Friedhöfe angewiesen. Diese zeigen deutlich, daß seit der jüngeren Kaiserzeit, also etwa seit dem zweiten Jahrhundert, eine Siedlungskontinuität bis in karolingische Zeit und darüber hinaus bestand. Der Friedhof Dörverden, ein Ort, der als „Tulifurdon" von dem alexandrinischen Geographen PTOLEMÄUS erwähnt wird, reicht sogar in die frühe Eisenzeit, also vor Christi Geburt zurück. Ähnliche Verhältnisse scheinen, soweit sich heute noch erschließen läßt, auf dem Friedhof Stol-

[1] Am Abend des ersten Tages des Symposion fand eine Führung durch die AUSSTELLUNG DER LACKABZÜGE NORDWEST-DEUTSCHER WALD- UND HEIDE-PROFILE von Prof. TÜXEN statt.

zenau, der vor hundert Jahren gegraben wurde, faßbar zu sein. Auch auf dem Friedhof Liebenau, dessen Untersuchung noch nicht abgeschlossen ist, finden sich bronzezeitliche und älter- eisenzeitliche Gefäße, ohne daß bisher die Kontinuität gesichert ist. Es fehlen im Grunde noch Bestattungen aus der Zeit um Christi Geburt, die jedoch bei der weiteren Ausgrabung des Friedhofes jederzeit an den Tag kommen können. Eine Kartierung der Funde des ersten Jahrtausends ergibt eine sehr starke Konzentrierung der Friedhöfe und Siedlungen um das Wesertal herum. Auch außerhalb dieses Gebietes sind die Siedlungen und Friedhöfe offenbar an die kleineren Flußläufe gebunden. Ob diese Erscheinung mit einer Trokkenzeit zusammenhängt oder ob durch die Entwicklung der Pfluggeräte jetzt auch die Bearbeitung schwererer Böden möglich wurde, läßt sich vorerst nicht entscheiden.[1]

Eine ausführliche Darstellung ist in den „Nachrichten aus Niedersachsens Urgeschichte" 30: 9 ff. 1961 gegeben.

SUMMARY

Contrary to former opinion, which was based on insufficient material, the area between Minden and Bremen was colonised continuously during the first millenium of our era. New excavations have shown that during the centuries around the year 0 the colonies were displaced from the sandy soils to the terraces of the river Weser.

R. Tüxen:

Die Zusammenarbeit zwischen der Urgeschichte und der Pflanzensoziologie ist glücklicherweise schon viele Jahre alt, und ich benutze gern die Gelegenheit, mich bei meinen alten Freunden des Landesmuseums in Hannover, die heute auch wieder unter uns sind, herzlich dafür zu bedanken, daß sie uns immer wieder geholfen haben in den Fragen, in denen unsere methodischen Möglichkeiten versagen. Wir können durch die enge Verbindung von Pflanzensoziologie mit Pedologie wohl sagen, wie ein bestimmtes Milieu ausgesehen hat, d.h. mit anderen Worten, was hier passiert ist, oder wie die Landschaft beschaffen war, ihre Vegetationsdecke und auch ihre Böden, in denen sich die prähistorischen Ereignisse abgespielt haben. Aber wir können gar nicht sagen, wann das geschehen ist. Auf der einen Seite hilft uns die Palynologie, aber gerade bei den Sandböden versagt sie weitgehend oder kann sie doch nicht so genau datieren, wie etwa in organischen Ablagerungen. Und dort hilft uns nun die Urgeschichte, die uns ganz genau sagt, aus welcher Zeit die einzelnen Erscheinungen stammen. So kam es zu einer außerordentlich fruchtbaren Zusammenarbeit zwischen diesen Disziplinen, indem wir von der Prähistorie die zeitliche Datierung bekommen, wir aber unsererseits ihr sagen können: hier war ein Wald, hier war eine Heide, hier ein Trockenrasen, hier war ein Acker oder hier lag die Siedlung, die wir suchen.

In den Grabungsstellen von Herrn Genrich, die 10 km von hier nach Norden liegen, ist die Oberfläche des Geländes etwas hügelig und Sie

[1] A. Genrich, Der gemischtbelegte Friedhof von Dörverden/Aller Kr. Verden. – Hildesheim 1963.

haben ja Beispiele von Profilen sowie auch von Flachschnitten gesehen. Z.T. liegt hier in diesem Gelände unter der Oberfläche der feingebänderte B-Horizont des Querco-Betuletum. Haben wir so ein Profil, sind wir wirklich im Eichen-Birkenwald.

Die Umgebung dieser Dünen muß zur Zeit des Friedhofes mit einem solchen Walde bestanden sein, der sich wahrscheinlich lange Zeit erhalten hat. Gewisse Flächen aber haben nicht diesen Wald, sondern sie zeichnen sich durch eine besondere humose Krume aus. Diese Krume ist bestanden mit ganz bestimmten Unkräutern. Diese Unkräuter fallen sogar in Trockenzeiten durch ihre grüne Farbe auch den Prähistorikern auf, die dunkelgrüne Stellen im Acker entdecken, auch wenn sie die Arten gar nicht kennen. Das sind dann die alten Siedlungen. Diese sind auch an sehr charakteristischen Profilen zu erkennen. Sie sind, das ist auffällig, durch Flecken gekennzeichnet. Immer, wo wir diese Flecken finden, war der Mensch beteiligt: „Siedlungen" im allerweitesten Sinne. Solche Flecken gibt es nur dort, wo wir menschlichen Einfluß haben.

Wie hat aber die Vegetation hier ausgesehen auf dem eigentlichen Friedhofsgelände? Es läßt sich sehr schnell nachweisen, daß dieses Gelände, wo Herr GENRICH gegraben hat, mit Heide bedeckt war. Denn an den Stellen, wo die Heide wuchs, gab es unter dem Bleichsand Ortstein. Darunter waren dann noch die Bänder der Querco-Betuletum. Sie sehen, wie sich das Milieu, – wir wissen nicht, wann hier die Menschen wirkten, das wissen die Archäologen, – langsam differenziert. Aber diese Heide ist oftmals ganz jungen Datums. Sie ist durch Degradation aus dem Querco-Betuletum entstanden. Aber wenn nun hier, seitdem das Querco-Betuletum beseitigt war, ein Grab in den Boden gegraben wurde, sei es ein Brand- oder ein Körper-Grab, so mußten die Leute den Sand herauswerfen, als sie die Grube aushoben. Dann wurde der Sarg hineingelegt, und man schloß das Grab. So entstand eine offene Fläche nackten Sandes. Auf diesem Flugsand beginnt die Vegetationsbesiedlung mit *Corynephorus* und die weitere Entwicklung führt zu einem Stadium von *Agrostis canina* ssp. *montana* Hartm. Das Schlußstadium wird dann von *Festuca ovina* beherrscht. In wenigen Jahren ist also ein solches Grab mit einem Rasen von *Festuca* besiedelt. Innerhalb relativ kurzer Zeit wurde ein Querco-Betuletum im Bereich eines darin angelegten Friedhofes in einen Rasen von *Festuca ovina* umgewandelt, dessen Profil man sehr leicht erkennen kann an einer mächtigen Humusschicht, einer Pseudo-Schwarzerde mit vielen tierischen Gängen (Krotovinen), die hinauf und hinunter gehen.

Unsere Diskussion geht nun darüber, daß wir behaupten, in dem Friedhofsgelände sind die besten Funde für die Prähistoriker zu machen. Denn das ist das Gelände, in dem in normalen Zeiten die Leute mit allen ihren Beigaben beigesetzt wurden. Wenn aber eine Epidemie oder ein Krieg ausbrachen und die Leute plötzlich Bedarf hatten nach mehr Fläche, dann gingen sie auch in die randlichen Teile zwischen dem Walde und dem eigentlichen Friedhofsgelände, wo es Calluna-Heide gab, die man sehr leicht am Ortstein erkennt, der darunter liegt. Ich glaube immer noch behaupten zu dürfen, daß diese Gräber im allgemeinen nicht so pompös ausgestattet waren, wie die des alten Friedhofes, daß dort die reichen Funde und am Rande die ärmeren zu finden sind. Denn dort wurden die Leute in aller Eile und ohne viele Riten beigesetzt.

So zeigt sich also, wie durch diese Zusammenarbeit der Pflanzensoziologie und Pedologie mit der Urgeschichte nicht nur für uns die Datierung der Profile und damit auch der Pflanzengesellschaften möglich wird, sondern wie andererseits wir dem Prähistoriker ein Bild malen können von dem Aussehen des Geländes, in dem sich das Leben der Menschen zu bestimmten Zeiten abgespielt hat.

Ich darf als letztes darauf hinweisen, daß es durch diese Zusammenarbeit gelungen ist, das Alter unserer niedersächsisch-niederländischen endemischen Calluna-Heide zu bestimmen. Wir wissen, daß die Heide Ortstein bildet. Wenn eine datierbare Grabstätte darüber liegt, die etwa bronzezeitlich ist, so muß es in der Bronzezeit schon Heide gegeben haben. Das ist die Regel. Fast alle bronzezeitlichen Grabhügel, oder doch die allermeisten, liegen im nw-deutschen Flachlande auf Calluna-Heide-Profilen. Aber wir kennen, durch die Datierung der Urgeschichte, fünf neolithische Grabhügel, die ebenfalls Ortstein durchstoßen haben, bezw. Ortstein verätzt haben, d.h. also, wo die Heide älter war als das neolithische Grab. Schon im Neolithikum waren also, wenn auch nur kleine beschränkte Flächen von Calluna-Heide durch Degradation des Eichen-Birkenwaldes entstanden.

Das sind einige wenige Ergebnisse, von unserer Seite beleuchtet, aus unserer freundschaftlichen Zusammenarbeit mit den Herren von Landesmuseum Hannover.

H. Merker:

Zur Frage der Rekonstruktion der Gemarkung möchte ich bemerken, daß der Schwede Arrhenius im Auftrage der schwedischen Zuckerindustrie nach dem 1. Weltkriege Untersuchungen der schwedischen Böden auf Phosphor durchgeführt hat. Diese Untersuchungen haben ergeben, daß hohe Phosphorwerte in sehr vielen Fällen mit ehemaligen Siedlungen zusammenfallen. Inwieweit so eine Methode auf den hier sehr verschiedenen Böden in Frage kommt, kann ich nicht beurteilen. In Südschweden handelt es sich meist um Zuckerrüben-Böden. Aber ich könnte mir denken, daß auch hier diese schnelle und leicht durchzuführende Methode gewisse Aufschlüsse geben könnte.

A. Sercelj:

Ich komme aus Nordwest-Jugoslavien (Slowenien), und bei uns gibt es entlang den alten römischen Straßen sehr viel *Picea*-Wälder. Ich weiß nicht, ob das zufällig ist, oder vielleicht spiegeln sich darin die Verhältnisse wider, welche die Römer geschaffen haben. Auf den alten Siedlungen, die vielleicht seit der Bronzezeit oder seit der Eisenzeit fortwährend neu besiedelt wurden, ist sehr entforstet worden, so daß der Boden, obwohl darauf *Fagus* gedieh, jetzt vollkommen degradiert worden ist, so daß jetzt nur noch Betuletum wächst. Wie ist das bei den hiesigen Verhältnissen? Wie weit spiegeln sich alte Siedlungen in der heutigen Vegetation?

A. Genrich:

Die Erscheinungen sind prinzipiell dieselben, aber im einzelnen nicht über weite Entfernungen vergleichbar.

Die grünen Unkraut-Anreicherungen im Acker, die Herr Tüxen erwähnte, sind inzwischen durch Probegrabung als Haus-Stellen nachgewiesen worden.

PALÄOBOTANIK UND PHYTOSOZIOLOGIE IM DIENSTE ZOOPHYLOGENETISCHER UND ZOOGEOGRAPHISCHER UNTERSUCHUNGEN AN PHYTOPHAGEN INSEKTEN (HEMIPTERA, APHIDOIDEA)

von

August Wilhelm Steffan
Institut für Pflanzenkrankheiten und Pflanzenschutz der Technischen Hochschule Hannover

AUFGABEN UND MÖGLICHKEITEN

In einem Vortrag, den ich vor zwei Jahren im Rahmen dieses Symposions hielt, habe ich hingewiesen auf die Notwendigkeit Hand in Hand gehender phytosoziologischer und zoosoziologischer Untersuchungen bei der Charakterisierung und Typisierung von Fließgewässer-Biozönosen (Steffan 1965). Das hier vorliegende Thema befaßt sich mit terrestrischen Lebensgemeinschaften und den engen ökologischen und stammesgeschichtlichen Beziehungen, die bestimmte pflanzliche und tierische Angehörige derselben miteinander verbinden. Ich möchte dabei aufzeigen, welche Bedeutung die Berücksichtigung pflanzensoziologischer und vegetationsgeschichtlicher Erkenntnisse bei der Lösung zoogeographischer und zoophylogenetischer Probleme erlangen kann.

Widmet sich ein Zoologe der Aufklärung der Stammes- und Siedlungsgeschichte einer bestimmten Insektengruppe, so wird ihm bei seinen Arbeiten zunächst als größter Mangel das völlige Fehlen oder doch die große Seltenheit fossiler Beweisstücke erscheinen. Er ist nun darauf angewiesen, die gegenwärtige Lebensform und Lebensweise seiner Tiergruppe zu untersuchen, neben der Morphologie der einzelnen rezenten Repräsentanten vor allem ihre Beziehungen zur belebten und unbelebten Umwelt. Die Ergebnisse dieser Studien kann er dann in die erdgeschichtliche Vergangenheit projizieren, auf einen Hintergrund den verwandte Wissenschaftsgebiete wie Geologie, Paläoklimatologie, Paläogeographie und Paläobotanik aufgezeichnet haben. Je besser im Detail die einzelnen Panoramen der aufeinanderfolgenden erdgeschichtlichen Perioden mit ihren regionalen Unterschieden von den Nachbarwissenschaften aufgebaut worden sind, in die der Zoologe abtastend seine Tiergruppe hineinhalten möchte, um so eher wird es ihm gelingen aufzuzeigen, wann, wo und unter welchen Verhältnissen diese gelebt haben und entstanden sein kann.

Unerläßlich ist die Zugrundelegung botanischer und paläobotanischer Forschungsergebnisse bei der Klärung der Evolution phytophager Tierarten. Untersuchungen zu solchen Problemen der Parallel-Evolution zweier verschiedener Gruppen von Lebewesen sind auf zooparasitärem Gebiet – da sie ja von einer Person weit besser überschaut werden können – bisher weiter vorgeschritten (Szidat 1943, Eichler 1948, Osche 1952).

Auf phytoparasitärem Gebiet sind in dieser Hinsicht vor allem die theoretischen Erörterungen von BONNEMAISON (1952), BÖRNER (1939 u. 1952), HERING (1950 u. 1952), HILLE RIS LAMBERS (1950) und KENNEDY (1950) zu erwähnen. Als richtungweisend sind z.B. auch die Untersuchungen von MISKIMEN (1962) anzusehen. Dieser konnte die Entstehung der Käferfamilie *Chauliognathidae*, deren Angehörige sämtlich Pflanzenfresser sind im Gegensatz zu denen der benachbarten Familie *Cantharidae*, auf das ungeheure Futterangebot zurückführen, das durch die *Angiospermen*-Expansion in der Oberen Kreidezeit gegeben wurde. Nicht vergessen werden dürfen auch die bahnbrechenden Untersuchungen und Erwägungen von MORDWILKO (1907, 1909, 1924, 1934, 1935), der sich wohl als erster intensiv der Parallel-Evolution parasitischer Insekten mit ihren Wirtspflanzen widmete. Hieran anschließend hat in jüngster Zeit H. ZWÖLFER (1957, 1958) die Evolution wurzelbewohnender *Aphiden* zu klären versucht. Unsere Untersuchungen auf diesem Gebiet stehen jedoch erst am Anfang. Die Schwierigkeiten liegen wohl vor allem darin begründet, daß es einem Einzelnen kaum möglich ist, zwei so umfassende und weit auseinanderliegende Wissensgebiete wie Paläobotanik und Entomologie gleich gut zu beherrschen.

ENTWICKLUNG UND WIRTSWECHSEL DER BLATTLÄUSE ALS FOLGE DER EVOLUTION DER SAMENPFLANZEN

Die Blattläuse oder APHIDINA stellen eine Tiergruppe dar, deren Lebensweise und deren gesamte Stammesgeschichte auf das engste mit der ihrer Wirtspflanzen verknüpft ist. Das Studium ihrer ökologischen Beziehungen zur Umwelt und ihrer systematischen Beziehungen untereinander ist nicht möglich ohne Kenntnis ihrer Futterpflanzen, vor allem der soziologischen Zusammengehörigkeit und systematischen Gliederung derselben. Evolutive Probleme einzelner Arten oder höherer taxionomischer Einheiten dieser phytophagen Insektengruppe sind nur zu lösen durch vorheriges Studium der Entwicklungs- und Verbreitungsgeschichte ihrer Wirtspflanzen.

Das auffälligste Phänomen der Blattlaus-Biologie zeigt sich wohl in der Polymorphie der einzelnen Arten. Diese können in zwei, drei, vier oder fünf verschieden gestalteten Generationen auftreten, die in bestimmter Reihenfolge jahreszeitlich wiederkehren. Bei vielen Arten können außerdem noch in diesen sogenannten Holozyklus an verschiedenen Stellen des Kreislaufs Parazyklen eingeschaltet werden, deren Generationszahl je nach den äußeren Bedingungen wechselt. Alle Generationen bis auf eine gehen durch parthenogenetische Vermehrungsweise auseinander hervor. Die einzige gamogenetisch entstandene Generation, die Fundatrix, sowie deren Eltern, die Sexuales, kommen bei fast allen Arten aller Blattlausfamilien auf Holzgewächsen zur Welt und sind nur auf diesen lebensfähig. (Ausnahmen bilden unter den holozyklischen Arten nur stammesgeschichtlich jüngere Formen der *Aphididae*). Die übrigen Generationen verbleiben nur bei monözischen Arten auf derselben Wirtspflanze. Ein großer Teil der Blattlausarten jedoch ist diözisch, bei ihnen entstehen oder ernähren sich die übrigen Generationen regelmäßig auf anderen

Wirtspflanzen. Es finden also obligatorische Wanderungen statt zwischen Wirtspflanzen verschiedener Spezifität, ja meist sogar zwischen solchen ganz entfernten Verwandtschaftsgrades. Insgesamt lassen sich sechs Migrationstypen aufzeigen:

1. Sämtliche Generationen einer Art leben monözisch an einer Art oder Artengruppe von Holzgewächsen. Es finden höchstens Wanderungen auf den oberirdischen Teilen derselben Wirtspflanze statt.
2. Sämtliche Generationen einer Art leben monözisch an einer Art oder Artengruppe von Holzgewächsen. Es findet ein Pseudowirtswechsel statt zwischen den oberirdischen Teilen und den Wurzeln ein und derselben Pflanzenart.
3. Es erfolgt ein echter Wirtswechsel zwischen oberirdischen Teilen einer Art oder Artengruppe von Holzgewächsen und den oberirdischen Teilen einer nicht näher verwandten anderen Art oder Artengruppe von Holzgewächsen.
4. Es erfolgt ein echter Wirtswechsel zwischen oberirdischen Teilen einer Art oder Artengruppe von Holzgewächsen und den Wurzeln einer anderen nicht näher verwandten Art oder Artengruppe von Holzgewächsen.
5. Es erfolgt ein echter Wirtswechsel zwischen oberirdischen Teilen einer Art oder Artengruppe von Holzgewächsen und den Wurzeln einer anderen nicht näher verwandten Art oder Artengruppe von Kräutern oder (und) Gräsern.
6. Es erfolgt ein echter Wirtswechsel zwischen oberirdischen Teilen einer Art oder Artengruppe von Holzgewächsen und oberirdischen Teilen einer anderen nicht näher verwandten Art oder Artengruppe von Kräutern.

Die hier aufgeführten Migrationstypen sind meist mit kleineren (Genera, Subtribus) oder größeren (Tribus, Subfamiliae, Familiae) Verwandtschaftsgruppen der Blattläuse kongruent. Ihnen allen kommt die Eigenheit zu, daß die holozyklischen Arten als einen der beiden Wirtspartner Holzgewächse besitzen. Ein kleinerer Teil dieser holzartigen Wirtspflanzen gehört zu den *Gymnospermae*, ein größerer zu den *Angiospermae*. Die ersten sind durch die *Coniferae*-Familiae *Cupressaceae* und *Abietaceae* vertreten. Die zweiten gehören sämtlich zu den *Dicotyledonae*, und zwar zu den *Monochlamydeae*-Ordines *Salicales* und *Fagales* und den *Dialypetalae*-Ordines *Terebinthales*, *Celastrales*, *Rhamnales* und *Rosales*.

Nach Auffassung vieler Botaniker (Pseudanthien-Theorie!) gehören neben den *Coniferae* auch die windblütigen *Monochlamydeae* zu den phylogenetisch älteren Gruppen der Samenpflanzen. Es ist nun kennzeichnend, daß gerade auf diesen Hölzern die plesiomorphen und biologisch einfacher organisierten Blattlausgruppen leben. Die apomorphen mit komplizierterem Generations- und Wirtswechsel dagegen bewohnen ausschließlich Vertreter der *Dialypetalae*. Es ist naheliegend anzunehmen, daß die gesamte Blattlaus-Evolution zumindest in großen Zügen parallel zu der Entwicklungsgeschichte der Nadel- und Laubhölzer erfolgt ist. Dafür, daß die Holzpflanzen die ursprünglichen Blattlauswirte sind, sprechen die folgenden Tatsachen:

1. Sämtliche holozyklischen Blattlaus-Arten bewohnen zumindest mit einem Teil ihrer Generationen Holzpflanzen.

2. Alle ursprünglichen Blattlaus-Gruppen leben holozyklisch ausschließlich auf Holzpflanzen.

3. Die plesiomorphen und biologisch weniger hoch organisierten Blattlaus-Gruppen besiedeln die stammesgeschichtlich älteren Holzarten.

4. Die weniger komplizierten, also plesiotypischen Migrationsformen werden ausschließlich auf Holzpflanzen verwirklicht.

(Zu 2–4:) Die Arten der *Cinarini* aus der Familia der *Lachnidae*, die zu den plesiomorphen Blattlausformen zählen und dem 1. oder 2. Migrationstypus angehören, leben monözisch auf *Cupressaceae* und *Abietaceae*. Die Vertreter der Tribus *Lachnini* aus derselben Familia leben monözisch auf *Salicales*, *Fagales* und *Rosales*. Eine weitere sehr ursprüngliche Blattlaus-Gruppe, die Vertreter der Familia *Adelgidae*, bewohnen ebenfalls ausschließlich *Coniferae*. Sie gehören dem 3. Migrationstypus an, d.h. sie migrieren von oberirdischen Teilen der einen *Abietaceae*-Species zu denen einer bestimmten anderen.

5. Die phylogenetisch älteren Generationen „Sexuales" und „Fundatrix" der Holozyklen sämtlicher Blattlaus-Gruppen leben ausschließlich an Holzpflanzen.

(Zu 5:) Die Alatae-migrantes als Nachkommen der Fundatrices wandern von den Holzpflanzen zu anderen Wirten über und die Alatae-remigrantes, die als Sexuparae fungieren, kehren regelmäßig zu den Holz-Wirtspflanzen zurück. (Bei apomorphen Gruppen herrschen hier kompliziertere Verhältnisse, die sich jedoch vom Grundtypus ableiten lassen). Ausnahmen bezüglich des Auftretens der Fundatrices und Sexuales finden sich zahlreich in der Familia *Aphididae*. Hier gibt es Arten, die in holozyklischer Generationsfolge sämtliche Generationen auf krautigen Pflanzen hervorbringen (z.B. *Myzus*, *Aulacorthum*). Dieses Verhalten verschiedener Arten der phylogenetisch jüngeren Familia *Aphididae* darf jedoch als abgeleitet gelten; weiter unten wird nochmals darauf eingegangen.

6. An vielen Holzgewächsen werden von den auf diesen lebenden Generationen komplizierte Gallbildungen hervorgerufen. Diese sind das Ergebnis eines verwickelten Wechselspiels zwischen dem Gallenerzeuger und der gallenbildenden Pflanze, dessen Zustandekommen weitgehende gegenseitige Anpassungen erfordert. Auch das mag als Hinweis dienen für ein schon langandauerndes Zusammenleben der verschiedenen Blattlaus-Gruppen mit Holzgewächsen.

Aus dem Dargelegten geht also hervor, daß die Wahrscheinlichkeit sehr groß ist, daß die Blattläuse primär ausschließlich Holzgewächse bewohnten. Ihre Ausgangsformen mußten sich somit allein durch das Saugen von Holzsäften ernährt haben und waren hierbei wohl weitgehend xylopolyphag. Parallel zur Differenzierung und Evolution der einzelnen Holzpflanzen-Gruppen mögen sich in der Folge die höheren systematischen Blattlaus-Einheiten durch allmähliche Nahrungsspezialisation herausgebildet haben.

Den Träger der Sexualis-Generation bezeichnet man seit langem aus biologischen Erwägungen als Haupt- oder Primärwirt. Diese Maßnahme kann nun mit der Definition der Holzpflanzen als ursprüngliche Blattlaus-Wirte auch als phylogenetisch begründet angesehen werden. Die übrigen Wirtspflanzen, auf denen mit dem Wirtswechsel nur parthenogone Fortpflanzung stattfindet, und auf denen sich die virginogenen Parazyklen entwickeln, hat man als Zwischen- oder Sekundärwirte bezeichnet. Wie aus dem oben Gesagten hervorgeht, müssen sie auch stammesgeschichtlich sekundär besiedelt worden sein. Ein Vergleich der verschiedenen Migrationstypen zeigt, daß die Nebenwirte eine sehr heterogene Pflanzengruppe darstellen. Nebenwirte der ursprünglicheren, eine echte Migration durchführenden Blattläuse sind oberirdische Teile von Holzgewächsen (*Adelgidae*), bei höher entwickelten unterirdische Teile von verwandtschaftlich ferner stehenden Holzgewächsen (*Pemphigidae*: *Stagona, Prociphilus*) oder Wurzeln von Gräsern (*Thelaxidae, Pemphigidae*) und bei den apomorphen Gruppen jüngeren Alters oberirdische Teile von Kräutern (*Aphididae*).

Es erhebt sich nun die Frage, „wie kam es überhaupt zum Wirtswechsel der Blattläuse?" MORDWILKO (1907–1909) und BÖRNER (1932, 1952) setzen an den Anfang der Entwicklungsgeschichte der Blattläuse den pantophagen Pflanzensauger, der weder als Art noch in irgendeiner Generation eine Bindung an bestimmte Gewächse, Bäume oder Kräuter, als Wirtspflanzen erkennen läßt. Später jedoch nimmt MORDWILKO (1924) selbst gegen seine ursprüngliche Ansicht Stellung und hebt hervor, daß zumindest bei einigen Blattlaus-Gruppen am Beginn der Entwicklungsreihen kein in diesem Sinne polyphages Insekt gestanden haben könne. Ähnliche Ansichten vertritt auch H. ZWÖLFER (1957) bei der Erörterung der Phylogenie der *Anoeciinae*.

Diese Theorie wird auch durch das Vorhandensein der schon aufgeführten verschiedenartigen Migrationstypen gestützt. Die vielen Blattlaus-Arten mit ihren so unterschiedlichen diözisch- und monözisch-holozyklischen Lebensformen können keinesfalls alle gleichzeitig strahlenförmig aus einer Stammform hervorgegangen sein, die polyphag sämtliche Gewächse besiedelte. Hierfür spricht auch die Tatsache, daß die ältesten fossilen Blattläuse aus erdgeschichtlichen Perioden nachgewiesen worden sind, in denen noch nicht die heute lebenden jüngeren Pflanzen-Gruppen existiert haben (*Coniferen* im Perm, Blattläuse im Jura, älteste *Angiospermae* in der Unteren Kreide). Die Entstehung der Heterözie kann demnach zumindest nicht bei denjenigen Blattläusen über eine primäre Polyphagie erfolgt sein, die im Mesozoikum wahrscheinlich bereits auf *Cupressaceae, Abietaceae* oder auf *Salicales* und *Fagales* gelebt haben, ohne daß die höheren Samenpflanzen schon zugegen waren.

Es ist aus den erörterten Gründen wohl höchstwahrscheinlich, daß die Wirtswechsel der Blattläuse ein sekundäres Phänomen darstellen. Die Migrationen sind nicht aus der Einengung ursprünglicher Polyphagie hervorgegangen, sondern durch zuerst fakultative und später obligatorische jahreszeitliche Besiedlung neuentstandener Pflanzengruppen. Hiernach müßte der Anlaß zur Migration in den mehrmalig hintereinander erfolgten Evolutions- und Expansionswellen der höheren Samenpflanzen zu suchen sein. Die Ursache mag in jedem Fall die gleiche gewesen sein, sie liegt nach MORDWILKO (1907, 1924) in dem jahreszeitlich geringeren Nahrungsangebot vieler holzartiger Primärwirte.

Das Entstehen der Blattlaus-Familie *Aphididae* ist wahrscheinlich auf die jüngste Entfaltungsphase der höheren Samenpflanzen zurückzuführen. Es ist anzunehmen, daß ihre Vorfahren ursprünglich allein auf *Rosaceae* beschränkt waren, die noch heute Primärwirte von Arten des Tribus *Anuraphidini* sind. Von Arten dieser jüngsten Blattlaus-Familie werden auch einige altertümliche Pflanzen wie Moose und Farne besiedelt (Steffan 1962); es ist sehr wahrscheinlich, daß auch diese erst bei der letzten Entfaltung der Blütenpflanzen als Wirte erobert worden sind. Die in dieser Familie noch weitgehende Polyphagie, zumindest was die Besiedlung der Nebenwirte anbetrifft, ist wohl darauf zurückzuführen, daß die Aufgliederung der Wirtspflanzen in Genera und Species sehr viel schneller vonstatten ging, als die der sie besiedelnden Blattläuse. Die Ursache dieser Polyphagie kann damit wohl generell auf das Nachhinken der Parasiten in der Spezifikation hinter der ihrer Wirtspflanzen zurückgeführt werden. Auch die holozyklisch-monözische oder -diözische Besiedlung von Kräutern ohne Einschaltung einer Holz-Wirtspflanze ist aufgrund der relativ jungen evolutiven Entfaltung der höheren Blütenpflanzen einerseits und der sie besiedelnden Blattläuse andererseits erklärbar.

Wie aus den bisherigen Darlegungen zu entnehmen ist, liegt hier ein Problem vor, das noch in vieler Hinsicht eingehender Untersuchungen bedarf. Eine endgültige und eindeutige Klärung der angeschnittenen Fragen und die Beweisführung der aufgestellten Theorien kann von zoologischer Seite allein nicht erfolgen. Ohne Berücksichtigung botanisch-systematischer und paläobotanischer Erkenntnisse werden sich die Evolutionswege dieser phytophagen Insekten niemals in allen Einzelheiten aufzeigen lassen. Eine enge Zusammenarbeit zwischen Entomologie und Paläobotanik würde sich wahrscheinlich als sehr fruchtbringend erweisen.

DIE PHYTOSOZIOLOGISCHEN BEZIEHUNGEN DER DIÖZISCH-HOLOZYKLISCHEN BLATTLAUS-ARTEN

Die diözisch-holozyklischen Blattlaus-Arten besiedeln je eine Hauptwirtspflanze und eine Nebenwirtspflanze, bzw. eine Artengruppe von Hauptwirten und eine Artengruppe von Nebenwirten. Zwischen beiden müssen zur Erhaltung der Generationsfolge und damit der Art, regelmäßige Migrationen in beiderlei Richtung durchgeführt werden. Die Pflanzen, die als die beiden Wirtspartner einer Blattlaus-Art fungieren, sind meist systematisch nicht näher miteinander verwandt. Ein erfolgreicher Wirtswechsel, d.h. ein häufiges Auffinden des Zwischenwirtes von möglichst vielen Alatae-migrantes und ein Wiederauffinden des Hauptwirtes von möglichst vielen Alatae-remigrantes ist für die Arterhaltung von großer Wichtigkeit. Das setzt voraus, daß als Hauptwirte sowohl als auch als Nebenwirte möglichst zahlreiche Pflanzenarten von der betreffenden Blattlaus-Art besiedelt werden können. In diesem Fall mögen die Hauptwirtspflanzen und die Nebenwirtspflanzen in den verschiedensten Biotopen vorkommen. Die Wahrscheinlichkeit, daß die migrierenden Generationen zusagende Futterpflanzen finden, ist dennoch groß genug.

Je enger jedoch der Wirtspflanzenkreis ist, um so geringer würde bei gleichbleibend großer Entfernung des Wuchsortes des Hauptwirtes von dem des Nebenwirtes die Wahrscheinlichkeit sein, daß die zwischen beiden migrierenden Generationen der auf sie spezialisierten Blattlaus-Art die richtige Futterpflanze auffinden. Besitzt eine Blattlaus-Art nur eine Pflanzenart als Hauptwirt, eine andere als Nebenwirt, so ist die Chance des Auffindes und Wiederauffindens gleich Null, falls beide grundsätzlich verschiedenen Biozönosen angehören. Nicht unberücksichtigt bleiben darf hierbei allerdings, daß bei den auf einen kleinen Wirtspflanzenkreis beschränkten Arten das Flugvermögen größer oder die sinnes-physiologische Leistungsfähigkeit verstärkt sein kann.

Zwischen Arten mit einem großen Wirtspflanzenkreis und solchen mit nur einem Wirtspaar gibt es fließende Übergänge, vor allem bezüglich der Nebenwirte. Als Hauptwirt fungiert ohnehin meist nur eine Pflanzengruppe überwiegend nah verwandter, seltener weniger nah verwandter Arten, häufig auch nur eine einzige Species.

Je weniger Nebenwirtspflanzen eine Blattlaus-Art besitzt, um so grösser ist die Notwendigkeit, daß diese wenigen möglichst in derselben Pflanzengesellschaft wie die Hauptwirtspflanze wachsen. Und dies ist tatsächlich der Fall: Bei Arten mit mehreren Haupt- und mehreren Nebenwirten kann also der Wirtswechsel sowohl innerhalb bestimmter Biozönosen stattfinden, als auch zwischen ganz verschiedenen. Bei Blattlaus-Arten, mit nur je einer Pflanzen-Species als Hauptwirt und je einer Pflanzen-Species als Nebenwirt, gehören diese beiden regelmäßig einer bestimmten Assoziation an, und nur im Bereich dieser Assoziation findet der betreffende Wirtswechsel statt und spielt sich die gesamte Generationsfolge der Blattlaus ab. Allerdings stellen Haupt- und Nebenwirt meist nur selten im streng phytosoziologischen Sinn beide gleichzeitig Differentialarten ein und derselben Biozönose dar. Weit häufiger ist es so, daß die eine Wirtspflanze als Verbands-, Ordnungs- oder Klassen-Charakterart und die andere als mehr oder weniger typische Begleitart der entsprechenden Assoziation angesehen werden muß. In Biotopen, in denen nur die eine oder andere der beiden Wirtspflanzen einer diözisch-holozyklischen Blattlaus-Art vorkommt, kann diese ihren obligatorischen Wirtswechsel nicht durchführen, also auch nicht als Art fortbestehen.

Die Hauptwirtspflanze fungiert (ursprünglich allein aus vegetationsgeschichtlichen Gründen) als der primär die Biozönose bestimmende Partner. Der Wirtswechsel muß ja aus den bereits im vorigen Abschnitt geschilderten Gründen als eine sekundäre Erwerbung angesehen werden. Doch bereits zu Beginn der Migration, ja schon bei der ersten fakultativen Besiedlung der Nebenwirtspflanze oder Nebenwirtspflanzen, muß bereits zwischen diesen und dem Hauptwirt, bzw. zwischen den direkten Vorfahren dieser Pflanzengruppe, ein biozönotischer Kontakt vorhanden gewesen sein.

Da vorausgesetzt wird, daß die Migration zu Beginn nur eine fakultative war, muß auch angenommen werden, daß die erste Besiedlung bestimmter Nebenwirtspflanzen ebenfalls nur eine fakultative gewesen ist. Es kann also primär keine gerichtete Besiedlung erfolgt sein nach bestimmten nahrungsphysiologischen Gründen. Vielmehr darf gefolgert werden, daß einfach die nächstliegenden Pflanzen besiedelt worden sind, solche also, die in jener erdgeschichtlichen Periode mit dem Primärwirt in einundderselben phytogeographischen Region lebten und einundderselben Pflanzengemeinschaft angehörten. Erst innerhalb dieser engeren Gemeinschaft mögen sekundär diejenigen als fakultative und dann als obligatorische Nebenwirte ausgewählt worden sein, welche die ernährungsphysiologischen Voraussetzungen dafür boten.

Eine Gruppe von rezenten Blattlaus-Arten, die als Hauptwirte nah verwandte Pflanzenarten besitzen (und als Nebenwirte mehr oder weniger verwandtschaftlich einander fernstehende), ist mit größter Wahrscheinlichkeit aus einer gemeinsamen Stammform hervorgegangen. Diese Stammform besiedelte wohl ursprünglich eine einzige Pflanzenart als Hauptwirt und mannigfaltige Pflanzenarten als Nebenwirte. Ihre Evolution verlief dann parallel zu der der Hauptwirtspflanzenart. Mit der Differenzierung und Isolierung derselben als verschiedene ökologische oder geographische Populationen und dem Zerfall derselben in mehr oder weniger viele Folgearten, muß auch die Differenzierung der sie besiedelnden Blattlaus-Art erfolgt sein.

Wie das Studium der rezenten Blattlaus-Fauna zeigt, können hierbei zwei verschiedene Wege eingeschlagen worden sein: Im einen Fall kam es zu einer systematischen und soziologischen Aufsplitterung der hypothetischen Blattlaus-Paläospecies. Dieser Vorgang erfolgte parallel zum Zerfall des ursprünglichen Hauptwirtes in verschiedene Folgearten und der Beschränkung dieser Folgearten auf verschiedene Biozönosen. Die einzelnen Blattlaus-Neospecies besitzen dann ebenso wie ihre Stammform nur eine Pflanzenart als Hauptwirt und nur solche Pflanzen als Nebenwirte, die jeweils der Biozönose des einen Hauptwirtes angehören. Im anderen Fall verlief die Speziation der Hauptwirtspflanze schneller als die der an sie gebundenen Blattlaus-Art. Die Folge davon ist, daß die Blattlaus-Paläospecies in ihrem systematischen Umfang mehr oder weniger erhalten geblieben ist, daß aber die rezenten Folgepopulationen derselben, im Gegensatz zu den Ausgangspopulationen, einen viel größeren Wirtspflanzenkreis innehaben. Sie besiedeln also sämtliche aus der ursprünglichen Hauptwirtspflanze hervorgegangenen Neospecies und folgen diesen in alle oder viele von den einzelnen Arten eingenommenen Biotope. Auch der Nebenwirtskreis bleibt bei diesem Entwicklungstypus unverändert groß oder vergrößert sich mit der artlichen Aufsplitterung der Nebenwirte sogar noch mehr.

Am Ende der beiden jeweils aus einer hypothetischen Blattlaus-Paläospecies hervorgegangenen Evolutionsreihen stehen also zwei systematisch und soziologisch unterschiedliche Einheiten. Im ersten Fall kennen wir mehrere Folgearten, die monophag je einen Hauptwirt besiedeln und nur einer einzigen Biozönose, nämlich derjenigen der Hauptwirtspflanze angehören, und die pleophag nur wenige Nebenwirtsarten besiedeln, die ebenfalls der Biozönose des jeweiligen Hauptwirts zu eigen sind. Im zweiten Fall haben wir nur eine einzige Blattlausart vor uns, die jedoch polyphag sämtliche Folgearten der Hauptwirts-Ausgangsform besiedelt, in mehreren Biozönosen vorkommt, und in den einzelnen Biozönosen der verschiedenen Hauptwirte polyphag verschiedene Nebenwirte besiedeln kann; zwischen den Blattlaus-Populationen der den verschiedenen Biozönosen angehörenden Hauptwirte und Nebenwirte bestehen keine Fortpflanzungsschranken.

Zur Kennzeichnung der Abhängigkeit der Besiedlung von Nebenwirten von der Biozönose-Zugehörigkeit der Hauptwirte sollen hier zwei Beispiele genannt werden:

1. Die *Aphididae*-Species *Ceruraphis eriophori* (Walker 1848) (*Anuraphidinae, Anuraphidini*) lebt holozyklisch-hetorözisch mit einem Wirtswechsel zwischen dem Primärwirt *Viburnum opulus* L. und den Sekundärwirten *Carex remota* L., *C. leporina* L., *C. riparia* Curt., *C. vesicaria* L., *Luzula luzuloides* (Lam.) D. et W., *Eriophorum vaginatum* L., *Typha latifolia* L. und *T. angustifolia* L. Diese Pflanzen gehören z.T. Röhricht und Auenwaldgesellschaften an.

2. Die *Aphididae*-Species *Cryptomyzus korschelti* (Börner 1938) (*Myzinae, Myzini*) migriert holozyklisch-heterözisch zwischen dem Primärwirt *Ribes alpinum* L. und den Sekundärwirten *Stachys silvatica* L. und *St. alpina* L.. Hauptwirt und Nebenwirte sind typische Arten feuchter Laubmischwald-Gesellschaften. Mancherorts geht die erwähnte Blattlaus auch auf die Kulturpflanze *Ribes uva-crispa* L. über; bezeichnenderweise migriert sie in diesem anthropogen bedingten Biotop zu dem Unkraut *Lamium amplexicaule* L. In diesem Falle darf angenommen werden, daß die ursprüngliche Migrationstendenz allgemein zu den *Labiatae* gerichtet war. Die Spezialisation ist auch gegenwärtig noch nicht so weit vorgeschritten, daß bei Vorkommen des Hauptwirtes in einer anderen Pflanzengesellschaft nicht auch andere Angehörige derselben Familie als Nebenwirte besiedelt werden können.

Für die oben geschilderten Evolutionstypen verwandter Blattlaus-Arten mit verschiedenen Endstufen sollen hier noch zwei andere Beispiele aufgeführt werden:

1. Die *Pemphigidae*-Species *Kaltenbachiella pallida* Halliday 1838 (*Schizoneurinae, Tetraneurini*) lebt diözischholozyklisch, sie besitzt einen Wirtswechsel zwischen *Ulmus*-Arten, *Ulmus scabra* Mill. und *U. carpinifolia* Gled. als Hauptwirten und verschiedenen *Labiatae* als Nebenwirten. Entsprechend der unterschiedlichen Biozönosen-Zugehörigkeit dieser Hauptwirte, besiedelt sie an den einzelnen Biotopen verschiedene Nebenwirte. In Schlucht- und Auenwäldern findet ein Wirtswechsel statt von *Ulmus scabra* zu *Mentha aquatica* L., *M. arvensis* L., *M. piperita* L. und *M. longifolia* (L.) Nath., in trocken-warmen Steppen- oder Felsheide-Biozönosen dagegen ein Wirtswechsel von *Ulmus carpinifolia* zu *Thymus serpyllum* L. und *Origanum vulgare* L.

Die nahverwandte *Pemphigidae*-Species *Colopha compressa* (Koch 1856) lebt ebenfalls diözisch-holozyklisch. Sie kommt nur in grundwassernahen wärmeliebenden Auenwäldern vor und besitzt dort einen Wirtswechsel von *Ulmus leavis* Pall. zu wenigen ebenfalls derselben Biozönose angehörenden *Carex*-Species.

2. Ein anderes Artenpaar mit gleich unterschiedlicher Evolutions-Tendenz bilden nach H. Zwölfer (1957, 1958) die *Tetraneura*-Species *T. ulmi* (Linnaeus 1758) und *T. longisetosa* Dahl 1912 (*Pemphigidae, Schizoneurinae, Tetraneurini*). *Tetraneura ulmi* besitzt als Hauptwirte *Ulmus scabra* Mill. und *U. carpinifolia* Gled. Sie kommt in den verschiedensten Gesellschaften vor (Trocken-, Steppen-, Magerrasen, Grünland- und Unkraut-Gesellschaften) und besiedelt dementsprechend an den

unterschiedlichen Biotopen verschiedene Nebenwirte. H. ZWÖLFER (1957) zählt allein 32 *Gramineae*-Species auf: *Agropyrum repens* (L.) P.B., *Agrostis tenuis* Sibth., *Alopecurus pratensis* L., *A. myosuroides* Huds., *Apera spica-venti* (L.) P.B., *Arrhenatherum elatius* (L.) J. et Pr., *Brachypodium pinnatum* (L.) P. B., *Bromus mollis* L., *Corynephorus canescens* (L.) P. B., *Holcus lanatus* L., *Nardus stricta* L., *Sesleria coerulea* (L.) Ard., u.a.

Die Schwesterart *Tetraneura longisetosa* kommt ausschließlich in Bruchwäldern und ähnlichen feucht-schattigen Waldbiotopen vor. Ihr Hauptwirt ist hier wahrscheinlich *Ulmus laevis* Pall. (nach BÖRNER 1952 noch nicht nachgewiesen), als Nebenwirte werden vorwiegend derselben Pflanzengesellschaft angehörende *Gramineae*-Species besiedelt: *Festuca gigantea* (L.) Vill., *ovina* L., *Brachypodium silvaticum* (Huds.) P. B., *B. pinnatum* (L.) P. B., *Deschampsia caespitosa* (L.) P. B., *D. flexuosa* (L.) Trin.

Die Liste dieser Artenpaare ließe sich noch fortführen, zur Charakterisierung der oben dargestellten biozönose-bedingten Evolutionswege mögen diese beiden Beispiele jedoch genügen.

Je nach dem Grad der Anpassung an eine bestimmte Pflanzengruppe, also je nach Einengung des Wirtspflanzenkreises und Beschränkung der Blattlaus-Art auf einen bestimmten Biotop haben wir es mit Euryzönobionten zu tun oder mit Stenozönobionten. Zwischen beiden Extremen, den Euryzönobionten, Arten also, die in allen oder vielen Biozönosen auftreten können, und den Stenozönobionten, die obligatorisch nur der einen oder anderen Lebensgemeinschaft angehören, gibt es mannigfaltige Übergänge. Je mehr aber eine Blattlaus-Art einer bestimmten Phytoassoziation nicht nur fakultativ angehört, sondern nur in ihr und mit ihr weiterbestehen kann, um so größer ist das Ausmaß der evolutiven Einwirkung, die diese Phytozönose als existenzbedingender Faktor auf sie auszuüben vermag.

Eine Blattlaus-Art, die mit ihrem pentamorphen Holozyklus auf zwei Wirtspflanzen verschiedener Spezifität angewiesen ist, kann nur existieren, wenn diese beiden gleichzeitig und nebeneinander in ein und derselben Biozönose vorkommen. Fällt eine der beiden Wirtspflanzen, die sich als Haupt- und Nebenwirt jahreszeitlich bei der Ernährung der Blattlaus-Art gegenseitig vertreten, durch irgendwelche klimatische oder edaphische Änderungen in einem Teil der ursprünglich gleichartigen Biozönose aus, dann ist die auf beide angewiesene Blattlaus-Art in ihrer Existenz bedroht und muß zurückweichen.

In der angeführten Weise sind sämtliche holozyklischen Arten der Blattlaus-Familia *Adelgidae* auf zwei Wirtspflanzen verschiedener Spezifität der *Coniferae*-Familia *Abietaceae* angewiesen. Eine Species des Genus *Picea* Dietr. bildet immer den Hauptwirt, und eine Species der Genera *Pinus* L., *Larix* Mill., *Abies* Mill., *Tsuga* Carr. oder *Pseudotsuga* Carr. stellt den Nebenwirt. Da die Verbreitung dieser Nadelhölzer z.T. seit dem Tertiär durch paläobotanische Befunde oder doch wenigstens seit dem Diluvial aufgrund pollenanalytischer Analysen bekannt ist, kann man nach diesen Angaben die Siedlungsgeschichte der sie bewohnenden *Adelgidae*-Species zurückverfolgen (STEFFAN 1961a, 1961b, 1961c,

1963a, 1963b, 1964). Durch Vergleich solcher Angaben konnte beispielsweise die natürliche Verbreitung und Herkunft der *Adelgidae*-Species *Sacchiphantes viridis* geklärt werden: Diese Art kann nur dort leben, wo ihr Hauptwirt *Picea abies* (L.) Karst. zusammen mit ihrem Nebenwirt *Larix decidua* Mill. in ein und demselben Biotop auftritt. Als ihr ursprüngliches postglaziales Areal dürfen daher die zentralalpinen kontinental-klimatischen Längstäler angesehen werden. Nach den Angaben verschiedener Palynologen (FIRBAS 1949, 1952 – weitere Hinweise STEFFAN 1961) besaß *Picea abies* während der Glazialperioden mehrere Refugien, so südlich und südöstlich der Alpen und in Südrußland. *Larix decidua* dagegen soll nach pollenanalytischen Befunden die Eiszeiten nur in einem Areal südöstlich der Alpen überdauert haben. Da für die gleiche Zeit in diesem Refugium auch *Picea abies* nachgewiesen worden ist, muß angenommen werden, daß die holozyklische Art *Sacchiphantes abietis*, die auf das gemeinsame Vorkommen beider angewiesen ist, nur in diesem Raum die Eiszeiten überlebt hat. Aus dem Oberen Pliozän wurden für das untere Maintal die direkten Vorfahren der heutigen *Sacchiphantes-viridis*-Wirtspflanzen nachgewiesen: „*Picea excelsa* Lam. *fossilis* Geyl. et Kink." (= *Picea abies*) und „*Larix europaea* L. *fossilis* Geyl. et Kink." (= *Larix decidua*) (ENGELHARDT & KINKELIN 1908, ENGELHARDT 1911). Es kann darum angenommen werden, daß die auf beide angewiesene Blattlaus-Art *Sacchiphantes viridis* ebenfalls zu jener Zeit in Mitteleuropa heimisch war, bzw. daß ihr direkter Vorfahre damals in jenem Gebiet auf den direkten Vorfahren der rezenten Wirtspflanzen der rezenten Blattlaus-Art lebte (STEFFAN 1961a, 1961b, 1961c, 1963a, 1963b, 1964). Ähnliche Verhältnisse herrschen auch bei der *Adelgidae*-Species *Adelges laricis* VALLOT 1836, die ebenfalls zwischen *Picea abies* und *Larix decidua* migriert, so wie bei *Pinus cembra* (Cholodkovsky 1888), die einen Wirtswechsel zwischen *Picea abies* und *Pinus cembra* L. hat, und bei *Dreyfusia nordmannianae* (Eckstein 1890) mit den Wirtspflanzen *Picea orientalis* kam und *Abies nordmanniana* (Stev.) Sp.

Gleichartige Nachforschungen und Bezugnahmen auf die durch pollenanalytische Befunde festgestellte Siedlungsgeschichte der Wirtspflanzen könnten auch bei vielen anderen Blattlaus-Arten, zumindest bei den Holzpflanzen-bewohnenden, zu neuen Erkenntnissen über deren Herkunft und Abstammung führen.

Auch bei pleophagen monözisch-holozyklischen Arten (*Aphididae*) ist eine biozönotische Spezialisierung festzustellen. Oft kommen nah verwandte Blattlaus-Arten in ganz verschiedenen Biozönosen vor. Dort besiedelt jede eine Pflanzenart oder eine bestimmte Anzahl von Pflanzenarten, die mehr oder weniger weitläufig miteinander verwandt sind und gemeinsam nur in jeweils einem der speziellen Biotope auftreten. So lebt jede Blattlaus-Art einer solchen Verwandtschaftsgruppe in einer anderen Biozönose und besiedelt dort eine Auswahl von Pflanzen, die diesem Biotop eigen ist. Andere Pflanzenarten, die diesen biotopeigenen nahe verwandt sind oder gar näher verwandt als die biotopeigenen unter sich, können nicht besiedelt werden. Hieraus folgt, daß die Speziation dieser Blattlaus-Arten primär nicht durch Beschränkung auf bestimmte Wirtspflanzen erfolgt, sondern durch Einpassung in eine bestimmte Biozönose.

Denn die Auswahl der Wirte wurde ja nicht nach ihrer natürlichen Verwandtschaft, sondern nach ihrer biozönotischen Zusammengehörigkeit vorgenommen. Hierbei mögen auch, worauf schon H. ZWÖLFER (1958) hinwies, edaphische Faktoren eine Rolle spielen.

Aus den angeführten Beispielen geht hervor, daß die Berücksichtigung der biozönotischen Verhältnisse bei der Beurteilung der Systematik, der Siedlungs- und Stammesgeschichte aller Blattlaus-Arten von größter Wichtigkeit ist. In vielen wesentlichen Fragen wird der eine Blattlaus-Gruppe nach dieser Methode untersuchende Entomologe die letzten Entscheidungen nicht allein treffen können, sondern auf das spezielle Urteil der Phytosoziologen und Palynologen angewiesen sein.

BIOZÖNOSEN-VERARMUNG UND ENTSTEHUNG ANHOLOZYKLISCHER ARTEN

Ein weiteres wesentliches Problem der Blattlaus-Biologie ist die Entstehungsgeschichte der Agamospecies. Diese anholozyklischen Blattlaus-Arten besitzen nur einen Teil der Generationen, die eine nächstverwandte holozyklische Art hat; sie pflanzen sich ausschließlich parthenogon fort. Sie leben monözisch nur auf einem oder einer Gruppe von Wirten, meist dem oder den Nebenwirten, die eine nächstverwandte diözisch-holozyklische Art besiedelt. Zur Remigration auf eine Hauptwirtspflanze sind solche Arten nicht befähigt. (Dies gilt nur für echte Anholozyklen, die selbständige Agamospecies darstellen; Parazyklen, die in vielen Fällen die Vorgänger von Anholozyklen sein mögen, entsprechen nur temporären oder lokalen fakultativen Populationen, die wieder in den zugehörigen Holozyklus einmünden können).

Aus der *Lachnidae*-Subfamilia *Traminae* sind bisher nur parthenogenetische anholozyklische Arten bekannt. Diese leben an den Wurzeln von *Compositae* und *Ranunculaceae*. Es besteht unter den Aphidologen kein Zweifel, daß diese monözisch-anholozyklischen Arten von diözisch-holozyklischen abstammen. Diese müßten auf den gleichen Nebenwirtspflanzen gelebt haben, die noch heute von den Anholozyklen besiedelt werden, und müßten darüber hinaus regelmäßige Migrationen zu einem Hauptwirt durchgeführt haben. Seit den Arbeiten MORDWILKOS (1907–1935) bringt man die Entstehung der anholozyklischen Blattlaus-Arten mit dem Aussterben oder zeitweiligen Zurückweichen vieler Pflanzenarten während des Pleistozän in Zusammenhang. Das Fehlen der Hauptwirtspflanze seltener der Nebenwirtspflanze (bei *Adelgidae*), soll zur Ausbildung der Anholozyklen auf dem jeweils übriggebliebenen Wirtspartner geführt haben. Für die anholozyklischen *Traminae*-Species nimmt man an, daß ihre holozyklischen Vorfahren einen Wirtswechsel besaßen zu *Fagaceae* oder *Juglandaceae*. Diese Hypothese läßt sich jedoch nicht nachweisen, da in der ganzen Verwandtschaftsgruppe keine holozyklischen Arten mehr existieren, die solche Beziehungen demonstrieren könnten.

Ein weiteres Beispiel für monözisch-anholozyklische Lebensweise bieten die parthenogenetischen Arten der *Pemphigidae*-Familia *Fordinae*. Ihre mitteleuropäischen Vertreter leben vorwiegend an den Wurzeln von *Gramineae* und *Cyperaceae*. In Südeuropa kommen auch holozyklische

Arten dieser Blattlaus-Gruppe vor. Sie besiedeln dort als Nebenwirte dieselben Pflanzen wie die mitteleuropäischen Agamospecies und haben sämtlich einen Wirtswechsel zu den Arten des *Anacardiaceae*-Genus *Pistacia*. Fast alle dieser holozyklischen südeuropäischen Arten stimmen (in den entsprechenden Generationen) mit anholozyklischen mitteleuropäischen Arten morphologisch so weitgehend überein, daß sie von manchen Autoren als identisch betrachtet wurden. Nach MORDWILKO (1935) stellen die mitteleuropäischen anholozyklischen Arten Tertiär-Relikte dar, deren ehemalige Hauptwirte, nämlich Arten des Genus *Pistacia*, hier durch die pleistozäne Vereisung vernichtet worden sind. Daß *Pistacia*-Species vor dem Pleistozän auch in Gebieten nördlich der Alpen vorkamen, ist wohl wahrscheinlich, aber m.W. noch nicht exakt nachgewiesen. Eine andere Tatsache phytosoziologischer Art jedoch deutet an, daß MORDWILKOS Annahme zu Recht besteht: Die mitteleuropäischen anholozyklischen *Fordinae*-Species sind fast ausschließlich in solchen Biotopen anzutreffen, die einen südeuropäischen trocken-warmen steppenheideähnlichen Charakter besitzen (Nardetalia, Brometalia).

Auch in vielen anderen Blattlaus-Gruppen finden sich anholozyklische Species. Ihre Entstehung wird ebenfalls auf das Zurückweichen der Primärwirte aus einem Teil oder dem gesamten Verbreitungsgebiet der holozyklischen Ausgangsart zurückgeführt. So ist beispielsweise die *Pemphigidae*-Species *Pemphigus groenlandicus* (Hille Ris Lambers 1952) zu nennen, die in Grönland an Gramineae-Wurzeln lebt. Die ihr nächstverwandte Art ist nach morphologischen Kennzeichen *Pemphigus bursarius* (Linnaeus 1758). Diese besitzt in Mitteleuropa einen Wirtswechsel zwischen *Populus nigra* L. und den Wurzeln verschiedener Kräuter und Gräser.

Die Liste dieser anholozyklischen Blattlaus-Arten ließe sich noch beliebig fortsetzen. Aber schon aus den wenigen Beispielen mag entnommen werden, daß die meisten anholozyklischen Arten in einer jeweils weiter südlich gelegenen Zone holozyklische Schwesterarten besitzen. Diese Schwesterarten leben meist in ähnlichen oder verwandten Pflanzengemeinschaften, die jedoch artenreicher sind, als die der entsprechenden Agamospecies. Durch die klimatischen Veränderungen im Pliozän und Pleistozän sind viele ursprünglich während der Tertiärzeit in Mittel- oder Nordeuropa heimisch gewesene Pflanzenarten zum Ausweichen in südlichere Refugien gezwungen worden. Von diesen konnten vor allem sehr viele holzartige Pflanzen, die die Hauptwirte der holozyklischen Blattlaus-Arten darstellten im Holozän, nicht mehr nach Norden zurückkehren. Die anspruchsloseren Gräser und Kräuter, die denselben Biozönosen angehörten, und als Nebenwirte der holozyklischen Blattlaus-Arten fungierten, konnten dagegen z.T. noch überleben oder doch in der postglazialen Wärmezeit wiederum nach Norden vordringen. Im ganzen gesehen sind die nordeuropäischen Biozönosen mit dem Fehlen dieser Pflanzen als ärmer zu bezeichnen, als die entsprechenden mitteleuropäischen, bestimmte mitteleuropäische aber wiederum ärmer, als entsprechende südeuropäische. In den jeweils artenreichen, also denjenigen, die heute noch neben den gras- und krautartigen Nebenwirtspflanzen auch die holzartigen Hauptwirtspflanzen besitzen, konnten die holozyklischen Blattlaus-

Arten mehr oder weniger unverändert seit dem Entstehen ihrer Wirtspflanzen weiterleben. In den klimabedingt artenärmer gewordenen dagegen, dort also, wo die zuvor vorhandenen Hauptwirtspflanzen ausgestorben sind, konnten die hier ehemals ebenfalls holozyklischen Blattlaus-Arten nur als Anholozyklen weiterbestehen.

Es mag hieraus ersichtlich sein, welch weitgehenden Einfluß die Pflanzenwelt in ihrem soziologischen Gefüge auf die von ihr abhängigen phytophagen Insekten auszuüben vermag, wie die klimatische oder sonstwie bedingte Änderung der Artenzusammensetzung einer Phytozönose sich als Evolutionsfaktor für bestimmte Tierarten auswirken kann.

SCHLUSSBETRACHTUNG

Zusammenfassend soll noch einmal hervorgehoben werden, in welch engem Zusammenhang phylogenetische und biologische Ausprägungen von Eigenheiten phytophager Insekten mit der Stammes- und Siedlungsgeschichte ihrer Wirtspflanzen stehen. Die Evolution einzelner Blattlaus-Gruppen konnte als Folge des Auftretens neuer Pflanzentypen gedeutet werden, ihre Aufsplitterung in Genera und Species mit der Spezialisierung und Einnischung in bestimmte Phytozönosen in Zusammenhang gebracht werden, und schließlich ihre Reduktion zu anholozyklischen Agamospecies mit dem Aussterben eines Teils ihrer Wirtspflanzen. Vieles, was hier vorgetragen wurde, mag in den Einzelheiten einstweilen noch mehr oder weniger Hypothese sein. Es mag aber darin deutlich zum Ausdruck kommen, wie sehr wir bei der Klärung der Evolution dieser phytophagen Insekten auf die Zugrundelegung phytosoziologischer und vegetationsgeschichtlicher Erkenntnisse angewiesen sind. Wie schon eingangs erwähnt, haben wir es hier mit einem synphylogenetischen Prozeß zu tun, der in vieler Hinsicht den Evolutionsabläufen gleichzusetzen ist, die zwischen Wirbeltieren und ihren Parasiten herrschen. Hier wie dort sind Organismen verschiedener systematischer Stellung in ihrer Lebensweise fest miteinander verbunden. Die Organismen selbst, wie die von ihnen gebildete soziologische Einheit, sind das Ergebnis einer historischen Entwicklung, das nicht starr ist, sondern sich in stetiger Umwandlung befindet. Widmet man sich also der Aufgabe, die Evolution phytophager Insekten zu klären, die in so weitgehendem Maße umweltabhängig sind, so darf als Forschungsgegenstand nicht der Einzelorganismus bzw. die Species gelten, sondern die Organismengemeinschaft. Die Evolution der Blattläuse und ihrer biologischen Eigenheiten stellt kein idiobiologisches, sondern ein biozönologisches und biosoziologisches Problem dar. Als solches kann seine Lösung auch nur mit biosoziologischen Methoden angegangen werden. Hierzu bedarf es unbedingt der Zusammenarbeit mit anderen Sparten der ökologischen und phylogenetischen Forschung, der Phytosoziologie und der Paläobotanik.

SUMMARY

The paper deals with terrestrial biotopes and the close ecological and evolutionary connections between certain species of plants and animals.

The importance of taking plant-sociological and vegetation-historical knowledge into consideration for solving zoogeographic and zoophysogenetic problems is shown. This is especially important in research on simultaneous evolution of plant-parasitic insects and their host plants.

Six migration types are listed for the Aphidoidea with holocyclic change of generation. These individual migration types are generally limited to certain related groups of aphids. One of the host plants is always a woody plant. There is evidence that the original host plants also were woody.

The plant species acting as primary or secondary hosts to a certain aphid species are usually related systematically. They generally belong to the same biocenosis, however. The smaller the host plant range of an aphid species the more closely related sociologically are its host plants.

At the beginning of the migration, even at the first facultative colonization of the secondary host(s), there must be a biocenotic contact with the primary host. Hence the speciation of aphids primarily takes place by accomodation in certain phytocenoses.

A further important problem of the aphid biology is the evolution of agamo-species. These anholocyclic species only have a part of the generations of a related holocyclic species (its origin), they are propagated only parthenogenetically and live on only one of the two hosts of the heterogenetic holocyclic original species.

This shows the farreaching influences of the plant kingdom in its sociological structure on the ethology and evolution on the phytophageous insects depending on it. The evolution of the aphids and their biological properties are not a idiobiological, but a biocenological and biosociological problem. The solution to the problem can only be reached by biosociology, in co-operation with other branches of ecological and phylogenetical research.

LITERATUR

Axelford, D. I.: A theory of angiosperm evolution. – Evolution **6**: 29–60. 1952.

Börner, C.: Anfälligkeit, Resistenz und Immunität der Reben gegen die Reblaus. Allgemeine Gesichtspunkte zur Frage der Spezialisierung von Parasiten; die harmonische Beschränkung des Lebensraums. – Z. Hyg. Zool. Schädlingsbekämpf. **31**: 274–285, 301–308, 325–334. 1939.

— Europae centralis Aphides. Die Blattläuse Mitteleuropas, Namen, Synonyme, Wirtspflanzen, Generationszyklen. – Mitt. thür. bot. Ges., **Beih.. 3,** 2 Bände. Weimar 1952.

— u. Heinze, K.: Aphidina-Aphidoidea. Blattläuse. In Sorauer, Handbuch der Pflanzenkrankheiten **5** (2). 5. Aufl., Berlin & Hamburg 1957.

Bonnemaison, L.: Remarques sur les migrations chez les Aphidinae. – Trans. IX. Int. Congr. Ent. Amsterdam: 490–494. 1952.

Chaney, R. W.: Tertiary forests and continental history .– Bull. Geol. Soc. America **51**: 469–488. 1940.

Eichler, W. D.: Evolutionsfragen der Wirtsspezifität. – Biol. Zbl. **67**: 373–406. 1948.

— Stammesgeschichtliche Parallelbeziehungen im Wirt-Parasit-Verhältnis von Fischparasiten. – Z. Fisch. Hilfswiss. N. F. **1** (3/4): 301–308. 1952.

Firbas, F.: Spät- und nacheiszeitliche Waldgeschichte Mitteleuropas nörd-

lich der Alpen. – Jena 1949, 1952. (Hier weitere Literatur, auf die Bezug genommen wurde).
FRANZ, H.: Die Bedeutung vergleichender Untersuchungen an Biocoenosen für die Lösung historisch-tiergeographischer Probleme. – Trans. IX. Int. Congr. Ent. **1**: 547–552. 1952.
FRENZEL, B.: Die Vegetations- und Landschaftszonen Nord-Eurasiens während der letzten Eiszeit und während der postglazialen Wärmezeit. I: Allgemeine Grundlagen. II. Rekonstruktionsversuch der letzteiszeitlichen und wärmezeitlichen Vegetation Nord-Eurasiens. – Akad. d. Wiss. u. d. Literatur, Mainz. 1960.
FRIEDERICHS, K.: Die Grundfragen und Gesetzmäßigkeiten der land- und forstwirtschaftlichen Zoologie. – Berlin 1930.
HENNIG, W.: Systematik und Phylogenese. – Ber. 100-Jahrf. dtsch. Ent. Ges. Berlin 1956: 50–71. 1956.
HERING, E. M.: Die Oligophagie phytophager Insekten als Hinweis auf eine Verwandtschaft der Rosaceen mit den Amentiferae. – Proc. VIII. Int. Congr. Ent. Stockholm: 74–79. 1950.
— Monophagie und Xenophobie. Die Nahrungswahl phytophager Insekten und die geographische Herkunft ihrer Wirtspflanzen. – Naturwiss. **37**: 531–536. 1950.
— Probleme der Xenophobie und Xenophilie bei der Wirtswahl phytophager Insekten. – Trans. IX. Int. Congr. Ent. Amsterdam: 507–513. 1952.
— Die Nahrungswahl phytophager Insekten. – Verh. Dtsch. Ges. angew. Ent. **13**, Mitgliedervers. 1954: 29–38. 1955.
HILLE RIS LAMBERS, D.: Hostplants and Aphid Classification. - Proc. VIII. Int. Congr. Ent. Stockholm: 141–144. 1950.
KENNEDY, J. S.: Host finding and Host Alternation in Aphids. – Proc. VIII. Int. Congr. Ent. Stockholm: 423–426. 1950.
KNAPP, R.: Einführung in die Pflanzensoziologie. II. Die Pflanzengesellschaften Mitteleuropas. – Stuttgart 1948.
MAYR, E., LINSLEY, E. G. a. USINGER, R. L.: Methods and principles of systematic zoology. – New York–Toronto–London 1953.
MISKIMEN, G. W.: Zoogeography of the Coleoptera-family Chauliognathidae. – Evolution **10**: 140–153. 1961.
MORDWILKO, A.: Beiträge zur Biologie der Pflanzenläuse, Aphididae Pass. Die zyklische Fortpflanzung der Pflanzenläuse. II. Die Migrationen der Pflanzenläuse. – Biol. Cbl. **27**: 747–767, 769–816. 1907; **28**: 631–639, 649–662. 1908; **29**: 82–96, 97–118, 147–160, 164–182. 1909.
— Les Pucerons des Graminées. – Bull. Stat. Reg. protectrice des Plantes Petrograd **3**: 61–67. 1921.
— On the distribution of some groups of Aphids in connection with their past. – Doklady ross. akad. nauk SSSR 1923 (A): 43–45. 1923.
— From the history of some groups of Aphids. – Doklady ross. akad. nauk SSSR 1924 (A): 46–49. 1924 a.
— On the theory of plant lice migrations. – Doklady ross. akad. nauk SSSR 1924 (A): 141–144. 1924 c.
— Cases of heteroecy in the plant lice resulted of the primary polyphagy. – Doklady ross. akad. nauk SSSR 1924 (A): 161–162. 1924 d.
— Anolocyclic Aphids and the glacial Epoch. Anolocyclic Uredinales. – Doklady ross. akad. nauk SSSR 1924 (A): 54–56. 1924 e.
— Les Pemphigiens des Pistachiers et leurs formes anolocycliequs. – Mèm. Soc. zool. France **28**: 61–85. 1927.
— Die anolozyklischen Pistazien-Blattläuse und die Verbreitung der Pistazien in der Tertiärzeit. – Doklady ross. akad. nauk SSSR (A): 61–66. 1929.
— About the origin of heteroecy in plantlice. – Doklady ross. akad. nauk SSSR A: 256–260. 1930.
— On the evolution of Aphids. – Arch. Naturgesch. N. F. **3**: 1–60. 1934.
— Die Blattläuse mit unvollständigem Generationszyklus und ihre Entstehung. – Erg. Fortschr. Zool **8**: 36–328. 1935.

MÜLLER, F. P.: Holozyklie und Anholozyklie bei der grünen Pfirsichblattlaus, Myzodes persicae SULZ. – Z. angew. Ent. **36** (4): 370–380. 1954.
— Die Futterpflanzen in der Blattlaus-Systematik (Hom. Aphididae). – Ber. 100-Jahrf. dtsch. Ent. Ges. Berlin 1956: 93–99. 1957.
— Die Wirtspflanzenwahl phytophager Insekten in Beziehung zur Artenbildung. – Arbeitstg. Frag. Evolution Jena 1959: 159–165. 1959.
MÜLLER, H. J.: Die Wirkung exogener Faktoren auf die zyklische Formenbildung bei Insekten insbesondere der Gattung Euscelis (Hom. Auchenorrhyncha). – Zool. Jb. Syst. **85** (4/5): 317–430. 1957.
NUORTEVA, P.: Die Nahrungspflanzenwahl der Insekten im Lichte von Untersuchungen an Zikaden. – Ann. Acad. Scient. Fennicae, Ser. A. IV., Biol. **19**: 1–90. 1952.
OBERDORFER, E: Pflanzensoziologische Exkursionsflora für Südwestdeutschland und die angrenzenden Gebiete. – Stuttgart-Ludwigsburg 1949.
OSCHE, G.: Systematik und Phylogenie der Gattung Rhabditis (Nematoda). – Zool. Jb. Syst. **81**: 190–280. 1952.
SHAPOSHNIKOW, G. CH.: Phylogenetische Begründung des Systems der kurzschwänzigen Blattläuse (Anuraphidina) mit Berücksichtigung ihrer Beziehungen mit den Pflanzen. – Arb. Zool. Inst. Akademie Wissensch. UdSSR **23**: 215–320. 1956.
SZIDAT, L.: Die Parasitenfauna des Weißen Storches und ihre Beziehungen zu Fragen der Ökologie, Phylogenie und der Urheimat der Störche. – Z. Parasitenk. **11**: 563–592. 1940.
STEFFAN, A. W.: Die Stammes- und Siedlungsgeschichte des Artenkreises Sacchiphantes viridis (Adelgidae, Aphidoidea). – Zoologica **109**: 1-113. 1961 a.
— Die Artenkreise der Gattung Sacchiphantes (Adelgidae, Aphidoidea). – Proc. XI. Int. Congr. Ent. Vienna 1960. 1961 b.
— Zur Evolution der fundatrigenen und virginogenen Anholozyklie im Adelgidae-Genus Sacchiphantes CURTIS 1844. (Hemiptera, Aphidoidea). – Beitr. Ent. **11** (5/6): 571–576. 1961 c.
— Ein Freilandfund und neue Wirtspflanzen von Idiopterus nephrelepidis in Jugoslawien (Hemiptera: Aphididae). - Z. angew. Ent. **49** (2): 281–295. 1962.
— Zur systematischen und phylogenetischen Stellung der Agamospecies in der Adelgidae-Genera (Homoptera: Aphidoidea). – Zool. Anz. Suppl. **26**: 640–655. 1963 a.
— Ein Beitrag zum Problem der Artwerdung. Die verschiedenen Arten-Formen bei den Fichtengallenläusen und ihre Entstehung. – Umschau Wiss Techn. **63** (23): 733–737. 1963 b.
— Problems of Evolution and Speciation in Adelgidae (Homoptera: Aphidoidea). – Canad. Ent. **96** (1/2): 155–157. 1964.
— Zur Statik und Dynamik im Ökosystem der Fliessgewässer und zu den Möglichkeiten ihrer Klassifizierung. – Biosoziologie: 65–110. Den Haag 1965.
WALTER, H.: Einführung in die Phytologie. III: Grundlagen der Pflanzenverbreitung. – Stuttgart-Ludwigsburg. 1954.
WEISMANN, L., MACKO, V. & FEKETE, P.: Die Ausbildung und Migration alater Formen der Bohnenblattlaus (Aphis fabae Scop.) in der Beziehung zu ihren Hauptwirtspflanzen. – Biologische Arbeiten Slowak. Akad. Wiss. **VI**/2: 1–36. 1960.
WOLDSTEDT, P.: Das Eiszeitalter (Grundlinien einer Geologie des Diluviums). **1**: Die allgemeinen Erscheinungen des Eiszeitalters. – Stuttgart 1954.
ZIMMERMANN, W.: Methoden der Phylogenetik. – In HEBERER: Die Evolution der Organismen – Stuttgart 1954.
— Die Phylogenie der Pflanzen. – Stuttgart 1959.
ZWEIGELT, F.: Biologische Studien an Blattläusen und ihren Wirtspflanzen. – Verh. zool. bot. Ges. Wien **68**: 124–142. 1918.
— Gallenbildung und Spezialisation – Verh. dtsch. Ges. angew. Ent. München **7**: 62–76. 1929.

ZWÖLFER, H.: Zur Systematik, Biologie und Ökologie unterirdisch lebender Aphiden (Homoptera, Aphidoidea) (Anoeciinae, Tetraneurini, Pemphigini und Fordini). Teil I Anoeciinae. – Z. ang. Ent. **40**: 182–221. II. Tetraneurini und Pemphigini. – Z. ang. Ent. **40**: 528–575. 1957.

— Zur Systematik, Biologie und Ökologie unterirdisch lebender Aphiden (Homoptera, Aphidoidea) (Anoeciinae, Tetraneurini, Pemphigini und Fordini). III. (Fordinae). – Z. ang. Ent. **42** (2): 129–172. 1958. IV. Ökologische und systematische Erörterungen. – Z. ang. Ent. **43**: 1–52. 1958.

THE IRISH PROBLEM

by

F. H. PERRING, Cambridge

The publication of the ,,ATLAS OF THE BRITISH FLORA" at the end of April, 1962 will undoubtedly throw light on some old problems of British Phytogeography and at the same time pose many others. One of the major problems which has long presented itself is that of the Irish flora. At its simplest the problem can be defined as why do a number of species occur in Ireland which do not occur in Great Britain.

In the past PRAEGER (1934), for example, has argued that these differences are mainly due to historical factors: that the species found only in Ireland are the remnants of once more widespread distributions which have been broken up by climatic changes in the post-glacial.

What the new evidence produced by the ATLAS, and some recent palynological and autecological studies suggest, is that whilst the old hypothesis remains tenable in a number of cases there are others for which it is necessary to consider the glacial period as a whole, and some for which recent human the activity may be responsible. For ease of reference Irish species absent from Britain have usually been divided into two groups, the Hiberno-American and the Lusitanian. And for a better understanding of these groups it is usual to include with the exclusively Irish species others which, though they do occur in Britain, have similar distributions to the exclusively Irish species outside the British Isles. I shall examine the species of each of these groups in detail.

THE HIBERNO-AMERICAN GROUP

a. *Najas flexilis*
Eriocaulon septangulare
Hypericum canadense

b. *Spiranthes romanzoffiana*
Sisyrinchium bermudiana
Juncus tenuis

The evidence now available suggests though these six species all have their centres of distribution in N. America and that though historical factors have determined their apparently relict distribution in Europe to-day, they fall into two distinct groups with different histories.

Group a, i. *Najas flexilis* – WATTS (1959) says ,,It has now been recorded very often from interglacial and post-glacial deposits. The completeness of the record makes it virtually certain that the species has occupied stations in various parts of Europe throughout the Quaternary. At present the species is widespread throughout north America, and has a few scattered stations in northern Europe and the British Isles. Abundant post-glacial fossil finds show that its present rarity in Europe is the result of a drastic reduction in range since Boreal times. There is no longer any reason to include this species in the „Hiberno-American" plant-geographical group".

JESSEN et al. (1959) and WATTS (1959) both report this species from deposits of the Hoxnian (the one before last) interglacial in south and west Ireland, and there are four records from the Ipswichian interglacial (the last) in S.E. England.

ii. *Eriocaulon septangulare.* This species, unlike *Najas,* does not occur in Europe outside the British Isles to-day nor have fossil remains been found outside our Islands. It was originally supposed that this species must have spread from N. America in the late glacial. But two recent discoveries make this theory untenable:

i. LÖVE and LÖVE (1958), have reported 2 chromosome races of *Eriocaulon* – American 2n = 32 – European 2n = 64.
ii. *Eriocaulon* fossil pollen has been found in 2 Irish interglacial deposits Comparing the pollen size of to-day c. 31μ (range 28–36μ) Irish, c. 24μ (range 21–28μ) American, with the fossil size mean 32μ (range 26–38μ) strongly suggests that the European stock is ancient and differs from the American.

That *Eriocaulon* is confined to west coast in the British Isles to-day can hardly be because of climatic considerations. The associated species in interglacial deposits included *Elatine hexandra, Pilularia globulifera, Littorella lacustris, Isoetes lacustris, Myriophyllum alterniflorum, Potamogeton natans* and *Nitella* ssp. This group suggests a cold climate comparable to the late glacial and the diatom flora of the deposit is similar to that found in central Scandinavia to-day. It is known that *Eriocaulon* is not frost sensitive. The American populations withstand severe winters in the mid-west and St. Lawrence areas and MATTHEWS (1946) has reared British material successfully out of doors at Aberdeen which has winters considerably more severe than those of the west coast.

WATTS (1959) suggests that the species is probably restricted to the oceanic west for edaphic reasons for here only have open calcifuge habitats existed throughout the glacial period, here where the leaching rate is rapid.

It seems likely that both these species have survived the glacial period in Ireland and it is perhaps reasonable to include the third species *Hypericum canadense* with them. It was first discovered in Connemara in 1954 and two distinct localities 6 miles apart are known. It was recorded in the same year from the Vosges of eastern France where it occurs on the gravel shores of peaty lakelets; but the species was collected as early as 1904 from a heath at Almelo in Holland. WEBB (1958) describing the habitat of the species in western Ireland says it is most at home in very wet conditions and that it requires a peaty, or at least base-poor soil. Associated species included *Hypericum elodes, Anagallis tenella, Juncus acutiflorus, J. kochii, Carex panicea, C. demissa, Molinia caerulea, Eleocharis multicaulis, Ranunculus flammula, Hydrocotyle vulgaris.*

This species like *Najas* and *Eriocaulon* grows in wet acid conditions; its occurrence in central Newfoundland suggests that it is not frost sensitive; since it was first discovered in Europe in 1904 it has shown no signs of spreading – yet the three isolated occurrences are all in rather similar ecological sites which can hardly be due to chance introduction. The most satisfactory interpretation is that *Hypericum canadense* is a relic and that with *Najas* and *Eriocaulon* it survived the glacial period in Ireland.

Group b contains the other three species: *Juncus tenuis, Spiranthes romanzoffiana, Sisyrinchium bermudiana.*

i. *Juncus tenuis.* Though this species is generally placed in the Hiberno-American element it was first recorded in the British Isles from Scotland in 1795 or 1796 by G. Don „by the side of a rivulet in marshy ground amongst the mountains of Angus-shire". Though material to support this record exists in many herbaria, the habitat and altitude are not typical and the locality has never been refound. For these reasons and because of Don's unreliability in other matters this record is usually disregarded. Even if we ignore this record though, the first British records are not from Ireland.

Before 1844 „Perthshire".

1863 Between Bridge of Weir & Kilmalcolm, Renfrewshire.

1884 Cradley, Herefordshire.

1886 New Galloway, Kirkcudbright.

The first Irish record was not until 1889, when it was found by Scully in two places in Co. Kerry (Scully 1916) i.e. at least 45 years after it was first reliably recorded in Great Britain. A year later the species was recorded for the first time in Wales, from Caernarvonshire.

From each of these centres of early records, with the exception of the Herefordshire one, spread seems to have taken place, as well as from other later centres e.g. Devon and Cornwall, S. Wales, Lancashire, Surrey, Co. Wicklow. This pattern of spread is very similar to that for known introductions e.g. *Cardaria draba* and *Senecio squalidus*, i.e. a number of early scattered records, apparently unconnected, followed by spread from these centres. There is a certain amount of reasonable speculation about the method of introduction, particularly in west Scotland – both an 1896 record from Arisaig, and a 1912 record from Glen Ogle are attributed to the introduction of hay from America. It is suggested that viable seeds dropped from carts and, from what is known of the ecology of the species, the cart ruts left behind would be an ideal habitat for establishment.

Is there any reason to regard the S.W. Irish localities as being of different status to the rest of Britain where introduction is certain? The situation here differs in that when first found in Kerry the species was already widespread and well established in very native-looking habitats far from human habitation. That it was widespread when first found can be answered by supposing that it was perhaps introduced quite a considerable time before it was noticed (Scully was the first to make a thorough investigation of the region). „Native-looking" is a very subjective phrase – and exactly the same might be said of *Epilobium nerterioides* a recent arrival from New Zealand which competes with the native

Saxifrages on Brandon in Kerry, though it is more commonly a species of open habitats, scree, river shingle etc. in Scotland.

Since the first stages *Juncus tenuis* has continued to spread at a rate which over the first 80–90 years was approximately equal to doubling the number of 10 km squares every 10 years. This rate of spread is of the same order as that of *Senecio squalidus* the history of which in the British Isles has been studied in detail by KENT (1956, 1960).

Furthermore *Juncus tenuis* has a long history of introduction in Europe, much of which predates its first discovery in the British Isles. It was known from the province of Antwerp, Belgium in 1824, from the Province of Utrecht, Holland in 1825 and from Bavarian Swabia by 1834. By 1906 it was already scattered over almost the whole of Germany and was abundant especially in the north-west German plain and in Oberlausitz (see RICHARDS 1943). It is now known from almost every country of Europe.

As the evidence stands at present, and in the absence of any fossil records, there seems to be no case for including *Juncus tenuis* in a Hiberno-American Element. It is more reasonable to suppose it to be a widespread human introduction from N. America.

ii. *Spiranthes romanzoffiana*. The absence of fossil records of an orchid can hardly be significant. But, like *Juncus tenuis, Spiranthes* does have a long history as a spreading species in Britain. The first record dates from W. Cork in 1810 and the next in 1873 was from the same county. It was noticed in N. Ireland in 1892 on the shores of L. Neagh in Co. Armagh. It has apparently spread from both these centres of origin and has in recent years been recorded on the Scottish mainland and islands, in Devon in S.W. England, and in central Ireland in Co. Galway. Though Orchids are notoriously sporadic in their occurrence, and though its present centres of distribution in the British Isles are not those most intensively studied, it is difficult to believe that this is not actually a spreading species adapted by its light seeds for long distance dispersal and it seems reasonable to regard *Spiranthes* as a recent, natural, introduction, by seed, from N. America.

The rate of spread is much slower than that of *Juncus tenuis*, but there is still a fairly constant rate of increase in the number of squares, which is equivalent approximately to doubling the known number of 10 km square records every 30 years (as against every 10 years for *J. tenuis*).

iii. *Sisyrinchium bermudiana*. This species is at present being studied cytologically in Professor VALENTINE's department in Durham. It is possible that more than one taxon is involved. Thus it would be better to await the outcome of this work before considering it much further. The facts as known now are that there are no fossil records; that it was first recorded in Ireland in 1846 but not until 1882 in Kerry which is clearly the headquarters of the species; that it is a spreading species recorded from about 60 localities in Great Britain where it has never been regarded as anything but an introduction, though often established in native looking vegetation; that it has spread similarly in other countries of Europe e.g. Germany and France, and has also been recorded in Queensland, Australia. Professor HESLOP HARRISON (1953) has suggested that

Sisyrinchium has been introduced to Ireland by the Greenland White-fronted Goose, *Anser albifrons flavicornis*, a race which has only recently been recognised. The main breeding area is in N.W. Greenland where enormous numbers congregate round lake margins throughout the summer. A large proportion of these birds winter in Ireland. This goose is of fair size, feeds largely on water weeds and spends much of its time wading through lakeside mud. It seems likely that during the course of annual migrations which have probably been going on for centuries, some viable seeds have been transported from a lake margin in Greenland to a lake margin in Ireland. It is perhaps not without significance that the most northerly station for *Sisyrinchium bermudiana* is in N.W. Greenland within the breeding area of the Greenland White-fronted Goose. The plant may well have been carried to Greenland by the same bird, as part of the flock winters in N. America near the mouth of the St. Lawrence (as do a number of other species of goose which do not visit W. Europe).

To sum up, the so-called Hiberno-American Group consists of species of two distinct types. Three of ancient possibly tertiary origin representing the relics of a once much wider distribution in Europe and the presence of which in W. Europe is no more difficult to understand than that of more widespread species e.g. *Schoenus nigricans*, common to both continents: and three spreading species all of which have become more abundant since they were first recorded in the 19th Century, and two of which, *Juncus* and *Sisyrinchium*, have behaved very similarly on the continent of Europe.

The lack of significance of the Hiberno-American Group is perhaps most clearly understood when it is realised that none of the six species is confined to Ireland in Europe.

THE LUSITANIAN ELEMENT

A second group of species in the Irish Flora which has long been recognised is that which consists of species which are only, or mainly, found in Ireland in the British Isles, particularly in the south and west of that country, and the main centre of distribution of which is found along the Atlantic seaboard of W. Europe and into the Mediterranean. The element as generally recognised (cf. PRAEGER 1934) includes 15 species one of which, *Erica ciliaris*, does not now occur in Ireland, but which, for reasons to be explained later, has to be considered with the others.*

The map shows the distribution in the British Isles of the group as a whole, with the exception of *Pinguicula lusitanica* which is so widespread that it includes almost all those localities besides occurring abundantly in N. Ireland and W. Scotland, and as far north as Caithness and Orkney. In one place it reaches the east coast of Scotland. If one compares the distribution of the group with the winter temperature, for example the January mean isotherms, it is easy to come to the conclusion that this group of species is limited in Ireland and Britain to areas with temperatures above 5° C (41° F) and that the spread of these species east and north is restricted because the winter temperatures in those areas are too

* But see footnote, p. 266.

low. That this is true for one or two of the species in the group cannot be denied. Sealy & Webb (1950) have shown that throughout its range *Arbutus unedo* is limited in the north and east by January mean temperatures of 4.5° C (40° F) and that in cultivation, for example in the London area, the tree is killed by persistent frosts of —10° C and that fruit production is severely limited by low winter temperatures. In addition Webb (in Heslop Harrison 1953) records that *Euphorbia hyberna* fails to produce seed in cultivation in Dublin less than 150 km (90 miles) from its native stations in Cork.

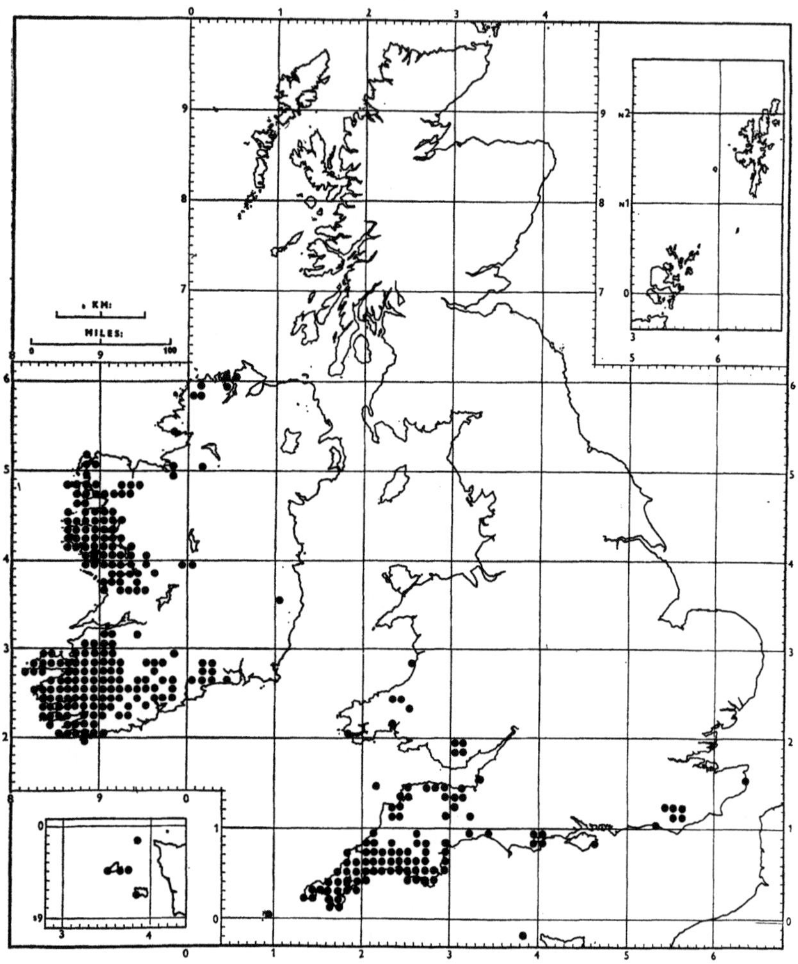

BOTANICAL SOCIETY OF THE BRITISH ISLES DISTRIBUTION MAPS SCHEME

Fig. 1. The distribution of the Lusitanean Element in the British Isles.

These facts suggest that species of the Lusitanian element occur today in Ireland at the limits of their climatic range and that a very slight deterioration would „eliminate the area completely within which these species can survive" (cf. Heslop Harrison 1953).

Recent calculations of climatic conditions during the Pleistocene are given by Manley (1951): he suggests that the most favourable conditions

	England	Brittany	West France	Spain or Portugal	Altitude W. Ireland	Altitude S.W. Europe	Irish Inter-Glacial	Irish Post-Glacial	Frost Sensitive
Euphorbia peplis	+	+	+	+	Sea level	Sea level	—	—	?
Sibthorpia europaea	+	+	+	+	580 m	Lowland	—	—	?
Pinguicula lusitanica	+	+	+	+	500 m	300 m	—	—	?
Erica vagans	+	+	+	+	50 m	1,800 m	—	—	?
Simethis planifolia	(I)	+	+	+	130 m	Lowland	—	—	?
Arbutus unedo	—	+	+	+	225 m	1,200 m	—	—	+
Euphorbia hyberna	+	—	+	+	600 m	2,000 m	—	—	+
Erica mediterranea	—	—	+	+	300 m	Lowland	—	—	?
Neotinea intacta	—	—	—	+	330 m	Lowland	—	—	—
Daboecia cantabrica	(I)	—	+	+	580 m	1312 m	+	—	—
Erica mackaina	—	—	—	+	200 m	1680 m	+	+	—
Pinguicula grandiflora	(I)	—	—	+	930 m	2,500 m	—	—	?
Saxifraga hirsuta	—	—	—	+	1,000 m	2,500 m	—	—	?
Saxifraga spathularis	—	—	—	+	1,100 m	„Mountains"	—	—	?
(Erica ciliaris)	+	+	+	+	50 m	400 m	+	—	?

at the glacial maximum in Kerry were July mean 9° C (48° F) January mean —0.5° C (31° F). From this it follows that species like *Arbutus* and *Euphorbia* could not have survived the glacial period *in situ* in Ireland and must therefore have immigrated in post glacial times. From this it is easy to assume that, because of the similarities of the distribution of these species with the other species in the group, the arguments which seem perfectly satisfactory for some members of the group must apply to the group as a whole. I believe that those who follow this line of argument are making a fatal mistake. If we are to understand the Lusitanian element we must stop thinking of it as a natural group but consider each species in as much detail as possible. Not all the facts one would like to have are yet available but some recent studies are relevant. The situation is summarised in the table (p. 263). If we consider the distribution outside Ireland of the 14 species of the group (excluding *Erica ciliaris* for the moment) we find that four of the species *Euphorbia peplis, Sibthorpia europea, Pinguicula lusitanica* and *Erica vagans* occur today in England, Brittany, W. France and Spain or Portugal. Their distribution is not disjunct to any marked degree and a post-glacial migration route can be suggested for them. Their present restriction is probably due to the changes which have taken place in the climate since the post-glacial climatic optimum which may well have differed for different species. Thus *Euphorbia peplis* was probably more widespread when the summer temperatures were at their highest during the Boreal, (Zone VI), whereas *Pinguicula lusitanica* would have been most favoured by the wetter conditions of the Atlantic period (Zone VII). These four species are also in the main lowland plants, not found above 580 m, though both *Sibthorpia* and *Pinguicula lusitanica* occur in mountain areas in Ireland where higher altitudes are available.

The lowland habitats of these plants, the obvious migration route coupled with the lack of any fossil record suggests that these species probably did not survive in Ireland throughout the glacial period. To these four it seems reasonable to add *Arbutus unedo* and *Euphorbia hyberna*. Their inability to survive severe frosts is known. Though *Euphorbia* reaches 600 m in Kerry, an adoabatic gradient of 0.5° C for 100 m would still give January mean temperatures above freezing at this altitude, i.e. 3.8° C (January mean at sea level today is 6.8° C).

In contrast to these six species there is a group of five: *Daboecia cantabrica, Erica mackaiana, Pinguicula grandiflora, Saxifraga hirsuta,* and *S. spathularis* which show marked disjunctions between their localities in Ireland and the nearest localities on the mainland of Europe. None occurs in England or Brittany, only *Daboecia* is recorded from France north of the Pyrenees, the rest are first found in N. Spain or Portugal. Moreover the group as a whole is much more montane in character. The last three are all found at high altitudes in the Kerry Mountains where January mean temperatures are probably about 1° C, and the first two are known not to be frost sensitive. WOODELL (1958) says that *Daboecia* is not growing at its climatic limit in Ireland today. It has survived temperatures of —14.4° C (6° F) in Durham though this caused a failure of seed production. However the plant is well able to reproduce vegetatively. *Erica mackaiana* (see WEBB 1955) has survived fairly severe frosts in

Dublin and in Kew. Further, recent work by JESSEN et al. (1959) and WATTS (1959) has shown that these two frost resistant species were in Ireland during the glacial period. *Daboecia* was found in deposits of the Hoxnian interglacial at Gort, Galway and at Kilbeg in Co. Waterford. *Erica mackaiana* occurred with it at the latter site. *Erica mackaiana* has also been found in post glacial deposits in Co. Galway in Zones VII–VIII, not far from the localities in which it is found today.

It is now believed (see WATTS 1959) that Ireland south of a line from the Dingle Peninsula to the Galtee mountains on the borders of Counties Cork, Limerick and Tipparery has never been glaciated. There was thus a large area including almost the whole of Cork and Kerry which remained unglaciated and where the January mean temperatures at sea level were about —0.5° C at their lowest. (MANLEY 1951). The three mountain species of which fossil material has not yet been found are not apparently frost sensitive and are growing at altitudes in Kerry today where the January mean temperature may be 1° C. All this suggests that there is no strong argument against the survival of these five species in Ireland during the glacial period: moreover the lack of obvious connecting links with their nearest stations in W. France, Spain or Portugal is much better understood if the break up of once more widespread distributions is considered to be of long standing. To this group can now be added the three from the Hiberno-American element *Najas*, *Eriocaulon* and *Hypericum canadense* to form a more natural element of perhaps tertiary relicts, all apparently frost-resistant, calcifuge species demanding high humidity, and all prevented for a variety of reasons from spreading outward naturally from their present centres of distribution. Constant high humidity may in fact be the key to the persistence of those species on the Atlantic fringe of W. Europe, cf. WEST (1961) who says „the ‚Lusitanian' element in the flora is an ancient one, dating back to the Hoxnian at least, and very probably back to the Pliocene or earlier, when oceanic conditions of climate were widespread in north-west Europe". I would now wish to qualify this and say „some species of the Lusitanian element".

Three species in the table have still to be mentioned which do not fit satisfactorily into either of the two groups within the Lusitanian element. *Erica mediterranea* is a plant of wet boggy ground (PRAEGER 1934), particularly the edges of streamlets and lakes and it occurs only in Galway and W. Mayo, strongly isolated from its nearest localities in S.W. France. This suggests an affinity with the group of species which survived the glacial period. However its early flowering, which often commences in January, and its low altitudinal limit suggests that it is susceptible to frost which makes a theory of per-glacial survival less easy to maintain.

Neotinea intacta is a plant of bare limestones and, though PRAEGER (1934) says the plant, which appears above ground in October, can withstand hard frost, it is essentially a Mediterranean species in Europe, Ireland representing a remarkable outlier. If however the absence of one or two localities in W. France can be overlooked its calcicolous nature and low altitudinal limit suggest a similar history to *Arbutus unedo* i.e. a species which reached Ireland during the Boreal when summer temperatures were higher than they are today. Long distance dispersal is always a probability in the distribution of orchids and *Neotinea* may be no exception.

Finally a few words about *Erica ciliaris*. This species does not occur in Ireland today,* but is locally abundant in Cornwall and Dorset. From its present distribution outside Britain and its rather low altitudinal limit it would appear to fit into the group of species which were not in Britain during the glacial period. Yet material of *Erica ciliaris* has been found by JESSEN et al. (1959) in the Gort Interglacial deposit. It is possible that it did not survive the glacial period in Ireland and that its present distribution reflects a readvance after the retreat of the ice.

SUMMARY

Consideration of these elements in the Irish Flora emphasises how misleading it can be to arrange into groups species with similar distribution patterns and to then assume that these patterns are all the result of similar forces. The Hiberno-American is the most misleading of the two. Some of the species have arrived in Europe during the last 150 years, others are of very ancient origin and have probably persisted in Ireland since the Pliocene. These species probably have a similar history to some of those placed in the Lusitanian element which, it is now clear, also consists of two groups of species with very different histories: those which may have survived since the Pliocene and whose distribution today is not limited by climate, and others which have reached Ireland during the post-glacial for which present day temperature and humidity offer a reasonable explanation of their distribution patterns – e.g. *Pinguicula lusitanica*.

The west of Ireland today experiences the most oceanic climate in Europe. It has to be realised that relatively speaking this factor has been of importance throughout the glacial period and is probably the key to understanding the presence there now of the fascinating assemblage of species which have been the subject of this paper.

ZUSAMMENFASSUNG

Das Problem, welches ich erörtern will, ist folgendes: „Wie ist es zu erklären, daß es in Irland einige Arten gibt, die in Großbritannien fehlen?" Das Problem ist zwar alt; doch greife ich es hier wieder auf, weil Palynologie, Ökologie und Chorologie in letzter Zeit neue Gesichtspunkte hierzu geliefert haben.

Die in Frage kommenden Arten werden gewöhnlich in zwei Florenelemente gegliedert, das hiberno-amerikanische und das lusitanische.

1. *Das hiberno-amerikanische Element* umfaßt sechs Arten. Diese haben alle ihren Verbreitungsschwerpunkt in Nordamerika, und ihr Vorkommen in Irland ist schwer zu verstehen gewesen. Hitzige Diskussionen haben darüber stattgefunden, ob sie die letzte Eiszeit in Irland überdauert haben oder ob sie Neuankömmlinge seien, die entweder Landbrücken benutzten oder sich sprunghaft über große Entfernungen aus-

* *Erica ciliaris* was found in Ireland, nr Galway, in 1965.

breiteten. Ich will versuchen, den Beweis zu führen, daß beide Ansichten wahrscheinlich zu Recht bestehen: daß nämlich drei Arten die Eiszeit in Irland überlebt haben und drei wohl Neuankömmlinge sind.

2. *Das lusitanische Element* umfaßt 14 Arten, welche im Bereich der Britischen Inseln ausschließlich oder überwiegend in Irland vorkommen und ihre Hauptverbreitung in den atlantischen Küstengebieten Westeuropas und im Mittelmeergebiet haben. Hierbei müssen wir auch *Erica ciliaris* betrachten, welche zwar heutzutage aus Irland nicht bekannt ist, deren Areal aber im übrigen dem der andern Arten gleicht.

Die gegenwärtige Verbreitung dieses Florenelements auf den Britischen Inseln weist auf eine Korrelation mit den heutigen Klimaverhältnissen hin. Dies leuchtet für einige der Arten ein; und man hat daraus geschlossen, es müsse für alle gelten. Neue Arbeiten zeigen jedoch, daß dies nicht notwendigerweise der Fall ist. Einige der Arten sind frostempfindlich, siedeln in ihrem ganzen Areal nur in Tieflagen, sind fossil nicht bekannt und zeigen einen klaren Wanderweg entlang der Westküste Frankreichs und in Britannien. Andere jedoch sind nicht frostempfindlich und sind in Teilen ihres Verbreitungsgebietes submontan oder montan; fossiles Material von zwei dieser Arten ist neuerdings in interglazialen und postglazialen Ablagerungen in Irland gefunden worden, die meisten von ihnen besitzen ein disjunktes Areal, wobei die nächsten Fundorte außerhalb Irlands in den Pyrenäen und Nordspanien oder Portugal liegen. Die erste Gruppe erreichte Irland wahrscheinlich während des postglazialen Klimaoptimums; was die zweite Gruppe betrifft, so spricht vieles dafür, daß diese Arten Relikte aus dem Pliozän oder sogar aus früheren Zeiten sind.

REFERENCES

HARRISON, J. HESLOP: in LOUSLEY, J. E. (Ed.), The Changing Flora of Britain. Arbroath 1953.

JESSEN, K., ANDERSEN, S. T. & FARRINGTON, A.: The interglacial deposit near Gort, Co. Galway, Ireland. – Proc. R. Irish Acad., **60**, B: 1–77. 1959.

KENT, D. H.: Senecio squalidus in the British Isles. I & II. – Proc. Bot. Soc. Br. Isles **2**: 115–118, **3**: 375–379. 1956 & 1960.

MANLEY, G.: The range of variation of the British Climate. – Geol. J. **117**: 43–68. 1951.

MATTHEWS, J. R.: Plant life in Britain: its origin and distribution, I. – J. R. Hort. Soc. **71**: 225–39. 1946.

PERRING, F. H. & WALTERS, S. M.: Atlas of the British Flora. – Edinburgh. 1962.

PRAEGER, R. LL.: The Botanist in Ireland. – Dublin 1934.

RICHARDS, P. W.: Biological Flora of the British Isles: Juncus macer S. F. Gray. – J. Ecol. **31**: 51–59. 1943.

SCULLY, R. W.: Flora of County Kerry. – Dublin 1916.

SEALY, J. R. & WEBB, D. A.: Biological Flora of the British Isles: Arbutus unedo L. – J. Ecol. **38**: 223–236. 1950.

WATTS, W. A.: Interglacial deposits at Kilbeg and Newtown, Co. Waterford. – Proc. R. Irish Acad. **60**, B: 79–134. 1959.

WEBB, D. A.: Biological Flora of the British Isles: Erica mackaiana Bab. - J. Ecol., **43**: 319–330. 1955.

— Hypericum canadense L. in western Ireland. – Watsonia, **4**: 140–144. 1958.

WEST, R. G.: Vegetation of the Hoxnian („Great") Interglacial in the British Isles. (Report). – J. Ecol. **49**: 764. 1961.
WOODELL, S. R. J.: Biological Flora of the British Isles: Daboecia cantabrica K. Koch. – J. Ecol. **46**: 205–216. 1958.

A. APINIS:

Concerning postglacial and present distribution of *Najas flexilis* in Eastern and Northern Europe there is a considerable factual material gathered at present. The plant was common in Scandinavia in the Boreal Period and has decreased since Atlantic Period there (see GANDEGREN 1920, 1932 and SAMUELSSON 1934). Thus, the recent habitats in Northern Europe may be regarded as relics of the former wider distribution. One of the more recently discovered habitats in the western, subatlantic part of Latvia in the East Baltic Area, was described by OZOLINA (1931) from Usma Lake, where the plant was first found in Gyttja, together with *Chara fragilis*. In other parts of the lake *Isoetes echinospora* and *Isoetes lacustris* was found as well.

F. MATTICK:

Ich möchte darauf hinweisen, daß es die gleichen Beziehungen auch aus der Klasse der Flechten gibt. Da gibt es einige, die Irland mit Nord- und sogar mit Süd-Amerika gemeinsam hat, sowie dann die große Gruppe deren, die als atlantische Flechten von Portugal über die Bretagne, Irland, sogar bis nach Süd-Norwegen gehen. Allerdings gibt es auch einige, die nur in Irland und Portugal vorkommen, wie die genannten Phanerogamen. Allerdings kann nichts über die Neu- oder Wiedereinwanderungszeit nach Irland gesagt werden, da es keine palaeo-lichenologischen Funde gibt.

K. FAEGRI:

Referred to the possibility that *Sisyrinchium* have been transported by man from N-America to Greenland and Ireland. The hypothesis that it has been dispersed from Greenland to Ireland by geese does not tally too well with the Greenland habitat of the species.

F. PERRING:

We know *Najas flexilis* from areas in the Outer Hebrides today which are very similar to those which Prof. APINIS describes in E. Europe, and we feel sure, that further work will show, that the species is more wide spread in the west, than we yet know. In Britain the water plants are in many cases not limited by climatic factors but more clearly by conditions of the base status of the water e.g. *Elodea canadensis, Hydrocharis morsus-ranae.*

I agree with Prof. FAEGRI, that the route of introduction of *Sisyrinchium bermudiana* must remain in doubt – but possibly the climate 1000 years ago in Greenland was wetter than it is today.

NACHRUF

Ich habe Ihnen mitzuteilen, daß unser Freund WERNER ROTHMALER gestorben ist. WERNER ROTHMALER hat ein bewegtes Leben geführt. Er mußte frühzeitig Deutschland verlassen. Er ging nach Spanien, weil er seiner Überzeugung treu bleiben wollte. Er mußte dann später aus Spanien nach Portugal ausweichen und kam zuletzt wieder zurück zu uns nach Deutschland.

Viele von uns haben diesen Menschen gekannt, und manche teilten nicht seine politische Überzeugung. Aber ich kenne keinen einzigen Menschen – ich kenne ROTHMALER seit 1934, seit Spanien – der im geringsten hätte sagen können oder jemals gesagt hätte, daß WERNER ROTHMALER kein guter Mensch gewesen wäre. Es gibt viele, die ihm viel verdanken, und zu diesen gehöre auch ich, und zu diesen gehören viele von uns. Und alle die politischen Schwierigkeiten, die zwischen Ost und West, auch in unserem Lande waren, hat WERNER ROTHMALER immer auszugleichen versucht. Er hat stets das Menschliche über alles trennende Politische gestellt.

Er war ein hervorragender und führender Gelehrter. Seine Hauptleistung war gewiß die Flora Deutschlands, die über allem steht, was wir bisher an Floren gehabt haben, und deren letzter Band fast vollendet ist. Er sandte laufend die Korrekturen in den letzten Wochen, und wir dürfen hoffen, daß sie in seinem Sinne erscheinen kann.

So beklagen wir den Verlust eines bedeutenden Gelehrten, der sein ganzes Leben in den Dienst der Wissenschaft gestellt hat und eines lieben und guten Menschen, der immer für andere da war.

Ich danke Ihnen, daß Sie sich von Ihren Plätzen zu seinen Ehren erhoben haben, und ich bin sicher, daß wir dem Freunde ein ehrendes und freundliches und ein treues Gedenken bewahren werden.

R. TÜXEN

K. Faegri:

Unsere Resolution, die wir in den letzten Tagen diskutiert haben, ist einstimmig angenommen worden. Sie lautet:

> *„Anschließend an eine Resolution des kürzlich in Stolzenau abgehaltenen Colloquiums über soziologische Systematik europäischer Buchenwälder, an welchem Fachgelehrte aus 14 Ländern teilnahmen, und in dankbarer und bewundernder Anerkennung der in Stolzenau von Herrn Prof. Dr. Dr.h.c. R. Tüxen geleiteten einzigartigen wissenschaftlichen Arbeiten richten die 100 Teilnehmer des 6. Internationalen Stolzenauer Symposion die aus 19 europäischen und außereuropäischen Ländern gekommen sind, an die Regierung der Bundesrepublik Deutschland im Interesse des Fortschrittes der pflanzensoziologischen Wissenschaft und der internationalen Zusammenarbeit auf diesem Gebiete die folgende dringende Bitte: Bei evtl. Verlegung der Bundesanstalt für Vegetationskartierung an andere Stelle möge dafür Sorge getragen werden, daß Herrn Prof. Tüxen an seiner bisherigen Wirkungsstätte nicht nur ein voll wirksames Arbeitsinstrument erhalten bleibe, sondern daß ihm auch im bisherigen Maße alle notwendigen Mittel zur Verfügung gestellt werden, um die von ihm ins Leben gerufenen erfolgreichen internationalen Stolzenauer Symposien, Colloquien, und internationalen Exkursionen, die in allen Fachkreisen der ganzen Welt zu einem Begriff geworden sind, auch in Zukunft organisieren und leiten zu können und um ihm zu ermöglichen, auch weiterhin der von ihm mitbegründeten Internationalen Vereinigung für Vegetationskunde als Sekretär mit seinem Wissen und Können zur Seite zu stehen, da im anderen Falle unserer Wissenschaft und der internationalen Zusammenarbeit innerhalb derselben schwerster Schaden zugefügt wird."*

Damit sind wir zum Ende unserer Verhandlungen über Palynologie und Pflanzensoziologie gekommen. Als ich die erste Ankündigung dieses Themas bekommen habe, war es mir eine besondere Genugtuung. Ich glaube doch, daß eine kleine Arbeit von mir 1935 eine der ersten war, in der die Verbindung zwischen Palynologie und Pflanzensoziologie andeutungsweise gezeigt wurde, wobei ich gar nicht vergesse, daß es auch eine nicht unbekannte Arbeit von Rudolf und Firbas gibt. Aber als ich mit Iversen arbeitete, um das Lehrbuch der Pollenanalyse zu schreiben, da war es in erster Linie, weil wir beide als Pflanzensoziologen zu der Pollenanalyse gekommen waren. Wir hatten gesehen, wie viel für die Pollenanalyse die Betrachtungs- und Denkweise des Pflanzensoziologen bedeuten können. Wir haben dieses Buch geschrieben, das wir „Textbook of modern pollen analysis" genannt haben. Das kleine Wort „modern" war gerade der Versuch, die Botanik weiter in die Pollenanalyse hineinzutreiben. Es gab zwar damals Laboratorien, wo es ganz unnötig war, das zu tun. Es gab aber damals viele – es gibt immer noch einige – wo es noch nötig war, zu pointieren, daß die Palynologie, die Pollenanalyse, sich doch mit Pflanzen befaßt. Wenn man die Pflanzen nicht versteht, versteht man von Pollendiagrammen überhaupt nichts! Die zweite Auflage dieses Buches, die jetzt vorbereitet wird, gibt für uns eine Schwierigkeit: denn wir dürfen das Wort „modern" jetzt nicht mehr hinzusetzen. Das was wir 1960 mit diesem kleinen Wort einführen wollten, das hat sich in der Zwischenzeit durchgesetzt. Etwas haben wir vielleicht dazu beigetragen. Das wesentlichste ist, daß man eingesehen hat, daß dies der Weg der Zukunft der Pollenanalyse sein muß.

Palynologie und Pflanzensoziologie. Es war eine recht kühne Zusammenstellung für ein Symposion. Wir haben ja auch hier gesehen, daß es teilweise Palynologie oder Pflanzensoziologie geworden ist. Es sind aber auch sehr viele Arbeiten hier vorgelegt worden, in denen eine Zusammenarbeit der beiden Gesichtspunkte versucht worden und oft gelungen ist. Man kann jetzt noch nicht – und vielleicht niemals – hoffen, die verfeinerte pflanzensoziologische Analyse mittels der Pollenanalyse durchzuführen. Aber wir haben gesehen, daß wir etwas weiter kommen können.

Ich möchte, – das ist eine verspätete Diskussionseinlage, – darauf hinweisen, daß die Rohhumus-Analysen, die z.Zt. speziell in Dänemark durchgeführt werden, in wenigen Jahren sehr viel genauere pflanzensoziologische Angaben auf pollenanalytischer Grundlage möglich machen werden, als wir heute haben. Man findet dabei Pollen von Pflanzen, die im gewöhnlichen Pollenregen niemals auftreten, die aber soziologisch von größter Bedeutung sein können. Es ist interessant zu sehen, wie die Pollenanalyse, die in ihrer ersten Entwicklungszeit als ein Datierungsinstrument aufgefaßt wurde, diese Aufgabe jetzt abgegeben hat, weil die C^{14}-Datierung im allgemeinen genauer und einfacher ist. Aber dafür hat die Pollenanalyse eine weit interessantere Aufgabe bekommen, nämlich die Analyse der früheren Lebensgemeinschaft, also die pflanzensoziologische Analyse. Es wird sehr interessant sein, zu sehen, wenn das nächste Symposion, sagen wir in 10 Jahren über das gleiche Thema abgehalten wird, wie weit wir darin dann gekommen sein werden. Herr LANG hat uns vor einigen Tagen eine Brandfackel herausgeschleudert, aber wir werden schon damit fertig werden können.

So ein Symposion ist wie ein Taubenhaus, die Teilnehmer fliegen herein und sie fliegen heraus. Es ist ja immer so: an Ende der Symposien ist der Prozentsatz der Herausfliegenden größer. Aber wir, die wir bis zum Schluß ausgehalten haben, sind ja die wirklich Interessierten, und es ist doch schön zu sehen, wie viele geblieben sind und bis zuletzt teilgenommen haben. Und im Namen der Tages-Präsidenten darf ich sagen, daß es ein leichtes Vergnügen gewesen ist, diese Sitzungen zu leiten, weil alles so schön vorbereitet gewesen ist. Und ich bin ganz sicher, daß ich Alle auf meiner Seite haben werde, wenn ich hierfür Prof. TÜXEN und seinen Mitarbeitern herzlich danke.

Als ich zum ersten Male Herrn Prof. TÜXEN begegnet bin, gehörte er wohl damals in die Strauchschicht; ich gehörte damals der Bodenschicht an. Aber in so einer Strauchschicht gibt es Arten, die wirklich in die Strauchschicht gehören, es gibt aber auch unterdrückte Exemplare der Baumschicht, es gibt dabei auch einige, die sich ganz zufällig transitorisch in der Strauchschicht befinden, so auf ihrem Weg aufwärts. Also, Sie verstehen, wohin ich will. Daß Prof. TÜXEN in die Strauchschicht gehört, das hat niemand geglaubt, und daß er sich unterdrücken läßt, das weiß man, das ist ganz unmöglich. Wir haben ja gesehen, wie er sehr hoch in die Baumschicht heraufgewachsen ist, so, sagen wir wie eine *Picea*, die in einem nordischen *Pinus*-Wald auf gutem Boden hochgekommen ist. Man hat diskutiert, ob ein solcher Baum gesellschaftsabbauend oder gesellschaftsaufbauend ist. In diesem Fall können wir in gar keinem Zweifel sein. Prof. TÜXEN ist gesellschaftsaufbauend gewesen.

Im Rahmen dieses Symposion sind sehr viele grundlegende Begriffe der Pflanzensoziologie früher diskutiert worden, und ich muß doch sagen, daß der Rahmen für diese Sitzung etwas agitatorisch ausgestaltet ist, indem die Schlagwörter einem direkt ins Gesicht geworfen werden. Dort an der Tafel steht z.B. mit großen Buchstaben „Treue"; es ist eigentlich nicht für diejenigen unter uns, die nicht speziell an die „Treue" glauben. Aber es ist für Prof. TÜXEN typisch, nicht nur die pflanzensoziologische Treue, aber seine persönliche Treue an die Pflanzensoziologie, seine Treue, seine Begeisterung und seine Unermüdlichkeit, unter welcher wir alle in diesen Tagen mehr oder weniger gelitten haben. Damit erkläre ich meine Aufgabe für beendet und übergebe die Leitung der Sitzung an Prof. TÜXEN, bei dem ja die Leitung eigentlich die ganze Zeit verblieben ist.

R. TÜXEN:

Meine lieben Freunde! Ich kann Sie nicht anders mehr anreden, nachdem Sie so lange hier Stolzenau und uns die Treue gehalten haben, von der eben so schön Freund FAEGRI gesprochen hat, dem ich sehr herzlich danken möchte für seine Schlußrede und für alles, was er für uns getan hat! Seit sehr langer Zeit ist einer meiner stärksten Wünsche gewesen, die verschiedenen Disziplinen, die sich um die Pflanzensoziologie herumgruppieren, und auch die Menschen, die sich damit beschäftigen, zusammenzufassen, immer wieder zu einer neuen Synthese und zu einer neuen Integration. Wenn das mehr und mehr von Jahr zu Jahr gelungen ist, so bin ich allen Ihnen und allen anderen, dei dabei geholfen haben, zu herzlichstem Dank verpflichtet. Ich muß meinem Dank in erster Linie den Herren Präsidenten aussprechen, die sich der mühevollen und verantwortungsvollen Aufgabe unterzogen haben, indem sie uns hier entlasteten und die Sitzungen so erfolgreich geleitet und geführt haben. Ich muß meinen Dank aber auch von Herzen allen anderen Teilnehmern ausdrücken, die hierher nach Stolzenau gekommen sind, die viel Geld, viel Zeit, viel Kraft, viel Schlaf und manches andere geopfert haben, um hier unter uns und mit uns zu sein. Und ich muß meinen Dank ebenso herzlich allen meinen Helfern aussprechen, ohne die Ihr Hiersein überhaupt nicht möglich gewesen wäre: Denjenigen, die Sie hier gesehen haben, aber auch jenen, die hier nicht so in Erscheinung getreten sind in unseren Sitzungen, die Sie aber nicht weniger betreut haben.

Das Thema Pflanzensoziologie und Palynologie haben wir keineswegs ohne Sorge gewählt. Ich stimme ganz und gar mit dem überein, was Herr FAEGRI dazu gesagt hat. Und auch während der Verhandlungen, die wir hier in den letzten Tagen geführt haben, haben mich diese Sorgen nicht ganz losgelassen; auch da stimme ich mit ihm überein. Aber im ganzen dürfen wir, glaube ich, doch recht zufrieden sein mit den Ergebnissen unserer Aussprachen, und ich glaube, daß die verschiedenen Methoden, die hier angewendet und gezeigt worden sind, die soziologischen mit ihren Tabellen und ihren Karten, die palynologischen mit ihren Diagrammen und auch wieder mit Karten, die geologisch-pedologisch mit ihren Profilen, die zoologischen mit ihren systematischen und genetischen Erwägungen und Methoden, mit denen der Verhaltensforschung, die historischen, die ebenfalls mit der Karte und mit Tabellen arbeiteten, sie alle trugen dazu bei, daß jede Disziplin, die hier zu Worte kam, die anderen befruchtet hat, und daß wir durch diese von vielen Seiten kommende Betrachtung alle für unsere eigene spezielle Arbeit gewonnen haben. Und das war ja das eine Ziel unserer schönen Tagung.

Aber das andere, und vielleicht noch wertvollere, war ein menschliches! Es gibt bedeutende Männer in unserer Zeit – auch Frauen, – die immer wieder darauf hinweisen, daß über die Grenzen der Länder, über die Grenzen der Völker, der Religionen, über die Grenzen der Rassen, der politischen Anschauungen und was Sie immer wollen, diese menschlichen Integration das wichtigste Problem ist, das uns Menschen heutzutage beschäftigen sollte, und für das wir arbeiten und leben sollten. Und das haben wir in diesen Tagen hier in Stolzenau wieder in einer so herzlichen Atmosphäre getan, und Sie, meine lieben Freunde, haben mir so überwältigende Beweise Ihrer Freundschaft und Einsatzbereitschaft und Anhänglichkeit dargeboten, daß ich sie nur annehmen kann im Bewußtsein, daß Sie dies alles für unsere gemeinsame wissenschaftliche und menschliche Sache getan haben. Sie haben mich damit verpflichtet, weit mehr noch zu tun als bisher für diese wissenschaftliche und menschliche internationale Gemeinschaftsarbeit, diese Gemeinschaft und diese Arbeit, deren Bedeutung und Wert umso größer sind, als die Politik und die Bürokratie, die eigentlich auch dazu beitragen sollten, doch leider häufig nicht erreichen, was wir brauchen. Darum wollen wir von Mensch zu Mensch über die Wissenschaft zu dieser Einheit streben, die wir so brennend und so dringend auf dieser Erde nötig haben. Daß Sie dazu geholfen haben, daß Sie hierher gekommen sind, um daran mitzuarbeiten, dafür darf ich Ihnen von ganzem Herzen noch einmal danken. Und ich darf hoffen, daß wenigstens einige von uns sich bald – Ende Mai, Anfang Juni – bei unserer Internationalen Exkursion durch Nordfrankreich, die unsere französischen Freunde von Lille bis nach Croisic an der Küste entlang durch Nord-Frankreich und einen Teil von West-Frankreich für uns veranstalten, sich wieder treffen werden und darf Ihnen allen ein herzliches Wiedersehen in Stolzenau zum nächsten Symposion 1963 zurufen und damit unsere Veranstaltung schließen.

„Perhaps the most lasting impression left by the symposium and the beechwood colloquium that preceeded it was extra-scientific. In the homely atmosphere of Stolzenau and its institute, so far removed from the flurry of an international botanical congress, the desire to achieve a rapprochement between the different disciplines and the different schools of ecology broke down all barriers of language, nationality and creed. It was thus all the more regretable that political considerations should have prevented our colleagues from E. Germany and Poland from attending. As TÜXEN remarked in his closing words, „the quest of knowledge and truth is a unifying pursuit, joining its devotees in a close bond of friendship".

J. J. MOORE, S.J. Dublin
(from a letter, Sept. 1962)

Als Abendveranstaltungen fanden statt:

Farbbilder – Vortrag von Dr. E. SCHÄFER, Hannover: Reliktfaunen in drei Kontinenten. (Manuskript nicht eingegangen).

R. TÜXEN: Führung durch die Ausstellung von Lackabzügen nordwestdeutscher Wald- und Heide-Profile.

Acknowledgments:

For language corrections of english summaries and for translating some german synopses, we wish to express our sincere thanks to Father J. J. MOORE, Dublin, and to Dr. A. O. SULLIVAN, Wexford, Irland.

R. Tx.

BERICHTE ÜBER DAS 6. INTERNATIONALE SYMPOSION FÜR PFLANZENSOZIOLOGIE UND PALYNOLOGIE 1962

GALIANO, E. F. – 1962 – VI Symposion de Stolzenau (Alemania). – An. Inst. Bot. Cavanilles **20**: 161. Madrid. (Span.).

MOORE, J. J. – 1962 – International Symposium on Plant Ecology and Palynology. – Vegetatio **11**: 384–386. Den Haag.

SOÓ, R. – 1962 – Növénycönológiai kérdések. Beszámoló a stolzenaui 1962 – es szimpozionokról. – (Phytocoenologische Probleme. Bericht über die Symposien in Stolzenau im Jahre 1962). – Bot. Közl. 49: 183–189. Budapest. (Ungar.).

GPSR Compliance

The European Union's (EU) General Product Safety Regulation (GPSR) is a set of rules that requires consumer products to be safe and our obligations to ensure this.

If you have any concerns about our products, you can contact us on ProductSafety@springernature.com

In case Publisher is established outside the EU, the EU authorized representative is:

Springer Nature Customer Service Center GmbH
Europaplatz 3
69115 Heidelberg, Germany

Batch number: 10607222

Printed by Printforce, the Netherlands